图灵程序设计丛书

Hands-On Reactive Programming in Spring 5

Spring
响应式编程

[乌克兰] 奥莱·多库卡 著 郑天民 译
伊戈尔·洛兹恩斯基

人民邮电出版社
北 京

图书在版编目（CIP）数据

Spring响应式编程 / （乌克兰）奥莱·多库卡
（Oleh Dokuka），（乌克兰）伊戈尔·洛兹恩斯基
（Igor Lozynskyi）著；郑天民译. -- 北京：人民邮电
出版社，2020.4（2023.3重印）
（图灵程序设计丛书）
ISBN 978-7-115-53671-6

Ⅰ. ①S… Ⅱ. ①奥… ②伊… ③郑… Ⅲ. ①JAVA语
言－程序设计 Ⅳ. ①TP312.8

中国版本图书馆CIP数据核字(2020)第046861号

内 容 提 要

当下激烈的市场竞争导致企业对高响应性系统的需求不断增加，这对开发人员的响应式编程技术提出
了新的要求。本书深入浅出，从响应式系统的基本原理入手，详尽地介绍了响应式系统的优势和应用方向。
同时，本书借助 Spring 框架及 WebFlux 等工具，对响应式编程进行了极具实践性的指导。此外，本书还引
入了 Project Reactor 这一响应式编程利器。在完成对本书的学习后，读者将有能力利用这些工具，构建响
应式系统。

本书适合有志于学习响应式编程的程序员和需要构建响应式系统的开发人员阅读。

◆ 著　　　[乌克兰] 奥莱·多库卡　伊戈尔·洛兹恩斯基
　　译　　　郑天民
　　责任编辑　杨　琳
　　责任印制　周昇亮
◆ 人民邮电出版社出版发行　　北京市丰台区成寿寺路 11 号
　　邮编　100164　　电子邮件　315@ptpress.com.cn
　　网址　https://www.ptpress.com.cn
　　固安县铭成印刷有限公司印刷
◆ 开本：800×1000　1/16
　　印张：24.25　　　　　　　　2020 年 4 月第 1 版
　　字数：573 千字　　　　　　2023 年 3 月河北第 2 次印刷
　　著作权合同登记号　图字：01-2018-8077号

定价：99.00元
读者服务热线：(010)84084456-6009　印装质量热线：(010)81055316
反盗版热线：(010)81055315
广告经营许可证：京东市监广登字 20170147 号

版 权 声 明

纪念我的父亲伊万。

——伊戈尔·洛兹恩斯基

译 者 序

当下互联网行业飞速发展，快速的业务更新和产品迭代也给系统开发的过程和模式带来新的挑战。在这个时代背景下，以 Spring Cloud 为代表的微服务架构实现技术应运而生。微服务架构是一种分布式系统，它在业务、技术和组织等方面具备优势的同时，也面临分布式系统固有的问题。确保微服务系统的即时响应性和服务弹性是构建微服务架构的一大挑战。幸运的是，Spring框架的开发人员已经创建了一个崭新的、支持响应式的项目版本以支持响应式微服务架构的设计和开发。随着 Spring 5 的正式发布，我们迎来了响应式编程（Reactive Programming）的全新发展时期。Spring 5 中内嵌了多种响应式组件，从而极大简化了响应式应用程序的开发过程并降低了开发难度。针对原文中 "Reactive Programming" 的翻译，业界存在 "反应式编程" 和 "响应式编程" 两种译法。本书统一采用 "响应式编程" 这一译法：一方面，这是为了与系统设计过程中追求的 "即时响应性" 相对应；另一方面，这也是为了与译者所著的《Spring 响应式微服务》一书中的用词保持一致。

本书从响应式编程的基本概念展开，详细阐述了 Spring 5 响应式编程的以下核心主题：

❑ 如何理解响应式编程的基本原则和响应式流（Reactive Stream）规范；
❑ 如何使用 Spring 5 集成的 Project Reactor 响应式开发框架；
❑ 如何使用 Spring Webflux 构建响应式 RESTful 服务；
❑ 如何使用 Spring Data Reactive 构建响应式数据访问组件；
❑ 如何使用 Spring Cloud Stream Reactive 构建响应式消息通信组件；
❑ 如何对响应式系统进行测试和部署。

本书是 Spring 5 响应式编程的重要著作，两位作者也是 Project Reactor 和 Spring 框架的核心贡献者。无论从深度还是广度上讲，本书都是目前 Spring 5 响应式编程方面非常好的参考书。本书的一大特色在于对响应式编程及其框架底层原理的深度剖析，无论是对响应式流规范的解析，还是对 WebFlux 和 Web MVC 进行的对比，抑或是对传统数据访问技术的响应式改造，都体现了作者的独到见解，能使读者受益匪浅。另外，本书知识体系的构建方式及对细节的把控也让人印象深刻，它从基本概念出发，通过丰富而简洁的代码示例给出这些概念的实现方案，行文上也层层递进，能够帮助读者从入门走向精通。

目前，响应式编程作为一项新型技术已经在越来越多的互联网公司得到应用。国内的阿里巴巴、腾讯等公司组建了响应式开发团队对公司内部的服务化框架和组件进行响应式改造。基于Spring 5框架提供的全新的响应式流实现方案、丰富的响应式API和完备的全栈式技术组件，我们可以轻松构建一个具备即时响应性和弹性的响应式系统。然而，响应式系统的构建过程远比普通系统复杂，如果使用不当，反而会引发各种问题。本书深入分析响应式编程的各个方面，不仅介绍了Spring 5框架的各项响应式特性，还提供了一系列面向实战的最佳实践，以作为广大技术人员的开发指南。

　　由于时间仓促，且译者水平和经验有限，书中难免有欠妥和错漏之处，在此恳请读者批评指正。

郑天民

2019年12月于杭州钱江世纪城

序

在 Spring Boot 和 Spring 框架等著名 Java 名词的帮助下，响应式编程终于获得了应有的关注。你会使用哪个词来描述 Spring 解决方案呢？通常，我从用户那里得到的答案是"实用"。它提供的响应式支持也不例外。Spring 团队已选择继续同时支持响应式和非响应式技术栈。伴随这种选择而来的是一种责任，因此，了解何时将应用程序设计为"响应式的"以及可以将哪些最佳实践应用于下一个面向生产的系统至关重要。

Spring 将自己定位为最佳微服务编写工具提供商。凭借其响应式技术栈，Spring 可以帮助开发人员创建极其高效、易于获取且具有回弹性的端点。同时，响应式 Spring 微服务可以容忍网络延迟，并以影响较小的方式处理故障。如果你正在编写 Edge API、移动后端或共享的微服务，那么它就是最合适的解决方案！秘诀在于，响应式微服务可以隔离慢速事务并加速速度最快的事务。

一旦确定了需求，Project Reactor 将成为首选的响应式基础，因为它会与响应式 Spring 项目自然结合。在最新的 3.x 迭代中，Project Reactor 实现了微软公司在 2011 年首次描述的大多数响应式扩展。除标准词汇表之外，Reactor 还在每个功能阶段引入了对响应式流控制的一流支持以及上下文传递等独特功能。

在本书中，奥莱和伊戈尔使用综合性的而非过分简单的示例，引读者踏上通向响应式编程和响应式系统的奇妙旅程。在快速设置上下文并回顾 Project Reactor 的历史和挑战之后，我们会研究在 Spring Boot 2 上运行的现成示例。本书始终认真考虑测试场景，针对如何生成高质量的响应式代码提出了清晰的构想。

奥莱和伊戈尔向读者详尽地介绍了这些响应式设计模式，可以满足当前和未来的可伸缩性需求。两位作者不但介绍了响应式编程，还在 Spring Boot 和 Spring 框架方面提供了大量指导。在一些具有前瞻性的章节中，作者通过介绍 RSocket 响应式通信使用上的一些细节来激发读者的好奇心。RSocket 是一种前途光明的技术，可以使传输层具备响应式的优势。

我希望你能像我一样从阅读本书中获得乐趣，并不断学习编写应用程序的新方法。

Stéphane Maldini

Project Reactor 首席工程师

前　　言

响应式系统在任何时候都能确保即时响应性，这是大多数业务场景需要的。开发这类系统是一项复杂的任务，需要对该领域有深入的了解。幸好，Spring 框架的开发人员创建了一个崭新的响应式项目版本。

在本书中，你将探索基于 Spring 5 框架开发响应式系统的有趣过程。

本书从 Spring 响应式编程的基础入手，并逐步展开。你将了解 Spring 框架提供的各种可能性并掌握响应性的基本原则。你还将学习响应式编程技术，掌握如何将其应用于数据库以及如何使用它们来实现跨服务器通信。这些任务都将应用于一个真实的示例项目，确保你能将所学的技能付诸实践。

让我们加入 Spring 5 带来的响应式变革吧！

目标读者

如果你是使用 Spring 开发应用程序的 Java 开发人员，同时希望构建可在云环境中自由伸缩的、健壮的响应式应用程序，那么本书很适合你。本书需要你具备分布式系统和异步编程的基础知识。

本书内容

第 1 章 "为什么选择响应式 Spring" 涵盖了响应性适合的业务场景。你将了解为什么响应式解决方案优于主动式解决方案。此外，你将浏览一些代码示例，它们展示了跨服务器通信的不同方式。你还将了解当今的业务要求以及它们对现代 Spring 框架的需求。

第 2 章 "Spring 响应式编程——基本概念" 通过代码示例展示了响应式编程的潜力及其核心概念。这一章通过代码示例演示了 Spring 框架中的响应式、异步、非阻塞编程的强大功能，并将此技术应用于业务案例中。你将大致了解发布–订阅模型，理解响应式流事件的强大之处，并掌握这些技术在现实场景中的应用。

第 3 章 "响应式流——新的流标准" 专注于响应式扩展（Reactive Extensions）引入的问题。这一章通过代码示例探索了不同的处理方法，并对问题的本质展开讨论。此外还深入探讨了解决问题的方法并介绍了响应式流（Reactive Streams）规范，该规范为众所周知的发布者–订阅者模型引入了新的组件。

第 4 章 "Project Reactor——响应式应用程序的基础" 着眼于实现响应式库，也就是说完全实现响应式流规范的工具库。这一章首先强调了实现 Reactor 库的优势，然后分析了 Spring 开发人员自己开发新解决方案的原因。此外，这一章还介绍了该优秀开发库的基础知识，你将了解 Mono 和 Flux 类型以及这些响应式类型的应用方法。

第 5 章 "使用 Spring Boot 2 实现响应性" 介绍了响应式应用程序开发所需的 Spring 5 响应式模块。你将学习如何使用这些响应式模块，以及 Spring Boot 2 如何帮助开发人员快速配置应用程序。

第 6 章 "WebFlux 异步非阻塞通信" 介绍了 Spring WebFlux 这一核心模块，它是组织与用户以及外部服务进行异步、无阻塞通信的基本工具。这一章概述了该模块的优点并将其与 Spring MVC 进行了对比。

第 7 章 "响应式数据库访问" 探讨了用于数据访问的基于 Spring 5 的响应式编程模型。这一章重点介绍 Spring Data 模块中的响应式强化功能，并探讨 Spring 5、响应式流和 Project Reactor 库提供的开箱即用的功能特性。你将接触一些代码，它们展示了与不同数据库（如 SQL 和 NoSQL）进行通信的响应式方法。

第 8 章 "使用 Cloud Streams 提升伸缩性" 介绍了 Spring Cloud Streams 的响应式特性。在了解该模块出色的新功能之前，你将简要了解业务案例的不足之处，以及在不同服务器上进行伸缩时可能遇到的问题。这一章展示了 Spring Cloud 解决方案的强大功能，通过包含 Spring Boot 2 相关配置的代码示例介绍了其实现。

第 9 章 "测试响应式应用程序" 涵盖了响应式管道测试所需的基础知识。这一章介绍了用于编写测试用例的 Spring 5 和 Project Reactor 测试模块。你将了解如何操纵事件的频率、移动时间轴、增强线程池、模拟结果以及对传递的消息执行断言。

第 10 章 "最后，发布！" 是对当前解决方案进行部署和监控的分步指南。你将了解如何监控包含 Spring 5 模块的响应式微服务。此外，这一章还介绍了有助于监控聚合和结果显示的相关工具。

如何充分利用本书

开发响应式系统是一项复杂的工作，需要对该领域有深入了解。你需要具备分布式系统和异步编程的相关知识。

下载示例代码

你可以从www.packt.com网站上的账户中下载本书的示例代码文件。如果你是在其他地方购买的本书，可以访问 www.packt.com/support 并注册，我们将直接通过电子邮件将文件发送给你。

你可以通过以下步骤下载代码文件：

(1) 在 www.packt.com 登录或注册；

(2) 选择 SUPPORT 选项卡；

(3) 单击 Code Download & Errata；

(4) 在 Search 框中输入图书的名称，然后按照界面上的说明进行操作。

下载文件后，请确保使用以下工具的最新版本来进行解压缩或提取文件夹：

❑ 用于 Windows 平台的 WinRAR/7-Zip；

❑ 用于 Mac 平台的 Zipeg/iZip/UnRarX；

❑ 用于 Linux 平台的 7-Zip/PeaZip。

该书的代码包也托管在 GitHub 上，地址为 https://github.com/PacktPublishing/Hands-On-Reactive-Programming-in-Spring-5。如果代码有更新，现有的 GitHub 仓库将同步更新。

我们还为丰富的图书和视频提供了其他代码包，网址为 https://github.com/PacktPublishing/。去看一下吧！

下载彩色图片

我们还提供了一个 PDF 文件，其中包含本书中使用的屏幕截图/图表的彩色图片。你可以在这里下载：https://www.packtpub.com/sites/default/files/downloads/9781787284951_ColorImages.pdf。[①]

排版约定

本书中使用了许多文本样式。

等宽字体：数据库表名、路径名、虚拟 URL、用户输入和 Twitter 句柄。下面是一个示例："第一个调用触发 onSubscribe()，它在本地存储 Subscription，然后通过 request() 方法通知 Publisher 它们是否准备接收新闻简报。"

代码块样式如下：

———————————

[①] 你也可以访问 https://www.ituring.com.cn/book/2574 下载彩色图片。——编者注

```
@Override
public long maxElementsFromPublisher() {
    return 1;
}
```

任何命令行输入或输出都写成如下格式：

./gradlew clean build

黑体字：表示新术语、重点强调的内容，以及你在屏幕上看到的文字。

 此图标表示警告或重要说明。

 此图标表示提示和技巧。

联系方式

欢迎读者的反馈。

一般反馈：如果你对本书有任何疑问，请发送电子邮件至 customercare@packtpub.com，并在邮件主题中注明书名。

勘误表：虽然我们已尽力确保内容的准确性，但难免会出现错误。如果你在本书中发现错误，并能报告给我们，我们将非常感谢。请访问 www.packt.com/submit-errata，选择你的图书，点击勘误表提交表格链接，然后输入详细信息[①]。

反盗版：如果你在互联网上发现我们作品的任何形式的非法副本，请向我们提供地址或网站名称，我们将不胜感激。请通过 copyright@packt.com 与我们联系，并提供相关材料的链接。

成为作者：如果你有擅长的题材，并且有兴趣撰写图书，请访问 authors.packtpub.com。

评论

在阅读本书后，欢迎你在购买图书的网站上留下评论。这样，潜在的读者可以查看你的评论，并根据你的意见来做出购买决定，Packt 可以了解你对产品的看法，而作者可以看到你对其图书的反馈。谢谢！

有关 Packt 的更多信息，请访问 packt.com。

---

① 中文版勘误请提交至 https://www.ituring.com.cn/book/2574。——编者注

电子书

扫描如下二维码，即可购买本书中文版电子书。

目　　录

第 1 章
为什么选择响应式 Spring

本章将阐释**响应性**（reactivity）的概念，分析为什么响应式方法比传统方法更好。为此，我们将研究传统方法失败的示例。除此之外，我们还将：探索构建健壮系统的基本原则，这种系统通常被称为**响应式系统**（reactive system）；概述在分布式服务器之间构建消息驱动通信的原因，并提供非常适合使用响应性的业务案例；阐述**响应式编程**（reactive programming）的含义，以构建一个细粒度的响应式系统；讨论为什么 Spring 框架开发团队决定将响应式方法作为 **Spring 5 框架**的核心部分。学完本章，你将明确响应性的重要性以及为什么在项目中引入响应性是一个好主意。

本章将介绍以下主题：

❏ 为什么需要响应性；
❏ 响应式系统的基本原则；
❏ 与响应式系统设计非常匹配的业务案例；
❏ 适合响应式系统的编程技术；
❏ 在 Spring 框架中引入响应性的原因。

1.1 为什么需要响应性

如今，"响应式"是一个流行词，既令人兴奋，又令人困惑。响应性已经在世界各地的会议中占有一席之地，在这种情况下我们是否仍然需要关注它呢？如果我们使用谷歌搜索"reactive"（响应式）一词，将看到搜索结果页面主要与"programming"（编程）相关，其中定义了响应式编程模型的含义。然而，这不是响应性的唯一含义。这个词的背后隐藏着构建一个健壮系统的基本设计原则。要了解响应性作为一项基本设计原则的价值，可以假设我们正在开发一个小型业务。

假设我们的小型业务是开一家网店，销售一些价格颇具吸引力的尖端产品。与该领域的大多数项目一样，我们将聘请软件工程师来解决遇到的一切问题。我们选择了传统的开发方法，通过一系列开发活动创建了我们的商店。

平时，每小时约有 1000 名用户访问我们的服务。为了满足日常需求，我们购买了一台现代化的计算机并在上面运行 Tomcat Web 服务器，同时为 Tomcat 的线程池配置了 500 个线程。大多数用户请求的平均响应时间约为 250 毫秒。通过对该配置的响应能力进行简单的计算，可以确定系统每秒可以处理大约 2000 个用户请求。据统计，前面提到的用户数平均每秒产生约 1000 个请求。因此，当前系统的能力足以应对平均负载。

总而言之，我们为应用程序的容量配置了足够的余量。此外，我们的网店一直运行稳定，直到 11 月的最后一个星期五，即**黑色星期五**（Black Friday）[①]。

黑色星期五对于客户和零售商来说是宝贵的一天。对客户来说，这是一个以折扣价购买商品的机会；对零售商来说，这是一种赚钱和推广产品的方式。然而，这一天涌入客户的数量超乎寻常，而这可能是导致生产事故的重要原因。

当然，我们的系统出现了故障！在某个时间点，系统负载超出了最高预期。线程池中没有空闲线程来处理用户请求。备份服务器也无法处理这种意料之外的访问量，最终导致响应时间延长和周期性的服务中断。此时，我们开始丢失部分用户请求。最后，客户因为不满转而选择了我们的竞争对手。

最终，许多潜在客户和大量资金流失了，商店的评级也下降了。这完全是因为我们无法在负载增加时保持即时响应性。

> 但是，不要担心，这不是什么新鲜事。有一段时间，亚马逊和沃尔玛等巨头也面临着这个问题，而且他们找到了解决方案。尽管如此，我们仍将遵循前人的道路，理解设计健壮系统的核心原则，然后为它们提供通用定义。

现在，萦绕在我们脑海中的核心问题应该是：如何具备即时响应性？正如前文示例，应用程序应该对变化做出响应。这种变化应该包括需求（负载）的变化以及外部服务可用性的变化。换句话说，它应该对可能影响系统响应用户请求能力的任何变化做出响应。

实现这一核心目标的首要方法之一是依靠**弹性**（elasticity）。弹性描述了系统在不同负载下保持即时响应的能力，这意味着当更多用户开始使用它时，系统的吞吐量应该自动增加；而当需求下降时，吞吐量应该自动减少。从应用程序的角度来看，这个特性可以确保系统的响应能力，因为系统在任何时间点都可以得到扩展而不会影响平均延迟。

> 注意，**延迟**是响应能力的基本属性。没有弹性，需求的增长将导致平均延迟的增长，这会直接影响系统的响应性。

例如，提供额外的计算资源或更多实例可以增加系统的吞吐量，响应性也将随之增强；另一

---

① "黑色星期五"指的是美国商场的圣诞促销，美国圣诞节大采购一般是从感恩节（11 月的第四个星期四）之后开始的。——译者注

方面，如果需求量低，系统应该降低资源消耗，从而减少业务费用。我们可以采用**可伸缩性**（scalability）来实现弹性，可伸缩性可以是水平的或垂直的。然而，实现分布式系统的可伸缩性有一定难度，该任务通常受限于系统内的瓶颈或同步点。从理论和实践的角度来看，阿姆达尔（Amdahl）定律和 Gunther 的通用可伸缩性模型（Gunther's Universal Scalability Model）解释了这些问题。我们将在第 6 章中讨论这些内容。

 这里，**业务费用**是指在使用物理机器的情况下额外的云实例或功耗成本。

然而，不论是否失败，在不能确保即时响应性时构建可伸缩的分布式系统都很有难度。考虑一下系统中的一部分不可用的情况。这时候，外部支付服务中断，所有用户尝试为商品付款的操作都将失败。这会破坏系统的响应能力，在某些情况下这可能是不可接受的。例如，如果用户难以在本店购买商品，他们就可能转向竞争对手的网上商店。为了提供高质量的用户体验，我们必须关注系统的响应能力。合格的系统在发生故障的情况下能够保持即时响应，即具有**回弹性**（resilience）。这可以通过在系统的功能组件之间应用隔离机制，隔离所有内部故障并实现独立性来实现。让我们回头看看亚马逊网上商店。亚马逊有许多不同的功能组件，如订单列表、支付服务、广告服务、评论服务以及很多其他服务。举个例子，在支付服务中断的情况下，亚马逊可以接受用户订单，然后通过调度自动重新提交请求，从而避免用户遭遇故障。另一个例子可能是实现评论服务的隔离。如果评论服务中断，商品购买和订单列表服务应该不受任何影响，正常工作。

需要强调的另一点是，弹性和回弹性是紧密耦合的，只有两者同时启用才能实现真正的即时响应系统。通过可伸缩性，我们可以拥有组件的多个副本。这样，如果一个组件出现故障，我们就可以检测到这一点，并切换到另一个副本，从而使它对系统其余部分的影响最小。

消息驱动通信

现在唯一不明确的是如何在连接分布式系统中组件的同时保持解耦、隔离和可伸缩性。请考虑通过 HTTP 进行组件之间的通信。下面的示例代码展示了这个概念，它采用 Spring 4 框架进行 HTTP 通信：

```
@RequestMapping("/resource")                                     // (1)
public Object processRequest() {
    RestTemplate template = new RestTemplate();                  // (2)

    ExamplesCollection result = template.getForObject(          // (3)
        "http://example.com/api/resource2",                     //
        ExamplesCollection.class                                //
    );                                                          //

    ...                                                         // (4)

    processResultFurther(result);                               // (5)
}
```

带编号的代码解释如下。

(1) 这里的代码使用 @RequestMapping 注解来声明请求处理映射。

(2) 此块代码展示了如何创建 RestTemplate 实例。在 Spring 4 框架中，RestTemplate 是很流行的 Web 客户端，用于处理服务之间的请求–响应通信。

(3) 展示了请求的构建和执行过程。在这里，通过使用 RestTemplate API，我们构造了一个 HTTP 请求并立即执行它。请注意，响应将自动映射为 Java 对象并作为执行结果返回。响应体的类型由 getForObject 方法的第二个参数定义。此外，getXxxXxxxxx 前缀意味着在这种情况下，HTTP 方法使用的是 GET。

(4) 这些是上述示例中跳过的其他操作。

(5) 这是另一个处理阶段的执行过程。

在前面的示例中，我们定义了用于响应用户请求的请求处理程序。处理程序的每次调用都会产生对外部服务的附加 HTTP 调用，并执行另一个处理阶段。尽管上述代码在逻辑上看起来很熟悉、很透明，但它有一些缺陷。为了了解此示例中的问题，我们来浏览图 1-1 所示的请求时间线。

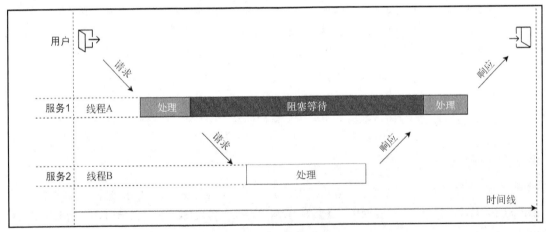

图 1-1　组件交互时序

图 1-1 描绘了相应代码的实际行为。我们可能注意到，有效的 CPU 使用只占用了一小部分处理时间，而剩余的时间线程被 I/O 阻塞，不能用于处理其他请求。

 在某些语言（例如 C#、Go 和 Kotlin）中，当使用绿色线程时，同样的代码可能是非阻塞的。但是，在纯 Java 中，还没有这样的特性。因此，在这种情况下，实际的线程将被阻塞。

另外，在 Java 世界中，我们有线程池，它可以分配额外的线程来增加并行处理。但是，在高负载下，这种技术在并行处理新的 I/O 任务时可能非常低效。本章稍后将再次讨论这个问题，并在第 6 章中对其进行全面分析。

尽管如此，我们认为为了针对 I/O 实现更高的资源利用率，应该使用异步非阻塞交互模型。在现实生活中，这种通信就是消息传递。我们一收到消息（短信或电子邮件），就会把所有时间用于阅读和回复。此外，我们通常不会等待回复，而会同时处理其他任务。毫无疑问，在这种情况下工作会得到优化，因为其余时间可以被有效利用。请看图 1-2。

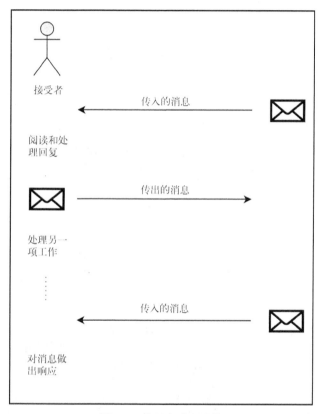

图 1-2　非阻塞消息通信

通常，在分布式系统中，为了服务之间的通信实现有效的资源利用，我们必须采用消息驱动的通信原则。服务之间的整体交互可以描述为：每个元素在消息到达时会对它们做出响应，否则就处于休眠状态；反之，组件应该能够以非阻塞方式发送消息。此外，这种通信方法通过实现位置透明性提高了系统的可伸缩性。向收件人发送电子邮件时，我们只须输入正确的目标地址，邮件服务器就会负责将该电子邮件发送给收件人的一个可用设备。这不仅使我们不用考虑特定设备，还使收件人可以使用任意数量的设备。此外，它提高了容错能力，因为其中一个设备发生故障不会妨碍收件人从另一个设备读取电子邮件。

实现消息驱动通信的方法之一是使用**消息代理服务器**。在这种情况下，通过监控消息队列，系统能够控制负载管理和弹性。此外，消息通信提供了清晰的流量控制并简化了整体设计。本章不会详细介绍这一点，因为第 8 章会介绍实现消息驱动通信的最常用技术。

 处于休眠状态（lying dormant）这个词旨在强调消息驱动的通信。

整合先前的所有描述，我们将得到响应式系统的基本原则，如图 1-3 所示。

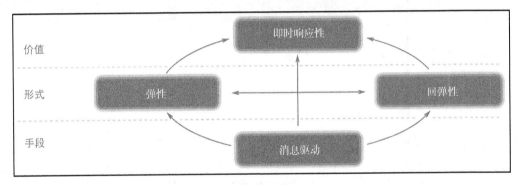

图 1-3　响应式宣言

如图 1-3 所示，用分布式系统实现的业务的主要价值在于即时响应性。而实现一个即时响应性系统意味着遵循弹性和回弹性等基本原则。最后，获得具有即时响应性、弹性和回弹性的系统的基本方法之一是采用消息驱动的通信。此外，遵循这些原则构建的系统具有高度的可维护性和可扩展性，因为系统中的所有组件都是相互独立且适当隔离的。

以上所有概念都不是新的，并且已经定义在**响应式宣言**中。响应式宣言是描述响应式系统基本概念的词汇表。创建此宣言是为了确保业务人员和开发人员对惯用的概念有相同的理解。需要强调的是，响应式系统以及响应式宣言与架构有关，它可以应用于大型分布式应用程序或小型单节点应用程序。

1.2　响应性应用案例

在上一节中，我们了解了响应性的重要性以及响应式系统的基本原则，知道了为什么消息驱动通信是响应式生态系统的重要组成部分。尽管如此，为了强化学到的知识，我们有必要了解它在现实世界中的应用案例。首先，响应式系统是关于架构的，可以应用于任何地方：它既可以用于简单的网站，也可以用于大型企业解决方案，甚至可以用于快速流或大数据系统。但是，让我们从最简单的开始，考虑上一节中网上商店的例子。本节将介绍有助于实现响应式系统的设计改进和变更。图 1-4 有助于我们了解解决方案的整体架构。

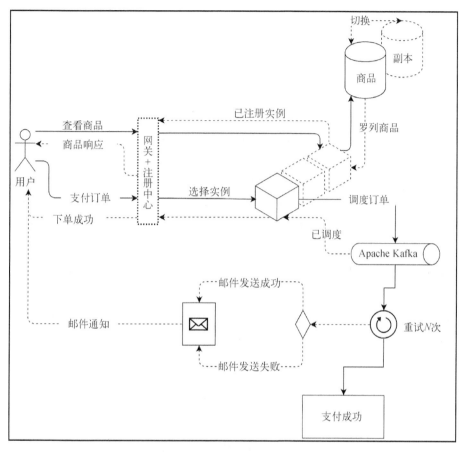

图 1-4　商店应用程序架构示例

图 1-4 展示了实现响应式系统的有用实践。在这里，我们通过应用流行的微服务模式改进了小型网上商店。在这种场景下，我们使用 API 网关模式来实现位置透明性。它可以提供特定资源的标识，而不需要了解负责处理请求的特定服务。

 然而，这意味着客户端至少应该知道资源名称。一旦 API 网关收到作为请求 URI 一部分的服务名称，就可以通过询问注册服务来解析特定服务的地址。

关于可用服务的信息应该维持在最新状态。这个职责通过服务注册模式实现，同时也依赖于客户端发现模式的支持。应该注意的是，在前面的示例中，服务网关和服务注册中心安装在同一台机器上，这在使用小型分布式系统的情况下可能很有用。此外，系统的高响应性是通过服务复制来实现的；容错是通过使用基于 Apache Kafka 的消息驱动通信和独立的支付代理服务（图 1-4 中的**重试 N 次**所描述的点）来实现的，这一服务负责在外部系统不可用的情况下重新执行支付。此外，当其中一个副本停机时，可以使用数据库复制来确保回弹性。为了保持即时响应性，可以先立即返回一个已接受订单的回复，并进行异步处理，然后将用户支付信息发送到支付服务，稍后我们将通过受支持的某条渠道（例如电子邮件）发送最终通知。最后，该示例仅描绘了系统的一部分，在实际部署中，整张图可以更大并且引入用于实现响应式系统的更具体的技术。

    注意，第 8 章将详细介绍设计原则及其优缺点。

除了看起来非常复杂的简单小型网上商店示例，让我们考虑另一个适合采用响应式系统方法的复杂领域。一个更复杂而有趣的例子是**分析**（analytics）。分析这个术语意味着系统能够处理大量数据，支持在运行时处理数据，并使用户拥有最新实时统计数据等。假设我们正在设计一个基于蜂窝基站数据对电信网络进行监控的系统。基于蜂窝塔数量统计报告，2016 年美国有 308 334 个活跃站点。遗憾的是，我们无法了解这些蜂窝站点产生的实际负载。然而，我们也认同处理如此大量的数据并对电信网络状态、质量和流量进行实时监控是一项挑战。

为了设计这个系统，我们可以遵循一种被称为**流**（streaming）的高效架构设计技术。图 1-5 描绘了这种流系统的抽象设计。

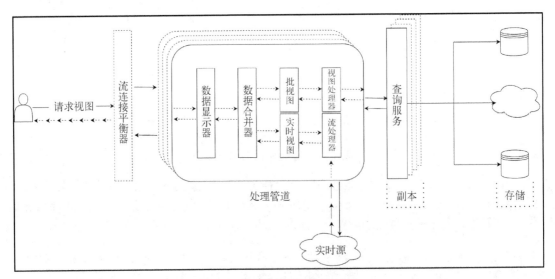

图 1-5   实时分析系统架构示例

从图 1-5 中可以看到，流式架构构建了关于数据处理和转换的流程。通常，这种系统具有低延迟和高吞吐量的特性。响应或传递电信网络状态分析更新的能力至关重要。因此，构建这样一个高度可用的系统，必须依赖于响应式宣言中提到的基本原则。例如，我们可以通过启用**背压**（backpressure）支持来实现回弹性。背压指的是一种实现处理阶段之间工作负载管理的复杂机制，它可以确保一个处理阶段不会压垮另一个。通过在可靠的消息代理服务器上使用消息驱动通信，可以实现高效的工作负载管理，因为消息代理服务器可以在内部将消息持久化并按需发送消息。

注意，其他处理背压的技术将在第 3 章中介绍。

此外，适当地对系统的各个组件进行伸缩，能够弹性提升或降低系统吞吐量。

在现实世界的场景中，数据流可以被批量持久化到数据库，或者通过应用开窗（windowing）或机器学习等技术进行部分实时处理。尽管如此，无论整体业务领域或商业理念如何，响应式宣言提供的所有基本原则在此都有效。

总而言之，构建响应式系统的基本原则可以在许多领域应用。响应式系统的应用领域不限于先前的示例，因为这些原则可以用于构建几乎任何类型的分布式系统，为用户提供有效的交互式反馈。

下一节将介绍在 Spring 框架中添加响应性的原因。

1.3 为什么采用响应式 Spring

在上一节中，我们看了几个有趣的例子，响应式系统方法在其中大放光彩。我们还扩展了弹性和回弹性等基本原则的使用，并看到了基于微服务系统的一些例子（微服务系统通常用来构建响应式系统）。

通过这些内容，我们理解了架构视角，但对其实现一无所知。然而，响应式系统非常复杂，在构建这类系统时我们往往面临挑战。要轻松创建响应式系统，就必须首先分析能够构建这类系统的框架，然后选择其中一个。选择框架最常用的方法之一是分析其可用功能、相关性以及社区。

在 JVM 领域，构建响应式系统的最知名框架是 Akka 和 Vert.x 生态系统。

一方面，Akka 是一个受欢迎的框架，具有大量功能和大型社区。然而，Akka 最初是作为 Scala 生态系统的一部分构建的，在很长一段时间内，它仅在基于 Scala 编写的解决方案中展示了它的强大功能。尽管 Scala 是一种基于 JVM 的语言，但它与 Java 明显不同。几年前，Akka 直接开始支持 Java，但出于某些原因，它在 Java 世界中不像在 Scala 世界中那么受欢迎。

另一方面，Vert.x 框架也是构建高效响应式系统的强大解决方案。Vert.x 的设计初衷是作为 Node.js 在 Java 虚拟机上的替代方法，它支持非阻塞和事件驱动。然而，Vert.x 仅在几年前才开始具备竞争力，在过去的 15 年中，Spring 框架一直在构建灵活且健壮的应用程序的开发框架市场中占有主导地位。

Spring 框架使用适合开发人员的编程模型，为构建 Web 应用程序提供了广泛的可能性。然而，长期以来，它在构建健壮的响应式系统方面存在一些局限性。

服务级别的响应性

　　幸好，对响应式系统需求的不断增长，促进了一个名为 Spring Cloud 的新 Spring 项目的诞生。Spring Cloud 框架是项目开发的基础，能够解决特定问题并简化分布式系统的构建。由此，Spring 框架生态系统为我们提供了创建响应式系统的关联性。

　　本章不会详细介绍 Spring Cloud 框架的相关功能，第 8 章会介绍有助于开发响应式系统的最重要部分。尽管如此，我们应该注意到用这种解决方案构建一个健壮的响应式微服务系统花费的精力最少。

　　然而，整体架构设计只是构建整个响应式系统的一个要素。这一点从精彩的响应式宣言中可以看出。

　　　　"大型系统由多个小系统组成，因此也依赖于这些组成部分的响应式特性。也就是
　　　　说，响应式系统的设计原则适用于各个级别、各种规模的系统，有助于它们很好地组合
　　　　在一起。"

　　因此，在组件级别上提供响应式设计和实现也很重要。在这种上下文中，术语"设计原则"是指组件之间的关系，例如，用于组合元素的编程技术。在使用 Java 编写代码的过程中，最流行的传统技术是**命令式编程**（imperative programming）。

　　为了理解命令式编程是否遵循响应式系统设计原则，让我们参考图 1-6。

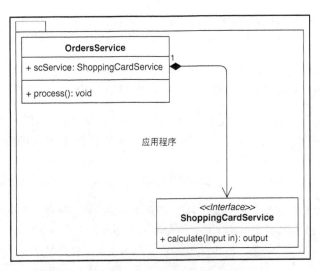

图 1-6　组件关系的 UML 结构

　　在这里，Web 商店应用程序中有两个组件。在这种场景下，OrdersService 在处理用户请求时调用 ShoppingCardService。假设在 ShoppingCardService 内部执行长时间运行的 I/O

操作，例如 HTTP 请求或数据库查询。为了理解命令式编程的缺点，让我们考虑下面的例子，这个例子展示了组件之间交互的最常见实现方式：

```
interface ShoppingCardService {                                    // (1)
    Output calculate(Input value);                                 //
}                                                                  //

class OrdersService {                                              // (2)
    private final ShoppingCardService scService;                   //
                                                                   //
    void process() {                                               //
        Input input = ...;                                         //
        Output output = scService.calculate(input);                // (2.1)
        ...                                                        // (2.2)
    }                                                              //
}                                                                  //
```

带编号的代码解释如下。

(1) 这是 ShoppingCardService 接口声明。该接口对应图 1-6，并且只有一个 calculate 方法用来接受一个参数并在处理后返回响应。

(2) 这是 OrdersService 声明。在点(2.1)，我们同步调用 ShoppingCardService 并在执行后立即接收结果。点(2.2)隐藏了负责结果处理的其余代码。

(3) 在这种场景下，我们的服务会实时紧密耦合在一起，或者简单地说就是 OrdersService 的执行过程与 ShoppingCardService 的执行过程紧密耦合。遗憾的是，使用这种技术，当 ShoppingCardService 处于处理阶段时，我们无法继续执行任何其他操作。

正如上述代码所示，在 Java 世界中，scService.calculate(input) 的执行过程阻塞了处理 OrdersService 逻辑的线程。因此，要在 OrdersService 中运行单独的独立处理，必须分配一个额外的线程。正如本章后文所示，额外线程的分配可能是一种浪费。因此，从响应式系统的角度来看，这种系统行为是不可接受的。

 阻塞式通信直接违背了消息驱动原则，后者明确地为我们提供了非阻塞通信。

尽管如此，在 Java 中，我们可以通过应用回调（callback）技术来解决该问题，以实现跨组件通信。

```
interface ShoppingCardService {                                    // (1)
    void calculate(Input value, Consumer<Output> c);               //
}                                                                  //

class OrdersService {                                              // (2)
    private final ShoppingCardService scService;                   //
                                                                   //
    void process() {                                               //
        Input input = ...;                                         //
```

```
    scService.calculate(input, output -> {                              // (2.1)
      ...                                                               // (2.2)
    });                                                                 //
  }                                                                     //
}                                                                       //
```

带编号的代码解释如下。

(1) 这是 ShoppingCardService 接口声明。在这种场景下，calculate 方法接受两个参数并返回一个空对象。从设计的角度来看，这意味着调用者可能立即从等待中释放，结果将在稍后发送给指定的 Consumer<>回调。

(2) 这是 OrdersService 声明。在点(2.1)，我们异步调用 ShoppingCardService 并继续处理。这样，当 ShoppingCardService 执行回调函数时，我们将能够继续执行实际的结果处理(2.2)。

现在，OrdersService 传递回调函数以便在操作结束时做出响应。这包含了一个事实，即 OrdersService 现在与 ShoppingCardService 实现了解耦，OrdersService 可以通过 ShoppingCardService#calculate 方法所实现（调用给定函数）的回调获取通知，这个过程可以是同步的也可以是异步的。

```
class SyncShoppingCardService implements ShoppingCardService {         // (1)
  public void calculate(Input value, Consumer<Output> c) {            //
    Output result = new Output();                                     //
    c.accept(result);                                                 // (1.1)
  }                                                                   //
}                                                                     //

class AsyncShoppingCardService implements ShoppingCardService {        // (2)
  public void calculate(Input value, Consumer<Output> c) {            //
    new Thread(() -> {                                                // (2.1)
      Output result = template.getForObject(...);                    // (2.2)
      ...                                                             //
      c.accept(result);                                              // (2.3)
    }).start();                                                       // (2.4)
  }                                                                   //
}                                                                     //
```

上述代码中的每个关键点解释如下。

(1) 这是 SyncShoppingCardService 类声明。该实现假定没有阻塞操作。由于我们没有执行 I/O 操作，因此可以通过将结果传递给回调函数(1.1)来立即返回结果。

(2) 这是 AsyncShoppingCardService 类声明。在这种场景下，当发生如(2.2)所示的阻塞 I/O 时，我们可以将它包装在单独的 Thread 中（见点(2.1)、点(2.4)）。获取结果之后，它将被处理并传递给回调函数。

该示例包含 ShoppingCardService 的同步实现，该实现保持同步边界，从 API 角度讲并不提供任何好处。而在异步的情况下，我们实现了异步边界，而请求将在单独的线程中执行。`OrdersService` 与执行过程进行解耦，并通过执行回调获取完成的通知。

　　该技术的优点是组件通过回调函数实时解耦。这意味着在调用 `scService.calculate` 方法之后，我们将能够立即继续执行其他操作，而无须等待 `ShoppingCardService` 的阻塞式响应。

　　该技术的缺点是，回调要求开发人员对多线程有深入的理解，以避免共享数据修改陷阱和回**调地狱**（callback hell）。

　　幸好，回调技术不是唯一的选择。另一个选择是 `java.util.concurrent.Future`，它在某种程度上隐藏了执行行为并解耦了组件。

```
interface ShoppingCardService {                          // (1)
    Future<Output> calculate(Input value);               //
}                                                        //

class OrdersService {                                    // (2)
    private final ShoppingCardService scService;         //
                                                         //
    void process() {                                     //
        Input input = ...;                               //
        Future<Output> future = scService.calculate(input);  // (2.1)
        ...                                              //
        Output output = future.get();                    // (2.2)
        ...                                              //
    }                                                    //
}                                                        //
```

带编号的代码解释如下。

　　(1) 这是 `ShoppingCardService` 接口声明。在这里，`calculate` 方法接受一个参数并返回 `Future`。`Future` 是一个类包装器，它使我们能检查是否有可用的结果，以及能否以阻塞的方式获取它。

　　(2) 这是 `OrdersService` 声明。在点(2.1)中，我们异步调用 `ShoppingCardService` 并接收 `Future` 实例。这样，我们能够在异步处理结果的同时继续处理其他操作。执行一些可以由 `ShoppingCardService#calculation` 独立完成的操作之后，我们得到结果。该结果既可能最终以阻塞等待的方式获取，也可能立即返回结果(2.2)。

　　正如上述代码所示，通过使用 `Future` 类，我们实现了对结果的延迟获取。在 `Future` 类的支持下，我们避免了回调地狱，并将实现多线程的复杂性隐藏在了特定 `Future` 实现的背后。无论如何，为了获得需要的结果，我们必须阻塞当前的线程并与外部执行进行同步，这显著降低了可伸缩性。

　　作为改进，Java 8 提供了 `CompletionStage` 以及它的直接实现 `CompletableFuture`。同

样，这些类提供了类似 promise 的 API，使构建如下代码成为可能。

```
interface ShoppingCardService {                              // (1)
   CompletionStage<Output> calculate(Input value);          //
}                                                            //

class OrdersService {                                        // (2)
   private final ComponentB componentB;                      //
   void process() {                                          //
      Input input = ...;                                     //
      componentB.calculate(input)                            // (2.1)
               .thenApply(out1 -> { ... })                   // (2.2)
               .thenCombine(out2 -> { ... })                 //
               .thenAccept(out3 -> { ... })                  //
   }                                                         //
}                                                            //
```

带编号的代码解释如下。

(1) 此处声明了 ShoppingCardService 接口。在这种场景下，calculate 方法接受一个参数并返回 CompletionStage。CompletionStage 是一个类似于 Future 的类包装器，但能以函数声明的方式处理返回的结果。

(2) 这是一个 OrdersService 声明。在点(2.1)中，我们异步调用 ShoppingCardService，并在执行产生结果时立即接收 CompletionStage。CompletionStage 的整体行为类似于 Future，但 CompletionStage 提供了一种流式 API，可以编写 thenAccept 和 thenCombine 等方法。这些方法定义了对结果的转换操作，然后 thenAccept 方法定义了最终消费者，用于处理转换后的结果。

在 CompletionStage 的支持下，我们可以编写函数式和声明式的代码，这些代码看起来很整洁，并且能够异步处理结果。此外，我们可以省略等待结果的过程，并提供在结果可用时对其进行处理的功能。此外，之前的所有技术都受到 Spring 团队的重视，并且已经在框架内的大多数项目中实现。尽管 CompletionStage 为编写高效且可读性强的代码提供了更好的可能性，但遗憾的是，其中存在一些遗漏点。例如，Spring 4 MVC 在很长时间内不支持 CompletionStage，为了弥补这一点，它提供了自己的 ListenableFuture。之所以发生这种情况，是因为 Spring 4 旨在与旧的 Java 版本兼容。让我们浏览一下 AsyncRestTemplate 的用法，以便了解如何使用 Spring 的 ListenableFuture。以下代码展示了我们如何结合使用 ListenableFuture 与 AsyncRestTemplate。

```
AsyncRestTemplate template = new AsyncRestTemplate();
SuccessCallback onSuccess = r -> { ... };
FailureCallback onFailure = e -> { ... };
ListenableFuture<?> response = template.getForEntity(
   "http://example.com/api/examples",
   ExamplesCollection.class
);
response.addCallback(onSuccess, onFailure);
```

1

上述代码展示了处理一个异步调用的回调风格。从本质上讲，这种通信方式是一种肮脏的黑客攻击，Spring 框架在一个单独的线程中包装了阻塞式网络调用。此外，Spring MVC 依赖于 Servlet API，这使所有实现都必须使用**线程单次请求**（thread-per-request）模型。

 随着 Spring 5 框架和新的响应式 WebClient 的发布，许多事情发生了变化，在 WebClient 的支持下，所有跨服务通信都不再是阻塞的。此外，Servlet 3.0 引入了异步客户端-服务器通信，Servlet 3.1 能对 I/O 进行非阻塞写入，并且 Servlet 3 的 API 的新异步非阻塞功能很好地集成到 Spring MVC 中。但是，Spring MVC 唯独没有提供一个开箱即用的异步非阻塞客户端，这一点使改进版 Servlet 带来的所有好处黯然失色。

这个模型非常不理想。要理解为什么这种技术效率低下，必须重新审视多线程的成本。一方面，多线程本质上是一种复杂的技术。当我们使用多线程时，必须考虑很多事情，例如从不同线程访问共享内存、线程同步、错误处理等。另一方面，Java 中的多线程设计假设一些线程可以共享一个 CPU，并同时运行它们的任务。CPU 时间能在多个线程之间共享的事实引入了**上下文切换**（context switching）的概念。这意味着后续要恢复线程，就需要保存和加载寄存器、存储器映射以及其他通常属于计算密集型操作的相关元素。因此，具有大量活动线程和少量 CPU 的应用方式将会效率低下。

同时，典型的 Java 线程在内存消耗方面有一定开销。在 64 位 Java 虚拟机上线程的典型栈大小为 1024 KB。一方面，尝试在**单连接线程**（thread per connection）模型中处理 64 000 个并发请求可能使用大约 64 GB 的内存。从业务角度来看，这可能代价高昂；从应用程序的角度来讲，这也是很严重的问题。另外，如果切换到具有有限大小的传统线程池和响应请求的预配置队列，那么客户端等待响应的时间会太长，不是太可靠，因为这增加了平均响应超时的现象，最后可能导致应用程序丧失即时响应性。

为此，响应式宣言建议使用非阻塞操作，但这是 Spring 生态系统缺少的。此外，Spring 也没有与 Netty 等响应式服务器进行良好集成，而这些响应式服务器解决了上下文切换的问题。

 术语**线程**指的是线程对象的已分配内存和线程栈的已分配内存。

值得注意的是，异步处理不仅限于简单的请求-响应模式，有时我们必须应对包含无限元素的数据流，并以具有背压支持的对齐转换流的方式处理它，如图 1-7 所示。

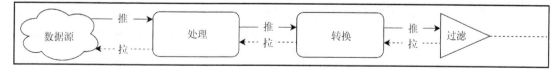

图 1-7　响应式管道示例

处理此类情况的方法之一是使用响应式编程，它通过链式转换阶段来提供异步事件处理技术。因此，响应式编程是一种很好的技术，符合响应式系统的设计要求。后面的章节中将介绍应用响应式编程来构建响应式系统的价值。

遗憾的是，响应式编程技术没有很好地集成在 Spring 框架中。这对构建现代应用程序形成了另一个限制，同时降低了框架的竞争力。因此，围绕响应式系统和响应式编程的火热炒作中提到的所有差距，扩大了对框架进行大规模改进的需求。最后，这种需求极大地促进了 Spring 框架的改进，促使开发者在所有级别添加响应性支持并为开发人员提供强大的响应式系统开发工具。框架的关键开发人员决定实现新模块，这些模块将展示 Spring 框架作为响应式系统开发基础的全部能力。

1.4   小结

本章强调了对当下经常提及的成本–效益 IT 解决方案的需求，描述了亚马逊等大公司为何以及如何难以在现有的云分布式环境中顺利推进旧架构模式。

本章还确立了对新架构模式和编程技术的要求，以满足不断增长的对便捷高效的智能数字服务的需求。通过响应式宣言，我们剖析并理解了"响应性"一词，并描述了弹性、回弹性和消息驱动方法为何以及如何有助于实现即时响应性，而这可能是数字时代的核心非功能性系统要求。当然，我们举例说明了响应式系统的优点，企业很容易利用它实现目标。

本章强调了作为架构模式的响应式系统与作为编程技术的响应式编程之间的明显区别，描述了这两种类型的响应性如何以及为何能够很好地协同工作，让我们能够创建高效、可靠的 IT 解决方案。

为了深入研究响应式 Spring 5，我们需要深入了解响应式编程基础，学习该技术的基本概念和模式。因此，下一章介绍响应式编程的基础知识、历史以及 Java 世界中的响应式环境。

第 2 章

Spring 响应式编程——基本概念

第 1 章解释了构建响应式系统的重要性以及响应式编程如何帮助我们构建响应式系统。本章将介绍一些已经存在于 Spring 框架中的工具集，还将通过探索 RxJava 库来学习响应式编程中重要的基本概念。RxJava 库是 Java 世界中的第一个响应式库，也是最有名的响应式库。

本章将介绍以下主题：

❑ 观察者模式；
❑ Spring 提供的发布–订阅（Publish-Subscribe）实现；
❑ 服务器发送事件；
❑ RxJava 的历史和基本概念；
❑ 弹珠图（marble diagram）；
❑ 通过应用响应式编程实现的业务案例；
❑ 响应式库的现状。

2.1 Spring 的早期响应式解决方案

前面提到，有很多模式和编程技术能够成为响应式系统的构建模块。例如，回调和 CompletableFuture 通常用于实现消息驱动架构。我们还提到响应式编程是构建响应式系统的主要候选方案。在更深入地探讨这个问题之前，我们需要找到已经使用多年的其他解决方案。

在第 1 章中，我们看到 Spring 4.x 引入了 ListenableFuture 类，它扩展了 Java Future，并且可以基于 HTTP 请求实现异步执行操作。遗憾的是，只有少数 Spring 4.x 组件支持新的 Java 8 CompletableFuture，后者引入了一些用于组合异步执行的简洁方法。

Spring 框架还提供了其他一些基础架构，它们对构建我们的响应式应用程序非常有用。下面来看看其中的一些功能。

2.1.1　观察者模式

为了改变现状，我们需要回想一个"古老"的、众所周知的设计模式，即**观察者模式**（Observer pattern）。这是 GoF（Gang of Four，四人组）提出的 23 个著名设计模式中的一个。乍一看，观察者模式似乎与响应式编程无关。但是，我们稍后将看到，经过一些小修改，它定义了响应式编程的基础。

 要了解有关 GoF 设计模式的更多信息，请参阅 Erich Gamma、Richard Helm、Ralph Johnson 和 John Vlissides 合著的《设计模式：可复用面向对象软件的基础》。

观察者模式拥有一个**主题**（subject），其中包含该模式的依赖者列表，这些依赖者被称为**观察者**（Observer）。主题通常通过调用自身的一个方法将状态变化通知观察者。在基于事件处理实现系统时，此模式至关重要。观察者模式是 MVC（模型–视图–控制器）模式的重要组成部分。因此，几乎所有 UI 库都在内部应用它。

为了简化这一点，让我们使用一个日常开发过程进行类比。我们可以将此模式应用于一个技术门户网站的新闻订阅。我们在自己感兴趣的网站上注册自己的电子邮件地址，然后网站会以简报的形式向我们发送通知，如图 2-1 所示。

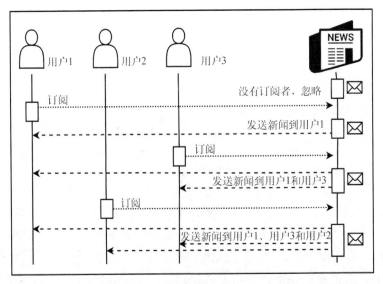

图 2-1　日常生活中的"观察者模式"：来自技术门户网站的新闻订阅

观察者模式可以在运行时注册对象之间的一对多依赖关系，在执行此操作的时候，它并不了解组件实现细节（为了类型安全，观察者可能知道传入事件的类型）。这导致即使应用程序的组成部分之间会主动交互，我们也能够对这些组成部分进行解耦。这种通信通常是单向的，有助于通过系统高效地分配事件，如图 2-2 所示。

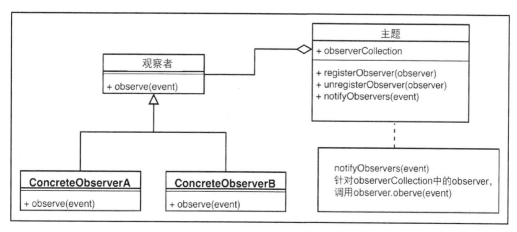

图 2-2　观察者模式 UML 类图

如图 2-2 所示，典型的观察者模式由 Subject 和 Observer 这两个接口组成。在这里，Observer 在 Subject 中注册并接受它的通知。Subject 既可以自己生成事件，也可以被其他组件调用。让我们用 Java 定义一个 Subject 接口：

```java
public interface Subject<T> {
    void registerObserver(Observer<T> observer);
    void unregisterObserver(Observer<T> observer);
    void notifyObservers(T event);
}
```

该泛型接口使用事件类型 T 进行参数化，从而提高了程序的类型安全性。它还包含管理订阅的方法（registerObserver、unregisterObserver 和 notifyObservers 方法），这些方法会触发事件广播。相应的 Observer 接口可能如下所示：

```java
public interface Observer<T> {
    void observe(T event);
}
```

Observer 是一个泛型接口，使用 T 类型进行参数化。同时，它只包含一个处理事件的 observe 方法。Observer 和 Subject 对彼此的了解仅限于这些接口中描述的内容。

Observer 接口的实现可能负责订阅过程，Observer 实例也可能根本不知道 Subject 的存在。在后一种情况下，第三方组件可能负责查找所有 Subject 实例和所有注册程序。例如，**依赖注入**（Dependency Injection）容器可能扮演类似的角色。它将使用@EventListener 注解和正确的签名扫描每个 Observer 的类路径。然后，它会将找到的组件注册到 Subject。

现在，让我们实现两个非常简单的**观察者**，它们只接收 String 消息并将消息打印到输出流。

```java
public class ConcreteObserverA implements Observer<String> {
    @Override
    public void observe(String event) {
```

```
            System.out.println("Observer A: " + event);
    }
}
public class ConcreteObserverB implements Observer<String> {
    @Override
    public void observe(String event) {
            System.out.println("Observer B: " + event);
    }
}
```

我们还需要编写 Subject<String> 的实现，它生成 String 事件，代码如下所示。

```
public class ConcreteSubject implements Subject<String> {
    private final Set<Observer<String>> observers =              // (1)
            new CopyOnWriteArraySet<>();

    public void registerObserver(Observer<String> observer) {
        observers.add(observer);
    }

    public void unregisterObserver(Observer<String> observer) {
        observers.remove(observer);
    }

    public void notifyObservers(String event) {                  // (2)
        observers.forEach(observer -> observer.observe(event));  // (2.1)
    }
}
```

正如可以从前面的例子中看到的那样，Subject 的实现包含了对接收通知感兴趣的观察者集合(1)。同时，在 registerObserver 和 unregisterObserver 方法的支持下，用户可以对 Set<Observer> 进行修改（订阅或取消订阅）。为了广播事件，Subject 用一个 notify-Observers 方法(2)遍历观察者列表并使用每个 Observer 的实际 event (2.1)调用 observe() 方法。为了在多线程场景中确保线程安全，我们使用 CopyOnWriteArraySet，这是一个线程安全的 Set 实现，它在每次 update 操作发生时都会创建元素的新副本。更新 CopyOnWriteArraySet 中的内容相对代价较高，当容器包含大量元素时尤为如此。但是，订阅者列表通常不会经常更改，因此对于线程安全的 Subject 实现来说，这是一个相当合理的选择。

2.1.2　观察者模式使用示例

现在，我们编写一个简单的 JUnit 测试，让其使用我们的类并展示它们如何一起工作。此外，在以下示例中，我们将使用 Mockito 库在**间谍模式**（Spies Pattern）支持下验证期望结果。

```
@Test
public void observersHandleEventsFromSubject() {
    // given
    Subject<String> subject = new ConcreteSubject();
    Observer<String> observerA = Mockito.spy(new ConcreteObserverA());
    Observer<String> observerB = Mockito.spy(new ConcreteObserverB());
```

```
// when
subject.notifyObservers("No listeners");

subject.registerObserver(observerA);
subject.notifyObservers("Message for A");

subject.registerObserver(observerB);
subject.notifyObservers("Message for A & B");

subject.unregisterObserver(observerA);
subject.notifyObservers("Message for B");

subject.unregisterObserver(observerB);
subject.notifyObservers("No listeners");

// then
Mockito.verify(observerA, times(1)).observe("Message for A");
Mockito.verify(observerA, times(1)).observe("Message for A & B");
Mockito.verifyNoMoreInteractions(observerA);

Mockito.verify(observerB, times(1)).observe("Message for A & B");
Mockito.verify(observerB, times(1)).observe("Message for B");
Mockito.verifyNoMoreInteractions(observerB);
}
```

通过运行上述测试用例，将生成以下输出。它展示了哪个 Observer 收到了哪些消息。

Observer A: Message for A
Observer A: Message for A & B
Observer B: Message for A & B
Observer B: Message for B

在不需要取消订阅的情况下，我们可以活用 Java 8 特性，用 lambda 替换 Observer 实现类。下面编写相应的测试用例：

```
@Test
public void subjectLeveragesLambdas() {
    Subject<String> subject = new ConcreteSubject();

    subject.registerObserver(e -> System.out.println("A: " + e));
    subject.registerObserver(e -> System.out.println("B: " + e));
    subject.notifyObservers("This message will receive A & B");
    ...
}
```

值得一提的是，当前的 Subject 实现基于 CopyOnWriteArraySet，而它并不是最高效的方法。但是，这种实现至少是**线程安全**的，这意味着我们可以在多线程环境中使用我们的 Subject。例如，当事件通过许多独立组件分发时这可能很有用，而这些组件通常在多个线程中运行（这在当下尤其有用，因为大多数应用程序不是单线程的）。线程安全问题和其他多线程问题将贯穿全书。

请记住，在有很多观察者处理明显延迟的事件（由下游处理引入）时，我们可以使用其他线程或**线程池**（thread pool）并行传播消息。基于这种处理方式可以得出 notifyObservers 方法的下一个实现：

```
private final ExecutorService executorService =
    Executors.newCachedThreadPool();

public void notifyObservers(String event) {
    observers.forEach(observer ->
            executorService.submit(
                    () -> observer.observe(event)
            )
    );
}
```

然而，一旦采用这些**改进**，我们就中了"自产自销"解决方案的陷阱，这些方案通常不是最高效的，并且很可能隐藏着 bug。例如，我们可能忘记限制线程池大小，并最终导致 OutOfMemoryError。在客户端请求任务调用的速度超过执行程序完成当前任务速度的情况下，草率地配置 Executor-Service 可能导致创建越来越多的线程。并且因为每个线程在 Java 中消耗大约 1 MB，所以典型的 JVM 应用程序有可能创建几千个线程来耗尽所有可用内存。

为了防止资源滥用，我们可以限制线程池大小并将应用程序的**活跃度**（liveness）属性设置为 violate。当所有可用线程试图将某些事件推送到同一个缓慢的 Observer 时，就会出现这种情况。在这里，我们只是初步暴露了可能发生的潜在问题。

因此，当需要支持多线程的 Observer 模式时，最好使用经过实战验证的库。

 在谈论**活跃度**时，我们指的是**并发计算**（concurrent computing）中的定义。该定义将其描述为一组需要并发系统才能发挥作用的属性，即使其执行组件可能必须进入临界部分。这最初由 Lasley Lamport 在 *Proving the Correctness of Multiprocess Programs* 中定义。

如果没有提到 Observer 和 Observable 类如何组成 java.util 包，那么本章对观察者模式的概述就是不完整的。这些类是用 JDK 1.0 发布的，已经很老了。如果查看源代码，会发现一个非常简单的实现，它与本章前面的实现非常相似。因为这些类是在 **Java 泛型**（Java generics）之前引入的，所以它们操作 Object 类型的事件，是类型不安全的。此外，这种实现效率不高，尤其是在多线程环境中。考虑到我们已经提到的内容（以上所有问题以及其他一些问题），这些类在 Java 9 中已被弃用，因此将它们用于新的应用程序是没有意义的。

当然，在开发应用程序时，我们可能使用观察者模式的手工自定义实现。这使我们能够对事件源和观察者进行解耦。但是，我们需要考虑许多对现代多线程应用程序至关重要的方面，包括错误处理、异步执行、线程安全、高性能需求等，这很麻烦。我们已经看到 JDK 附带的事件实现只能满足教学用途。因此，使用知名权威机构提供的成熟实现方案无疑会更好。

2.1.3 基于 @EventListener 注解的发布–订阅模式

如果开发软件需要一次又一次地重新实现相同的软件模式，那将非常尴尬。幸好，我们有 Spring 框架、大量有用的库和其他优秀的框架（Spring 不是唯一的框架）。众所周知，Spring 框架提供了软件开发所需的大部分构建组件。当然，在很长一段时间内，Spring 框架有自己的观察者模式实现，这被广泛用于跟踪应用程序的生命周期事件。从 Spring 4.2 开始，这种实现以及相关的 API 已进行了扩展，它不仅可以用于处理应用程序事件，还可以用于处理业务逻辑事件。同时，为了实现事件分发，Spring 现在为事件处理提供了 @EventListener 注解，为事件发布提供了 ApplicationEventPublisher 类。

这里需要澄清一点，即 @EventListener 和 ApplicationEventPublisher 实现了**发布–订阅模式**（Publish-Subscribe pattern），它可以被视为观察者模式的变体。

与观察者模式相反，在发布–订阅模式中，发布者和订阅者**不需要彼此了解**，如图 2-3 所示。

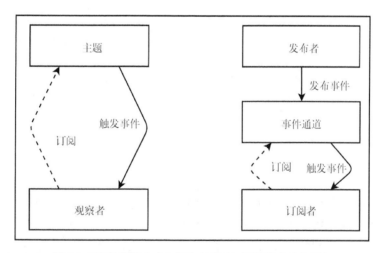

图 2-3 观察者模式（左侧）与发布–订阅模式（右侧）

发布–订阅模式在发布者和订阅者之间提供了额外的间接层。订阅者知道广播通知的事件通道，但通常不关心发布者的身份。此外，每个事件通道中可能同时存在几个发布者。图 2-3 应该有助于发现观察者模式和发布–订阅模式之间的区别。**事件通道**（event channel，也被称为消息代理或事件总线）可以额外过滤传入的消息并在订阅者之间分发它们。过滤和路由的执行可以基于消息内容或消息主题，也可以同时基于这两者。因此，**基于主题的系统**中的订阅者将接收发布到自身感兴趣主题的所有消息。

Spring 框架的 @EventListener 注解使应用基于主题和基于内容的路由成为可能。消息类型可以扮演主题的角色；condition 属性能够实现基于内容的路由事件处理，这种路由事件处理构建在 Spring 表达式语言（Spring Expression Language，SpEL）的基础之上。

有一个名为 MBassador 的流行的开源 Java 库，可以作为 Spring 发布–订阅模式
实现的替代方案。它的唯一目的是提供一个轻量级、高性能的事件总线，用于实
现发布–订阅模式。作者声称，MBassador 在提供高性能的同时节省了资源。
这是因为它对其他组件几乎没有依赖，并且对我们的应用程序设计没有限制。
此外，Guava 库提供了 EventBus 库，它实现了发布–订阅模式。

2.1.4　使用**@EventListener** 注解构建应用程序

为了在 Spring 框架中使用发布–订阅模式，我们先来做一个练习。假设我们想要实现一个简
单的 Web 服务，用于显示房间当前的温度。为此，我们设置一个温度传感器，它可以不时地将
当前的摄氏温度通过事件发送出来。虽然我们希望同时拥有移动端应用程序和 Web 应用程序，
但为了简洁起见，我们只实现了一个简单的 Web 应用程序。此外，由于与微控制器通信的问题
超出了本书的范围，我们将使用随机数生成器模拟温度传感器。

为了使应用程序遵循响应式设计，我们不能使用旧的拉模型进行数据获取。幸好，现在我们
有一些很好的协议可以用于从服务器到客户端的异步消息传播，即 WebSocket 和服务器发送事件
（ Server-Sent Events，SSE ）。在当前示例中，我们将使用后者。SSE 能使客户端从服务器接收自
动更新，通常用于向浏览器发送消息更新或连续数据流。随着 HTML5 的诞生，所有现代浏览器
都有一个名为 EventSource 的 JavaScript API，请求特定 URL 并接收事件流的客户端将会使用
它。在通信发生问题时，EventSource 默认自动连接。需要强调的是，SSE 是满足响应式系统
中组件之间通信需求的理想选择。本书将广泛使用 SSE 与 WebSocket。

1. 启动 Spring 应用程序

为了实现用例，我们会使用 Spring Web 和 Spring Web MVC 这两个众所周知的 Spring 模块。
我们的应用程序不会使用 Spring 5 的新功能，因此它的运行方式与 Spring 4.x 类似。为了简化开
发过程，我们将使用 Spring Boot，本节稍后将对此进行详细介绍。要启动我们的应用程序，我们
可以从 Spring Initializer 网站配置和下载 Gradle 项目。目前，我们需要为 Web 选择首选的 Spring Boot
版本和依赖项（ Gradle 配置中的实际依赖项标识符为 `org.springframework.boot:spring-`
`boot-starter-web`），如图 2-4 所示。

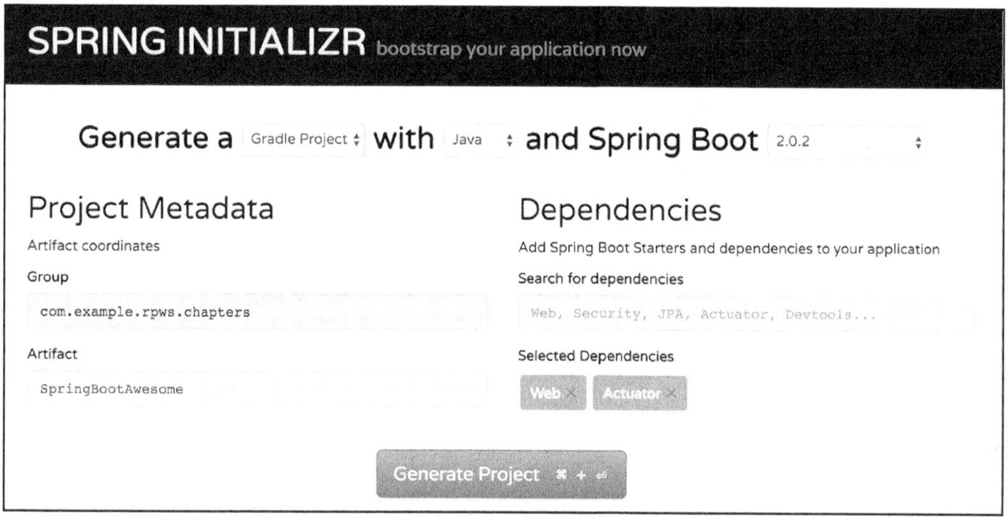

SPRING INITIALIZR bootstrap your application now

Generate a Gradle Project ⬍ with Java ⬍ and Spring Boot 2.0.2 ⬍

Project Metadata
Artifact coordinates

Group

com.example.rpws.chapters

Artifact

SpringBootAwesome

Dependencies
Add Spring Boot Starters and dependencies to your application

Search for dependencies

Web, Security, JPA, Actuator, Devtools...

Selected Dependencies

Web ✕　Actuator ✕

Generate Project ⌘ + ↵

图 2-4　基于 Web 的 Spring Initializer 简化了创建新 Spring Boot 应用程序的过程

另外，我们可以使用 cURL 和 Spring Boot Initializer 站点的 HTTP API 生成一个新的 Spring Boot 项目。以下命令将有效地创建和下载具有所有所需依赖项的空项目：

```
curl https://start.spring.io/starter.zip \
    -d dependencies=web,actuator \
    -d type=gradle-project \
    -d bootVersion=2.0.2.RELEASE \
    -d groupId=com.example.rpws.chapters \
    -d artifactId=SpringBootAwesome \
    -o SpringBootAwesome.zip
```

2. 实现业务逻辑

我们可以通过图 2-5 来概述系统的设计。

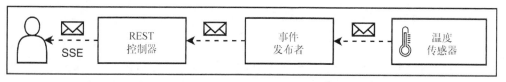

图 2-5　事件从温度传感器流向用户

在此用例中，领域模型将仅由 Temperature 类组成，该类仅包含 double 值。为简单起见，它还被用作事件对象，代码如下所示：

```
final class Temperature {
    private final double value;
    // 构造器和getter……
}
```

为了模拟传感器，让我们实现 `TemperatureSensor` 类，并使用@Component 注解来装饰它以便将其注册为一个 Spring bean，代码如下所示。

```
@Component
public class TemperatureSensor {
    private final ApplicationEventPublisher publisher;           // (1)
    private final Random rnd = new Random();                     // (2)
    private final ScheduledExecutorService executor =            // (3)
            Executors.newSingleThreadScheduledExecutor();

    public TemperatureSensor(ApplicationEventPublisher publisher) {
        this.publisher = publisher;
    }

    @PostConstruct
    public void startProcessing() {                              // (4)
        this.executor.schedule(this::probe, 1, SECONDS);
    }

    private void probe() {                                       // (5)
        double temperature = 16 + rnd.nextGaussian() * 10;
        publisher.publishEvent(new Temperature(temperature));
        // 在随机延迟 (0~5) 秒后调度下一次读取
        executor
          .schedule(this::probe, rnd.nextInt(5000), MILLISECONDS);  // (5.1)
    }
}
```

因此，我们的模拟温度传感器仅依赖于 Spring 框架提供的 `ApplicationEventPublisher` 类(1)。该类可以将事件发布到系统。我们需要一个随机数生成器(2)来设计一些随机间隔的温度。事件生成过程发生在单独的 `ScheduledExecutorService` (3)中，其中每个事件的生成都会为下一轮事件的生成调度一次随机延迟(5.1)。这些逻辑都定义在 `probe()` 方法(5)中。上述类中使用@PostConstruct (4)注解的 `startProcessing()` 方法，当 bean 准备就绪时，Spring 框架会调用该方法并触发整个随机温度值序列。

3. 基于 Spring Web MVC 的异步 HTTP

Servlet 3.0 中引入的异步支持扩展了在非容器线程中处理 HTTP 请求的能力。这样的功能对于长时间运行的任务非常有用。基于这些更新，在 Spring Web MVC 中，我们不仅可以返回@Controller 中定义的类型为 `T` 的值，还可以返回 `Callable <T>` 或 `DeferredResult <T>`。`Callable <T>` 可以在非容器线程内运行，但仍然是阻塞调用。相反，`DeferredResult <T>` 能通过调用 `setResult(T result)` 方法在非容器线程上生成异步响应，以便在事件循环中使用它。

从 4.2 版开始，Spring Web MVC 可以返回 `ResponseBodyEmitter`，其行为类似于 `DeferredResult`，但可以用于发送多个对象，其中每个对象与消息转换器（由 `HttpMessageConverter` 接口定义）的实例分开编写。

SseEmitter 扩展了 ResponseBodyEmitter, 可以根据 SSE 的协议需求为一个传入请求发送多个传出消息。除了 ResponseBodyEmitter 和 SseEmitter, Spring Web MVC 还关注 StreamingResponseBody 接口。从@Controller 返回时, 它使我们能异步发送原始数据 (有效负载字节)。StreamingResponseBody 可以非常方便地流式传输大型文件而不会阻塞 Servlet 线程。

4. 暴露 SSE 端点

下一步需要添加带有@RestController 注解的 TemperatureController 类, 这意味着该组件用于 HTTP 通信, 代码如下所示:

```
@RestController
public class TemperatureController {
    private final Set<SseEmitter> clients =           // (1)
        new CopyOnWriteArraySet<>();

    @RequestMapping(
        value = "/temperature-stream",               // (2)
        method = RequestMethod.GET)
    public SseEmitter events(HttpServletRequest request) {   // (3)
        SseEmitter emitter = new SseEmitter();        // (4)
        clients.add(emitter);                         // (5)

        // 在错误或断开链接时从客户端删除发射器
        emitter.onTimeout(() -> clients.remove(emitter));     // (6)
        emitter.onCompletion(() -> clients.remove(emitter));  // (7)
        return emitter;                               // (8)
    }
    @Async                                            // (9)
    @EventListener                                    // (10)
    public void handleMessage(Temperature temperature) {   // (11)
        List<SseEmitter> deadEmitters = new ArrayList<>();  // (12)
        clients.forEach(emitter -> {
            try {
                emitter.send(temperature, MediaType.APPLICATION_JSON);  // (13)
            } catch (Exception ignore) {
                deadEmitters.add(emitter);            // (14)
            }
        });
        clients.removeAll(deadEmitters);              // (15)
    }
}
```

现在, 为了理解 TemperatureController 类的逻辑, 我们需要描述 SseEmitter。Spring Web MVC 提供该类的唯一目的是发送 SSE 事件。当请求–处理方法返回 SseEmitter 实例时, 实际的请求处理过程将一直持续下去, 直到 SseEmitter.complete()方法被调用、发生错误或超时。

TemperatureController 为 /temperature-stream (2)这一 URI 提供一个请求处理程序
(3)并返回 SseEmitter (8)。在客户端请求 URI 的场景下，我们创建并返回新的 SseEmitter 实
例(4)，同时将该实例注册到先前的活动 clients 列表中(5)。此外，SseEmitter 构造函数可以
使用 timeout 参数。

对于 clients 集合，我们可以使用 java.util.concurrent 包(1)中的 CopyOnWriteArraySet
类。这样的实现使我们能在修改列表的同时执行迭代操作。当一个 Web 客户端打开新的 SSE 会
话时，我们将新的发射器添加到 clients 集合中。SseEmitter 在完成处理或已达到超时(6)(7)
时，会将自己从 clients 列表中删除。

现在，与客户端建立通信渠道意味着我们需要能够接收有关温度变化的事件。为此，我们的
类中包含一个 handleMessage()方法(11)。它使用@EventListener 注解进行修饰，以便从
Spring 接收事件。Spring 框架仅在接收到 Temperature 事件时才会调用 handleMessage()方
法，因为该方法的参数是 temperature 对象。@Async 注解(9)将方法标记为**异步执行的候选方**
法，因此它将在手动配置的线程池中被调用。handleMessage()方法接收一个新的温度事件，
并把每个事件并行地以 JSON 格式异步发送给所有客户端(13)。此外，当发送到各个发射器时，
我们跟踪所有发生故障的发射器(14)并将其从活动 clients 列表中删除(15)。这种方法使我们可
以发现不运作的客户端。不幸的是，SseEmitter 没有为处理错误提供任何回调，只能通过处理
send()方法抛出的错误来完成错误处理。

5. 配置异步支持

要运行所有内容，需要使用包含以下自定义方法的应用程序入口：

```
@EnableAsync                                                          // (1)
@SpringBootApplication                                               // (2)
public class Application implements AsyncConfigurer {
    public static void main(String[] args) {
        SpringApplication.run(Application.class, args);
    }

    @Override
    public Executor getAsyncExecutor() {                             // (3)
        ThreadPoolTaskExecutor executor = new ThreadPoolTaskExecutor();  // (4)
        executor.setCorePoolSize(2);
        executor.setMaxPoolSize(100);
        executor.setQueueCapacity(5);                               // (5)
        executor.initialize();
        return executor;
    }

    @Override
    public AsyncUncaughtExceptionHandler getAsyncUncaughtExceptionHandler(){
        return new SimpleAsyncUncaughtExceptionHandler();          // (6)
    }
}
```

可以看到，该示例是一个 Spring Boot 应用程序(2)，其中由 @EnableAsync 注解(1)启用了异步执行功能。在这里，我们可以为异步执行引发的异常配置异常处理程序(6)。这也是我们为异步处理准备 Executor 的地方。在我们的例子中，我们使用包含两个核心线程的 ThreadPool-TaskExecutor，可以将核心线程增加到一百个。重要的是要注意，如果没有正确配置队列容量(5)，线程池就无法增长。这是因为程序将转而使用 SynchronousQueue，而这限制了并发。

6. 构建具有 SSE 支持的 UI

为了完成我们的用例，需要做的最后一件事是完成一个 HTML 页面，页面中应包含一些与服务器通信的 JavaScript 代码。为了简单起见，我们将去除所有 HTML 标记，只留下获取结果所需的最简代码，如下所示：

```
<body>
<ul id="events"></ul>
<script type="application/javascript">
function add(message) {
    const el = document.createElement("li");
    el.innerHTML = message;
    document.getElementById("events").appendChild(el);
}

var eventSource = new EventSource("/temperature-stream");       // (1)
eventSource.onmessage = e => {                                  // (2)
    const t = JSON.parse(e.data);
    const fixed = Number(t.value).toFixed(2);
    add('Temperature: ' + fixed + ' C');
}
eventSource.onopen = e => add('Connection opened');            // (3)
eventSource.onerror = e => add('Connection closed');          //
</script>
</body>
```

这里，我们使用指向 /temperature-stream (1)的 EventSource 对象。它通过调用 onmessage()函数(2)、错误处理，以及响应流的打开操作处理传入的消息，而这些操作都以相同的方式完成(3)。我们可以将此页面保存为 index.html 并将其放在项目的 src/main/resources/static/文件夹中。默认情况下，Spring Web MVC 会通过 HTTP 提供文件夹的内容。通过提供扩展 WebMvcConfigurerAdapter 类的配置，可以改变这类行为。

7. 验证应用程序功能

在重新构建和完成应用程序的启动之后，我们应该能够在浏览器中打开以下地址访问网页：http://localhost:8080（Spring Web MVC 使用端口 8080 作为 Web 服务器的默认设置。但是，可以使用配置行 server.port=9090 在 application.properties 文件中进行更改）。几秒后，我们会看到以下输出：

```
Connection opened
Temperature: 14.71 C
Temperature: 9.67 C
Temperature: 19.02 C
Connection closed
Connection opened
Temperature: 18.01 C
Temperature: 16.17 C
```

我们可以看到，该网页响应式地接收事件，同时节省客户端资源和服务器资源。它还支持在网络发生问题或超时的情况下自动重新连接。由于当前的解决方案不是 JavaScript 独有的，因而我们可能与其他客户端连接，例如 curl。通过在终端中运行如下命令，我们收到以下包含未格式化的事件的原始流数据：

```
> curl http://localhost:8080/temperature-stream
data:{"value":22.33210856124129}
data:{"value":13.83133638119636}
```

8. 解决方案的问题

此时，我们可能因为只使用几十行代码（包括 HTML 和 JavaScript）实现了具有回弹性的响应式应用程序而感到自豪。但是，目前的解决方案存在一些问题。首先，我们使用了 Spring 提供的发布-订阅基础结构。在 Spring 框架中，这种机制最初是为处理应用程序生命周期事件而引入的，它并不适用于高负载、高性能的场景。当我们需要数千甚至数百万个独立的流而不是一个温度数据流时，会发生什么？Spring 的实现是否能够有效地处理这样的负载？

此外，这种方法的一个重要缺点在于，我们使用内部 Spring 机制来定义和实现业务逻辑。这导致框架中的一些微小变化可能破坏应用程序。同时，如果不运行应用程序上下文，就很难对我们的业务规则进行单元测试。正如第 1 章解释的那样，如果一个应用程序中包含许多用 @EventListener 注解修饰的方法，那么我们可以合理地认为，其整个工作流程无法使用一个明确的脚本在一段简洁的代码中描述。

此外，SseEmitter 有关于错误和流结尾的概念，而 @EventListener 没有。因此，为了表示流的结束或组件之间的错误，必须定义一些特殊对象或类层次结构，并且我们很容易忘记处理它们。而且，这些特定标记在不同场景下可能具有略微不同的语义，这使解决方案复杂化并降低了这种处理方式的吸引力。

另一个值得强调的缺点是我们需要分配线程池用于异步广播温度事件。如果使用真正的异步和响应式方法（框架），我们就不必这样做。

我们的温度传感器只生成一个事件流，而不考虑有多少客户端在监听。但是，当没有客户端在监听时，温度传感器也会创建事件流。这可能导致资源浪费，因为创建动作需要消耗较大资源。例如，我们的组件可能与真实硬件通信，这就会缩短硬件寿命。

　　为了解决以上所有问题以及其他问题，我们需要一个专门为此目的而设计的响应式库。幸好，我们有一些这样的响应式库。我们将关注 RxJava，它是第一个被广泛应用的响应式库，改变了我们使用 Java 构建响应式应用程序的方式。

2.2　使用 RxJava 作为响应式框架

　　有一段时间，Java 平台上有一个用于响应式编程的**标准库**，即 RxJava 1.x[1]。正如我们今天在 Java 世界中知道的那样，该库为响应式编程铺平了道路。目前，它不是唯一的响应式库，我们还有 Akka Streams 和 Project Reactor。后者将在第 4 章详细介绍。因此，目前我们有一些选择余地。此外，随着 2.x 版的发布，RxJava 本身发生了很大的变化。

　　但是，为了理解响应式编程的最基本概念及其背后的原理，我们将只专注于 RxJava 最根本的部分，即 API。这些 API 从该库的早期版本以来就没有改变。本节中的所有示例都同时适用于 RxJava 1.x 和 RxJava 2.x。

　　为了使用户能在一个应用程序类路径中同时使用两个版本，RxJava 2.x 和 RxJava 1.x 具有不同的组 ID（`io.reactivex.rxjava2` 与 `io.reactivex`）和命名空间（`io.reactivex` 与 `rx`）。

> 虽然 RxJava 1.x 的生命周期结束于 2018 年 3 月，但它仍然被用于很多库和应用程序，这主要是因为该版本被长期而广泛地采用。

　　RxJava 库是 Reactive Extensions（响应式扩展，也称为 ReactiveX）的 Java 虚拟机实现。Reactive Extensions 是一组工具，能用命令式语言处理数据流，无论该流是同步的还是异步的。ReactiveX 通常被定义为观察者模式、迭代器模式和函数式编程的组合。

　　响应式编程似乎很难（特别是当我们从命令式世界开始接触它时），但它主要的想法实际上是直截了当的。在这里，我们将学习 RxJava 的基础知识，因为 RxJava 是迄今为止应用最广泛的响应式库。本节不会深入介绍全部细节，而会尝试介绍响应式编程的所有核心概念。

2.2.1　观察者加迭代器等于响应式流

　　本章已经讨论了很多关于观察者模式的内容，它为我们提供了一张清晰分离的**生产者**（Producer）事件和**消费者**（Consumer）事件视图。我们来回顾一下该模式定义的接口，代码如下所示：

```
public interface Observer<T> {
    void notify(T event);
}
```

---

① 更多 RxJava 的内容可参阅由人民邮电出版社出版的《RxJava 反应式编程》（ISBN：9787115524003）一书。

——编者注

```
public interface Subject<T> {
    void registerObserver(Observer<T> observer);
    void unregisterObserver(Observer<T> observer);
    void notifyObservers(T event);
}
```

如上例所示，虽然这种方法对于无限数据流很有吸引力，但是能够发出数据流结束信号会很棒。此外，我们不希望生产者在消费者出现之前生成事件。在同步世界中，有一个设计模式可以用于这一场景，即**迭代器**（Iterator）模式。我们可以使用以下代码来描述该模式：

```
public interface Iterator<T> {
    T next();
    boolean hasNext();
}
```

为了逐个获取元素，Iterator 提供了 next() 方法，并且它还可以通过 hasNext() 方法返回 false 值，从而发出序列结束的信号。那么如果我们试图将这个想法与观察者模式提供的异步执行进行混合，会发生什么？结果如下所示：

```
public interface RxObserver<T> {
    void onNext(T next);
    void onComplete();
}
```

虽然 RxObserver 非常类似于 Iterator，但它不是调用 Iterator 的 next() 方法，而是通过 onNext() 回调将一个新值通知到 RxObserver。这里不是检查 hasNext() 方法的结果是否为正，而是通过调用 onComplete() 方法通知 RxObserver 流的结束。这很好，但是错误如何处理呢？因为 Iterator 可能在处理 next() 方法时抛出 Exception，所以如果有一个从生产者到 RxObserver 的错误传播机制会很棒。让我们为此添加一个特殊的回调，即 onError()。因此，最终解决方案如下所示：

```
public interface RxObserver<T> {
    void onNext(T next);
    void onComplete();
    void onError(Exception e);
}
```

能走到这一步是因为我们刚刚设计了一个 Observer 接口，这是 RxJava 的基本概念。此接口定义了数据如何在响应式流的每个部分之间进行流动。作为库的最小组成部分，Observer 接口随处可见。RxObserver 类似于前面介绍的观察者模式中的 Observer。

Observable 响应式类是观察者模式中 Subject 的对应类。因此，Observable 扮演事件源的角色，它会发出元素。它有数百种流转换方法以及几十种初始化响应式流的工厂方法。

Subscriber 抽象类不仅实现 Observer 接口并消费元素，还被用作 Subscriber 的实际实现的基础。Observable 和 Subscriber 之间的运行时关系由 Subscription 控制，

`Subscription` 可以检查订阅状态并在必要时取消它。这种关系如图 2-6 所示。

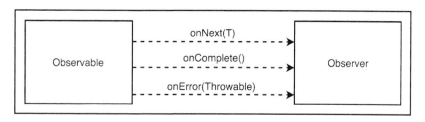

图 2-6　Observable-Observer 契约

　　RxJava 定义了有关发送元素的规则，使 `Observable` 能发送任意数量的元素（包括零个）。然后它通过声明成功或引发错误来指示执行结束。因此，`Observable` 会为与它关联的每个 `Subscriber` 多次调用 `onNext()`，然后再调用 `onComplete()` 或 `onError()`（但不能同时调用两者）。所以在 `onComplete()` 或 `onError()` 之后调用 `onNext()` 是不可行的。

2.2.2　生产和消费流数据

　　现在，我们应该对 RxJava 库有了足够的了解并能够创建第一个小应用程序。让我们定义一个由 `Observable` 类表示的流。目前，我们可以假设 `Observable` 是一种知道如何在订阅时为订阅者传播事件的生成器：

```
Observable<String> observale = Observable.create(
   new Observable.OnSubscribe<String>() {
      @Override
      public void call(Subscriber<? super String> sub) {        // (1)
         sub.onNext("Hello, reactive world!");                   // (2)
         sub.onCompleted();                                      // (3)
      }
   }
);
```

　　所以，在这里我们创建一个 `Observable` 并使其带有一个回调，该回调将在订阅者出现时立即被触发(1)。此时，`Observer` 将产生一个字符串值(2)，并将流的结束信号发送给订阅者(3)。我们还可以使用 Java 8 lambda 改进此代码：

```
Observable<String> observable = Observable.create(
   sub -> {
      sub.onNext("Hello, reactive world!");
      sub.onCompleted();
   }
);
```

　　与 Java StreamAPI 相比，`Observable` 是可重用的，而且每个订阅者都将在订阅之后立即收到 `Hello, reactive world!` 事件。

注意，从 RxJava 1.2.7 开始，Observable 的创建已因不安全而被弃用。这是因为它可能生成太多元素，导致订阅者超载。换句话说，这种方法不支持背压。背压是稍后将详细研究的概念。但是，为了进行入门介绍，该代码仍然有效。

所以，现在我们需要一个 Subscriber，代码如下所示：

```java
Subscriber<String> subscriber = new Subscriber<String>() {
    @Override
    public void onNext(String s) {                        // (1)
        System.out.println(s);
    }

    @Override
    public void onCompleted() {                           // (2)
        System.out.println("Done!");
    }
    @Override
    public void onError(Throwable e) {                    // (3)
        System.err.println(e);
    }
};
```

可以看到，Subscriber 必须实现 Observer 方法并定义对新事件(1)、流完成(2)和错误(3)的响应。现在，请将 observable 和 subscriber 实例串接在一起：

```java
observable.subscribe(subscriber);
```

运行上述代码，程序会生成以下输出：

Hello, reactive world!
Done!

万岁！我们刚刚编写了一个小而简单的响应式 Hello-World 应用程序！我们还可以使用 lambda 重写此示例，代码如下所示：

```java
Observable.create(
    sub -> {
        sub.onNext("Hello, reactive world!");
        sub.onCompleted();
    }
).subscribe(
    System.out::println,
    System.err::println,
    () -> System.out.println("Done!")
);
```

RxJava 库为创建 Observable 实例和 Subscriber 实例提供了很大的灵活性。我们可以使用 just 来引用元素、使用旧式数组，或者使用 from 通过 Iterable 集合来创建 Observable 实例，代码如下所示：

```java
Observable.just("1", "2", "3", "4");
Observable.from(new String[]{"A", "B", "C"});
Observable.from(Collections.emptyList());
```

我们也可以引用 Callable (1)，甚至 Future (2)，代码如下所示：

```
Observable<String> hello = Observable.fromCallable(() ->"Hello ");        // (1)
Future<String> future =
        Executors.newCachedThreadPool().submit(() -> "World");
Observable<String> world = Observable.from(future);                       // (2)
```

此外，除了简单的创建功能，我们还可以通过组合其他 Observable 实例来创建 Observable 流，这可以轻松实现非常复杂的工作流。例如，每个传入流的 concat() 操作符会通过将每个数据项重新发送到下游观察者的方式来消费所有数据项。然后，传入流将被处理，直到发生终止操作(onComplete(), onError())，并且其处理顺序会与 concat() 方法中参数的顺序保持一致。以下代码展示了 concat() 用法的示例：

```
Observable.concat(hello, world, Observable.just("!"))
    .forEach(System.out::print);
```

这里，作为几个 Observable 实例（使用不同来源）直接组合的一部分，我们还使用 Observable.forEach() 方法以类似于 Java 8 Stream API 的方式遍历结果。这样的程序生成以下输出：

Hello World!

 请注意，虽然不为异常定义处理程序很方便，但在发生错误的情况下，默认的 Subscriber 实现仍会抛出 rx.exceptions.OnErrorNotImplementedException。

2.2.3　生成异步序列

RxJava 不仅可以生成一个未来的事件，还可以基于时间间隔等生成一个异步事件序列，示例代码如下所示：

```
Observable.interval(1, TimeUnit.SECONDS)
    .subscribe(e -> System.out.println("Received: " + e));
Thread.sleep(5000);                                                       //(1)
```

在这种情况下，输出如下：

Received: 0
Received: 1
Received: 2
Received: 3
Received: 4

此外，如果删除 Thread.sleep(...)(1)，那么应用程序将在不输出任何内容的情况下退出。发生这种情况是因为生成事件并进行消费的过程发生在一个单独的守护线程中。因此，为了防止主线程完成执行，我们可以调用 sleep() 方法或执行一些其他有用的任务。

当然，有一些东西可以控制观察者–订阅者协作。这就是 Subscription，该接口声明如下：

```
interface Subscription {
    void unsubscribe();
    boolean isUnsubscribed();
}
```

unsubscribe()方法能让 Subscriber 通知 Observable 不需要再发送新事件。换句话说，上述方法代表的是订阅取消。另外，Observable 使用 isUnsubscribed()来检查 Subscriber 是否仍在等待事件。

为了便于理解前面提到的取消订阅功能，请假设这种情况：订阅者是唯一对事件感兴趣的一方，并且订阅者会消费它们直到 CountDawnLatch (1)发出一个外部信号。传入流每 100 毫秒生成一个新事件，而这些事件会产生无限序列，即 0，1，2，3...(3)。以下代码不仅演示了在定义响应式流时如何获取一个 Subscription (2)，还展示了如何取消对流的订阅(4)。

```
CountDownLatch externalSignal = ...;                           // (1)

Subscription subscription = Observable                         // (2)
        .interval(100, MILLISECONDS)                           // (3)
        .subscribe(System.out::println);

externalSignal.await();
subscription.unsubscribe();                                    // (4)
```

所以，订阅者在此处接收事件 0，1，2，3，之后，externalSignal 调用发生，这会导致订阅取消。

此时，我们已经了解到，响应式编程包含一个 Observable 流、一个 Subscriber，以及某种 Subscription。该 Subscription 会传达 Subscriber 从 Observable 生产者处接收事件的意图。现在，是时候对流过响应式流的数据进行转换了。

2.2.4　流转换和弹珠图

即使仅使用 Observable 和 Subscriber 也可以实现大量工作流程，但 RxJava 的整体功能仍隐藏在它的操作符中。操作符用于调整流的元素或更改流结构本身。虽然 RxJava 为几乎所有可能的场景提供了大量的操作符，但是本书不会研究所有操作符。本节将介绍最常用和最基础的操作符，因为大多数其他操作符只是这些基本操作符的组合。

1. map 操作符

毫无疑问，RxJava 中最常用的操作符是 map，它具有以下签名：

```
<R> Observable<R> map(Func1<T, R> func)
```

上述方法声明意味着 func 函数可以将 T 对象类型转换为 R 对象类型，并且应用 map 将 Observable<T>转换为 Observable<R>。但是，特别是当操作符正在进行复杂的转换时，签名有时不能很好地描述操作符的行为。为了解决这个问题，人们发明了**弹珠图**（marble diagram）。

弹珠图能将流转换以可视化方式呈现出来。它们对于描述操作符的行为非常有效，因而在 Javadoc 中，几乎所有 RxJava 操作符都包含带有弹珠图的图片。map 操作符的弹珠图如图 2-7 所示。

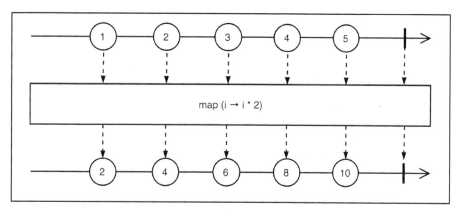

图 2-7 map 操作符：通过对每个数据项应用函数来转换 Observable 发出的数据

从图 2-7 中可以清楚地看出，map 执行一对一的转换。此外，输出流具有与输入流相同数量的元素。

2. `filter` 操作符

与 map 操作符相比，filter 操作符所产生的元素可能少于它所接收的元素。它只发出那些已成功通过谓词测试的元素，如图 2-8 所示。

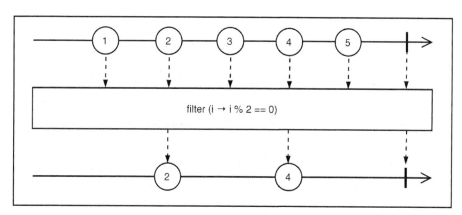

图 2-8 filter 操作符：仅发出通过谓词测试的 Observable 中的数据项

3. `count` 操作符

count 操作符自描述性很强，它发出的唯一值代表输入流中的元素数量。但是，count 操作符只在原始流结束时发出结果，因此，在处理无限流时，count 操作符将不会完成或返回任何内容，如图 2-9 所示。

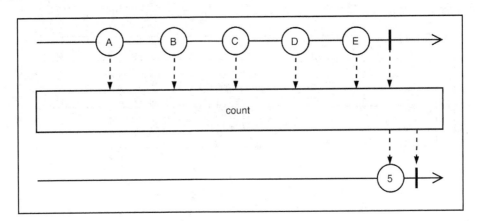

图 2-9　Count 操作符：计算 Observable 源发出的数据项数，并仅发出该值

4. zip 操作符

我们将学习的另一个操作符是 zip。该操作符具有更复杂的行为，因为它会通过应用 zip 函数来组合来自两个并行流的值。它通常用于填充数据，且特别适用于部分预期结果从不同源获取的情况，如图 2-10 所示。

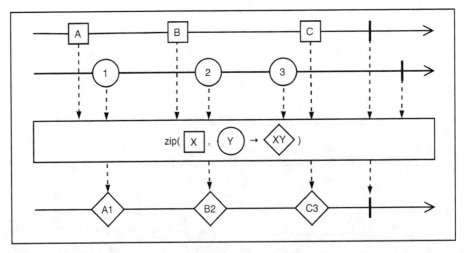

图 2-10　zip 操作符：通过指定的函数将多个 Observable 发送的元素组合在一起，
并根据此函数的结果为每个组合发出单个数据项

这里，Netflix 使用 zip 操作符在流式传输推荐视频列表时组合电影描述、电影海报和电影评级。但是，为了简单起见，我们只 zip 两个字符串流，代码如下所示：

```
Observable.zip(
  Observable.just("A", "B", "C"),
  Observable.just("1", "2", "3"),
  (x, y) -> x + y
).forEach(System.out::println);
```

正如图 2-10 所示，上述代码从两个流中逐个连接元素，并生成以下控制台输出：

A1
B2
C3

若想了解有关响应式编程中常用操作符（不仅仅是在 RxJava 中）的更多信息，请访问
http://rxmarbles.com。该站点包含反映实际操作符行为的交互式图表。同样，交互式 UI 使我们能
根据每个事件在流中出现的顺序和时间来将事件的转换可视化。请注意，该站点本身是使用 RxJS
库构建的，而该库是 RxJava 在 JavaScript 世界中的对应物。

前文提到，RxJava 的 `Observable` 提供了数十个流转换操作符并涵盖了大量使用场景。
RxJava 不限制开发人员使用库提供的操作符以外的操作符。我们也可以通过实现从 `Observable.`
`Transformer<T,R>`派生的类来编写自定义操作符。通过应用 `Observable.compose(transformer)`
操作符，我们可以将这样的操作符逻辑包括在工作流中。本章不会深入研究操作符的构建理论或
构建实践，后面的章节将介绍这方面的部分内容。到目前为止，本章已经证明，RxJava 提供了一
套强大的工具来构建复杂的异步工作流程。这些工作流程的构建主要受我们的想象力而不是库本
身的限制。

2.2.5　RxJava 的先决条件和优势

通过 RxJava，我们已经熟悉了响应式编程的基础知识。虽然不同响应库的 API 可能稍有差
异，其实现细节也可能略显多样，但其基本概念保持不变，即订阅者订阅可观察流，该流又反过
来触发事件生成的异步过程。在生产者和订阅者之间通常存在一些订阅信息，这些信息使打破生
产者–消费者关系成为可能。这种方式非常灵活，并使我们可以控制生产和消费的事件数量，节
省 CPU 时间（CPU 时间通常会浪费在创建永远不会用到的数据上）。

为了证明响应式编程提供了节省资源的能力，请假设我们需要实现一个简单的内存搜索引擎
服务。该服务应该返回一个 URL 集合，其中的 URL 链接到包含了所需短语的文档。通常，客户
端应用程序（Web 或移动应用程序）也会传入一些限制条件，例如有效结果的最大返回量。如果
没有响应式编程，我们可能使用以下 API 设计此类服务：

```
public interface SearchEngine {
    List<URL> search(String query, int limit);
}
```

正如我们可能从接口中注意到的那样，我们的服务执行 `search` 操作，收集 `limit` 个结果，
并将它们放入 `List` 中，然后返回给客户端。在前面的场景中，即使有人在绘制结果的 UI 上只

选择了第一个或第二个结果，服务的客户端也会收到整个结果集。在这种情况下，虽然我们的服务做了很多工作，客户端也已经等了很长时间，客户端却忽略了大部分结果。这无疑是一种资源浪费。

然而，我们可以做得更好，通过遍历结果集来对搜索结果进行处理。因此，只要客户端继续消费它们，服务器就会搜索下一个结果项。通常，服务器的搜索过程不是针对每一行，而是针对某些固定大小（比方说 100 项）的存储桶。这种方法称为**游标**（cursor），通常用在数据库中。在客户端，结果游标以**迭代器**的形式表示。以下代码展示了我们改进之后的服务 API：

```
public interface IterableSearchEngine {
    Iterable<URL> search(String query, int limit);
}
```

迭代器的唯一缺点是，客户端的线程在主动等待新的数据时会产生阻塞。这对于 Android UI 线程来说将是一场灾难。当新结果到来时，搜索服务正在等待 next()调用。换句话说，客户端和服务正在通过 Iterable 接口"打乒乓球"。然而，这种交互方式虽然有时候是可以接受的，但在大多数情况下，该交互方式效率不高，不足以构建高性能应用程序。

此外，我们的搜索引擎可以返回 CompletableFuture 以构建异步服务。在这种情况下，客户端线程可以做一些有用的事情，而不会搅乱搜索请求，因为服务会在结果到达时立即执行回调。但是在这里我们同样要么收到全部结果，要么收不到结果，因为 CompletableFuture 只能包含一个值，即使所包含的值是一个结果列表，也是如此。代码如下所示：

```
public interface FutureSearchEngine {
    CompletableFuture<List<URL>> search(String query, int limit);
}
```

通过使用 RxJava，我们将改进解决方案，达成异步处理并获得对每个到达事件做出响应的能力。此外，我们的客户端可以随时取消订阅（即 unsubscribe()），减少搜索服务处理过程中所需完成的工作量，代码如下所示：

```
public interface RxSearchEngine {
    Observable<URL> search(String query);
}
```

通过使用这种方法，我们正在大幅增强应用程序的即时响应性。即使客户端尚未收到所有结果，它也可以处理已经到达的部分。作为人类，我们不喜欢等待结果。相反，我们重视 Time To First Byte（网络请求被发起到从服务器接收到第一个**字节**的这段时间）或 Critical Rendering Path（关键渲染路径）指标。在这些场景下，响应式编程并不比传统方法差，并且通常会带来更好的结果。

正如我们之前看到的，RxJava 使以更加通用和灵活的方式异步组合数据流成为可能。同样，我们可以将旧式同步代码包装到异步工作流中。要管理慢速 Callable 的实际执行线程，可以使用 subscriberOn(Scheduler)操作符。该操作符定义启动流处理的 Scheduler（Java 中

ExecutorService 的响应式对应类）。第 4 章将介绍线程调度。以下代码演示了这样一个应用场景：

```
String query = ...;
Observable.fromCallable(() -> doSlowSyncRequest(query))
   .subscribeOn(Schedulers.io())
   .subscribe(this::processResult);
```

当然，使用这种方法，我们不能依赖于一个线程来处理整个请求。我们的工作流可以从一个线程开始，然后迁移到少数其他线程，最后在完全不同的、新创建的线程中完成处理。必须强调的是，采用这种方法对可变对象有害，唯一合理的策略是采用**不变性**（immutability）。不变性不是一个新概念，它是**函数式编程**（functional programming）的核心原则之一。对象一旦被创建，就不会更改。这样一条简单的规则可以防止并行应用程序中可能出现的一大类问题。

在 Java 8 引入 lambda 之前，人们很难充分利用好响应式编程以及函数式编程的力量。如果没有 lambda，人们就必须创建许多匿名类或内部类，这些类会污染应用程序代码，并且它们创建的样板代码多于有效代码。在 RxJava 创建之初，尽管速度很慢，但 Netflix 仍广泛使用 Groovy 进行开发，这主要是因为 Groovy 支持 lambda。这促使我们得出结论，成功和愉快地使用响应式编程需要一些功能，而这些功能是一等公民①。幸好，这对 Java 来说不再是问题。即使在 Android 平台上，诸如 Retrolambda 之类的项目也提供了对旧 Java 版本的 lambda 支持。

2.2.6 使用 RxJava 重建我们的应用程序

为了了解 RxJava，让我们用 RxJava 重写之前编写的温度传感器应用程序。要在应用程序中使用 RxJava 库，就要添加以下依赖项到 build.gradle 文件：

```
compile('io.reactivex:rxjava:1.3.8')
```

在这里，我们使用相同的类来表示当前温度，代码如下所示：

```
final class Temperature {
   private final double value;
   // 构造器和 getter
}
```

1. 实现业务逻辑

TemperatureSensor 类先前已将事件发送到 Spring ApplicationEventPublisher，而现在它应该返回带有 Temperature 事件的响应式流。TemperatureSensor 的响应式实现如下所示：

---

① 在计算机编程世界中，一等公民（first-class citizen）指的是支持其他实体所有操作的实体，即一种基础性的对象或组件。对此，业界还有 first-class object、first-class entity 或 first-class value 等叫法。本书统一将其译为一等公民。——译者注

```
@Component                                                       // (1)
public class TemperatureSensor {
    private final Random rnd = new Random();                     // (2)

    private final Observable<Temperature> dataStream =           // (3)
        Observable
            .range(0, Integer.MAX_VALUE)                         // (4)
            .concatMap(tick -> Observable                        // (5)
                .just(tick)                                      // (6)
                .delay(rnd.nextInt(5000), MILLISECONDS)          // (7)
                .map(tickValue -> this.probe()))                 // (8)
            .publish()                                           // (9)
            .refCount();                                         // (10)

    private Temperature probe() {
        return new Temperature(16 + rnd.nextGaussian() * 10);    // (11)
    }

    public Observable<Temperature> temperatureStream() {         // (12)
        return dataStream;
    }
}
```

在这里，我们通过应用@Component 注解(1)将 TemperatureSensor 注册为 Spring bean，从而将此 bean 自动注入到其他 bean 中。TemperatureSensor 的实现使用了之前未详细解释的 RxJava API。不过，我们将尝试通过探索类逻辑来明确已使用的转换。

我们的传感器保存着随机数生成器 rnd 以模拟实际的硬件传感器的测量值(2)。在语句(3)中，我们定义了一个名为 dataStream 的私有字段，而该字段由公有方法 temperatureStream()(12)返回。因此，dataStream 就是组件定义的唯一 Observable 流。通过应用工厂方法 range(0, Integer.MAX_VALUE)，dataStream 生成无限的数字流(4)。range()方法会生成一个从 0 开始的具有 Integer.MAX_VALUE 个元素的整数序列。我们使用 concatMap(tick - > ...)方法，针对这些值中的每一个进行转换(5)。concatMap()方法接收一个函数 f，该函数会将 tick 项转换为可观察的元素流，我们将 f 函数应用于传入流的每个元素，并逐个连接生成的流。在本例中，f 函数在随机延迟之后进行传感器测量（以匹配先前实现的行为）。为了探测传感器，我们创建了只有一个元素 tick(6)的新流。为了模拟随机延迟，我们应用 delay(rnd.nextInt(5000), MILLISECONDS)(7)操作符，该操作符可以及时向前移动元素。

下一步，我们通过应用 map(tickValue -> this.probe())转换操作(8)来探测传感器并获取温度值，而转换操作(8)又调用 probe()方法，使用了与先前相同的数据生成逻辑(11)。在这种情况下，我们忽略 tickValue，因为它只需要生成一个单元素流。因此，在应用 concatMap (tick -> ...)方法之后，我们有了一个流，它不但返回传感器值，而且其所发送的元素之间的随机间隔最多为 5 秒。

实际上，我们可以在不应用操作符(9)和(10)的情况下返回流，但在这种情况下，每个订阅者

（SSE 客户端）都将触发流的新订阅和新的传感器读数序列。这意味着订阅者之间不会共享传感器读数，而这可能导致硬件过载和降级。为了防止这种情况，我们将使用 publish()(9)操作符，该操作符可以将源流中的事件广播到所有目标流。publish()操作符返回一种名为 Connectable-Observable 的特殊 Observable。ConnectableObservable 提供 refCount()(10)操作符，该操作符仅在存在至少一个传出订阅时才创建对传入共享流的订阅。与发布者–订阅者的实现相比，这个实现不会在没有人监听时去探测传感器。

2. 自定义 `SseEmitter`

TemperatureSensor 使用温度值暴露了一个流，通过使用 TemperatureSensor，我们可以将每个新的 SseEmitter 订阅到 Observable 流，并将收到的 onNext 信号发送给 SSE 客户端。要处理错误并关闭正确的 HTTP 连接，让我们编写以下 SseEmitter 扩展：

```java
class RxSeeEmitter extends SseEmitter {
    static final long SSE_SESSION_TIMEOUT = 30 * 60 * 1000L;
    private final Subscriber<Temperature> subscriber;          // (1)

    RxSeeEmitter() {
        super(SSE_SESSION_TIMEOUT);                             // (2)

        this.subscriber = new Subscriber<Temperature>() {      // (3)
            @Override
            public void onNext(Temperature temperature) {
                try {
                    RxSeeEmitter.this.send(temperature);       // (4)
                } catch (IOException e) {
                    unsubscribe();                             // (5)
                }
            }

            @Override
            public void onError(Throwable e) { }               // (6)

            @Override
            public void onCompleted() { }                      // (7)
        };

        onCompletion(subscriber::unsubscribe);                 // (8)
        onTimeout(subscriber::unsubscribe);                    // (9)
    }

    Subscriber<Temperature> getSubscriber() {                  // (10)
        return subscriber;
    }
}
```

RxSeeEmitter 不仅扩展了著名的 SseEmitter，还封装了 Temperature 事件的订阅者(1)。在构造函数中，RxSeeEmitter 调用超类构造函数，使用必要的 SSE 会话超时(2)，并且还创建了一个 Subscriber<Temperature>类实例(3)。订阅者通过将它们重新发送到 SSE 客户端(4)

来对接收到的 onNext 信号做出响应。在数据发送失败的情况下，订阅者对进入的可观察流取消订阅(5)。在当前的实现中，已知温度流是无限的，且不会产生任何错误，因此 onComplete() 和 onError() 处理程序是空的，见点(6)、点(7)，但在实际应用中，最好为这些处理程序添加相应的处理逻辑。

(8)和(9)为 SSE 会话完成或 SSE 会话超时注册清理操作。RxSeeEmitter 订阅者应取消订阅。要使用订阅者，RxSeeEmitter 会通过使用 getSubscriber()方法(10)暴露它。

3. 暴露 SSE 端点

要暴露 SSE 端点，就需要一个与 TemperatureSensor 实例一起自动装配的 REST 控制器。以下代码展示使用了 RxSeeEmitter 的控制器：

```
@RestController
public class TemperatureController {
    private final TemperatureSensor temperatureSensor;        // (1)

    public TemperatureController(TemperatureSensor temperatureSensor) {
        this.temperatureSensor = temperatureSensor;
    }

    @RequestMapping(
        value = "/temperature-stream",
        method = RequestMethod.GET)
    public SseEmitter events(HttpServletRequest request) {
        RxSeeEmitter emitter = new RxSeeEmitter();            // (2)

        temperatureSensor.temperatureStream()                 // (3)
            .subscribe(emitter.getSubscriber());              // (4)

        return emitter;                                       // (5)
    }
}
```

和以前一样，TemperatureController 使用 Spring Web MVC @RestController 注解。它包含对 TemperatureSensor bean 的引用(1)。当创建新的 SSE 会话时，控制器会实例化我们的增强版 RxSeeEmitter (2)并且将 RxSeeEmitter 订阅者(4)订阅到 TemperatureSensor 实例(3)中引用的温度流。然后将 RxSeeEmitter 实例返回到 Servlet 容器以便处理(5)。

正如我们在 RxJava 中看到的那样，REST 控制器逻辑比较简单，它既不管理无效的 SseEmitter 实例，也不关心线程同步。反过来，响应式实现管理着 TemperatureSensor 值、读取和发布的常规操作。RxSeeEmitter 将响应式流转换为传出的 SSE 消息，而 TemperatureController 仅将新的 SSE 会话绑定到订阅了温度读取流的新 RxSeeEmitter。此外，此实现不使用 Spring 的事件总线，因此它更具可移植性，可以在不初始化 Spring 上下文的情况下进行测试。

4. 应用程序配置

由于我们不使用发布-订阅方法以及 Spring 的@EventListener 注解，就不依赖于异步支持，

因此应用程序配置会变得更简单:

```
@SpringBootApplication
public class Application {
    public static void main(String[] args) {
        SpringApplication.run(Application.class, args);
    }
}
```

可以看到,这次我们既不需要使用@EnableAsync注解启用异步支持,也不需要配置 Spring 的 Executor 来进行事件处理。当然,如果需要,我们可以在处理响应式流时配置一个 RxJava Scheduler 以进行细粒度线程管理,但是这样的配置不依赖于 Spring 框架。

同样,我们不需要更改应用程序中 UI 部分的代码,它应该像以前一样工作。在这里,我们必须强调,在基于 RxJava 的实现中,当没有人监听时,温度传感器不会探测温度。这种行为是响应式编程具有主动订阅概念这一事实的自然结果。基于发布–主题的实现没有这样的属性,因此存在更多限制。

2.3 响应式库简史

现在我们已经熟悉了 RxJava 并且编写了一些响应式工作流程,下面我们来了解一下它的历史,以了解响应式编程诞生的背景以及它要解决的问题。

奇怪的是,我们今天所知道的 RxJava 历史和响应式编程的历史始于微软内部。2005 年,Erik Meijer 和他的云可编程性团队正在实验适合构建**大规模异步数据密集型互联网服务架构**的编程模型。经过几年的实验,Rx 库的第一个版本诞生于 2007 年夏天。此后,Erik Meijer 及其团队又花了两年时间专门讨论了该库的不同方面,包括多线程和协同性重调度。Rx.NET 的第一个公开版本于 2009 年 11 月 18 日发布。不久之后,微软将该库移植到不同的语言中,例如 JavaScript、C++、Ruby 和 Objective-C,以及 Windows Phone 平台。随着 Rx 开始普及,微软在 2012 年秋季开源了 Rx.NET。

 要了解有关 Rx 库诞生的更多信息,请阅读 Erik Meijer 为 Tomasz Nurkiewicz 和 Ben Christensen 所著的《RxJava 反应式编程》[1]作的序。

在某个时间点,Rx 的想法传播到微软之外,Paul Betts 与 GitHub 公司的 Justin Spahr-Summers 在 2012 年为 Objective-C 实现并发布了 ReactiveCocoa。与此同时,Netflix 的 Ben Christensen 将 Rx.NET 移植到 Java 平台,并于 2013 年初在 GitHub 上开源了 RxJava 库。

当时,Netflix 面临着处理流媒体产生的大量互联网流量这一非常复杂的问题。一个名为 RxJava 的异步响应式库帮助他们构建了响应式系统,该系统在 2015 年拥有北美 37% 的互联网流

---

[1] 此书已由人民邮电出版社出版,详见 https://www.ituring.com.cn/book/1916。——编者注

量份额！现在，系统中的很大一部分流量由 RxJava 处理。为了承受这些巨大的负载，Netflix 不得不发明新的架构模式并在库中实现它们，其中最著名的有以下几种。

- ❑ Hystrix：这是一个针对服务隔离的容错库。
- ❑ Ribbon：这是一个支持负载均衡器的 RPC 库。
- ❑ Zuul：这是一个提供动态路由、安全性、回弹性和监控的网关服务。
- ❑ RxNetty：这是一个针对 Netty 的响应式适配器，Netty 是一个 NIO 客户端–服务器框架。

在所有场景中，RxJava 是这些库乃至整个 Netflix 生态系统本身的关键组成部分。Netflix 在微服务和流式架构方面的成功推动了其他公司采用包括 RxJava 在内的相同方法。

今天，RxJava 本身用于一些 NoSQL Java 驱动程序，例如 Couchbase 和 MongoDB。

同样重要的是，要注意 RxJava 受到 Android 开发者和 SoundCloud、Square、NYT 和 SeatGeek 等公司的欢迎。这些公司使用 RxJava 实现他们的移动应用程序。这种积极参与导致了 RxAndroid 库的出现。该库极大地简化了在 Android 中编写响应式应用程序的过程。在 iOS 平台上，开发人员则使用 RxSwift，即 Rx 库的 Swift 变体。

目前，很难找到一种没有移植 Rx 库的主流编程语言。在 Java 世界中，我们有 RxScala、RxGroovy、RxClojure、RxKotlin 和 RxJRuby 等，而且这个列表中还会出现更多语言。

如果说 RxJava 是响应式编程的第一个也是唯一的先驱，这是不公平的。重要的是，异步编程的广泛应用为响应式技术创造了坚实的基础和需求。这个方向上最重要的贡献可能来自 Node.js 及其社区。

2.4 响应式现状

在前面的章节中，我们学习了如何使用纯 RxJava 以及如何将它与 Spring Web MVC 进行结合。为了展示这样做的好处，我们更新了温度监控应用程序，并通过应用 RxJava 改进了设计。但是，值得注意的是 Spring 框架和 RxJava 不是唯一有效的组合。许多应用程序服务器同样关注响应式方法的力量，比如 Ratpack 的作者就决定采用 RxJava（Ratpack 是一款成功的响应式服务器）。

除了回调和基于 promise 的 API，Ratpack 还提供了 RxRatpack 模块，这是一个单独的模块，它可以使 Ratpack Promise 被轻松转换为 RxJava Observable，反之亦然，代码如下所示：

```
Promise<String> promise = get(() -> "hello world");
RxRatpack
    .observe(promise)
    .map(String::toUpperCase)
    .subscribe(context::render);
```

另一个在 Android 世界中很有名的例子是 HTTP 客户端 Retrofit，它也基于自己的 Future 和

Callback 实现创建了一个 RxJava 包装器。以下示例展示了在 Retrofit 中可以使用的至少四种编码样式：

```
interface MyService {
    @GET("/user")
    Observable

    @GET("/user")
    CompletableFuture

    @GET("/user")
    ListenableFuture

    @GET("user")
    Call
}
```

虽然 RxJava 可以改进任何解决方案，但是响应式环境不仅限于它或它的包装器。在 JVM 世界中，许多其他库和服务器创建了它们的响应式实现。例如，众所周知的响应式服务器 Vert.x 虽然在一段时间内仅使用基于回调的通信，但后来在 io.vertx.core.streams 包中创建了自己的解决方案，该包拥有以下接口。

❏ ReadStream<T>：此接口代表可以读取的数据流。
❏ WriteStream<T>：描述了可以写入的数据流。
❏ Pump：用于将数据从 ReadStream 移动到 WriteStream 并执行流控制。

让我们看一下 Vert.x 示例的代码片段：

```
public void vertexExample(HttpClientRequest request, AsyncFile file) {
    request.setChunked(true);
    Pump pump = Pump.pump(file, request);
    file.endHandler(v -> request.end());
    pump.start();
}
```

Eclipse Vert.x 是一个事件驱动的应用程序框架，在设计上类似于 Node.js。它为异步编程提供了一个简单的并发模型和原始语义，以及一个渗透到浏览器内置 JavaScript 的分布式事件总线。

RxJava 及其替代实现的应用数量巨大，并且其解决方案绝不仅限于上述几种。世界各地的许多公司和开源项目已经创建了类似于 RxJava 的内部解决方案，或者扩展了现存的解决方案。

不可否认，库之间的自然演化和竞争是正常的，但很明显，一旦我们尝试在一个 Java 应用程序中组合一些不同的响应式库或框架，就会出现问题。此外，我们最终会发现响应式库的行为总体上非常类似，但细节略有不同。这种情况可能影响整个项目，因为其中隐藏的 bug 很难被发现和修复。因此，考虑到这些 API 的差异，在一个应用程序中混合使用几个不同的响应式库（比方说 Vert.x 和 RxJava）并不是一个好主意。此时，整个响应式环境很明显需要一些标准或通用

API，这将为任何实现之间的兼容性提供保证。当然，这样的标准已经设计出来了，它被称为响应式流（Reactive Streams）。下一章将详细介绍该规范。

2.5 小结

本章重新审视了一些由 GoF 提出的设计模式（其中包括观察者、发布–订阅和迭代器），这些众所周知的设计模式是响应式编程的基础。我们通过编写一些实现回顾了用于异步编程的工具的优缺点，利用 Spring 框架对服务器发送事件和 WebSocket 进行了支持，还使用了 Spring 提供的事件总线。此外，我们还使用 Spring Boot 和 `start.spring.io` 进行了快速应用程序开发。尽管这些示例非常简单，但它们展示了使用不成熟方法进行异步数据处理会产生哪些潜在问题。

我们还研究了响应式编程的历史以强调架构问题，而发明响应式编程就是为了解决这些问题。在这种背景下，Netflix 的成功表明，像 RxJava 这样的小型响应式库可能成为在竞争激烈的业务领域取得重大成功的起点。我们还发现，随着 RxJava 的成功，许多公司和开源项目基于这些考虑重新实现了响应式库，这导致了响应式环境的多样性。这种多样性激发了对响应式标准的需求，而这将是下一章要讨论的内容。

第 3 章

响应式流——新的流标准

本章将介绍第 2 章提到的一些问题以及几个响应式库在一个项目中同时存在时会出现的问题，还将深入研究响应式系统中的背压控制。在这里，我们将审视 RxJava 提出的解决方案及其局限性，探索响应式流规范如何解决这些问题并学习该规范的基础知识，还将了解新规范带来的响应式环境变化。最后，为了巩固学到的知识，我们将构建一个简单的应用程序，并在其中组合应用几个响应式库。

本章将介绍以下主题：

❑ 常见 API 问题；
❑ 背压控制问题；
❑ 响应式流示例；
❑ 技术兼容性问题；
❑ JDK 9 中的响应式流；
❑ 响应式流的高级概念；
❑ 响应式环境的强化；
❑ 响应式流实践。

3.1 无处不在的响应性

在前面的章节中，我们已经了解了 Spring 响应式编程中许多令人兴奋的事情，同时也看到了 RxJava 在其中扮演的角色。我们还研究了使用响应式编程来实现响应式系统的必要性，概述了响应式环境以及 RxJava 的可用替代方案，其中 RxJava 使快速启动响应式编程成为可能。

3.1.1 API 不一致性问题

一方面，大量的同类型响应式库（如 RxJava，以及 CompletableStage 这样的 Java 核心库功能）使我们可以选择编写代码的方式。例如，我们可能依赖于使用 RxJava 的 API 来编写正在处理的数据项的流程。这样，要构建一个简单的异步请求-响应交互，依赖 CompletableStage 就足够了。我们也可以使用特定于框架的类（如 org.springframework.util.concurrent. ListenableFuture）来构建组件之间的异步交互，并基于该框架简化开发工作。

另一方面，丰富的选择很容易使系统过于复杂。例如，若存在两个依赖于同一个异步非阻塞通信概念但具有不同 API 的库，会导致我们需要提供额外的工具类，以便将一个回调转换为另一个回调；反之亦然。代码如下：

```
interface AsyncDatabaseClient {                                          // (1)
    <T> CompletionStage<T> store(CompletionStage<T> stage);             //
}                                                                       //

final class AsyncAdapters {
    public static <T> CompletionStage<T> toCompletion(                  // (2)
                    ListenableFuture<T> future) {                       //
                                                                        //
        CompletableFuture<T> completableFuture =                        // (2.1)
            new CompletableFuture<>();                                  //
                                                                        //
        future.addCallback(                                             // (2.2)
            completableFuture::complete,                                //
            completableFuture::completeExceptionally                    //
        );                                                              //
                                                                        //
        return completableFuture;                                       //
    }                                                                   //

    public static <T> ListenableFuture<T> toListenable(                 // (3)
                    CompletionStage<T> stage) {                         //
        SettableListenableFuture<T> future =                            // (3.1)
            new SettableListenableFuture<>();                           //
                                                                        //
        stage.whenComplete((v, t) -> {                                  // (3.2)
            if (t == null) {                                            //
                future.set(v);                                          //
            }                                                           //
            else {                                                      //
                future.setException(t);                                 //
            }                                                           //
        });                                                             //
                                                                        //
        return future;                                                  //
    }                                                                   //
}

@RestController                                                          // (4)
public class MyController {                                              //
    ...                                                                 //
    @RequestMapping                                                     //
    public ListenableFuture<?> requestData() {                          // (4.1)
        AsyncRestTemplate httpClient = ...;                             //
        AsyncDatabaseClient databaseClient = ...;                       //
                                                                        //
        CompletionStage<String> completionStage = toCompletion(         // (4.2)
            httpClient.execute(...)                                     //
        );                                                              //
```

```
                                                              //
      return toListenable(                                    // (4.3)
        databaseClient.store(completionStage)                 //
      );                                                      //
  }                                                           //
}                                                             //
```

带编号的解释如下。

(1) 这是 `async` 数据库客户端的接口声明，它是支持异步数据库访问的客户端接口的代表性示例。

(2) 这是 `ListenableFuture` 到 `CompletionStage` 适配器方法的实现。在点(2.1)，为了提供 `CompletionStage` 的手动控制，我们通过不带参数的构造函数创建名为 `CompletableFuture` 的直接实现。为了提供与 `ListenableFuture` 的集成，我们必须添加回调(2.2)，并在这些回调中直接重用 `CompletableFuture` 的 API。

(3) 这是 `CompletionStage` 到 `ListenableFuture` 适配器方法的实现。在点(3.1)，我们声明了一个名为 `SettableListenableFuture` 的 `ListenableFuture` 具体实现。这使我们能在点(3.2)处手动提供 `CompletionStage` 执行的结果。

(4) 这是 `RestController` 类声明。在点(4.1)，我们声明了请求处理器方法，它以异步方式执行并返回 `ListenableFuture`，以便基于非阻塞方式处理执行结果。接下来，为了存储 `AsyncRestTemplate` 的执行结果，我们必须将它与 `CompletionStage` (4.2)进行适配。最后，为了满足所支持的 API，我们必须再次使用为 `ListenableFuture` 存储的结果(4.3)。

从前面的示例中可以看出，Spring 4.*x* 框架中的 `ListenableFuture` 和 `CompletionStage` 之间没有直接集成。此外，该示例并没有脱离响应式编程的常见用法。许多库和框架为组件之间的异步通信提供了自己的接口和类，其中包括简单的请求–响应通信以及流处理框架。在许多情况下，为了解决这个问题并使几个独立的库兼容，我们必须提供自己的适配并在几个地方重用它。此外，我们自己的适配可能有 bug，需要额外的维护。

 Spring 5.*x* 框架扩展了 `ListenableFuture` 的 API 并且提供了一个名为 `Completable` 的方法来解决不兼容的问题。

这里的核心问题在于没有一种方法能使库提供商构建对齐的 API。例如，正如第 2 章所述，RxJava 受到如 Vert.x、Ratpack 和 Retrofit 等许多框架的重视。

相应地，这些框架都为 RxJava 用户提供了支持并引入了额外的模块，而这些模块可以轻松地集成现有项目。乍一看，这很奇妙，因为引入 RxJava 1.*x* 的项目列表非常丰富，且其中包括用于 Web、桌面或移动开发的框架。然而，在支持开发人员需求的背后，许多隐藏的陷阱会影响库提供商。当我们同时使用几个 RxJava 1.*x* 兼容库时，第一个出现的问题通常是版本不兼容。由于 RxJava 1.*x* 随着时间的推移而迅速发展，许多库提供商没有机会更新他们对新版本的依赖。有时候，版本更新带来了许多内部更改，最终导致某些版本不兼容。因此，依赖于不同 RxJava 1 版本的不同库和不同框架可能导致一些意料之外的问题。第二个问题与第一个问题类似，即对 RxJava 的定制化是非标准的。这里，**定制**是指提供 `Observable` 的额外实现或特定转换阶段的能力，这在 RxJava 扩展组件的开发过程中很常见。有了非标准化的 API 和快速演进的内部组件，支持定制化实现成为了另一项挑战。

3.1.2 "拉"与"推"

最后，为了理解上一节中描述的问题，我们必须回顾历史，并分析一个数据源及其订阅者之间的初始交互模型。

在整个响应式环境演变的早期阶段，所有库的设计思想都是把数据从源头推送到订阅者。做出这个决定是因为纯粹的拉模型在某些场景下效率不够高。这种场景的一个例子是在具有网络边界的系统中进行网络通信。假设我们要过滤一大堆数据，但只取其中前 10 个元素。我们可以实现以下代码，采用拉模型来解决这个问题：

```
final AsyncDatabaseClient dbClient = ...               // (1)

public CompletionStage<Queue<Item>> list(int count) {  // (2)
   BlockingQueue<Item> storage = new ArrayBlockingQueue<>(count);  //
   CompletableFuture<Queue<Item>> result               //
      = new CompletableFuture<>();                      //
                                                        //
   pull("1", storage, result, count);                  // (2.1)
                                                        //
   return result;                                       //
}                                                       //

void pull(                                              // (3)
   String elementId,                                    //
   Queue<Item> queue,                                   //
   CompletableFuture resultFuture,                      //
   int count                                            //
) {                                                     //
   dbClient.getNextAfterId(elementId)                   //
        .thenAccept(item -> {                           //
            if (isValid(item)) {                        // (3.1)
               queue.offer(item);                       //
                                                        //
               if (queue.size() == count) {             // (3.2)
                  resultFuture.complete(queue);         //
                  return;                               //
               }                                        //
            }                                           //
                                                        //
            pull(item.getId(),                          // (3.3)
               queue,                                   //
               resultFuture,                            //
               count);                                  //
        });                                             //
}                                                       //
```

同样,带编号的代码解释如下。

(1) 这是 AsyncDatabaseClient 字段声明。在这里,我们使用该客户端将异步、非阻塞通信与外部数据库连接起来。

(2) 这是 list 方法声明。这里我们通过返回 CompletionStage 声明一个异步契约,并将其作为调用 list 方法的结果。同时,为了聚合拉取结果并将其异步发送给调用者,我们声明 Queue 和 CompletableFuture 来存储接收的值,并在稍后手动发送所收集的 Queue。这里,在点(2.1),我们开始第一次调用 pull 方法。

(3) 这是 pull 方法声明。在该方法中,我们调用 AsyncDatabaseClient#getNextAfterId 来执行查询并异步接收结果。然后,当收到结果时,我们在点(3.1)处对其进行过滤。如果是有效项,我们就将其聚合到队列中。另外,在点(3.2),我们检查是否已经收集了足够的元素,将它们发送给调用者,然后退出拉操作。如果任何一个所涉及的 if 分支被绕过,就再次递归调用 pull 方法(3.3)。

从上述代码可以看出,我们在服务和数据库之间使用了异步、非阻塞交互。乍一看,这里没有任何问题。但是,如果查看图 3-1,我们就会看到其缺陷所在。

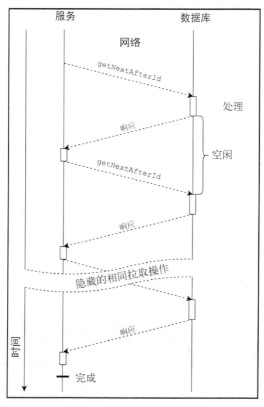

图 3-1 拉取处理流程示例

从图 3-1 中可以看到，逐个请求下一个元素会导致在从服务传递请求到数据库上花费额外的时间。从服务的角度来看，整体处理时间大部分浪费在空闲状态上。即使没有使用资源，由于额外的网络活动，整体处理时间也会是原来的两倍甚至三倍。此外，数据库不知道未来请求的数量，这意味着数据库不能提前生成数据，并因此处于空闲状态。这意味着数据库正在等待新请求。在响应被传递给服务、服务处理传入响应然后请求新数据的过程中，其效率会比较低下。

为了优化整体执行过程并将模型维持为一等公民，我们可以将拉取操作与批处理结合起来，示例代码的修改如下所示：

```
void pull(                                              // (1)
    String elementId,                                  //
    Queue<Item> queue,                                 //
    CompletableFuture resultFuture,                    //
    int count                                          //
) {                                                    //

    dbClient.getNextBatchAfterId(elementId, count)     // (2)
            .thenAccept(items -> {                      //
                for(Item item : items) {               // (2.1)
                    if (isValid(item)) {               //
                        queue.offer(item);             //
                                                       //
                        if (queue.size() == count) {   //
                            resultFuture.complete(queue); //
                            return;                    //
                        }                              //
                    }                                  //
                }                                      //

                pull(items.get(items.size() - 1)       // (3)
                        .getId(),                      //
                    queue,                             //
                    resultFuture,                      //
                    count);                            //
            });                                        //
}
```

同样，带编号的代码解释如下。

(1) 与上一个例子中的 pull 方法声明相同。

(2) 这是 getNextBatchAfterId 执行过程。可以注意到，AsyncDatabaseClient 方法可用于查询特定数量的元素，这些元素作为 List <Item>返回。反过来，当数据可用时，除了要创建额外的 for 循环以分别处理该批的每个元素(2.1)，我们对它们的处理方式几乎相同。

(3) 这是递归 pull 方法的执行过程，在缺少来自上次拉取的数据项的情况下，这个设计会被用于获取另外一批数据项。

一方面，通过查询一批元素，我们可以显著提高 list 方法执行的性能并显著减少整体处理时间；另一方面，交互模型中仍然存在一些缺陷，而该缺陷可以通过分析图 3-2 来进行检测。

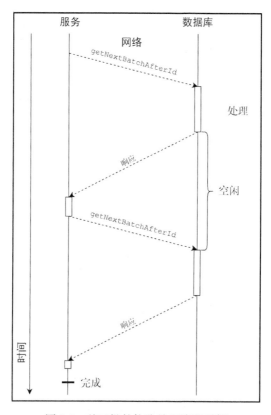

图 3-2　基于批的拉取处理流程示例

我们可以注意到，该流程在处理时间方面仍然存在一些效率低下的情况。例如，当数据库查询数据时，客户端仍处于空闲状态。同时，发送一批元素比发送一个元素需要更多的时间。最后，对整批元素的额外请求实际上可能是多余的。例如，如果只剩下一个元素就能完成处理，并且下一批中的第一个元素就满足验证条件，那么其余的数据项就完全是多余的且会被跳过。

为了提供最终的优化，我们只会请求一次数据，之后当数据变为可用时，该数据源会异步推送数据。以下代码修改展示了如何实现这一过程：

```
public Observable<Item> list(int count) {                    // (1)
    return dbClient.getStreamOfItems()                       // (2)
                .filter(item -> isValid(item))               // (2.1)
                .take(count)                                 // (2.2)
}                                                            //
```

带编号的代码解释如下。

(1) 这是 list 方法声明。这里的 Observable <Item>会返回一个类型，该类型标识正在被**推送**的元素。

(2) 这是**流查询**阶段。通过调用 AsyncDatabaseClient#getStreamOfItems 方法，我们会对数据库完成一次订阅。在点(2.1)，我们会过滤元素，并且通过使用 .take() 操作符根据调用者的请求获取特定数量的数据(2.2)。

在这里，我们使用 RxJava 1.x 类作为一等公民来接收所**推送**的元素。反过来，一旦满足所有要求，就发送取消信号并关闭与数据库的连接。当前的交互流程如图 3-3 所示。

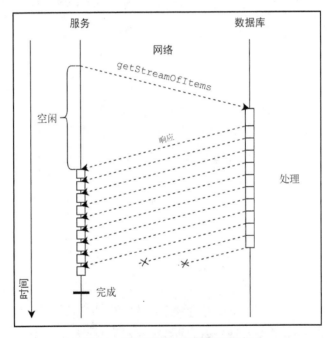

图 3-3   基于推模式的数据流示例

如图 3-3 所示，我们再次对整体处理时间做了优化。在交互过程中，只有当服务等待第一个响应时会有一大段空闲时间。当第一个元素到达后，数据库会在数据到来时开始发送后续元素。反过来，即使处理一个元素的过程可能比查询下一个元素快一点，服务的整体空闲时间也会很短。但是，在服务已经收集到所需数量的元素后，数据库仍可能生成多余元素，此时数据库会忽略它们。

3.1.3   流量控制问题

一方面，上述说明告诉我们，采用推模型的主要原因是它可以通过将请求量减少到最小值来优化整体处理时间。这就是为什么 RxJava 1.x 及类似的开发库以推送数据为目的进行设计，这也是为什么流技术能成为分布式系统中组件之间重要的通信技术。

另一方面，如果仅仅与推模型进行组合，那么该技术有其局限性。正如第 1 章所讲，消息驱动通信的本质是假设每个请求都会有一个响应，因此服务可能收到异步的、潜在的无限消息流。而这里存在陷阱，因为如果生产者不关注消费者的吞吐能力，它可能会以下面两节中描述的方式影响系统的整体稳定性。

1. 慢生产者和快消费者

让我们从最简单的场景开始。假设我们有一个慢生产者和一个快消费者。这种情况是可能发生的，因为生产者端可能对未知消费者有一些偏好假设。

一方面，这种配置是一种特定的业务假设。另一方面，不仅实际运行情况可能不同，消费者也可能动态变化。例如，我们可以利用伸缩性来增加生产者的数量，从而增加消费者的负担。

为了解决这个问题，很重要的一点是要明确真实需求。遗憾的是，**纯推模型**不能给我们这样的指标，因此动态增加系统的吞吐量是不可能的。

2. 快生产者和慢消费者

第二个问题要复杂得多。假设我们有一个快生产者和一个慢消费者。这里的问题是生产者所发送的数据可能远远超出消费者的处理能力，而这可能导致组件在压力下发生灾难性故障。

针对这种情况的一个直观解决方案是将未处理的元素收集到队列中，该队列不仅可以构建在生产者和消费者之间，甚至还可以驻留在消费者端。即使消费者非常繁忙，这种技术也可以通过处理前一个元素或一部分数据使其能够应对新数据。

使用队列处理所推送数据的关键要素之一是选择具有合适特性的队列。通常，有 3 种常见的队列类型，我们将在以下小节中分别予以考虑。

● 无界队列

最明显的解决方案是提供一个具有无限大小特性的队列，简单地说就是一个无界队列。在这种情况下，所有生成的元素首先存储在队列中，然后由实际订阅者进行消费。图 3-4 描绘了所提到的交互。

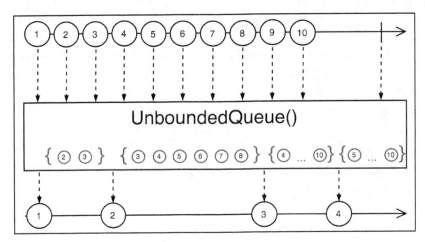

图 3-4   无界队列示例

一方面，使用无界队列处理消息带来的核心好处是消息的可传递性，这意味着消费者将在某个时间点及时处理所有存储的元素。

另一方面，只要成功实现消息的可传递性，因为没有无限制的资源，应用程序的回弹性就会降低。例如，一旦内存达到上限，整个系统很容易崩溃。

● **有界丢弃队列**

为了避免内存溢出，我们还可以使用在自身已满的情况下可以忽略传入的消息的队列。图 3-5 描绘了一个容量为 2 个元素的队列，其特性是在溢出时丢弃元素。

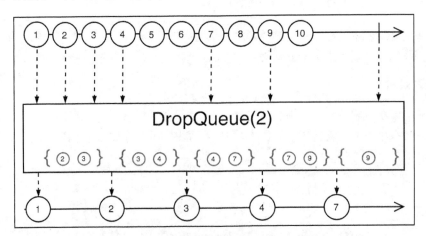

图 3-5   容量为 2 个数据项的丢弃队列示例

通常，该技术考虑了资源的限制，并且可以根据资源的能力配置队列的容量。当消息的重要性很低时，采用这种队列是一种常见的做法。一个业务场景的示例可以是一种代表数据集变更的事件流。同时，每个事件都会触发一些重新进行统计计算的操作，该操作使用整个数据集聚合，与传入事件数量相比会花费大量时间。在这种情况下，唯一重要的是数据集已发生变化这一事实，而哪些数据受到影响并不重要。

 前面提到的例子考虑了最简单的策略，即丢弃最新元素。通常，有一些策略可以用于选择要丢弃的元素。例如，按优先级丢弃元素、删除最旧的数据等。

- 有界阻塞队列

然而，在每个消息都很重要的情况下，上述技术是不可接受的。例如，支付系统必须处理每个用户提交的支付请求，绝不允许丢弃一部分请求。因此，我们可以在达到上限后阻塞生产者，却不能丢弃消息并保留有界队列以处理被推送的数据。具备阻塞生产者能力的队列通常被称为阻塞队列。图 3-6 描述了使用阻塞队列进行交互的示例，该队列的容量为 3 个元素。

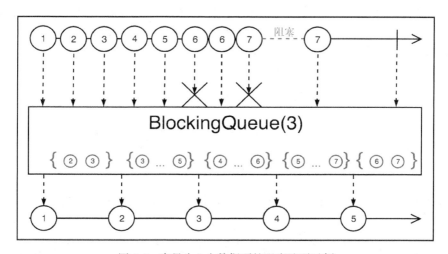

图 3-6　容量为 3 个数据项的阻塞队列示例

遗憾的是，这种技术否定了系统的所有异步行为。通常，一旦生产者达到队列的限制，它就会开始被阻塞并将一直处于该状态，直到消费者消费了一个元素，从而使队列中出现可用空间为止。由此我们可以得出结论，最慢的消费者的吞吐量限制了系统的总吞吐量。继而，除了否定异步行为，该技术还否定了有效的资源利用率。因此，如果我们想要实现回弹性、弹性和即时响应性所有这 3 个方面，那么这些场景全部不可接受。

此外，队列的存在不仅可能使系统的整体设计复杂化，还会增加在上述解决方案之间找到平衡的额外责任。

通常，**纯推模型**中不受控制的语义可能导致许多我们不希望出现的情况。这就是为什么响应式宣言要提到使系统巧妙地响应负载的机制的重要性，即背压控制机制的重要性。

遗憾的是，类似 RxJava 1.x 这样的响应式库并没有提供这样的标准化功能。没有明确的 API 能用于控制开箱即用的背压机制。

应该提到的是，在纯粹的**推模式**中，我们可以使用批处理来稳定生产速率。RxJava 1.x 提供了诸如 .window 或 .buffer 之类的操作符，它们可以在指定的时间段内将元素收集到子流或集合中。当对数据库进行例如批量插入或批量更新等操作时，此类技术的性能会出现爆发式提升。遗憾的是，并非所有服务都支持批量操作。因此，这种技术在应用中确实受到限制。

3.1.4   解决方案

2013 年年末，来自 Lightbend、Netflix 和 Pivotal 的一群天才工程师齐聚一堂，共同解决上述问题并为 JVM 社区提供标准。经过长达一年的努力，响应式流规范的初稿公诸于世。这个提议背后没有什么特别之处，其概念设想是熟悉的响应式编程模式的标准化，这一点我们在前一章中已经看到了。在下一节中，我们将详细介绍这一点。

3.2   响应式流规范基础知识

响应式流规范定义了 4 个主要接口：Publisher、Subscriber、Subscription 和 Processor。由于该倡议的发展独立于任何组织，因此它可作为单独的 JAR 文件获取，而其中所有接口都存在于 org.reactivestreams 包中。

总的来说，规范中指定的接口与我们前面介绍的接口（例如，在 RxJava 1.x 中）类似。在某种程度上，这些接口反映了 RxJava 中众所周知的类。这些接口中的前两个类似于 Observable-Observer，与传统的发布–订阅模型比较相似。因此，前两个接口被命名为 Publisher 和 Subscriber。要检查这两个接口是否与 Observable 和 Observer 类似就要考虑一下它们的声明：

```
package org.reactivestreams;

public interface Publisher<T> {
    void subscribe(Subscriber<? super T> s);
}
```

上述代码描述了 Publisher 接口的内部结构。可以注意到，只有一种方法可以注册 Subscriber。与 Observable（用于提供有用的 DSL）相比，Publisher 代表了发布者和订阅者直接连接的标准化入口点。与 Publisher 相反，Subscriber 端更像是一个冗长的 API，与 RxJava 中的 Observer 接口几乎完全相同：

```
package org.reactivestreams;

public interface Subscriber<T> {
    void onSubscribe(Subscription s);
    void onNext(T t);
    void onError(Throwable t);
    void onComplete();
}
```

我们已经注意到，除 3 个与 RxJava Observer 中名称相同的方法之外，规范还提供了一个新的名为 onSubscribe 的附加方法。

onSubscribe 方法在概念上是一个新的 API 方法，它为我们提供了一种标准化的方式来通知 Subscriber 订阅成功。同时，该方法的传入参数为我们引入一个名为 Subscription（订阅）的新契约。要理解这个想法，就要仔细查看接口：

```
package org.reactivestreams;

public interface Subscription {
    void request(long n);
    void cancel();
}
```

正如以上代码所示，Subscription 为控制元素的生产提供了基础。与 RxJava 1.x 的 Subscription#unsubscribe() 类似，这里的 cancel() 方法使我们能取消对流的订阅甚至完全取消发布。但是，取消功能带来的最重要的改进是新的 request 方法。响应式流规范引入了 request 方法以扩展 Publisher 和 Subscriber 之间的交互能力。现在，为了通知 Publisher 应该推送多少数据，Subscriber 应该通过 request 方法发出关于所需数量的信号，并且确保传入元素的数量不超过限制。让我们查看图 3-7 来理解底层机制。

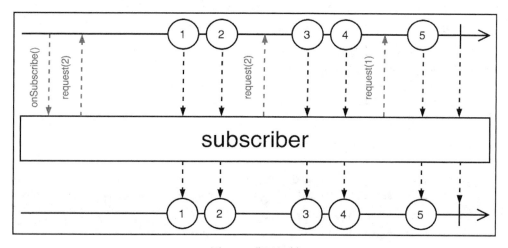

图 3-7 背压机制

从图 3-7 中可以看出，Publisher 现在保证只有在 Subscriber 要求时才发送元素中新的部分。Publisher 的整体实现取决于 Publisher，它的情况可能多种多样：它既可能采用纯粹的阻塞等待，也可能采用仅在 Subscriber 请求下才生成数据的复杂机制。但是，现在额外队列不会造成影响，因为我们有上述保证。

此外，与纯推模型相反，该规范为我们提供了混合**推拉**模型，而此模型可以对背压进行合理控制。

为了理解混合模型的强大功能，让我们重温前面的数据库流示例，看看这种技术是否像以前一样高效：

```
public Publisher<Item> list(int count) {                          // (1)

    Publisher<Item> source = dbClient.getStreamOfItems();         // (2)
    TakeFilterOperator<Item> takeFilter = new TakeFilterOperator<>(  // (2.1)
        source,                                                   //
        count,                                                    //
        item -> isValid(item)                                     //
    );                                                            //

    return takeFilter;                                            // (3)
}                                                                 //
```

关键点解释如下。

(1) 这是 list 方法声明。在这里，我们遵循响应式流规范，返回 Publisher<>接口并将其作为一等公民进行通信。

(2) 这是 AsyncDatabaseClient#getStreamOfItems 方法的执行过程。这里我们使用一个更新的方法，它会返回 Publisher<>。在点(2.1)，我们实例化 Take 和 Filter 操作符的自定义实现，它接受应该获取的元素数。此外，我们传递了一个自定义 Predicate 实现，它可以验证流中的传入项。

(3) 这里，我们返回先前创建的 TakeFilterOperator 实例。请记住，尽管操作符具有不同的类型，它还是扩展了 Publisher 接口。

接下来，我们必须清楚地了解自定义 TakeFilterOperator 的内部结构。以下代码展示了该操作符的内部结构：

```
public class TakeFilterOperator<T> implements Publisher<T> {      // (1)
    ...                                                           //

    public void subscribe(Subscriber s) {                        // (2)
        source.subscribe(new TakeFilterInner<>(s, take, predicate));  //
    }                                                            //

    static final class TakeFilterInner<T> implements Subscriber<T>,  // (3)
                                            Subscription {       //
        final Subscriber<T> actual;                              //
```

```
final int take;                                              //
final Predicate<T> predicate;                                //
final Queue<T> queue;                                        //
Subscription current;                                        //
int remaining;                                               //
int filtered;                                                //
volatile long requested;                                     //
...                                                          //

TakeFilterInner(                                             // (4)
    Subscriber<T> actual,                                    //
    int take,                                                //
    Predicate<T> predicate                                   //
) { ... }                                                    //

public void onSubscribe(Subscription current) {              // (5)
    ...                                                      //
    current.request(take);                                   // (5.1)
    ...                                                      //
}                                                            //

public void onNext(T element) {                              // (6)
    ...                                                      //
    long r = requested;                                      //
    Subscriber<T> a = actual;                                //
    Subscription s = current;                                //

    if (remaining > 0) {                                     // (7)
        boolean isValid = predicate.test(element);           //
        boolean isEmpty = queue.isEmpty();                   //
        if (isValid && r > 0 && isEmpty) {                   //
            a.onNext(element);                               // (7.1)
            remaining--;                                     //
            ...                                              //
        }                                                    //
        else if (isValid && (r == 0 || !isEmpty)) {          //
            queue.offer(element);                            // (7.2)
            remaining--;                                     //
            ...                                              //
        }                                                    //
        else if (!isValid) {                                 //
            filtered++;                                      // (7.3)
        }                                                    //
    }                                                        //
    else {                                                   // (7.4)
        s.cancel();                                          //
        onComplete();                                        //
    }                                                        //

    if (filtered > 0 && remaining / filtered < 2) {          // (8)
        s.request(take);                                     //
        filtered = 0;                                        //
    }                                                        //
}                                                            //
...                                                          // (9)
    }
}
```

上述代码的关键点解释如下。

(1) 这是 `TakeFilterOperator` 类声明。此类扩展 `Publisher<>`。另外，后面的 "..." 隐藏了类和相关字段的构造函数。

(2) 这是 `Subscriber#subscribe` 方法实现。通过考虑实现，我们可以得出结论，为了向流提供额外的逻辑，我们必须将实际的 `Subscriber` 包装到扩展相同接口的适配器类中。

(3) 这是 `TakeFilterOperator.TakeFilterInner` 类声明。该类实现 `Subscriber` 接口并发挥最重要的作用，因为它会作为实际的 `Subscriber` 被传递给主数据源。一旦在 `onNext` 中接收到该元素，它就会被过滤并传输到下游 `Subscriber`。`TakeFilterInner` 类不仅实现了 `Subscriber` 接口，同时还实现了 `Subscription` 接口，因而它可以被传输到下游 `Subscriber`，从而控制所有下游需求。请注意，这里的 `Queue` 是 `ArrayBlockingQueue` 的实例，其大小与 `take` 相同。创建扩展 `Subscriber` 和 `Subscription` 接口的内部类技术是实现中间转换阶段的经典方法。

(4) 这是构造函数声明。你可能注意到，我们不仅获得了 `take` 和 `predicate` 参数，还获得了 `actual` 订阅者实例，通过调用 `subscribe()` 方法，该实例已经被 `TakeFilterOperator` 订阅。

(5) 这是 `Subscriber#onSubscribe` 方法实现。这里最有趣的元素在点(5.1)。在这里我们执行了对远程数据库的第一个 `Subscription#request`，这通常发生在第一次 `onSubscribe` 方法调用期间。

(6) 这是 `Subscriber#onNext` 调用，它包含元素处理声明所需的有用参数列表。

(7) 这是元素处理流程的声明。该处理流程有 3 个关键点。在应该获取的 `remaining` 元素数大于 0，实际的 `Subscriber` 已经请求了数据，元素是有效的且队列中没有元素的情况下，我们可以将该元素直接发送到下游(7.1)。如果尚未进行请求，或者队列中存在某些内容，我们就必须将该元素放入队列（以保存元素的顺序）并稍后进行发送(7.2)。在元素无效的情况下，我们必须增加 `filtered` 元素的数量(7.3)。最后，如果 `remaining` 元素数为 0，那么我们必须 `cancel`(7.4)该 `Subscription` 并结束流。

(8) 这是声明获取额外数据的机制。这里，如果 `filtered` 元素的数量达到上限，我们会在不阻塞整个处理过程的情况下从数据库请求额外的数据。

(9) 这是 `Subscriber` 和 `Subscriptions` 方法实现的其余部分。

通常，当与数据库的连接已成功建立并且 `TakeFilterOperator` 实例已收到 `Subscription` 时，具有指定数量元素的第一个请求将发送到数据库。在此之后，数据库开始生成指定数量的元素并在它们到来时**推送**它们。同时，`TakeFilterOperator` 的逻辑指定了应该请求额外数据的情况。一旦发生这种情况，服务就会向数据库发送对下一部分数据的新的非阻塞请求。这里需要注意的是，响应式规范直接指定调用 `Subscription#request` 的执行操作应该是非阻塞的，这意味着，最好不要执行阻塞操作或者在该方法中中止调用者执行线程的任何操作。

最后，图 3-8 描绘了服务和数据库之间的整体交互过程。

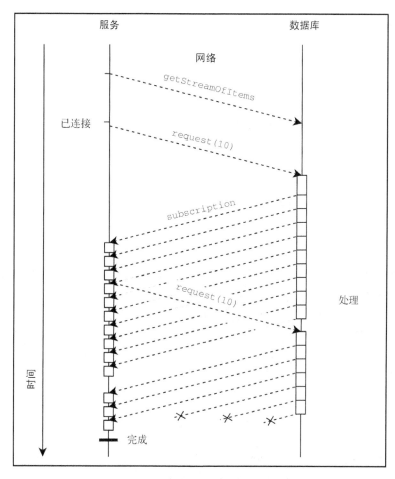

图 3-8　推拉式混合处理流程

从图 3-8 中可以看出，由于响应式流规范中 Publisher 和 Subscriber 之间的交互契约，数据库中的第一个元素可能晚一点到达。请求新的数据不需要中断或阻塞正在进行的元素处理。因此，整个处理时间几乎不受影响。

另外，在某些情况下，可以优先考虑**纯推模型**。幸好响应式流非常灵活，除动态**推拉模型**外，该规范还提供了独立的推模型和拉模型。根据文档，为了实现**纯推模型**，我们可以考虑请求 $2^{63}-1$（`java.lang.Long.MAX_VALUE`）个元素的需求。

> 这个数字可以被认为是无界的，因为对于当前或可预见的硬件而言，在合理的时间内满足 $2^{63}-1$ 个元素的需求是不可能的（即使每纳秒 1 个元素也需要 292 年）。因此，发布者可以停止跟踪超出此要求的需求。

相反，要切换到**纯拉模型**，我们可以在每次调用 `Subscriber#onNext` 时请求一个新元素。

3.2.1　响应式流规范实战

总的来说，正如上一节所述，即使响应式流规范中的接口很直观，其整体概念也非常复杂。因此，我们将在日常示例中学习这 3 个接口的核心思想和概念行为。

让我们考虑一个新闻订阅的示例，思考如何利用新的响应式流接口使其变得更智能。请考虑以下用于为一个新闻服务创建 Publisher 的代码：

```
NewsServicePublisher newsService = new NewsServicePublisher();
```

现在让我们创建一个 Subscriber 并将其订阅到 NewsService：

```
NewsServiceSubscriber subscriber = new NewsServiceSubscriber(5);
newsService.subscribe(subscriber);
...
subscriber.eventuallyReadDigest();
```

通过在 newsService 实例上调用 subscribe()，我们表达了获取最新新闻的期望。通常，在发送任何新闻摘要之前，高质量服务都会先发送祝贺信，而祝贺信将包含有关订阅和取消订阅的信息。此操作与我们的 Subscriber#onSubscribe() 方法完全相同，该方法通知 Subscriber 已成功订阅并使其能够取消订阅。由于我们的服务遵循响应式流规范的规则，因此它使客户端能一次选择尽可能多的新闻文章。只有在客户端通过调用 Subscription#request 指定第一部分摘要的数量之后，新闻服务才开始通过 Subscriber#onNext 方法发送摘要，然后订阅者可以读取新闻。

在这里，**最终**意味着在现实生活中我们可能将阅读新闻的时间推迟到晚上或周末，这也意味着我们会手动检查收件箱中的新闻。从订阅者的角度来看，该逻辑是在 NewsServiceSubscriber-#finallyReadDigests() 的支持下得以实现的。通常，这种行为意味着用户的收件箱会收集新闻摘要，而一个常见的服务订阅模型就可以塞满订阅者的收件箱。同时，当新闻服务轻率地向订阅者发送消息，而订阅者又不读取消息时，通常邮件服务提供商会将新闻服务的电子邮件地址加入黑名单。此外，在这种情况下，Subscriber 可能错过重要的新闻摘要。即使没有发生这种情况，订阅者也不会乐于看到自己的邮箱中充满了来自新闻服务的未读消息。因此，为了保持订阅者的满意度，新闻服务需要提供用于传递新闻的策略。假设服务会对新闻的读取状态进行确认。在这里，一旦我们确信所有消息都被读取，我们可以采用一些特定的逻辑，从而仅在前一个新闻摘要被读取后发送新的新闻摘要。该机制可以比较容易地通过规范实现。上述整个机制可以通过如下示例代码进行展示：

```
class NewsServiceSubscriber implements Subscriber<NewsLetter> {      // (1)
    final Queue<NewsLetter> mailbox = new ConcurrentLinkedQueue<>();  //
    final int take;                                                  //
    final AtomicInteger remaining = new AtomicInteger();             //
    Subscription subscription;                                       //
```

```
public NewsServiceSubscriber(int take) { ... }              // (2)

public void onSubscribe(Subscription s) {                   // (3)
  ...                                                       //
  subscription = s;                                         //
  subscription.request(take);                               // (3.1)
  ...                                                       //
}                                                           //

public void onNext(NewsLetter newsLetter) {                 // (4)
  mailbox.offer(newsLetter);                                //
}                                                           //

public void onError(Throwable t) { ... }                    // (5)
public void onComplete() { ... }                            //

public Optional<NewsLetter> eventuallyReadDigest() {        // (6)
  NewsLetter letter = mailbox.poll();                       // (6.1)
  if (letter != null) {                                     //
    if (remaining.decrementAndGet() == 0) {                 // (6.2)
      subscription.request(take);                           //
      remaining.set(take);                                  //
    }                                                       //
    return Optional.of(letter);                             // (6.3)
  }                                                         //
  return Optional.empty();                                  // (6.4)
}                                                           //
}                                                           //
```

关键点解释如下。

(1) 这是实现 Subscriber<NewsLetter>的 NewsServiceSubscriber 类声明。此处我们不仅拥有普通类定义，还拥有一个有用字段列表（例如由 Queue 表示的 mailbox 字段，或 subscription 字段）用于表示当前订阅，也就是客户端与新闻服务之间的协议。

(2) 这是 NewsServiceSubscriber 构造函数声明。此处构造函数接受一个名为 take 的参数，该参数指示用户可以立即或在最近一段时间内读取的新闻摘要的数量。

(3) 这是 Subscriber#onSubscribe 方法实现。在点(3.1)，我们保存接收到的 Subscription 并将先前具有偏好的用户的**新读取吞吐量**发送到服务器。

(4) 这是 Subscriber#onNext 方法实现。处理新摘要的整个逻辑很直观，它只是将消息放入 Queue 邮箱的过程。

(5) 这是 Subscriber#onError 和 Subscriber#onComplete 方法声明。终止订阅时会调用这些方法。

(6) 这是公开的 eventuallyReadDigest 方法声明。首先，为了表明邮箱可能是空的，我们依赖于 Optional。同时，第一步，在点(6.1)处我们尝试从邮箱中获取最新的未读新闻摘要。如果邮箱中没有未读新闻，我们将在(6.4)处返回 Optional.empty()。在存在可用摘要的情况下，我们会减少计数器(6.2)，该计数器表示先前已经从新闻服务请求的未读消息的数量。如果我们仍在等待某些消息，我们将返回已完成的 Optional。否则，我们将另外请求新的摘要并重置剩余新消息的计数器(6.3)。

　　根据规范，第一个调用触发 onSubscribe() 方法，它在本地存储 Subscription，然后通过 request() 方法通知 Publisher 它们是否准备好接收新闻。同时，当第一个摘要出现时，它将存储在队列中以供后续阅读，这在真实的邮箱中也经常发生。最后，当订阅者已经从收件箱中读取了所有摘要时，该情况将被告知 Publisher，然后 Publisher 会准备新的新闻。另外，新闻服务如果改变了订阅策略（在某些情况下意味着当前用户订阅的结束）将通过 onComplete 方法通知订阅者。然后，客户端将被要求接受新策略并自动重新订阅该服务。处理 onError 的一个显而易见的例子是意外删除保存有关用户偏好信息的数据库。在这种情况下，它可能被视为故障，然后订阅者将收到一封道歉信，并被要求以新的偏好信息重新订阅该服务。最后，finallyReadDigest 的实现只不过是真实用户的一些操作，例如打开邮箱、检查新消息、读取邮件并将其标记为已读，或者只是在没有新内容可以与之交互时关闭邮箱。

　　如上文所述，响应式流显然天然适合解决无关业务场景的问题。只需提供这样的机制，我们就可以让订阅者满意，而不会进入邮箱提供商的黑名单。

处理器概念的介绍

　　我们已经了解了构成响应式流规范的 3 个主要接口，还看到了一种可以改进通过电子邮件发送新闻摘要的新闻服务的推荐机制。但是，本节开头提到，规范中有 4 个核心接口，最后一个被称为 Processor（处理器），是 Publisher 和 Subscriber 的组合。我们来查看以下代码实现：

```
package org.reactivestreams;

public interface Processor<T, R> extends Subscriber<T>,
                                         Publisher<R> {
}
```

　　与 Publisher 和 Subscriber（根据定义是**起点和终点**）不同，Processor 的目标是在 Publisher 和 Subscriber 之间添加一些处理阶段。由于 Processor 可能代表一些转换逻辑，这使流管道行为和业务逻辑流更容易理解。使用 Processor 的典型示例包括它可以在自定义操作符中描述任何业务逻辑，还可以提供流数据的附加缓存。为了更好地理解 Processor 概念的应用，让我们考虑如何使用 Processor 接口改进 NewsServicePublisher。

　　隐藏在 NewsServicePublisher 背后的最简单的逻辑可能是数据库访问，该数据库访问涉及准备新闻和随后向所有订阅者进行多播，请看图 3-9。

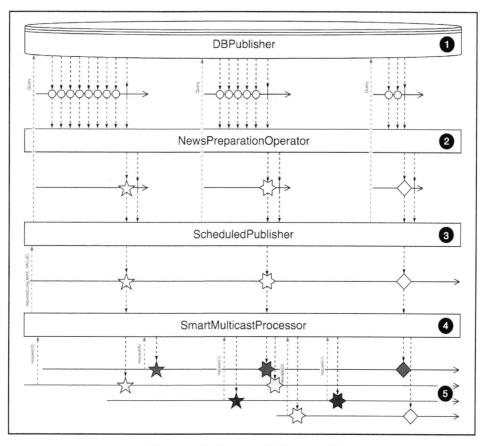

图 3-9 新闻服务的邮件发送流程示例

在此示例中，NewsServicePublisher 被分成 4 个附加组件。

❶ 这是 DBPublisher 阶段。在这里，Publisher 负责提供对数据库的访问并返回最新的新闻。

❷ 这是 NewsPreparationOperator 阶段。此阶段是一个中间转换阶段，该阶段负责聚合所有消息，并在主数据源发出完成信号时将所有新闻组合到摘要中。请注意，由于聚合本身的特性，此操作符总是会生成一个元素。聚合假定存在存储方案，它可以是队列或用于存储所接收元素的任何其他集合。

❸ 这是 ScheduledPublisher 阶段。此阶段负责定期调度任务。在前面提到的场景中，被调度的是一个查询数据库（DBPublisher）任务，该任务处理结果并将接收的数据合并到下游。请注意，ScheduledPublisher 实际上是一个无限流，并且忽略了已合并 Publisher 的完成。在缺少来自下游请求的情况下，该 Publisher 通过 Subscriber#onError 方法向实际 Subscriber 抛出异常。

❹ 这是 SmartMulticastProcessor 阶段。该 Processor 在流程中起着至关重要的作用。首先,它缓存了最新的摘要。同时,该阶段支持多播,这意味着我们无须单独为每个 Subscriber 创建相同的流。此外,如前所述,SmartMulticastProcessor 包括一个智能邮件跟踪机制,只会为那些阅读过前一条摘要的人发送新闻。

❺ 这些是真实的订阅者,它们实际上是 NewsServiceSubscriber。

总的来说,图 3-9 展示了可能隐藏在 NewsServicePublisher 背后的内容。同时,该示例展示了 Processor 的实际应用。请注意,虽然我们有 3 个转换阶段,但其中只有一个必须是 Processor。

首先,在只需要进行从 A 到 B 的简单转换的情况下,我们不需要同时暴露 Publisher 和 Subscriber 的接口。Subscriber 接口的存在意味着一旦 Processor 订阅了上游,元素就可以开始进入 Subscriber#onNext 方法,并且可能由于缺少下游 Subscriber 而丢失。同时,要使用这种技术,我们必须牢记,Processor 应该在订阅主 Publisher 之前被订阅。

然而,这会使业务流程过于复杂,并且它不支持创建可以轻松适应任何情况的可重用操作符。此外,Processor 的构建函数实现引入了在对订阅者的独立(来自主 Publisher)管理和适当的背压实现(例如,在必要的情况下使用队列)方面的额外努力。既而,作为普通操作符的 Processor 的不合理的复杂实现将可能导致性能下降,甚至降低整个流吞吐量。

由于我们知道自己只想将 A 转换为 B,所以只想在实际的 Subscriber 调用 Publisher#subscribe 时启动流程,并且不希望使内部实现过度复杂化。因此,多个 Publisher 实例的组合就非常符合要求,因为它们接受上游作为构造函数的参数并简单地提供适配器逻辑。

同时,当我们需要多播元素时,无论是否存在订阅者,Processor 都会发挥作用。它还支持某种变异,因为它实现了 Subscriber 接口,有效地支持诸如缓存之类的变异。

我们已经看到 TakeFilterOperator 操作符和 NewsServiceSubscriber 的实现。重视这一事实,我们可以确定 Publisher、Subscriber 和 Processor 的大多数实例的内部与上述示例类似。因此,我们不会深入了解每个类的内部细节,只会考虑所有组件的最终组合:

```
Publisher<Subscriber<NewsLetter>> newsLetterSubscribersStream =...    // (1)
ScheduledPublisher<NewsLetter> scheduler =                            //
  new ScheduledPublisher<>(                                           //
      () -> new NewsPreparationOperator(new DBPublisher(...), ...),   // (1.1)
      1, TimeUnit.DAYS                                                //
  );                                                                  //
SmartMulticastProcessor processor = new SmartMulticastProcessor();    //

scheduler.subscribe(processor);                                       // (2)

newsLetterSubscribersStream.subscribe(new Subscriber<>() {            // (3)
  ...                                                                 //
  public void onNext(Subscriber<NewsLetter> s) {                      //
    processor.subscribe(s);                                           // (3.1)
```

```
    }                                                          //
    ...                                                        //
});                                                            //
```

关键点解释如下。

(1) 这是发布者、操作符和处理器声明。newsLetterSubscribersStream 代表订阅邮件列表用户的无限流。同时，在点(1.1)，我们声明 Supplier<? Extends Publisher<NewsLetter>>，它提供包装在 NewsPreparationOperator 中的 DBPublisher。

(2) 这是面向 ScheduledPublisher <NewsLetter>订阅的 SmartMulticastProcessor。该操作立即启动调度程序，调度程序又反过来订阅内部 Publisher。

(3) 这是 newsLetterSubscribersStream 订阅。这里我们声明匿名类来实现 Subscriber。同时，在点(3.1)，我们将每个新的传入 Subscriber 订阅到处理器，该处理器在所有订阅者之间对摘要进行多播。

在这个例子中，我们将所有处理器组合在一个链中，按顺序将它们相互包装或使组件相互订阅。

总而言之，我们已经介绍了响应式流标准的基础知识。我们已经看到了将 RxJava 等库中表示的响应式编程思想转换为标准接口集的过程。与此同时，我们看到上述接口很容易让我们在系统内的组件之间定义异步和非阻塞交互模型。最后，只要采用响应式流规范，那么不管是在高层架构级别还是在较小的组件级别，我们都能够构建一个响应式系统。

3.2.2 响应式流技术兼容套件

乍一看，响应式流似乎并不棘手，但实际上它确实包含许多隐藏的陷阱。除 Java 接口之外，该规范还包含许多针对实现的文档化规则，而这一点也许是最具挑战性的。这些规则严格限制每个接口，同时，保留规范中提到的所有行为至关重要。这样可以进一步集成来自不同提供商的实现，并且不会导致任何问题。这是形成这些规则的基本点。遗憾的是，构建一个覆盖所有情况的合适测试套件可能比正确实现接口花费更多的时间。另外，开发人员需要一个可以验证所有行为并确保响应式库标准化且相互兼容的通用工具。幸好 Konrad Malawski 已经为此实现了一个工具包，其名称为响应式流技术兼容套件（Reactive Streams Technology Compatibility Kit），简称为 TCK。

TCK 保留所有响应式流声明并根据指定规则测试相应的实现。从本质上讲，TCK 是一组 TestNG 测试用例，我们应该对其进行扩展，并为相应的 Publisher 或 Subscriber 准备验证。TCK 包含一个完整的测试类列表，旨在涵盖响应式流规范中的所有已定义规则。实际上，所有测试的命名都对应指定的规则。例如，你可以在 org.reactivestreams.tck.Publisher-Verification 中找到如下所示的一个测试用例示例：

```
...
Void
required_spec101_subscriptionRequestMustResultInTheCorrectNumberOfProduced
Elements()
throws Throwable {
  ...
  ManualSubscriber<T> sub = env.newManualSubscriber(pub);        // (1)
  try {
    sub.expectNone(..., pub));                                   // (2)
    sub.request(1);                                              //
    sub.nextElement(..., pub));                                  //
    sub.expectNone(..., pub));                                   //
    sub.request(1);                                              //
    sub.request(2);                                              //
    sub.nextElements(3, ..., pub));                              //
    sub.expectNone(..., pub));                                   //
  } finally {
    sub.cancel();                                                // (3)
  }
  ...
}
```

关键点解释如下。

(1) 这是对被测发布者的手动订阅。响应式流的 TCK 提供了自己的测试类，该测试类可以验证特定的行为。

(2) 这是对期望的声明。从前面的代码中可以看到，这里我们根据规则 1.01 对给定 Publisher 的行为进行了特定验证。在这种情况下，我们证实 Publisher 发出的元素不能比 Subscriber 请求的更多。

(3) 这是 Subscription 的取消阶段。一旦测试通过或失败，我们将关闭打开的资源并完成交互，并使用 ManualSubscriber API 取消对 Publisher 的订阅。

上述测试的重要性隐藏在对交互基本保证的验证背后，任何一种 Publisher 的实现都应该提供这种交互。此外，PublisherVerification 中的所有测试用例都确保给定的 Publisher 在某种程度上符合响应式流规范。这在某种程度上意味着不同大小的规则无法一一验证。此类规则的示例是规则 3.04，该规则声明，请求不应执行无法进行有效测试的繁重计算。

1. 发布者验证

在了解响应式流 TCK 重要性的同时，我们也有必要获取关于工具包使用的基础知识。为了了解该套件如何工作，我们将验证新闻服务中的一个组件。由于 Publisher 是系统的重要组成部分，因此我们将从对它的分析开始。我们记得，TCK 提供了 org.reactivestreams.tck. PublisherVerification 来检查 Publisher 的基本行为。通常，PublisherVerification 是一个抽象类，它要求我们只扩展两个方法。让我们看一下下面的例子，以了解如何编写对前面开发的 NewsServicePublisher 的验证：

```
public class NewsServicePublisherTest                          // (1)
    extends PublisherVerification<NewsLetter> ... {            //
    public StreamPublisherTest() {                             // (2)
        super(new TestEnvironment(...));                       //
    }                                                          //

    @Override                                                  // (3)
    public Publisher<NewsLetter> createPublisher(long elements) { //
        ...                                                    //
        prepareItemsInDatabase(elements);                      // (3.1)
        Publisher<NewsLetter> newsServicePublisher =           //
            new NewsServicePublisher(...);                     //
        ...                                                    //
        return newsServicePublisher;                           //
    }                                                          //

    @Override                                                  // (4)
    public Publisher<NewsLetter> createFailedPublisher() {     //
        stopDatabase()                                         // (4.1)
        return new NewsServicePublisher(...);                  //
    }                                                          //

    ...                                                        //
}
```

关键点解释如下。

(1) 这是 NewsServicePublisherTest 类声明，它扩展了 PublisherVerification 类。

(2) 这是无参构造函数声明。应该指出，PublisherVerification 没有默认构造函数，它强制实现它的人提供 TestEnvironment 以用于指定测试的特定配置，例如超时和调试日志的配置。

(3) 这是 createPublisher 方法实现。此方法负责创建 Publisher，该 Publisher 生成给定数量的元素。例如，在我们的例子中，为了满足测试要求，我们必须用一定数量的新闻条目来填充数据库(3.1)。

(4) 这是 createFailedPublisher 方法实现。与 createPublisher 方法相反，我们必须提供 NewsServicePublisher 的失败实例。Publisher 失败的可能原因之一是数据源不可用，而在我们的例子中，这会导致 NewsServicePublisher 失败(4.1)。

上述测试扩展了运行 NewsServicePublisher 验证所需的基本配置。这里假设 Publisher 足够灵活，能够提供给定数量的元素。换句话说，测试可以告诉 Publisher 它应该生成多少元素以及它会失败还是正常工作。另外，在许多特定场景中，Publisher 仅限于一个元素。例如，像之前那样，不管来自上游的传入元素有多少，NewsPreparationOperator 的响应只包含一个元素。

只遵循上述测试配置，我们无法检查该 Publisher 的准确性，因为许多测试用例假设流中存在多个元素。响应式流 TCK 考虑到了这种极端情况，并支持设置一个名为 maxElements-FromPublisher() 的附加方法，该方法返回一个值，用于指示生成元素的最大数量：

```
@Override
public long maxElementsFromPublisher() {
    return 1;
}
```

一方面，重写该方法可以跳过需要多个元素的测试；另一方面，响应式流规则的覆盖范围将减小，可能需要实现自定义测试用例。

2. 订阅者验证

上述配置是启动测试生产者行为所需的最小配置。但是，除了 Publisher 的实例，我们还需要测试 Subscriber 实例。幸好响应式流规范中针对 Subscriber 的那组规则没有针对 Publisher 的规则那么复杂，但我们仍然需要满足所有需求。

有两种不同的测试套件可以测试 NewsServiceSubscriber。第一个名为 org.reactive-streams.tck.SubscriberBlackboxVerification，它可以用于在不知道内部的细节和修改的情况下验证 Subscriber。当 Subscriber 来自外部代码库并且我们没有合法的途径来扩展行为时，黑盒（Blackbox）验证是一个有用的测试工具包。另外，黑盒验证仅涵盖一部分规则，并不能确保实现完全正确。要了解如何检查 NewsServiceSubscriber，首先就要实现黑盒验证测试：

```
public class NewsServiceSubscriberTest                              // (1)
    extends SubscriberBlackboxVerification<NewsLetter> {           //

    public NewsServiceSubscriberTest() {                           // (2)
        super(new TestEnvironment());                              //
    }                                                              //

    @Override                                                      // (3)
    public Subscriber<NewsLetter> createSubscriber() {             //
        return new NewsServiceSubscriber(...);                     //
    }                                                              //

    @Override                                                      // (4)
    public NewsLetter createElement(int element) {                 //
        return new StubNewsLetter(element);                        //
    }                                                              //

    @Override                                                      // (5)
    public void triggerRequest(Subscriber<? super NewsLetter> s) { //
        ((NewsServiceSubscriber) s).eventuallyReadDigest();        // (5.1)
    }                                                              //
}
```

关键点解释如下。

(1) 这是 NewsServiceSubscriberTest 类声明，它扩展了 SubscriberBlackboxVerification 测试套件。

（2）这是默认的构造函数声明。这里，与 `PublisherVerification` 相同，我们被要求提供某个 `TestEnvironment`。

（3）这是 `createSubscriber` 方法实现。该方法返回 `NewsServiceSubscriber` 实例，而此实例应根据规范进行测试。

（4）这是 `createElement` 方法实现。在这里，我们需要提供一个方法的实现，而该方法会扮演新元素工厂的角色，并根据需要生成新的 `NewsLetter` 实例。

（5）这是 `triggerRequest` 方法实现。由于黑盒测试假定无法访问内部，因而我们无法直接访问 `Subscriber` 内的隐藏 `Subscription`。既而，这意味着我们必须设法通过手动使用给定的 API（5.1）触发它。

上述示例展示了可用于 `Subscriber` 验证的 API。除了两个必需的方法 `createSubscriber` 和 `createElement`，还有一个额外的方法可以从外部处理 `Subscription#request` 方法。在该例中，它使我们能模拟真实的用户活动，是一个有用的补充。

第二个测试工具包被称为 `org.reactivestreams.tck.SubscriberWhiteboxVerification`。该验证与前一个验证类似，但是为了通过验证，`Subscriber` 需要提供与 `WhiteboxSubscriber-Probe` 的额外交互：

```
public class NewsServiceSubscriberWhiteboxTest          // (1)
    extends SubscriberWhiteboxVerification<NewsLetter> {  //
  ...                                                    //

  @Override                                              // (2)
  public Subscriber<NewsLetter> createSubscriber(        //
    WhiteboxSubscriberProbe<NewsLetter> probe            //
  ) {                                                    //
    return new NewsServiceSubscriber(...) {              //
      public void onSubscribe(Subscription s) {          //
        super.onSubscribe(s);                            // (2.1)
        probe.registerOnSubscribe(new SubscriberPuppet() {  // (2.2)
          public void triggerRequest(long elements) {    //
            s.request(elements);                         //
          }                                              //
          public void signalCancel() {                   //
            s.cancel();                                   //
          }                                              //
        });                                              //
      }                                                  //
      public void onNext(NewsLetter newsLetter) {        //
        super.onNext(newsLetter);                        //
        probe.registerOnNext(newsLetter);               // (2.3)
      }                                                  //
      public void onError(Throwable t) {                 //
        super.onError(t);                                //
        probe.registerOnError(t);                        // (2.4)
      }                                                  //
      public void onComplete() {                         //
        super.onComplete();                              //
```

```
        probe.registerOnComplete();                             // (2.5)
      }                                                         //
    };                                                          //
  }                                                             //
  ...                                                           //
}                                                               //
```

关键点解释如下。

(1) 这是 NewsServiceSubscriberWhiteboxTest 类声明，它扩展了 SubscriberWhite-boxVerification 测试套件。

(2) 这是 createSubscriber 方法实现。此方法与黑盒验证的工作方式相同，并返回 Subscriber 实例，但此处还有一个名为 WhiteboxSubscriberProbe 的附加参数。在这种情况下，WhiteboxSubscriberProbe 代表了一种机制，该机制可以实现对需求的嵌入式控制和输入信号的捕获。与黑盒验证相比，通过在 NewsServiceSubscriber 内点(2.2)、点(2.3)、点(2.4)、点(2.5)正确注册探针钩子，测试套件不仅能够发送需求，还能验证需求是否被满足以及所有元素是否被接受。同时，需求监管机制比以前更加透明。在点(2.2)，我们实现了 SubscriberPuppet，它会为直接访问收到的 Subscription 进行适配。

正如上例所述，与黑盒验证相反，白盒（whitebox）需要扩展 Subscriber，以在内部提供额外的钩子。虽然白盒测试覆盖了更多的规则，且这些规则确保了所测试 Subscriber 的行为正确，但是当我们想要避免一个类被扩展时，这可能是不可接受的。

验证过程的最后一部分是对 Processor 的测试。为此，TCK 向我们提供了 org.reactive-streams.tck.IdentityProcessorVerification。该测试套件可以验证 Processor，而 Processor 接收并生成相同类型的元素。在我们的示例中，只有 SmartMulticastProcessor 以这种方式运行。由于测试工具包应该同时验证 Publisher 和 Subscriber 的行为，因此 IdentityProcessorVerification 继承了与 Publisher 和 Subscriber 测试类似的配置。因此，我们没有深入了解整个测试的实现细节，却考虑了 SmartMulticastProcessor 验证所需的其他方法：

```
public class SmartMulticastProcessorTest                        // (1)
    extends IdentityProcessorVerification<NewsLetter> {         //

  public SmartMulticastProcessorTest() {                        // (2)
    super(..., 1);                                              //
  }                                                             //

  @Override                                                     // (3)
  public Processor<Integer, Integer> createIdentityProcessor(   //
    int bufferSize                                              //
  ) {                                                           //
    return new SmartMulticastProcessor<>();                     //
  }                                                             //

  @Override                                                     // (4)
```

```
    public NewsLetter createElement(int element) {        //
        return new StubNewsLetter(element);               //
    }                                                     //
}
```

关键点解释如下。

(1) 这是 `SmartMulticastProcessorTest` 类定义,它扩展了 `IdentityProcessorVeri-`
`fication`。

(2) 这是默认的构造函数定义。正如代码(以及该示例中跳过的 `TestEnvironment` 配置)
所示,我们传递了一个附加参数,该参数指示处理器必须缓冲而不能丢弃的元素数。由于我们
知道我们的 `Processor` 仅支持缓冲一个元素,因此我们必须在启动任何验证之前手动提供该
数字。

(3) 这是 `createIdentityProcessor` 方法实现,它返回所测试的 `Processor` 实例。这里,
`bufferSize` 表示 `Processor` 必须缓冲而不丢弃的元素数。我们现在可以跳过该参数,因为我
们知道内部缓冲区大小等于构造函数中预先配置的大小。

(4) 这是 `createElement` 方法实现。与验证 `Subscriber` 类似,我们必须提供工厂方法来
创建新元素。

上面的示例展示了用于 `SmartMulticastProcessor` 验证的基本配置。由于 `Identity-`
`ProcessorVerification` 同时扩展了 `SubscriberWhiteboxVerification` 和 `Publisher-`
`Verification`,因此每个单个配置将被合并成统一配置。

总结一下,我们概述了基本测试集,而该测试集有助于验证已实现的响应式操作符的指定行
为。在这里,TCK 可以被认为是初始的集成测试。然而,我们应该记住伴随着 TCK 验证,每个
操作符都应该仔细测试自己想要的行为。

3.2.3 JDK 9

同样,JDK 实现团队也看到了规范的价值。在规范第一版发布后不久,Doug Lee 创建了一
个在 JDK 9 中添加上述接口的提议。该提议得到了以下事实的支持:当前的 Stream API 只提供了
拉模型,而缺失了**推模型**。

> "……没有一个完美的流式异步/并行 API。CompletableFuture/CompletionStage
> 对基于 future 的连续式编程提供了最好的支持,而 java.util.Stream 对(多阶段、
> 可能并行)集合元素的"拉"式操作提供了最好的支持。到目前为止,一个缺失的类别
> 是对数据项(从活动数据源获取)的"推"式操作。"
>
> ——Doug Lee[①]

---

① Doug Lee,java.util.concurrent 工具包的作者,Java 并发编程大师。——译者注

注意，Java Stream API 使用 Spliterator，它就是 Iterator 的一个修改版本，并能够并行执行。我们还记得，Iterator 在设计上并不是用于推送，而是用于通过 Iterator#next 方法进行拉取。类似地，Spliterator 具有 tryAdvance 方法，该方法是 Iterator 的 hasNext 和 next 方法的组合。因此，我们可以得出结论：一般来说，Stream API 是基于拉取操作的。

该提案的主要目标是为 JDK 中的响应式流指定接口。根据该提案，响应式流规范中定义的所有接口都作为 java.util.concurrent.Flow 类的静态子类被提供。一方面，这种改进很重要，因为响应式流会成为一种 JDK 标准；另一方面，许多提供商已经依赖 org.reactivestreams.* 包中提供的规范。由于大多数提供商（例如 RxJava）支持数种版本的 JDK，因此单单将这些接口与之前的接口一起实现是不可能的。因此，这种改进表明了需要与 JDK 9+兼容的额外需求，并以某种方式将一个规范转换为另一个规范。

幸好，响应式流规范为此目的提供了一个额外的模块，可以将响应式流类型转换为 JDK Flow 类型：

```
...                                                         // (1)
import org.reactivestreams.Publisher;                       //
import java.util.concurrent.Flow;                           //
...                                                         //
Flow.Publisher jdkPublisher = ...;                          // (2)
Publisher external = FlowAdapters.toPublisher(jdkPublisher) // (2.1)
Flow.Publisher jdkPublisher2 = FlowAdapters.toFlowPublisher(//
  external                                                  // (2.2)
);                                                          //
```

关键点解释如下。

(1) 这些是 import 语句定义。从这些包的导入声明可以看出，我们从原始的响应式流库导入了 Publisher，也导入了 Flow，它是移植到 JDK 9 中的响应式流所有接口的访问点。

(2) 这是 Flow.Publisher 实例定义。这里我们从 JDK 9 定义 Publisher 的实例。同时，在点(2.1)，我们使用原始响应式流库中的 FlowAdapters.toPublisher 方法将 Flow.Publisher 转换为 org.reactivestreams.Publisher。此外，为了演示目的，在行(2.2)中，我们使用 FlowAdapters.toFlowPublisher 方法将 org.reactivestreams.Publisher 转换回 Flow.Publisher。

前面的示例展示了我们如何轻松地将 Flow.Publisher 转换为 org.reactivestreams. Publisher。应该注意的是，该示例与实际业务场景无关，因为在本书出版时，并没有彻头彻尾地基于 JDK 9 Flow API 编写的知名响应式库。当外部库支持 JDK 6 及更高版本时，无须迁移响应式流规范。但是，在将来，一切都很可能发生变化，并且响应式库的新版本迭代肯定会在响应式流规范之上进行编写并被移植到 JDK 9。

3.3 高级主题——响应式流中的异步和并行

前面的部分虽然讨论了响应式流的概念行为，但是没有提到响应式管道的异步和非阻塞行为。因此，让我们深入了解一个响应式流标准并分析这些行为。

一方面，响应式流 API 中的规则 2.2 和 3.4 规定，对由 Publisher 生成并由 Subscriber 消费的所有信号的处理过程应该是非阻塞和非干扰的。因此，基于具体的执行环境，我们可以高效地利用处理器的一个节点或一个内核。

另一方面，所有处理器或内核的高效利用需要并行化。对响应式流规范中的并行化概念的通常理解可以解释为对 Subscriber#onNext 方法的并行调用。遗憾的是，规范中的规则 1.3 规定**必须以线程安全的方式触发 on*****方法的调用，并且如果由多个线程执行，则使用外部同步**。这一点假定我们对所有 on*** 方法的串行化或简单顺序调用。反过来，这意味着我们无法创建类似 ParallelPublisher 的组件并在流中对元素执行并行处理。

因此，问题是我们如何高效地利用资源。要找到答案，我们必须分析常见的流处理管道，请看图 3-10。

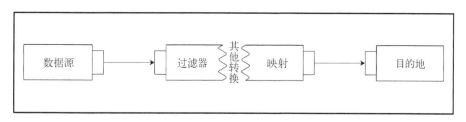

图 3-10　在数据源和目的地之间，基于某些业务逻辑对流进行处理的示例

可以注意到，通常的管道处理（涉及数据源和最终目的地）包括一些处理或转换阶段。同时，每个处理阶段可能花费大量处理时间并延迟其他执行。

在这种情况下，一种解决方案是在阶段之间传递异步消息。对基于内存的流处理而言，这意味着执行过程的一部分被绑定到一个线程而另一部分被绑定到另一个线程。例如，最终元素消费可能是 CPU 密集型任务，而它将在单独的线程上进行合理处理，请看图 3-11。

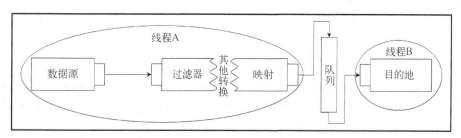

图 3-11　数据源（带有处理过程）和目的地之间的异步边界示例

通常，通过在两个独立的线程之间拆分处理过程，我们在阶段之间放置异步边界。又因为两个线程可以彼此独立地工作，所以我们通过这样做，将元素的整体处理过程并行化。为了实现并行化，我们必须应用一种数据结构（例如 Queue）来正确地解耦处理过程。这样，线程 A 内的处理过程独立地提供数据项给 Queue，而在线程 B 内的 Subscriber 则独立地消费来自相同 Queue 的数据项。

拆分线程之间的处理过程会导致数据结构中的额外开销。当然，由于响应式流规范，这样的数据结构是有界的。数据结构中的数据项数量通常等于 Subscriber 从其 Publisher 请求的批处理的大小，而这取决于系统的一般容量。

除此之外，针对 API 实现者和开发人员的主要问题是**流处理部分应该连接到哪个异步边界**？这里至少会出现 3 个简单的选项。第一种情况是将处理流附加到数据源资源（见图 3-11），并且使所有操作都在与数据源相同的边界内执行。在这种情况下，所有数据都是逐个同步处理的，因此在将一个数据项发送到另一个线程进行处理之前，会对所有处理阶段进行转换。第二种情况是，我们采用与第一种情况相反的异步边界配置，处理过程会连接到**目的地**或消费者线程，并且可以在元素生产过程为 CPU 密集型任务的场景下使用。

第三种情况发生在生产和消费是 CPU 密集型任务时。因此，运行中间转换过程的最有效方法是在单独的线程对象上运行它，请参考图 3-12。

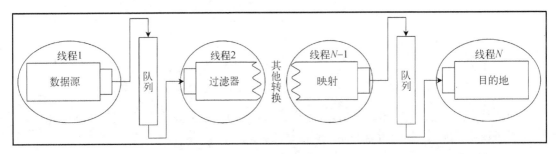

图 3-12   每个管道组件之间的异步边界示例

如图 3-12 所示，每个处理阶段可以绑定到一个单独的线程。通常，有许多方法可以配置数据流的处理过程。每个案例都与其最佳条件相关。例如，第一个示例在数据源资源的负载低于目的地资源时有效。因此，转换操作适合置于数据源边界内，反之亦然，当目的地消费的资源少于数据源时，把所有数据处理放在目的地边界中是合乎逻辑的。而且，有时转换可能是消费资源最高的操作。在这种情况下，最好将转换从数据源和目的地中分离出来。

然而，重要的是要记住，在不同的线程之间对处理过程进行拆分不仅不是自由的，还应该在合理的资源消费之间进行平衡，以实现边界（线程和附加数据结构）和高效的元素处理。同时，实现这种平衡是另一个挑战，如果响应式库没有提供有用的 API，我们就很难克服其实现和管理中的困难。

幸好，这样的 API 由诸如 RxJava 和 Project Reactor 等响应式库提供。虽然本章不会详细介绍所提议的功能，但第 4 章会进行深入介绍。

3.4 响应式环境的转变

JDK 9 包含响应式流规范这一事实强调了该规范的重要性，并且该规范已经开始改变这个行业。开源软件行业的领导者（如 Netflix、Red Hat、Lightbend、MongoDB、亚马逊等）已经开始在他们的产品中采用这种出色的解决方案。

3.4.1 RxJava 的转变

通过这种方式，RxJava 提供了一个额外的模块，它使我们能轻松地将一种响应式类型转换为另一种。让我们看看如何将 Observable<T>转换为 Publisher<T>并将 rx.Subscriber<T>转换为 org.reactivestreams.Subscriber<T>。

假设我们有一个应用程序把 RxJava 1.*x* 和 Observable 作为组件之间的核心通信类型，如下例所示：

```
interface LogService {
    Observable<String> stream();
}
```

但是，随着响应式流规范的发布，我们决定遵循标准并从以下特定依赖项中抽象出我们的接口：

```
interface LogService {
    Publisher<String> stream();
}
```

可以注意到，我们很容易地用 Publisher 替换了 Observable。但是，实现所需的重构可能比仅更换返回类型花费的时间要多。幸好，我们总是可以很容易地将现有的 Observable 调整为 Publisher，如下例所示：

```
class RxLogService implements LogService {                              // (1)
    final HttpClient<...> rxClient = HttpClient.newClient(...);         // (1.1)

    @Override
    public Publisher<String> stream() {
        Observable<String> rxStream = rxClient.createGet("/logs")       // (2)
                                      .flatMap(...)                     //
                                      .map(Utils::toString);            //

        return RxReactiveStreams.toPublisher(rxStream);                 // (3)
    }
}
```

关键点解释如下。

(1) 这是 RxLogService 类声明。该类表示旧的基于 Rx 的实现。在点(1.1)，我们使用 RxNetty HttpClient，它能使用封装在基于 RxJava API 中的 Netty Client 以异步、非阻塞方式与外部服务进行交互。

(2) 这是外部请求执行过程。在此处，通过使用创建的 HttpClient 实例，我们从外部服务请求日志流，并将传入的元素转换为 String 实例。

(3) 这是使用 RxReactiveStreams 库对 Publisher 进行的 rxStream 适配。

可以注意到，RxJava 的开发人员关心我们并提供了一个额外的 RxReactiveStreams 类，使我们可以将 Observable 转换为响应式流中的 Publisher。此外，随着响应式流规范的出现，RxJava 开发人员还提供了非标准化的背压支持，以使转换后的 Observable 兼容响应式流规范。

除将 Observable 转换为 Publisher 之外，我们还可以将 rx.Subscriber 转换为 org.reactivestreams.Subscriber。例如，日志流先前是存储在文件中。为此，我们实现了自定义 Subscriber 以负责 I/O 交互。如此，迁移到响应式流规范的代码变换如下所示：

```
class RxFileService implements FileService {                              // (1)

  @Override                                                               // (2)
  public void writeTo(                                                    //
    String file,                                                          //
    Publisher<String> content                                            //
  ) {                                                                     //

    AsyncFileSubscriber rxSubscriber =                                    // (3)
      new AsyncFileSubscriber(file);                                      //

    content                                                               // (4)
      .subscribe(RxReactiveStreams.toSubscriber(rxSubscriber));           //
  }
}
```

关键点解释如下。

(1) 这是 RxFileService 类声明。
(2) 这是 writeTo 方法实现，它接受 Publisher 作为组件之间交互的核心类型。
(3) 这是基于 RxJava 的 AsyncFileSubscriber 实例声明。
(4) 这是 content 订阅。要重用基于 RxJava 的 Subscriber，我们需要使用相同的 RxReactiveStreams 实用工具类对其进行适配。

从前面的示例中可以看出，RxReactiveStreams 提供了一个丰富的转换器列表，使我们可以将 RxJava API 转换为响应式流 API。

同样，任何 Publisher<T>都可以转换回 RxJava Observable：

```
Publisher<String> publisher = ...

RxReactiveStreams.toObservable(publisher)
                 .subscribe();
```

总体上讲，RxJava 会以某种方式开始遵循响应式流规范。遗憾的是，由于向后兼容性，实现该规范是不可能的，并且将来为 RxJava 1.x 实现响应式流规范扩展的计划也不存在。此外，从 2018 年 3 月 31 日开始，对 RxJava 1.x 的支持停止。

幸好，RxJava 的第二次迭代带来了新的希望。Dávid Karnok 是该库的第 2 版之父，他显著改进了整个库的设计，并引入了符合响应式流规范的其他类型。虽然由于向后兼容性，Observable 继续维持不变，但同时，RxJava 2 提供了名为 Flowable 的新响应式类型。

Flowable 响应式类型虽然提供与 Observable 相同的 API，但会从头开始扩展 org.reactive-streams.Publisher。如下一个示例所示，Flowable 中嵌入了流式 API，可以转换为任何常见的 RxJava 类型并反向转化为响应式流兼容类型：

```
Flowable.just(1, 2, 3)
        .map(String::valueOf)
        .toObservable()
        .toFlowable(BackpressureStrategy.ERROR)
        .subscribe();
```

我们可以注意到，从 Flowable 到 Observable 的转换只是一个操作符的简单应用。但是，要将 Observable 转换回 Flowable，就必须提供一些可用的背压策略。在 RxJava 2 中，Observable 被设计为**仅推送流**。因此，保证转换后的 Observable 符合响应式流规范至关重要。

> BackpressureStrategy 是指在生产者不考虑消费者需求时所采取的策略。换句话说，BackpressureStrategy 定义了有一个快生产者和一个慢消费者时流的行为。本章开头讨论了同一个案例下的 3 个核心策略。这些策略包括无界的元素缓冲、在溢出时丢弃元素，或者在消费者需求不足的情况下阻塞生产者。一般来说，BackpressureStrategy 以某种方式反映了除阻塞生产者之外的上述所有策略。它还提供 BackpressureStrategy.ERROR 等策略，该策略会在没有需求时向消费者发送错误并自动断开连接。本章不会详细介绍每个策略，但第 4 章将介绍它们。

3.4.2　Vert.x 的调整

随着 RxJava 的转变，其他响应式库和框架提供商也开始采用响应式流规范。为了遵循规范，Vert.x 包含一个额外的模块，该模块为响应式流 API 提供支持。以下示例演示了该模块：

```
...                                                             // (1)
.requestHandler(request -> {                                    //
```

```
ReactiveReadStream<Buffer> rrs =                                    // (2)
   ReactiveReadStream.readStream();                                //
HttpServerResponse response = request.response();                  //

Flowable<Buffer> logs = Flowable                                   // (3)
   .fromPublisher(logsService.stream())                           //
   .map(Buffer::buffer)                                           //
   .doOnTerminate(response::end);                                 //

logs.subscribe(rrs);                                              // (4)
response.setStatusCode(200);                                      // (5)
response.setChunked(true);                                        //
response.putHeader("Content-Type", "text/plain");                //
response.putHeader("Connection", "keep-alive");                  //

Pump.pump(rrs, response)                                          // (6)
   .start();                                                     //
})
...
```

关键点解释如下。

(1) 这是请求处理程序声明。这是一个通用请求处理程序，能处理发送到服务器的任何请求。

(2) 这是 Subscriber 和 HTTP 响应声明。这里的 ReactiveReadStream 同时实现了 org.reactivestreams.Subscriber 和 ReadStream，而二者能将任何 Publisher 转换为与 Vert.x API 兼容的数据源。

(3) 这是处理流程声明。在该示例中，我们引用新的基于响应式流的 LogsService 接口，并编写对流中元素的函数式转换，我们使用 RxJava 2.x 中的 Flowable API。

(4) 这是订阅阶段。一旦声明了处理流程，我们就可以将 ReactiveReadStream 订阅到 Flowable。

(5) 这是一个响应准备阶段。

(6) 这是发送给客户端的最终响应。这里，Pump 类在一个复杂的背压控制机制中起着重要作用，以防止底层的 WriteStream 缓冲区过满。

我们可以看到，Vert.x 没有提供用于编写元素处理流的流式 API。但是，它提供了一个 API，能将任何 Publisher 转换为 Vert.x API，从而维持响应式流的复杂背压管理。

3.4.3 Ratpack 的改进

除了 Vert.x，另一个名为 Ratpack 的著名 Web 框架也提供对响应式流的支持。与 Vert.x 相比，Ratpack 提供了对响应式流的直接支持。例如，在使用 Ratpack 的场景下，发送日志流的代码如下所示：

```
RatpackServer.start(server ->                                     // (1)
   server.handlers(chain ->                                      //
```

```
chain.all(ctx -> {                                      //
    Publisher<String> logs = logsService.stream();     // (2)

    ServerSentEvents events = serverSentEvents(         // (3)
        logs,                                           //
        event -> event.id(Objects::toString)           // (3.1)
                      .event("log")                     //
                      .data(Function.identity())        //
    );                                                  //

    ctx.render(events);                                 // (4)
    })
)
);
```

关键点解释如下。

(1) 这是服务器启动的操作和请求处理程序声明。

(2) 这是日志流声明。

(3) 这是 ServerSentEvents 的准备工作。这里，上述类在映射阶段起作用，该阶段将 Publisher 中的元素转换为服务器端发送事件的表示方式。如我们所见，ServerSentEvents 强制要求映射函数声明，而该声明描述了如何将元素映射到特定的 Event 字段。

(4) 这是流到 I/O 的呈现。

如示例所示，Ratpack 在内核中提供对响应式流的支持。现在，我们可以重用相同的 LogService#stream 方法，而无须提供额外的类型转换或要求其他模块添加对特定响应式库的支持。

此外，与只提供对响应式流规范的简单支持的 Vert.x 相比，Ratpack 还提供了对规范接口的自身实现。此功能包含在 ratpack.stream.Streams 类中，类似于 RxJava API：

```
Publisher<String> logs = logsService.stream();
TransformablePublisher publisher = Streams
    .transformable(logs)
    .filter(this::filterUsersSensitiveLogs)
    .map(this::escape);
```

在这里，Ratpack 提供了一个静态工厂，它可以将任何 Publisher 转换为 Transformable-Publisher，使我们可以使用熟悉的操作符和转换阶段灵活地处理事件流。

3.4.4 MongoDB 响应式流驱动程序

在前面几节中，我们从响应式库和框架角度概述了对响应式流的支持。但是，规范的应用领域不仅限于框架或响应式库。生产者和消费者之间的交互规则同样可以应用于与数据库之间基于数据库驱动程序的通信。

通过这种方式，MongoDB 提供了基于响应式流的驱动程序以及基于回调和 RxJava 1.x 的驱动程序。同时，MongoDB 提供了额外的、流式的 API 实现，它基于所实现的转换提供了一些查询操作。例如，我们在新闻服务示例中看到的 DBPublisher 的内部实现可以采用以下方式进行：

```
public class DBPublisher implements Publisher<News> {          // (1)
  private final MongoCollection<News> collection;              //
  private final Date publishedOnFrom;                          //

  public DBPublisher(                                          // (2)
    MongoClient client,                                        //
    Date publishedOnFrom                                       //
  ) { ... }                                                    //

  @Override                                                    // (3)
  public void subscribe(Subscriber<? super News> s) {         //
    FindPublisher<News> findPublisher =                        // (3.1)
      collection.find(News.class);                             //
                                                               //
    findPublisher                                              // (3.2)
      .filter(Filters.and(                                     //
        Filters.eq("category", query.getCategory()),           //
        Filters.gt("publishedOn", today())                     //
      )                                                        //
      .sort(Sorts.descending("publishedOn"))                   //
      .subscribe(s);                                           // (3.3)
  }                                                            //
}
```

关键点解释如下。

(1) 这是 DBPublisher 类和相关字段声明。这里，publishedOnFrom 字段指的是新闻帖子的发布日期。

(2) 这是构造函数声明。这里，DBPublisher 构造函数中接受的参数之一是已配置的 MongoDB 客户端，即 com.mongodb.reactivestreams.client.MongoClient。

(3) 这是 Publisher#Subscriber 方法实现。在这里，我们通过在点(3.1)使用来自响应式流 MongoDB 驱动程序的 FindPublisher 并在点(3.3)订阅给定的 Subscriber 来简化 DBPublisher 的实现。我们可能已经注意到，FindPublisher 暴露了一个流式 API，该 API 能使用函数式编程风格构建可执行查询。

除对响应式流标准的支持外，基于响应式流的 MongoDB 驱动程序还提供了一种简化的数据查询方法。虽然本章不会详细介绍该驱动程序的实现和行为，但是第 7 章会介绍。

3.4.5 响应式技术组合实战

为了了解有关技术组合性的更多信息，让我们尝试在一个基于 Spring 4 框架的应用程序中组合几个响应式库。我们的应用程序基于重新实现的新闻服务功能，使用者可通过简单的 REST 端点访问它。此端点负责从数据库和外部服务中查找新闻，见图 3-13。

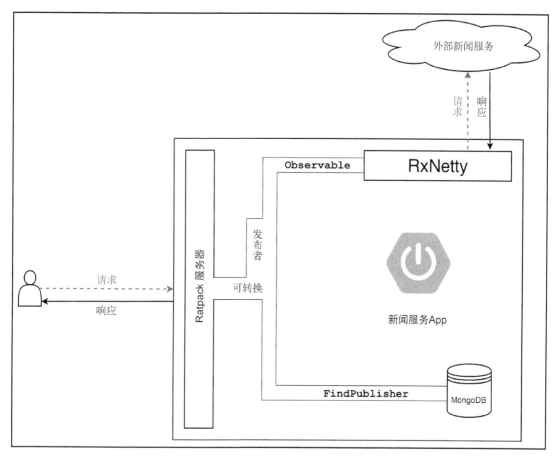

图 3-13　应用程序内部的跨库通信示例

图 3-13 为系统引入了 3 个响应式库。在这里，我们使用 Ratpack 作为 Web 服务器。通过
`TransfromablePublisher`，我们可以轻松地组合和处理来自多个数据源的结果。其中一个数
据源是 MongoDB，它会将 `FindPublisher` 作为查询结果进行返回。最后，在这里我们可以访
问外部新服务并使用 RxNetty HTTP 客户端获取一部分数据，该客户端会返回 `Observable`，并
被作为结果适配到 `org.reactivestreams.Publisher`。

总而言之，我们在系统中有 4 个组件。第一个是 Spring 4 框架；第二个是 Ratpack，它扮演
着 Web 框架的角色；第三个和第四个是 RxNetty 和 MongoDB，用于提供对新闻的访问。虽然我
们不会详细介绍负责与外部服务通信的组件实现，但我们会介绍端点的实现。这突出了响应式流
规范作为独立框架和库的可组合性标准的价值：

```
@SpringBootApplication                                          // (1)
@EnableRatpack                                                  // (1.1)
public class NewsServiceApp {                                   //
```

```
@Bean                                                         // (2)
MongoClient mongoClient(MongoProperties properties) { ... }   // (2.1)
@Bean                                                         //
DatabaseNewsService databaseNews() { ... }                   // (2.2)
@Bean                                                         //
HttpNewsService externalNews() { ... }                       // (2.3)

@Bean                                                         // (3)
public Action<Chain> home() {                                //
    return chain -> chain.get(ctx -> {                       // (3.1)

        FindPublisher<News> databasePublisher =              // (4)
            databaseNews().lookupNews();                     //
        Observable<News> httpNewsObservable =                //
            externalNews().retrieveNews();                   //
        TransformablePublisher<News> stream = Streams.merge( // (4.1)
            databasePublisher,                               //
            RxReactiveStreams.toPublisher(httpNewsObservable)//
        );                                                   //

        ctx.render(                                          // (5)
            stream.toList()                                  //
                .map(Jackson::json)                          // (5.1)
        );                                                   //
    })                                                       //
}                                                            //

public static void main(String[] args) {                     // (6)
    SpringApplication.run(NewsServiceApp.class, args);       //
}                                                            //
}
```

关键点解释如下。

(1) 这是 NewsServiceApp 类声明。该类使用@SpringBootApplication 注解进行修饰，该注解假定使用 Spring Boot 功能特性。同时，在点(1.1)处还有一个额外的@EnableRatpack 注解，它是 ratpack-spring-boot 模块的一部分，并为 Ratpack 服务器启用自动配置。

(2) 这是常见的 bean 声明。在点(2.1)，我们配置 MongoClient bean。在点(2.2)和点(2.3)处包含用于新闻检索和查找的服务配置。

(3) 这是请求处理程序声明。在这里，要创建一个 Ratpack 请求处理程序，就必须使用 Action <Chain>类型声明一个 bean，它能在点(3.1)处提供处理程序的配置。

(4) 这是服务调用和结果聚合。在这里，我们执行服务的方法，并使用 Ratpack Streams API (4.1)合并返回的流。

(5) 这是合并流阶段的呈现。在这里，我们将所有元素异步裁剪到一个列表中，然后将该列表转换为 JSON (5.1)等特定的呈现视图。

(6) 这是 main 方法实现。在这里，我们使用一种通用技术来实现 Spring Boot 应用程序。

上面的示例展示了实战过程中响应式流标准的强大功能。在这里，通过使用一个来自几个不相关库的 API，我们可以轻松地构建一个处理流程并将结果返回给最终用户，而无须花费额外精力来使一个库适配另一个库。唯一例外的是 `HttpNewsService`，它在 `retrieveNews` 方法执行的结果中返回 `Observable`。然而，正如前文所述，`RxReactiveStreams` 提供了一系列有用的方法，使我们能轻松地将 RxJava 1.x `Observable` 转换为 `Publisher`。

3.5 小结

正如上述示例所示，响应式流大大增强了响应式库的可组合性。我们还了解到，验证 `Publisher` 兼容性的最有用方法是应用技术兼容性测试工具包，这些工具包会随响应式流规范一起提供。

同时，该规范为响应式流带来了**推-拉通信模型**。这种补充解决了背压控制问题，同时提供了可供选择的模型，有助于增强通信灵活性。

响应式流规范在被纳入 JDK 9 中之后，其重要性飙升。然而，因为需要在规范的两个变体之间进行类型转换，这种改进带来了一些开销。

前面几节告诉我们，响应式流规范支持操作符之间的多种通信方式。这种灵活性使我们能以不同的方式放置异步边界。但是，响应式库的提供商负有重要责任，因为业务需求必须证明这些决策的合理性。此外，提供的解决方案还应该足够灵活，可以从 API 端进行配置。

通过改变响应式流的行为，该规范也改变了响应式环境。Netflix、Redhead、Lightbend、Pivotal 等开源行业的领导者已在其响应式库中实现了该规范。但是，对 Spring 框架的用户而言，在响应式世界中发生的最重大变化是引入了名为 Project Reactor 的新响应式库。

Project Reactor 扮演着重要的角色，因为它是新的响应式 Spring 生态系统的基石。因此，在深入探讨新响应式 Spring 的内部实现之前，我们应该首先探索 Project Reactor，并了解其角色的重要性。在第 4 章中，我们将通过示例来学习 Project Reactor 的概念组成及其应用。

Project Reactor——响应式应用程序的基础

在上一章中，我们了解了响应式流规范的概况及其增强响应式库的方式——提供通用接口和用于数据交换的新拉-推模型。

本章将深入探讨 Project Reactor，它是响应式环境中最著名的库，已经成为 Spring 框架生态系统的重要组成部分。我们将探索最重要、最常用的 Project Reactor API。该库功能多样、特性丰富，值得单写一本书来详述，因此不可能在一章中涵盖其整个 API 体系。我们将仅了解 Reactor 库的内部原理并利用其功能构建一个响应式应用程序。

本章将介绍以下主题：

❏ Project Reactor 的历史和动机；
❏ Project Reactor 的术语和 API；
❏ Project Reactor 的高级功能；
❏ Project Reactor 最关键的实现细节；
❏ 最常用的响应式类型的比较；
❏ 使用 Reactor 库实现的业务案例。

4.1　Project Reactor 简史

正如我们在前一章中所看到的，响应式流规范使响应式库彼此兼容，并通过引入拉-推数据交换模型解决了背压问题。尽管响应式流规范引入了重大改进，但它仍然只定义 API 和规则，并不提供日常使用的库。本章介绍了响应式流规范中最流行的一个实现，即 Project Reactor（简称 Reactor）。但是，Reactor 库自早期版本以来已经取得不少发展，现在已经成为最先进的响应式库。让我们了解一下它的历史，以及响应式规范如何塑造了 API 以及库的实现细节。

4.1.1 Project Reactor 1.x 版本

在处理响应式流规范时，Spring 框架团队的开发人员需要一个高吞吐量的数据处理框架，该框架主要用于应对以简化大数据应用程序的开发为目的的 Spring XD 项目。为了满足这一需求，Spring 团队启动了一个新项目。从一开始，它就被设计为支持异步、非阻塞处理。该团队称其为 Project Reactor。本质上，Reactor 1.x 版本包含了消息处理的最佳实践，例如 Reactor 模式（Reactor Pattern），以及函数式和响应式编程风格。

 Reactor 模式是一种行为模式，有助于异步事件响应和同步处理。这意味着所有事件都需要排队，并且事件的实际处理稍后由单独的线程负责执行。一个事件被分派给所有有关方面（事件处理程序）并进行同步处理。

通过接纳这些技术，Project Reactor 1.x 版本使我们能够编写简洁的代码，如下所示：

```
Environment env = new Environment();                                    // (1)
Reactor reactor = Reactors.reactor()                                    // (2)
                          .env(env)                                     //
                          .dispatcher(Environment.RING_BUFFER)          // (2.1)
                          .get();                                       //

reactor.on($("channel"),                                                // (3)
           event -> System.out.println(event.getData()));              //

Executors.newSingleThreadScheduledExecutor()                            // (4)
        .scheduleAtFixedRate(                                           //
            () -> reactor.notify("channel", Event.wrap("test")),       //
            0, 100, TimeUnit.MILLISECONDS                               //
        );                                                              //
```

带编号的代码解释如下。

(1) 在这里，我们创建一个 Environment 实例。Environment 实例是执行上下文，负责创建特定的 Dispatcher。这可以提供不同类型的分派程序，范围囊括进程间分派到分布式分派。

(2) 创建一个 Reactor 实例，它是 Reactor 模式的直接实现。在上述示例代码中，我们使用 Reactors 类，它是具体 Reactor 实例的流式构建器。在点(2.1)，我们使用基于 RingBuffer 结构的 Dispatcher 预定义实现。

(3) 这里出现了通道 Selector 和 Event 消费者的声明。此时，我们注册一个事件处理程序（在本例中，是一个将所有已接收事件打印到 System.out 的 lambda 表达式）。事件通过字符串选择器进行过滤，该字符串选择器指示事件通道的名称。.Selectors.$提供了更全面的标准选择，因此事件选择的最终表达式可能更加复杂。

(4) 这里，我们以调度任务的形式配置 Event 的生产者。此时，我们使用 JavaScheduled-ExecutorService 的能力来调度周期性任务，这些任务将事件发送到先前实例化的 Reactor 实例中的特定通道。

在底层实现上，事件由 Dispatcher 进行处理，然后发送到目的地。根据 Dispatcher 实现，可以同步或异步处理事件。这提供了一种功能分解，并且通常以与 Spring 框架事件处理方法类似的方式工作。此外，Reactor 1.x 提供了许多有用的包装器，使我们能用清晰的流程来组合事件的处理过程：

```
...                                                            // (1)
Stream<String> stream = Streams.on(reactor, $("channel"));      // (2)
stream.map(s -> "Hello world " + s)                             // (3)
     .distinct()                                                //
     .filter((Predicate<String>) s -> s.length() > 2)           //
     .consume(System.out::println);                             // (3.1)

Deferred<String, Stream<String>> input = Streams.defer(env);    // (4)

Stream<String> compose = input.compose()                        // (5)
compose.map(m -> m + " Hello World")                            // (6)
     .filter(m -> m.contains("1"))                              //
     .map(Event::wrap)                                          //
     .consume(reactor.prepare("channel"));                      // (6.1)

for (int i = 0; i< 1000; i++) {                                 // (7)
   input.accept(UUID.randomUUID().toString());                  //
}                                                               //
```

带编号的代码解释如下。

(1) 和上例一样，此处我们创建了一个 Environment 和一个 Reactor。

(2) 这里创建了 Stream，它能构建功能转换链。通过将 Streams.on 方法应用于具有指定 Selector 的 Reactor，我们会在给定的 Reactor 实例中接收连接到指定通道的 Stream 对象。

(3) 这里创建处理流程。我们应用了一些如 map、filter 和 consume 等的中间操作，其中最后一个是终止操作符(3.1)。

(4) 这里创建 Deferred Stream。Deferred 类是一个特殊的包装器，可以为 Stream 提供手动事件。在我们的例子中，Stream.defer 方法创建了 Reactor 类的附加实例。

(5) 此处创建了一个 Stream 实例。在这里，我们使用 compose 方法从 Deferred 实例中获取 Stream。

(6) 此处创建了一个响应式处理流程。这部分的管道组成与点(3)中的相似。在点(6.1)，我们使用 Reactor API 的快捷方式来编写代码，即 m -> m.contains("1")。

(7) 在这里，我们向 Deferred 实例提供一个随机元素。

在前面的示例中，我们订阅了通道，然后逐步处理所有传入事件。不过在这个示例中，我们使用响应式编程技术来构建声明性处理流程。这里提供两个独立的处理阶段。此外，其代码看起来像众所周知的 RxJava API，这使得 RxJava 用户对它更加熟悉。在某些时候，Reactor 1.x 与 Spring 框架很好地集成在一起。Reactor 1.x 与消息处理库一起提供了许多附加组件，例如针对 Netty 的附加组件。

　　总而言之，在那个时候，Reactor 1.*x* 在处理高速事件方面已经足够好了。通过与 Spring 框架的完美集成以及与 Netty 的组合，它使开发具备异步和非阻塞消息处理的高性能系统成为可能。

　　但是，Reactor 1.*x* 也有缺点。首先，该库没有背压控制。遗憾的是，除阻塞生产者线程或跳过事件之外，事件驱动的 Reactor 1.*x* 实现并没有提供控制背压的方法。此外，其错误处理非常复杂。Reactor 1.*x* 提供了几种处理错误和失败的方法。虽然 Reactor 1.*x* 有一些缺点，但它仍被应用在流行的 Grails Web 框架中。当然，这显著影响了响应式库的下一次迭代。

4.1.2　Project Reactor 2.*x* 版本

　　在 Reactor 1.*x* 首次正式发布后不久，Stephane Maldini 受邀加入响应式流特别兴趣小组（Reactive Streams Special Interest Group），担任高性能消息处理系统专家和 Project Reactor 联合负责人。正如我们所猜测的那样，这个小组的工作重点是响应式流规范。在更好地了解响应式流的本质并向 Reactor 团队介绍新知识之后，Stephane Maldini 和 Jon Brisbin 在 2015 年初宣布了 Reactor 2.*x* 版本。Stephane Maldini 的原话是："**Reactor 2 首开响应式流之先河。**"

　　在 Reactor 设计中，最重要的变化是将事件总线和流功能提取到单独的模块中。此外，深度的重新设计使新的 Reactor Streams 库完全符合响应式流规范。Reactor 团队大大改进了 Reactor 的 API。例如，新的 Reactor API 与 Java Collections API 具有更好的集成性。

　　在第二个版本中，Reactor 的 Streams API 变得更加类似于 RxJava API。除了用于创建和消费流的简单附加组件，它还在背压管理、线程调度和回弹性支持方面添加了许多有用的补充，如下所示：

```
stream
  .retry()                                              // (1)
  .onOverflowBuffer()                                   // (2)
  .onOverflowDrop()                                     //
  .dispatchOn(new RingBufferDispatcher("test"))         // (3)
```

前面的示例展示了这 3 种简单的技术，其中带编号的代码解释如下。

(1) 通过单行操作符 `retry`，我们将回弹性引入流中。在发生错误时，上游操作会再次运行。

(2) 在发布者仅支持推模型（并且不能受消费者的需求控制）的情况下，我们使用 `onOverflowBuffer` 和 `onOverflowDrop` 方法添加背压控制。

(3) 同时，通过应用 `dispatchOn` 操作符，我们专门设计了一个新的 `Dispatcher` 来处理该响应式流。这样可以保留异步处理消息的能力。

　　Reactor 事件总线也得到了改进。首先，负责发送消息的 `Reactor` 对象被重命名为 `EventBus`。该模块也经过重新设计以支持响应式流规范。

大约在那个时候，Stephane Maldini 遇到了 David Karnok，后者正在积极研究他的论文 "High Resolution and Transparent Production Informatics"。论文报告了响应式流、响应式编程和 RxJava 领域的深入研究。通过密切合作，Maldini 和 Karnok 将他们对 RxJava 和 Project Reactor 的想法和经验浓缩为一个名为 reactive-stream-commons 的库。后来，该库成为 Reactor 2.5 的基础，并最终演变成 Reactor 3.x。

经过一年的努力，Reactor 3.0 发布了。与此同时，一个完全相同的 RxJava 2.0 也浮出水面。后者与 Reactor 3.x 的相似性高于与其前身 RxJava 1.x 的相似性。这些库之间最显著的区别是 RxJava 针对 Java 6（包括 Android 支持），而 Reactor 3 选择 Java 8 作为基线。同时，Reactor 3.x 塑造了 Spring 5 框架的**响应式变种**（reactive metamorphosis）。这就是 Project Reactor 在本书的其余章节中被广泛使用的原因。下面，我们将了解 Project Reactor 3.x 的 API 以及如何高效地使用它。

4.2　Project Reactor 精髓

从一开始，Reactor 库的设计目的就是在构建异步管道时避免**回调地狱**和**深层嵌套代码**。我们在第 1 章中描述了由它们引起的现象和并发症。在寻求线性代码时，库的作者使用装配线做了一个类比："你可以将响应式应用程序处理的数据视为在装配线上移动。Reactor 既是传送带又是工作站。"

该库的主要目标是改进代码的**可读性**，并将**可组合性**引入到以 Reactor 库定义的工作流中。采用高阶设计的公开 API，不仅通用性好，还没有牺牲性能。API 提供了一组丰富的操作符（类比装配线中的"**工作站**"），它为"**裸**"响应式流规范提供了最大附加值。

Reactor API 鼓励使用操作符链，这使我们能够构建复杂的、可重复使用的执行图。要特别注意，这样的执行图虽然定义了执行流，但是在订阅者实际创建订阅之前它不会触发任何事情，因此**只有订阅才会触发实际的数据流**。

该库为对本地和获取到的数据执行**高效数据操作**而设计，其原因是具有潜在失效 I/O 的异步请求。这就是 Project Reactor 中的错误处理操作符非常通用并且鼓励编写**回弹性代码**的原因，我们稍后将会看到。

我们知道，**背压**是一个必不可少的属性，响应式流规范鼓励响应式库具备背压机制，并且因为 Reactor 实现了规范，所以背压是 Reactor 本身的核心主题。因此，在使用由 Reactor 构建的响应式流时，数据会从发布者向下传输到订阅者。同时，订阅和需求控制信号从订阅者向上传播到发布者，如图 4-1 所示。

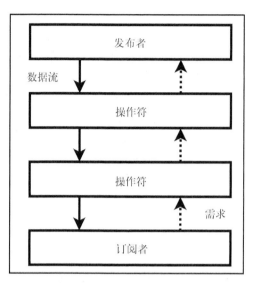

图 4-1 数据流和订阅/需求信号通过响应式流传播

该库支持所有常见的背压传播模式，如下所示。

❏ **仅推送**：当订阅者通过 `subscription.request(Long.MAX_VALUE)`请求有效无限数量的元素时。

❏ **仅拉取**：当订阅者通过 `subscription.request(1)`仅在收到前一个元素后请求下一个元素时。

❏ **拉–推**（有时称为混合）：当订阅者有实时控制需求，且发布者可以适应所提出的数据消费速度时。

此外，为适配不支持推–拉式操作模型的旧 API，Reactor 提供了许多**老式**背压机制，包括缓冲、开窗、消息丢弃、启动异常等。这些技术都将在本章后续内容中介绍。在某些情况下，上述策略甚至可以用于在实际需求出现之前预取数据，从而提高系统的响应性。此外，Reactor API 还提供了足够的工具用于消除用户活动的尖峰并防止系统过载。

Project Reactor 在设计上旨在对并发透明，因此它不会强制执行任何并发模型。同时，它提供了一组有用的调度程序，它们几乎能以任何形式管理执行线程，如果所提出的所有调度程序都不符合要求，开发人员可以基于完全的低阶控制来创建自己的调度程序。本章稍后将介绍 Reactor 库中的线程管理。

简要介绍了 Reactor 库之后，让我们将它添加到项目中并开始研究它丰富的 API。

4.2.1   在项目中添加 Reactor

我们假设读者已经熟悉响应式流规范。如果不熟悉，我们在前一章中对其进行了简要描述。响应式流规范在当前上下文中是必不可少的，因为 Project Reactor 建立在它之上，而 `org.reactivestreams:reactive-streams` 是 Project Reactor 的唯一强制依赖。

将 Project Reactor 作为依赖项添加到应用程序中非常简单，只要将以下依赖项添加到 build.gradle 文件即可：

```
compile("io.projectreactor:reactor-core:3.2.0.RELEASE")
```

在撰写本书时，该库的最新版本是 3.2.0.RELEASE。Spring 5.1 框架使用的就是这个版本。

通常，添加以下依赖项非常值得，因为这为测试响应式代码提供了必要的工具集。显然，我们还需要为其覆盖单元测试：

```
testCompile("io.projectreactor:reactor-test:3.2.0.RELEASE")
```

在本章中，我们将对响应式流使用一些简单的测试技术。此外，第 9 章会更详细地介绍有关响应式代码测试的主题。

既然 Reactor 已经存在于我们的应用程序类路径中，我们就可以尝试使用 Reactor 的响应式类型和操作符了。

4.2.2   响应式类型——`Flux` 和 `Mono`

我们已经知道，响应式流规范只定义了 4 个接口，即 Publisher<T>、Subscriber<T>、Subscription 和 Processor<T, R>。我们将大致遵循此列表并查看库提供的接口实现。

首先，Project Reactor 提供了 Publisher<T>接口的两种实现，即 Flux<T>和 Mono<T>。这种方法为响应式类型增加了额外的上下文意义。在这里，为了研究响应式类型（Flux 和 Mono）的行为，我们将使用一些响应式操作符，但不会详细解释这些操作符的工作原理。本章后面将详细介绍操作符。

1. `Flux`

让我们用图 4-2 所示的弹珠图描述数据如何流经 Flux 类。

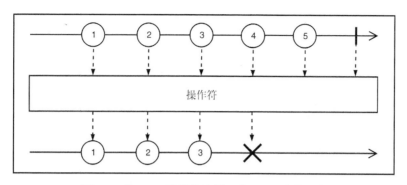

图 4-2 将 Flux 流转换为另一个 Flux 流的示例

Flux 定义了一个**普通**的响应式流，它可以**产生零个**、**一个或多个元素**，乃至无限元素。它具有以下公式：

```
onNext x 0..N [onError | onComplete]
```

无限数据容器在命令式世界中并不常见，但在函数式编程中非常常见。以下代码可以生成一个简单的**无限响应式流**：

```
Flux.range(1, 5).repeat()
```

该流重复产生 1 到 5 的数字（序列看起来像 `1,2,3,4,5,1,2...`）。这不是问题，它不会撑爆内存，因为每个元素都无须完成整个流创建即可被转换和消费。此外，订阅者可以随时取消订阅并高效地将无限流转换为**有限流**。

请注意，尝试收集无限流发出的所有元素可能导致 `OutOfMemoryException`。我们不建议在生产应用程序中这样做，但是重现此类行为的最简单方法是使用以下代码：

```
Flux.range(1, 100)                                    // (1)
  .repeat()                                           // (2)
  .collectList()                                      // (3)
  .block();                                           // (4)
```

带编号的代码解释如下。

(1) `range` 操作符创建从 1 到 100 的整数序列（包括 100）。

(2) `repeat` 操作符在源流完成之后一次又一次地订阅源响应式流。因此，`repeat` 操作符订阅流操作符的结果、接收从 1 到 100 的元素以及 `onComplete` 信号，然后再次订阅、接收从 1 到 100 的元素，以此类推，不停重复。

(3) 使用 `collectList` 操作符，尝试将所有生成的元素收集到一个列表中。当然，因为 `repeat` 操作符生成了一个无限流，元素会到达并增加列表的大小，所以它消耗所有内存从而导致应用程序失败，并出现 `java.lang.OutOfMemoryError: Java heap space` 错误。我们的应用程序刚刚耗尽了可用堆内存。

(4) block 操作符会触发实际订阅并阻塞正在运行的线程，直到最终结果到达，而在当前场景下不会发生这种情况，因为响应式流是无限的。

2. Mono

现在，让我们看一下 Mono 类型与 Flux 类型的不同之处，如图 4-3 所示。

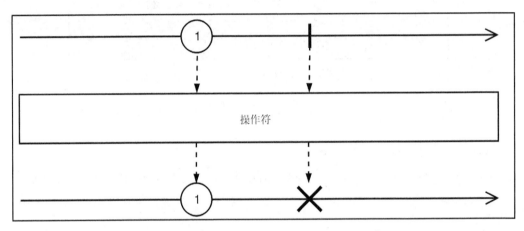

图 4-3　将 Mono 流转换为另一个 Mono 流的示例

与 Flux 相比，Mono 类型定义了一个**最多可以生成一个元素**的流，可以通过以下公式进行描述：

```
onNext x 0..1 [onError | onComplete]
```

Flux 和 Mono 之间的区别使我们不仅可以为方法签名引入额外的含义，而且还可以通过跳过冗余缓冲区和昂贵的同步来完成更高效的 Mono 内部实现。

当应用程序 API 最多返回一个元素时，Mono<T>可能很有用。因此，它可以轻松替换 CompletableFuture<T>，并提供非常相似的语义。当然，这两种类型有一些小的语义差异，与 Mono 不同，CompletableFuture 在没有发出值的情况下无法正常完成。此外，CompletableFuture 会立即开始处理，而 Mono 在订阅者出现之前什么都不做。Mono 类型的好处在于它不仅提供了大量的响应式操作符，还能够完美地结合到更大的响应式工作流程中。

此外，当需要就已完成的操作通知客户端时，也可以使用 Mono。在这种情况下，我们可以返回 Mono<Void>类型并在处理完成时发出 onComplete()信号，或者在发生故障时返回 onError()。在这种场景下，我们不会返回任何数据，而是发出通知信号，而这个通知信号反过来可以用作进一步计算的触发器。

Mono 和 Flux 不是相互分离的类型，可以很容易地相互"转换"。例如，Flux<T>.collectList()返回 Mono<List<T>>，而 Mono<T>.flux()返回 Flux<T>。此外，该库非常智能，可以优化一些不会改变语义的转换。例如，让我们考虑以下转换（`Mono` -> `Flux` -> `Mono`）：

```
Mono.from(Flux.from(mono))
```

在调用上述代码时，它返回原始 `Mono` 实例，因为这在概念上是一种无操作转换。

3. RxJava 2 响应式类型

即使 RxJava 2.*x* 库和 Project Reactor 具有相同的基础，RxJava 2 还是有一组不同的响应式发布者。由于这两个库实现了相同的理念，因此关于 RxJava 2 差异性的描述很有价值，至少对于响应式类型而言是这样。而两者的所有其他方面，包括响应式操作符、线程管理和错误处理，都非常相似。因此，或多或少熟悉其中一个库意味着同时熟悉了这两个库。

正如第 2 章所述，RxJava 1.*x* 最初只有 `Observable` 这一个响应式类型，之后又添加了 `Single` 和 `Completable` 类型。在版本 2 中，该库具有以下响应式类型：`Observable`、`Flowable`、`Single`、`Maybe` 和 `Completable`。下文将简要描述它们之间的区别，并将它们与 `Flux`/`Mono` 串联进行比较。

- ❑ **Observable**　RxJava 2 的 `Observable` 类型虽然提供了与 RxJava 1.*x* 几乎相同的语义，但是，它不再接受 `null` 值。此外，因为 `Observable` 既不支持背压，也不实现 `Publisher` 接口，所以它与响应式流规范不直接兼容。因此，在将其用于具有许多（超过几千个）元素的流时要小心。另外，`Observable` 类型的开销小于 `Flowable` 类型。它具有 `toFlowable` 方法，可以通过应用用户选择的背压策略将流转换为 `Flowable`。
- ❑ **Flowable**　`Flowable` 类型是 Reactor `Flux` 类型的直接对应物。由于它实现了响应式流的 `Publisher`，因而我们可以很容易将它应用在由 Project Reactor 实现的响应式工作流中，这是因为精心设计的 API 会消费 `Publisher` 类型的参数，而不是针对特定库的 `Flux` 类型。
- ❑ **Single**　`Single` 类型表示生成且仅生成一个元素的流。它不继承 `Publisher` 接口。它还具有 `toFlowable` 方法。在这种情况下，它不需要背压策略。相较 Reactor 中的 `Mono` 类型，`Single` 虽然更好地表示了 `CompletableFuture` 的语义，但是在订阅发生之前它仍然不会开始处理。
- ❑ **Maybe**　为了实现与 Reactor 的 `Mono` 类型相同的语义，RxJava 2.*x* 提供了 `Maybe` 类型。但是，它不兼容响应式流，因为 `Maybe` 不实现 `Publisher` 接口。它具有用于此目的的 `toFlowable` 方法。
- ❑ **Completable**　此外，RxJava 2.*x* 具有 `Completable` 类型，只能触发 `onError` 或 `onComplete` 信号，但不能产生 `onNext` 信号。它没有实现 `Publisher` 接口，但具有 `toFlowable` 方法。从语义上讲，它对应不能生成 `onNext` 信号的 `Mono<Void>` 类型。

总而言之，RxJava 2 在响应式类型之间具有更细粒度的语义区别。只有 `Flowable` 类型是与响应式流兼容的。`Observable` 做同样的工作但没有背压支持。`Maybe<T>` 类型对应 Reactor 的

Mono\<T\>，而 RxJava 的 Completable 对应 Reactor 的 Mono\<Void\>。Single 类型的语义不能直接用 Project Reactor 表示，因为 Project Reactor 的类型都未保证所产生事件数量的最小值。要与其他兼容响应式流的代码集成，应将 RxJava 类型转换为 Flowable 类型。

4.2.3　创建 **Flux** 序列和 **Mono** 序列

Flux 和 Mono 提供了许多工厂方法，可以根据已有的数据创建响应式流。例如，我们可以使用对象引用或集合创建 Flux，甚至可以简单地用数字范围来创建它：

```
Flux<String>  stream1 = Flux.just("Hello", "world");
Flux<Integer> stream2 = Flux.fromArray(new Integer[]{1, 2, 3});
Flux<Integer> stream3 = Flux.fromIterable(Arrays.asList(9, 8, 7));
```

使用 range 方法生成整数流很容易，其中 2010 是起点，9 是序列中元素的数量：

```
Flux<Integer> stream4 = Flux.range(2010, 9);
```

这是生成一个包含最近几年年份的流的一种简便方法，因此前面的代码生成以下整数流：

```
2010, 2011, 2012, 2013, 2014, 2015, 2016, 2017, 2018
```

Mono 提供类似的工厂方法，但主要针对单个元素。它也经常与 nullable 类型和 Optional 类型一起使用：

```
Mono<String> stream5 = Mono.just("One");
Mono<String> stream6 = Mono.justOrEmpty(null);
Mono<String> stream7 = Mono.justOrEmpty(Optional.empty());
```

Mono 对于包装异步操作（如 HTTP 请求或数据库查询）非常有用。为此，Mono 提供了 fromCallable(Callable)、fromRunnable(Runnable)、fromSupplier(Supplier)、fromFuture(CompletableFuture)、fromCompletionStage(CompletionStage)等方法。我们可以使用以下代码在 Mono 中包装长 HTTP 请求：

```
Mono<String> stream8 = Mono.fromCallable(() -> httpRequest());
```

或者，也可以使用 Java 8 方法引用语法将前面的代码重写为更短的代码：

```
Mono<String> stream8 = Mono.fromCallable(this::httpRequest);
```

请注意，前面的代码不仅会异步发出 HTTP 请求（由适当的 Scheduler 提供），还会处理被作为 onError 信号传播的错误。

Flux 和 Mono 都能使用 from(Publisher\<T\> p)工厂方法适配任何其他 Publisher 实例。

两种响应式类型都提供了简便的方法来创建常用的空流以及只包含错误的流：

```
Flux<String> empty = Flux.empty();
Flux<String> never = Flux.never();
Mono<String> error = Mono.error(new RuntimeException("Unknown id"));
```

Flux 和 Mono 都有名为 empty() 的工厂方法，它们分别生成 Flux 或 Mono 的空实例。类似地，never() 方法会创建一个永远不会发出完成、数据或错误等信号的流。

error(Throwable) 工厂方法能创建一个序列，该序列在订阅时始终通过每个订阅者的onError(...) 方法传播错误。由于错误是在 Flux 或 Mono 声明期间被创建的，因此，每个订阅者都会收到相同的 Throwable 实例。

defer 工厂方法会创建一个序列，并在订阅时决定其行为，因此可以为不同的订阅者生成不同的数据：

```
Mono<User> requestUserData(String sessionId) {
    return Mono.defer(() ->
        isValidSession(sessionId)
            ? Mono.fromCallable(() -> requestUser(sessionId))
            : Mono.error(new RuntimeException("Invalid user session")));
}
```

此代码可将对 sessionId 的验证推迟至发生实际订阅之后。相反，以下代码在调用requestUserData(...) 方法时就执行验证，而这可能发生在实际订阅之前（也就是说，可能根本不会发生订阅）：

```
Mono<User> requestUserData(String sessionId) {
    return isValidSession(sessionId)
        ? Mono.fromCallable(() -> requestUser(sessionId))
        : Mono.error(new RuntimeException("Invalid user session"));
}
```

第一个示例在每次有人订阅返回的 Mono<User>时验证会话。第二个示例仅在调用requestUserData 方法时执行会话验证。但是，在订阅的同时验证不会进行。

总结一下，Project Reactor 只需使用 just 方法枚举元素就可以创建 Flux 和 Mono 序列。可以使用 justOrEmpty 轻松地将 Optional 包装到 Mono 中，或者使用 fromSupplier 方法将Supplier 包装到 Mono 中。可以使用 fromFuture 方法映射 Future，或使用 fromRunnable工厂方法映射 Runnable。可以使用 fromArray 或 fromIterable 方法将数组或 Iterable 集合转换为 Flux 流。除此之外，Project Reactor 还能创建更复杂的响应式序列，本章后面会介绍这方面内容。现在，让我们学习如何消费由响应式流产生的元素。

4.2.4　订阅响应式流

正如我们猜测的那样，Flux 和 Mono 提供了对 subscribe() 方法的基于 lambda 的重载，这大大简化了订阅的开发例程：

```
subscribe();                                                      // (1)

subscribe(Consumer<T> dataConsumer);                              // (2)

subscribe(Consumer<T> dataConsumer,                              // (3)
          Consumer<Throwable> errorConsumer);

subscribe(Consumer<T> dataConsumer,                              // (4)
          Consumer<Throwable> errorConsumer,
          Runnable completeConsumer);

subscribe(Consumer<T> dataConsumer,
          Consumer<Throwable> errorConsumer,                      // (5)
          Runnable completeConsumer,
          Consumer<Subscription> subscriptionConsumer);

subscribe(Subscriber<T> subscriber);                             // (6)
```

让我们探讨一下创建订阅者的选项。首先，subscribe 方法的所有重载都返回 Disposable 接口的实例。这可以用于取消基础的订阅过程。在场景(1)至(4)中，订阅发出对无界数据（Long.MAX_VALUE）的请求。现在，让我们来看一下差异。

(1) 这是订阅流的最简单方法，因为此方法会忽略所有信号。通常，我们会首选其他变体方法。但是，触发具有副作用的流处理有时也可能很有用。

(2) 对每个值（onNext 信号）调用 dataConsumer。它不处理 onError 和 onComplete 信号。

(3) 与选项(2)相同，但这里可以处理 onError 信号。而 onComplete 信号将被忽略。

(4) 与选项(3)相同，但这里也可以处理 onComplete 信号。

(5) 消费响应式流中的所有元素，包括错误处理和完成信号。重要的是，这种重载方法能通过请求足够数量的数据来控制订阅，当然，请求数量仍然可以是 Long.MAX_VALUE。

(6) 订阅序列的最通用方式。在这里，我们可以为我们的 Subscriber 实现提供所需的行为。这个选项尽管非常通用，但很少被用到。

让我们创建一个简单的响应式流并订阅它：

```
Flux.just("A", "B", "C")
    .subscribe(
        data -> log.info("onNext: {}", data),
        err -> { /* ignored  */ },
        () -> log.info("onComplete"));
```

上面的代码生成以下控制台输出：

```
onNext: A
onNext: B
onNext: C
onComplete
```

值得注意的是，简单订阅请求无界数据（Long.MAX_VALUE）的选项有时可能迫使生产者完成大量工作以满足需求。因此，如果生产者更适合处理有界数据请求，建议使用订阅对象或应用请求限制操作符来控制需求，本章后面会介绍这一点。

让我们订阅一个响应式流，该响应式流带有手动订阅控制：

```
Flux.range(1, 100)                                              // (1)
    .subscribe(                                                 // (2)
        data -> log.info("onNext: {}", data),
        err -> { /* ignore */ },
        () -> log.info("onComplete"),
        subscription -> {                                       // (3)
            subscription.request(4);                            // (3.1)
            subscription.cancel();                              // (3.2)
        }
    );
```

带编号的代码解释如下。

(1) 首先使用 range 操作符生成 100 个值。

(2) 以与上一个示例相同的方式订阅流。

(3) 但是，现在我们要控制订阅。首先请求 4 个数据项(3.1)，然后立即取消订阅(3.2)，因此根本不会生成其他元素。

运行上面的代码，我们收到以下输出：

```
onNext: 1
onNext: 2
onNext: 3
onNext: 4
```

请注意，我们没有收到 onComplete 信号，因为订阅者在流完成之前取消了订阅。同样重要的是要记住，响应式流可以由生产者完成（使用 onError 或 onComplete 信号），也可以由订阅者通过 Subscription 实例进行取消。此外，Disposable 实例也可用于取消。通常，它不是由订阅者使用，而是由更上一级抽象的代码使用。例如，让我们通过调用 Disposable 来取消流处理：

```
Disposable disposable = Flux.interval(Duration.ofMillis(50))    // (1)
    .subscribe(                                                 // (2)
        data -> log.info("onNext: {}", data)
    );
Thread.sleep(200);                                              // (3)
disposable.dispose();                                           // (4)
```

带编号的代码解释如下。

(1) interval 工厂方法能生成具有周期定义（每 50 毫秒）的事件。生成的是无限流。

(2) 执行订阅，只为 onNext 信号提供处理程序。

(3) 等待一段时间才能收到一些事件（200/50 应该允许通过大约 4 个事件）。

(4) 调用从内部取消订阅的 dispose 方法。

实现自定义订阅者

如果默认的 subscribe(...) 方法不提供所需的多种功能，那么我们可以实现自己的 Subscriber。我们总是可以直接从响应式流规范实现 Subscriber 接口，并将其订阅到流，如下所示：

```
Subscriber<String> subscriber = new Subscriber<String>() {
    volatile Subscription subscription;                           // (1)

    public void onSubscribe(Subscription s) {                     // (2)
        subscription = s;                                         // (2.1)
        log.info("initial request for 1 element");                //
        subscription.request(1);                                  // (2.2)
    }

    public void onNext(String s) {                                // (3)
        log.info("onNext: {}", s);                                //
        log.info("requesting 1 more element");                    //
        subscription.request(1);                                  // (3.1)
    }

    public void onComplete() {
        log.info("onComplete");
    }

    public void onError(Throwable t) {
        log.warn("onError: {}", t.getMessage());
    }
};

Flux<String> stream = Flux.just("Hello", "world", "!");           // (4)
stream.subscribe(subscriber);                                     // (5)
```

在自定义 Subscriber 实现中，我们执行以下操作。

(1) 我们的订阅者必须持有对 Subscription 的引用，而 Subscription 需要绑定 Publisher 和 Subscriber。由于订阅和数据处理可能发生在不同的线程中，因此我们使用 volatile 关键字来确保所有线程都具有对 Subscription 实例的正确引用。

(2) 订阅到达时，通过 onSubscribe 回调通知 Subscriber。在这里，我们保存订阅(2.1) 并初始化请求需求(2.2)。如果没有该请求，与 TCK 兼容的提供者将不会获准发送数据，并且根本不会开始处理元素。

(3) 在 onNext 回调中，记录接收的数据并请求下一个元素。在这种情况下，我们使用简单的拉模型（subscription.request(1)）来管理背压。

(4) 用 just 工厂方法生成一个简单的流。

(5) 将自定义订阅者订阅到点(4)定义的响应式流。

上面的代码应该产生以下控制台输出：

```
initial request for 1 element
onNext: Hello
requesting 1 more element
onNext: world
requesting 1 more element
onNext: !
requesting 1 more element
onComplete
```

但是，上述定义订阅的方法是不对的。它打破了**线性代码流**，也容易出错。最困难的部分是我们需要自己管理背压并正确实现订阅者的所有 TCK 要求。此外，在前面的示例中，我们打破了有关订阅验证和取消这几个 TCK 要求。

与其如此，我们建议扩展 Project Reactor 提供的 `BaseSubscriber` 类。在这种情况下，我们的订阅者可能如下所示：

```
class MySubscriber<T> extends BaseSubscriber<T> {
    public void hookOnSubscribe(Subscription subscription) {
        log.info("initial request for 1 element");
        request(1);
    }

    public void hookOnNext(T value) {
        log.info("onNext: {}", value);
        log.info("requesting 1 more element");
        request(1);
    }
}
```

我们不仅可以重载 `hookOnSubscribe(Subscription)` 方法 `hookOnNext(T)` 方法，还可以重载 `hookOnError(Throwable)` 方法、`hookOnCancel()` 方法、`hookOnComplete()` 方法以及其他方法。`BaseSubscriber` 类提供了 `request(long)` 和 `requestUnbounded()` 这些方法来对响应式流需求进行粒度控制。此外，使用 `BaseSubscriber` 类，实现符合 TCK 的订阅者更为容易。订阅者在本身拥有生命周期管理的宝贵资源时，会需要这种方法。例如，订阅者可能包装文件处理程序或连接到第三方服务的 WebSocket 链接。

4.2.5 用操作符转换响应式序列

使用响应式序列，我们除了需要能够创建和使用流，还必须能够完美地转换和操作它们。只有这样，响应式编程才能成为有用的技术。Project Reactor 为几乎所有所需的响应式转换提供了工具（方法和工厂方法），通常，我们可以对库的功能特性做如下分类：

❑ 转换现有序列；
❑ 查看序列处理的方法；
❑ 拆分和聚合 Flux 序列；

❑ 处理时间；

❑ 同步返回数据。

我们无法描述 Reactor 的所有操作符和工厂方法，因为这需要太多版面，而且你几乎不可能记住所有内容。这么做也不必要，因为 Project Reactor 提供了出色的文档，其中包含了选择合适操作符的指南。尽管如此，本节仍将通过一些示例代码来介绍最常用的操作符。

请注意，大多数操作符有许多重载方法，使用不同的选项来增强基本行为。此外，随着版本的更新，Project Reactor 会收到越来越多有用的操作符。因此，请参阅 Reactor 的文档，了解有关操作符的最新更新。

1. 映射响应式序列元素

转换序列的最自然方式是将每个元素映射到一个新值。Flux 和 Mono 给出了 map 操作符，它的行为类似于 Java Stream API 中的 map 操作符。具有 map(Function<T, R>)签名的函数可用于逐个处理元素。当然，当它将元素的类型从 T 转变为 R 时，整个序列的类型将改变，因此在映射操作符 Flux<T>变为 Flux<R>之后，Mono<T>会变为 Mono<R>。Flux.map()的弹珠图如图 4-4 所示。

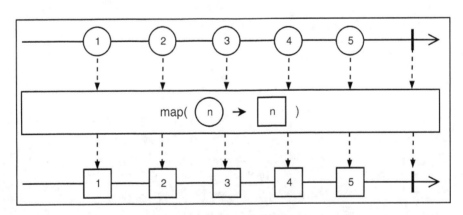

图 4-4　map 操作符

当然，Mono 类的 map 操作符具有类似行为。cast(Class c)操作符将流的元素强制转换为目标类。实现 cast(Class c)操作符的最简单方法是使用 map()操作符。我们可以查看 Flux 类的源代码并找到以下代码，这证明了我们的假设。

```
public final<E> Flux<E> cast(Class<E> clazz) {
    return map(clazz::cast);
}
```

index 操作符可用于枚举序列中的元素。该方法具有以下签名：Flux<Tuple2<Long,T >>index()。所以，现在我们必须使用 Tuple2 类。这代表了 Tuple 数据结构，而该数据结构在标准 Java 库中不存在。该库提供了从 `Tuple2` 到 `Tuple8` 的数据结构类,这些类通常由库操作符使用。`timestamp` 操作符的行为与 `index` 操作符类似,但会添加当前时间戳而不是索引。因此,以下代码枚举元素并将时间戳附加到序列中的每个元素:

```
Flux.range(2018, 5)                                          // (1)
    .timestamp()                                             // (2)
    .index()                                                 // (3)
    .subscribe(e -> log.info("index: {}, ts: {}, value: {}", // (4)
        e.getT1(),                                           // (4.1)
        Instant.ofEpochMilli(e.getT2().getT1()),             // (4.2)
        e.getT2().getT2()));                                 // (4.3)
```

带编号的代码解释如下。

(1) 使用 range 操作符(从 2018 到 2022)生成一些数据。该操作符返回 Flux<Integer> 类型的序列。

(2) 使用 `timestamp` 操作符添加当前时间戳。现在,序列具有 Flux<Tuple2<Long, Integer>>类型。

(3) 使用 index 操作符实现枚举。现在,序列具有 Flux<Tuple2<Long, Tuple2<Long, Integer>>>类型。

(4) 订阅序列并记录元素。`e.getT1()`调用返回一个索引(4.1),然后 `e.getT2().getT1()` 调用返回一个时间戳并通过 `Instant` 类(4.2)以人类可读的方式进行输出,而 `e.getT2().getT2()` 调用返回一个真实值(4.3)。

运行上述代码段后,我们应该收到以下输出:

```
index: 0, ts: 2018-09-24T03:00:52.041Z, value: 2018
index: 1, ts: 2018-09-24T03:00:52.061Z, value: 2019
index: 2, ts: 2018-09-24T03:00:52.061Z, value: 2020
index: 3, ts: 2018-09-24T03:00:52.061Z, value: 2021
index: 4, ts: 2018-09-24T03:00:52.062Z, value: 2022
```

2. 过滤响应式序列

当然,Project Reactor 包含用于过滤元素的各种操作符。

- `filter` 操作符仅传递满足条件的元素。
- `ignoreElements` 操作符返回 Mono<T>并过滤所有元素。结果序列仅在原始序列结束后结束。
- 该库能使用 take(n)方法限制所获取的元素,该方法忽略除前 n 个元素之外的所有元素。
- `takeLast` 仅返回流的最后一个元素。
- `takeUntil(Predicate)`传递一个元素直到满足某个条件。
- `elementAt(n)`只可用于获取序列的第 n 个元素。

❑ Single 操作符从数据源发出单个数据项，也为空数据源发出 NoSuchElementException 错误信号，或者为具有多个元素的数据源发出 IndexOutOfBoundsException 信号。它不仅可以基于一定数量来获取或跳过元素，还可以通过带有 Duration 的 skip(Duration) 或 take(Duration) 操作符。

❑ 此外，通过使用 takeUntilOther(Publisher) 或 skipUntilOther(Publisher) 操作符，可以跳过或获取一个元素，直到某些消息从另一个流到达。

下面考虑一个工作流程，在该工作流程中我们必须先开始一个流处理，然后停止它作为对来自其他流的一些事件的响应。代码如下所示：

```
Mono<?> startCommand = ...
Mono<?> stopCommand = ...
Flux<UserEvent> streamOfData = ...

streamOfData
    .skipUntilOther(startCommand)
    .takeUntilOther(stopCommand)
    .subscribe(System.out::println);
```

在这种情况下，我们可以启动然后停止元素处理，但只执行一次。该场景的弹珠图如图 4-5 所示。

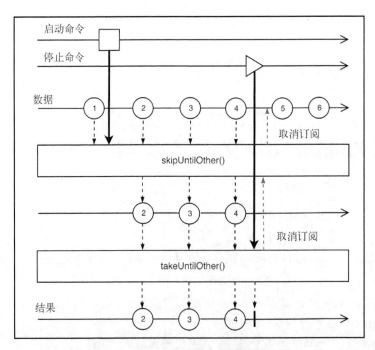

图 4-5　在启动–停止命令之间查看元素

3. 收集响应式序列

收集列表中的所有元素，并使用 `Flux.collectList()` 和 `Flux.collectSortedList()`
将结果集合处理为 `Mono` 流是可能的。`Flux.collectSortedList()` 不仅会收集元素，还会对
它们进行排序。请参考以下代码：

```
Flux.just(1, 6, 2, 8, 3, 1, 5, 1)
    .collectSortedList(Comparator.reverseOrder())
    .subscribe(System.out::println);
```

这将生成以下输出，一个包含已排序数字的集合：

```
[8, 6, 5, 3, 2, 1, 1, 1]
```

请注意，收集集合中的序列元素可能耗费资源，当序列具有许多元素时这种现象
尤为突出。此外，尝试在无限流上收集数据可能消耗所有可用的内存。

Project Reactor 不仅可以将 `Flux` 元素收集到 `List`，还可以收集以下内容：

- 使用 `collectMap` 操作符的映射（`Map<K,T>`）；
- 使用 `collectMultimap` 操作符的多映射（`Map<K, Collection<T>>`）；
- 任何具有自定义 `java.util.stream.Collector` 和 `Flux.collect(Collector)` 操作
  符的数据结构。

`Flux` 和 `Mono` 都有 `repeat()` 方法和 `repeat(times)` 方法，这两种方法可以针对传入序列
进行循环操作。我们已在上一节中使用过这些方法。

`defaultIfEmpty(T)` 是另一个简洁的方法，它能为空的 `Flux` 或 `Mono` 提供默认值。

`Flux.distinct()` 仅传递之前未在流中遇到过的元素。但是，因为此方法会跟踪所有唯一
性元素，所以（尤其是涉及高基数数据流时）请谨慎使用。`distinct` 方法具有重载方法，可以
为重复跟踪提供自定义算法。因此，有时可以手动优化 `distinct` 操作符的资源使用。

高基数（high-cardinality）是指具有非常罕见元素或唯一性元素的数据。例如，
身份编号和用户名就是典型的高基数数据，而枚举值或来自小型固定字典的值就
不是。

`Flux.distinctUntilChanged()` 操作符没有此限制，可用于无限流以删除出现在不间断
行中的重复项。图 4-6 展示了其行为。

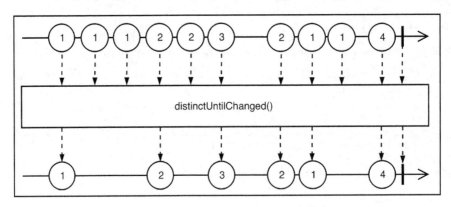

图 4-6   `distinctUntilChanged` 操作符

4. 裁剪流中元素

Project Reactor 可以统计流中元素的数量，或者检查所有元素是否具有 `Flux.all(Predicate)` 所需的属性。使用 `Flux.any(Predicate)` 操作符检查是否至少有一个元素具有所需属性也很容易。

我们可以使用 `hasElements` 操作符检查流中是否包含多个元素，或者使用 `hasElement` 操作符检查流中是否包含某个所需的元素。后者会实现短路逻辑，并在元素与值匹配时立即返回 `true`。此外，`any` 操作符不仅可以检查元素的相等性，还可以通过提供自定义 `Predicate` 实例来检查任何其他属性。让我们检查序列中是否包含偶数：

```
Flux.just(3, 5, 7, 9, 11, 15, 16, 17)
    .any(e -> e % 2 == 0)
    .subscribe(hasEvens -> log.info("Has evens: {}", hasEvens));
```

`sort` 操作符可以在后台对元素进行排序，然后在原始序列完成后发出已排序的序列。

`Flux` 类能使用自定义逻辑来裁剪序列（有时，该过程被称为折叠）。`reduce` 操作符通常需要一个初始值和一个函数，而该函数会将前一步的结果与当前步的元素组合在一起。让我们将 1 到 5 之间的整数加起来：

```
Flux.range(1, 5)
    .reduce(0, (acc, elem) -> acc + elem)
    .subscribe(result -> log.info("Result: {}", result));
```

结果为 15。`reduce` 操作符只生成一个具有最终结果的元素。但是，在进行聚合时，发送下游中间结果有时会很方便。`Flux.scan()` 操作符可以做到这一点。让 `scan` 操作符对 1 到 5 之间的整数求和：

```
Flux.range(1, 5)
    .scan(0, (acc, elem) -> acc + elem)
    .subscribe(result -> log.info("Result: {}", result));
```

上面的代码生成以下输出：

```
Result: 0
Result: 1
Result: 3
Result: 6
Result: 10
Result: 15
```

我们可以看到，最终的结果是相同的，都是 15。但是，我们也收到了所有中间结果。话虽如此，scan 操作符对于许多需要获取处理中事件的相关信息的应用程序都可能是有用的。例如，我们可以计算流上的移动平均值：

```
int bucketSize = 5;                                                    // (1)
Flux.range(1, 500)                                                     // (2)
    .index()                                                           // (3)
    .scan(                                                             // (4)
        new int[bucketSize],                                           // (4.1)
        (acc, elem) -> {                                               //
            acc[(int)(elem.getT1() % bucketSize)] = elem.getT2();      // (4.2)
            return acc;                                                // (4.3)
        })
    .skip(bucketSize)                                                  // (5)
    .map(array -> Arrays.stream(array).sum() * 1.0 / bucketSize)       // (6)
    .subscribe(av -> log.info("Running average: {}", av));             // (7)
```

我们来描述一下这段代码。

(1) 定义移动平均窗口的大小（假设我们对最近的 5 个事件感兴趣）。

(2) 用 range 操作符生成一些数据。

(3) 使用 index 操作符，为每个元素附加索引。

(4) 使用 scan 操作符，将最新的 5 个元素收集到容器(4.1)中，其中元素的索引用于计算容器中的位置(4.2)。在每一步，我们返回包含更新内容的同一容器(4.3)。

(5) 跳过流开头的一些元素来收集计算移动平均所需的足够数据。

(6) 为了计算移动平均值，将容器内容的总和除以其大小。

(7) 当然，我们必须订阅数据以接收值。

Mono 和 Flux 流有 then、thenMany 和 thenEmpty 操作符，它们在上游流完成时完成。这些操作符忽略传入元素，仅重放完成或错误信号。上游流完成处理后，这些操作符可用于触发新流：

```
Flux.just(1, 2, 3)
    .thenMany(Flux.just(4, 5))
    .subscribe(e -> log.info("onNext: {}", e));
```

即使 1、2 和 3 是由流生成和处理的，subscribe 方法中的 lambda 也只接收 4 和 5。

5. 组合响应式流

当然，Project Reactor 可以将许多传入流组合成一个传出流。指定的操作符虽然有许多重载方法，但是都会执行以下转换。

- ❑ concat 操作符通过向下游转发接收的元素来连接所有数据源。当操作符连接两个流时，它首先消费并重新发送第一个流的所有元素，然后对第二个流执行相同的操作。
- ❑ merge 操作符将来自上游序列的数据合并到一个下游序列中。与 concat 操作符不同，上游数据源是立即（同时）被订阅的。
- ❑ zip 操作符订阅所有上游，等待所有数据源发出一个元素，然后将接收到的元素组合到一个输出元素中。第 2 章详细描述了 zip 的工作原理。在 Reactor 中，zip 操作符不仅可以与响应式发布者一起运行，还可以与 Iterable 容器一起运行。针对后者，我们可以使用 zipWithIterable 操作符。
- ❑ combineLatest 操作符与 zip 操作符的工作方式类似。但是，只要至少一个上游数据源发出一个值，它就会生成一个新值。

让我们连接几个流：

```
Flux.concat(
    Flux.range(1, 3),
    Flux.range(4, 2),
    Flux.range(6, 5)
).subscribe(e -> log.info("onNext: {}", e));
```

显然，上述代码生成的结果为从 1 到 10 的值（[1,2,3]+[4,5]+[6,7,8,9,10]）。

6. 流元素批处理

Project Reactor 支持以下几种方式对流元素（Flux<T>）执行批处理。

- ❑ 将元素**缓冲**（buffering）到容器（如 List）中，结果流的类型为 Flux<List<T>>。
- ❑ 通过**开窗**（windowing）方式将元素加入诸如 Flux<Flux<T>>等流中。请注意，现在的流信号不是值，而是我们可以处理的子流。
- ❑ 通过某些键将元素**分组**（grouping）到具有 Flux<GroupedFlux<K, T>>类型的流中。每个新键都会触发一个新的 GroupedFlux 实例，并且具有该键的所有元素都将被推送到 GroupFlux 类的该实例中。

可以基于以下场景进行缓冲和开窗操作：

- ❑ 处理元素的数量，比方说每 10 个元素；
- ❑ 一段时间，比方说每 5 分钟一次；
- ❑ 基于一些谓语，比方说在每个新的偶数之前切割；
- ❑ 基于来自其他 Flux 的一个事件，该事件控制着执行过程。

让我们为列表（大小为 4）中的整数元素执行缓冲操作：

```
Flux.range(1, 13)
    .buffer(4)
    .subscribe(e -> log.info("onNext: {}", e));
```

上述代码生成以下输出：

```
onNext: [1, 2, 3, 4]
onNext: [5, 6, 7, 8]
onNext: [9, 10, 11, 12]
onNext: [13]
```

在程序的输出中我们可以看到，除了最后一个元素之外的所有元素都是大小为 4 的列表。最后一个元素是大小为 1 的集合，因为它是 13 对 4 取模的结果。buffer 操作符将许多事件收集到一个事件集合中。该集合本身成为下游操作符的事件。当需要使用元素集合来生成一些请求，而不是使用仅包含一个元素的集合来生成许多小请求时，用缓冲操作符来实现批处理会比较方便。例如，我们可以将数据项缓冲几秒钟然后批量插入，而不是逐个将元素插入数据库。当然，这只能发生在一致性要求允许我们这样做的情况下。

为了运用 window 操作符，让我们根据数字序列中的元素是否为素数进行开窗拆分。为此，我们可以使用 window 操作符的变体 windowUntil。它使用谓词来确定何时创建新切片。代码如下所示：

```
Flux<Flux<Integer>> windowedFlux = Flux.range(101, 20)          // (1)
    .windowUntil(this::isPrime, true);                          // (2)

windowedFlux.subscribe(window -> window                         // (3)
        .collectList()                                          // (4)
        .subscribe(e -> log.info("window: {}", e)));            // (5)
```

带编号的代码解释如下。

(1) 首先从 101 开始生成 20 个整数。

(2) 在这里，当数字是素数时，我们使用这些元素切分一个新窗口。windowUntil 操作符的第二个参数定义我们是在满足谓词之前还是之后创建新切片。前面的代码中采用了在元素是素数时开窗的方式。所生成的流具有 Flux<Flux<Integer>> 类型。

(3) 现在可以订阅 windowedFlux 流。但是，windowedFlux 流的每个元素本身都是一个响应式流。因此，针对每个 window，我们进行另一个响应式变换。

(4) 在该例中，我们使用 collectList 操作符针对每个窗口收集元素，以便将每个窗口压缩为 Mono<List<Integer>> 类型。

(5) 针对每个内部 Mono 元素，进行单独的订阅并记录收到的事件。

上述代码生成以下输出：

```
window: []
window: [101, 102]
window: [103, 104, 105, 106]
window: [107, 108]
window: [109, 110, 111, 112]
window: [113, 114, 115, 116, 117, 118, 119, 120]
```

请注意第一个窗口为空。这是因为一旦启动原始流，我们就会生成一个初始窗口。然后，第一个元素会到达（数字 101），它是素数，会触发一个新窗口。因此，已经打开的窗口会在没有任何元素的情况下通过 onComplete 信号关闭。

当然，我们可以使用 buffer 操作符来完成这个练习。两个操作符的行为非常相似。但是，buffer 仅在缓冲区关闭时才会发出集合，而 window 操作符会在事件到达时立即对其进行传播，以更快地做出响应并实现更复杂的工作流程。

此外，我们还可以使用 groupBy 操作符通过某些条件对响应式流中的元素进行分组。我们将整数序列按照奇数和偶数进行分组，并仅跟踪每组中的最后两个元素。代码如下所示：

```
Flux.range(1, 7)                                              // (1)
    .groupBy(e -> e % 2 == 0 ? "Even" : "Odd")                // (2)
    .subscribe(groupFlux -> groupFlux                         // (3)
        .scan(                                                // (4)
            new LinkedList<>(),                               // (4.1)
            (list, elem) -> {
                list.add(elem);                               // (4.2)
                if (list.size() > 2) {
                    list.remove(0);                           // (4.3)
                }
                return list;
            })
        .filter(arr -> !arr.isEmpty())                        // (5)
        .subscribe(data ->                                    // (6)
            log.info("{}: {}", groupFlux.key(), data)));
```

带编号的代码解释如下。

(1) 生成一小部分数字。

(2) 使用 groupBy 操作符，根据取模操作对序列进行奇数和偶数的拆分。操作符返回 Flux <GroupedFlux<String,Integer>>类型的流。

(3) 订阅主 Flux，而对于每个分组的 flux 元素，应用 scan 操作符。

(4) scan 操作符是具有空列表的种子(4.1)。分组 flux 中的每个元素都会添加到列表(4.2)中，如果列表大于两个元素，则删除最早的元素(4.3)。

(5) scan 操作符首先传播种子，然后重新计算值。在这种情况下，filter 操作符使我们能从扫描的种子中删除空数据容器。

(6) 最后，单独订阅每个分组 flux 并显示 scan 操作符发送的内容。

正如我们所期望的那样，上述代码显示以下输出：

```
Odd: [1]
Even: [2]
Odd: [1, 3]
Even: [2, 4]
Odd: [3, 5]
Even: [4, 6]
Odd: [5, 7]
```

此外，Project Reactor 库支持一些高级技术，例如在不同的时间窗口上对发出的元素进行分组。有关该功能，请参阅 groupJoin 操作符的文档。

7. flatMap、concatMap 和 flatMapSequential 操作符

当然，Project Reactor 不会不提供 flatMap 操作符的实现，因为它是函数式编程本身的一个重要转换操作。

flatMap 操作符在逻辑上由 map 和 flatten（就 Reactor 而言，flatten 类似于 merge 操作符）这两个操作组成。flatMap 操作符的 map 部分将每个传入元素转换为响应式流（T -> Flux<R>），而 flatten 部分将所有生成的响应式序列合并为一个新的响应式序列，通过该序列可以传递 R 类型的元素。

图 4-7 可以帮助我们理解这个思路。

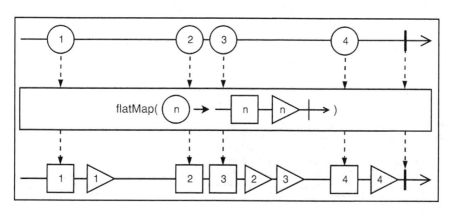

图 4-7 flatMap 操作符

在图 4-7 中，对于每个圆 n，我们生成**正方形** n 然后生成**三角形** n。这些子序列都合并到一个下游数据流。

Project Reactor 提供了 flatMap 操作符的一些不同变体。除了重载，该库还提供了 flatMap-Sequential 操作符和 concatMap 操作符。这 3 个操作符在以下几个方面有所不同。

❑ 操作符是否立即订阅其内部流（flatMap 操作符和 flatMapSequential 操作符会立即订阅，而 concatMap 操作符则会在生成下一个子流并订阅它之前等待每个内部完成）。

□ 操作符是否保留生成元素的顺序（concatMap 天生保留与源元素相同的顺序，flatMap-
  Sequential 操作符通过对所接收的元素进行排序来保留顺序，而 flatMap 操作符不一
  定保留原始排序）。
□ 操作符是否允许对来自不同子流的元素进行交错（flatMap 操作符允许交错，而 concatMap
  和 flatMapSequential 不允许交错）。

让我们实现一个简单的算法，用于请求每个用户最喜欢的图书，以提供用户最喜欢图书的服
务如下所示：

```
public Flux<String> requestBooks(String user) {
    return Flux.range(1, random.nextInt(3) + 1)              // (1)
            .map(i -> "book-" + i)                           // (2)
            .delayElements(Duration.ofMillis(3));            // (3)
}
```

带编号的代码解释如下。

(1) 生成随机数量的整数值；
(2) 然后将每个数字映射到书名；
(3) 将每本书的发送延迟一段时间，这将模拟与数据库的通信延迟。

现在我们可以为一组用户组合 requestBooks 方法的执行：

```
Flux.just("user-1", "user-2", "user-3")
    .flatMap(u -> requestBooks(u)
        .map(b -> u + "/" + b))
    .subscribe(r -> log.info("onNext: {}", r));
```

上述代码生成以下输出，它证明了元素的交错过程：

```
[thread: parallel-3] onNext: user-3/book-1
[thread: parallel-1] onNext: user-1/book-1
[thread: parallel-1] onNext: user-2/book-1
[thread: parallel-4] onNext: user-3/book-2
[thread: parallel-5] onNext: user-2/book-2
[thread: parallel-6] onNext: user-1/book-2
[thread: parallel-7] onNext: user-1/book-3
[thread: parallel-8] onNext: user-2/book-3
```

此外，我们可以看到，flatMap 操作符的传出元素通过**不同的线程**到达订阅者处理程序。
但是，响应式流规范保证了**发生前语义**（happens-before semantics）。因此，即使元素可能通过不
同线程到达，它们也不会同时到达。4.3.2 节详细介绍了 Project Reactor 的这方面内容。

此外，该库还可以使用 flatMapDelayError、flatMapSequentialDelayError 和
concatMapDelayError 操作符来延迟 onError 信号。除此之外，如果想要转换函数为每个元
素而不是响应式流生成迭代器，那么 concatMapIterable 操作符可以进行类似操作。在这种
情况下，交错不会发生。

flatMap 操作符（及其变体）在函数式编程和响应式编程中都非常重要，因为它能使用一行代码实现复杂的工作流。

8. 元素采样

对于高吞吐量场景而言，通过应用采样技术处理一小部分事件是有意义的。Reactor 使我们能用 sample 操作符和 sampleTimeout 操作符完成该操作。因此，序列可以周期性地发出与时间窗口内最近看到的值相对应的数据项。我们假设使用以下代码：

```
Flux.range(1, 100)
    .delayElements(Duration.ofMillis(1))
    .sample(Duration.ofMillis(20))
    .subscribe(e -> log.info("onNext: {}", e));
```

上述代码生成以下输出：

```
onNext: 13
onNext: 28
onNext: 43
onNext: 58
onNext: 73
onNext: 89
onNext: 100
```

前面的日志显示，即使我们每毫秒都顺序生成数据项，订阅者也只会收到所指定的约束条件内的一小部分事件。通过这种方法，我们可以在不需要所有传入事件就能成功操作的场景下使用被动限速。

9. 将响应式序列转化为阻塞结构

Project Reactor 库提供了一个 API，用于将响应式序列转换为阻塞结构。尽管在响应式应用程序中应该避免任何阻塞操作，然而有时上层 API 会有这样的要求。因此，我们有以下选项来阻塞流并同步生成结果。

- ❏ toIterable 方法将响应式 Flux 转换为阻塞 Iterable。
- ❏ toStream 方法将响应式 Flux 转换为阻塞 Stream API。从 Reactor 3.2 开始，在底层上它使用了 toIterable 方法。
- ❏ blockFirst 方法阻塞了当前线程，直到上游发出第一个值或完成流为止。
- ❏ blockLast 方法阻塞当前线程，直到上游发出最后一个值或完成流为止。在 onError 的情况下，它会在被阻塞的线程中抛出异常。

重要的是要记住 blockFirst 操作符和 blockLast 操作符具有方法重载，可用于设置线程阻塞的持续时间。这应该可以防止线程被无限阻塞。此外，toIterable 和 toStream 方法能够使用 Queue 来存储事件，这些事件可能比客户端代码阻塞 Iterable 或 Stream 更快到达。

10. 在序列处理时查看元素

有时，我们需要对处理管道中的每个元素或特定信号执行操作。为满足此类要求，Project Reactor 提供了以下方法。

- ❏ doOnNex(Consumer<T>)使我们能对 Flux 或 Mono 上的每个元素执行一些操作。
- ❏ doOnComplete 和 doOnError(Throwable)可以应用在相应的事件上。
- ❏ doOnSubscribe(Consumer<Subscription>)、doOnRequest(LongConsumer) 和 doOnCancel(Runnable)使我们能对订阅生命周期事件做出响应。
- ❏ 无论是什么原因导致的流终止，doOnTerminate(Runnable)都会在流终止时被调用。

此外，Flux 和 Mono 提供了 doOnEach(Consumer<Signal>)方法，该方法处理表示响应式流领域的所有信号，包括 onError、onSubscribe、onNext、onError 和 onComplete。

考虑以下代码：

```
Flux.just(1, 2, 3)
    .concatWith(Flux.error(new RuntimeException("Conn error")))
.doOnEach(s -> log.info("signal: {}", s))
.subscribe();
```

上述代码使用 concatWith 操作符，它是 concat 操作符的一个包装器，非常好用。此外，上述代码生成以下输出：

```
signal: doOnEach_onNext(1)
signal: doOnEach_onNext(2)
signal: doOnEach_onNext(3)
signal: onError(java.lang.RuntimeException: Conn error)
```

在这个例子中，我们不仅收到了所有的 onNext 信号，还收到了 onError 信号。

11. 物化和非物化信号

有时，采用信号进行流处理比采用数据进行流处理更有用。为了将数据流转换为信号流并再次返回，Flux 和 Mono 提供了 materialize 方法和 dematerialize 方法。示例如下：

```
Flux.range(1, 3)
    .doOnNext(e -> log.info("data  : {}", e))
    .materialize()
    .doOnNext(e -> log.info("signal: {}", e))
    .dematerialize()
    .collectList()
    .subscribe(r-> log.info("result: {}", r));
```

上述代码生成以下输出：

```
data  : 1
signal: onNext(1)
data  : 2
```

```
signal: onNext(2)
data   : 3
signal: onNext(3)
signal: onComplete()
result: [1, 2, 3]
```

这里,在处理信号流时,`doOnNext` 方法不仅接收带有数据的 `onNext` 事件,还接收包含在 `Signal` 类中的 `onComplete` 事件。此方法能采用一个类型层次结构来处理 `onNext`、`onError` 和 `onCompete` 事件。

如果我们只需要记录信号而不修改它们,那么 Reactor 提供了 `log` 方法,该方法使用可用的记录器记录所有处理过的信号。

12. 寻找合适的操作符

Project Reactor 为响应式流处理提供了非常通用的 DSL。但是,我们仍需要通过一些练习来熟悉库,以便能够从容地为任务选择合适的操作符。Reactor 的流式 API 和精心编写的文档对此过程有很大帮助。另外,当不清楚采用哪个操作符来解决具体问题时,最好参考官方文档中的附录。

4.2.6 以编程方式创建流

我们已经介绍了如何创建数组、`future` 和阻塞请求等类型的响应式流。但有时候我们需要一种更复杂的方法来在流中生成信号,或将对象的生命周期绑定到响应式流的生命周期。本节会介绍 Reactor 所提供的以编程方式创建流的相关内容。

1. `push` 和 `create` 工厂方法

`push` 工厂方法能通过适配一个单线程生产者来编程创建 Flux 实例。此方法对于适配异步、单线程、多值 API 非常有用,而无须关注背压和取消。如果订阅者无法处理负载,则队列中的信号将会涵盖这两个方面。我们来看以下代码:

```
Flux.push(emitter -> IntStream                          // (1)
        .range(2000, 3000)                              // (1.1)
        .forEach(emitter::next))                        // (1.2)
    .delayElements(Duration.ofMillis(1))               // (2)
    .subscribe(e -> log.info("onNext: {}", e));        // (3)
```

带编号的代码解释如下。

(1) 使用 `push` 工厂方法使一些现有的 API 适配响应式范式。为简单起见,这里我们使用 Java Stream API 生成 1000 个整数元素(1.1)并将它们发送到 FluxSink 类型(1.2)的 `emitter` 对象。在 `push` 方法中,我们不关心背压和取消,因为 `push` 方法本身涵盖了这些功能。

(2) 延迟流中的每个元素来模拟背压情况。

(3) 订阅了 `onNext` 事件。

push 工厂方法可以很方便地使用默认的背压和取消策略来适配异步 API。

此外，还有 create 工厂方法，其行为与 push 工厂方法类似。但是，该方法能从不同的线程发送事件，因为它还会序列化 FluxSink 实例。这两种方法都支持重载溢出策略，并通过注册额外的处理程序来启用资源清理，如下面的代码所示：

```
Flux.create(emitter -> {
    emitter.onDispose(() -> log.info("Disposed"));
    // 将事件推送到发射器
})
    .subscribe(e -> log.info("onNext: {}", e));
```

2. generate 工厂方法

generate 工厂方法旨在基于生成器的内部处理状态创建复杂序列。它需要一个初始值和一个函数，该函数根据前一个内部状态计算下一个状态，并将 onNext 信号发送给下游订阅者。例如，让我们创建一个简单的响应式流来生成斐波那契（Fibonacci）数列（1, 1, 2, 3, 5, 8, 13, ⋯ ）。此任务的代码如下所示：

```
Flux.generate(                                               // (1)
    () -> Tuples.of(0L, 1L),                                 // (1.1)
    (state, sink) -> {                                       //
        log.info("generated value: {}", state.getT2());     //
        sink.next(state.getT2());                            // (1.2)
        long newValue = state.getT1() + state.getT2();       //
        return Tuples.of(state.getT2(), newValue);           // (1.3)
    })
    .delayElements(Duration.ofMillis(1))                     // (2)
    .take(7)                                                 // (3)
    .subscribe(e -> log.info("onNext: {}", e));              // (4)
```

带编号的代码解释如下。

(1) 使用 generate 工厂方法，我们可以创建自定义响应式序列。我们使用 Tuples.of(0L, 1L) 作为序列的初始状态(1.1)。在生成步骤中，我们通过引用状态对(1.2)，并根据斐波那契序列(1.3)中的下一个值重新计算新的状态对。

(2) 使用 delayElements 操作符在 onNext 信号之间引入一些延迟。

(3) 为简单起见，我们只获取前 7 个元素。

(4) 当然，为了触发序列的生成，我们订阅了事件。

上述代码生成以下输出：

```
generated value: 1
onNext: 1
generated value: 1
onNext: 1
generated value: 2
```

```
onNext: 2
generated value: 3
onNext: 3
generated value: 5
onNext: 5
generated value: 8
onNext: 8
generated value: 13
onNext: 13
```

正如我们在日志中看到的那样，在下一个值生成之前，每个新值都被同步传播给订阅者。当生成不同的复杂响应式序列，而该序列需要保持发射之间的中间状态时，该方法非常有用。

3. 将 disposable 资源包装到响应式流中

using 工厂方法能根据一个 disposable 资源创建流。它在响应式编程中实现了 try-with-resources 方法。假设我们需要包装一个阻塞 API，而该 API 使用以下有意简化的 Connection 类进行表示：

```
public class Connection implements AutoCloseable {              // (1)
    private final Random rnd = new Random();

    public Iterable<String> getData() {                         // (2)
        if (rnd.nextInt(10) < 3) {                              // (2.1)
            throw new RuntimeException("Communication error");
        }
        return Arrays.asList("Some", "data");                   // (2.2)
    }

    public void close() {                                       // (3)
        log.info("IO Connection closed");
    }

    public static Connection newConnection() {                  // (4)
        log.info("IO Connection created");
        return new Connection();
    }
}
```

带编号的代码解释如下。

(1) Connection 类管理一些内部资源，并通过实现 AutoClosable 接口来通知它。

(2) getData 方法模拟 I/O 操作，有时可能导致异常(2.1)或返回带有有用数据的 Iterable 集合(2.2)。

(3) close 方法可以释放内部资源，并且应该始终被调用，即使在 getData 执行期间发生错误也是如此。

(4) 静态 newConnection 工厂方法始终返回 Connection 类的新实例。

通常，连接和连接工厂具有更复杂的行为，但为了简单起见，我们将使用这种简单的设计。

使用命令式方法，我们可以使用以下代码从连接接收数据：

```
try (Connection conn = Connection.newConnection()) {      // (1)
   conn.getData().forEach(                                 // (2)
      data -> log.info("Received data: {}", data)
   );
} catch (Exception e) {                                    // (3)
   log.info("Error: {}", e.getMessage());
}
```

带编号的代码解释如下。

(1) 使用 Java 的 `try-with-resources` 语句创建新连接，并在离开当前代码块时自动关闭它。

(2) 获取并处理业务数据。

(3) 如果发生异常，记录合适的消息。

有相同作用的响应式代码如下所示：

```
Flux<String> ioRequestResults = Flux.using(               // (1)
   Connection::newConnection,                              // (1.1)
   connection -> Flux.fromIterable(connection.getData()),  // (1.2)
   Connection::close                                       // (1.3)
);

ioRequestResults.subscribe(                                // (2)
   data -> log.info("Received data: {}", data),            //
   e -> log.info("Error: {}", e.getMessage()),             //
   () -> log.info("Stream finished"));                     //
```

带编号的代码解释如下。

(1) `using` 工厂方法能将 Connection 实例的生命周期与其包装流的生命周期相关联。`using` 方法需要知道如何创建 `disposable` 资源，在这种情况下，代码创建一个新连接(1.1)。然后，该方法必须知道如何将刚刚创建的资源转换为响应式流。在这种情况下，我们调用 `fromIterable` 方法(1.2)。最后，同样重要的是如何关闭资源。在我们的例子中，当处理结束时，连接实例的 `close` 方法将被调用。

(2) 当然，要开始实际的处理，我们需要创建一个带有 `onNext`、`onError` 和 `onComplete` 信号处理程序的订阅。

成功执行上述代码会生成以下输出：

```
IO Connection created
Received data: Some
Received data: data
IO Connection closed
Stream finished
```

使用模拟错误执行会生成以下输出：

```
IO Connection created
IO Connection closed
Error: Communication error
```

在这两种情况下，using 操作符都会首先创建新连接，继而接着执行工作流（成功或失败），然后关闭先前创建的连接。在这种情况下，连接的生命周期与流的生命周期绑定。操作符还可以在通知订阅者流终止之前或之后选择是否应该进行清除动作。

4. 基于 `usingWhen` 工厂包装响应式事务

与 using 操作符类似，usingWhen 操作符使我们能以响应式方式管理资源。但是，using 操作符会同步获取受托管资源（通过调用 Callable 实例）。同时，usingWhen 操作符响应式地获取受托管资源（通过订阅 Publisher 的实例）。此外，usingWhen 操作符接受不同的处理程序，以便应对主处理流终止的成功和失败。这些处理程序由发布者实现。这种区别使我们可以仅使用一个操作符实现完全无阻塞的响应式事务。

假设我们有一个完全响应式的事务。出于演示目的，代码做了简化处理。响应式事务实现如下所示：

```java
public class Transaction {
    private static final Random random = new Random();
    private final int id;

    public Transaction(int id) {
        this.id = id;
        log.info("[T: {}] created", id);
    }

    public static Mono<Transaction> beginTransaction() {              // (1)
        return Mono.defer(() ->
            Mono.just(new Transaction(random.nextInt(1000))));
    }

    public Flux<String> insertRows(Publisher<String> rows) {          // (2)
        return Flux.from(rows)
            .delayElements(Duration.ofMillis(100))
            .flatMap(r -> {
                if (random.nextInt(10) < 2) {
                    return Mono.error(new RuntimeException("Error: " + r));
                } else {
                    return Mono.just(r);
                }
            });
    }

    public Mono<Void> commit() {                                      // (3)
        return Mono.defer(() -> {
            log.info("[T: {}] commit", id);
            if (random.nextBoolean()) {
                return Mono.empty();
```

```
            } else {
                return Mono.error(new RuntimeException("Conflict"));
            }
        });
    }

    public Mono<Void> rollback() {                                    // (4)
        return Mono.defer(() -> {
            log.info("[T: {}] rollback", id);
            if (random.nextBoolean()) {
                return Mono.empty();
            } else {
                return Mono.error(new RuntimeException("Conn error"));
            }
        });
    }
}
```

带编号的代码解释如下。

(1) 这是一个静态工厂，能够创建新的事务。

(2) 每个事务都有一种在事务中保存新行的方法。有时，某些内部问题（随机行为）会导致该过程失败。insertRows 会消费并返回响应式流。

(3) 这是一个异步提交。有时，事务可能无法提交。

(4) 这是一个异步回滚。有时，事务可能无法回滚。

现在，我们可以使用 usingWhen 操作符实现一个更新的事务，代码如下：

```
Flux.usingWhen(
    Transaction.beginTransaction(),                                  // (1)
    transaction -> transaction.insertRows(Flux.just("A", "B", "C")), // (2)
    Transaction::commit,                                             // (3)
    Transaction::rollback                                            // (4)
).subscribe(
    d -> log.info("onNext: {}", d),
    e -> log.info("onError: {}", e.getMessage()),
    () -> log.info("onComplete")
);
```

上述代码使用 usingWhen 操作符进行以下操作。

(1) beginTransaction 静态方法通过返回 Mono<Transaction>类型异步返回一个新事务。

(2) 对于给定的事务实例，它会尝试插入新行。

(3) 如果步骤(2)成功完成，则提交事务。

(4) 如果步骤(2)失败，则回滚事务。

执行练习中的代码，我们应该看到表示执行成功的以下输出：

```
[T: 265] created
onNext: A
```

```
onNext: B
onNext: C
[T: 265] commit
onComplete
```

中止事务执行的示例如下所示：

```
[T: 582] created
onNext: A
[T: 582] rollback
onError: Error: B
```

使用 usingWhen 操作符，我们不仅可以更容易地以完全响应式的方式管理资源生命周期，还可以轻松实现响应式事务。因此，与 using 操作符相比，usingWhen 操作符有巨大改进。

4.2.7 错误处理

当设计一个与外部服务进行大量通信的响应式应用程序时，我们必须处理各种异常情况。幸好 onError 信号是响应式流规范的一个组成部分，因此应该始终有一种方法将异常传播给可以处理它的用户。但是，如果最终订阅者没有为 onError 信号定义处理程序，那么 onError 会抛出 UnsupportedOperationException。

此外，响应式流的语义定义了 onError 是一个终止操作，该操作之后响应式序列会停止执行。此时，我们可能采取以下策略中的一种做出不同响应。

- ❑ 当然，我们应该为 subscribe 操作符中的 onError 信号定义处理程序。
- ❑ 可以通过应用 onErrorReturn 操作符来捕获一个错误，并用一个默认静态值或一个从异常中计算出的值替换它。
- ❑ 可以通过应用 onErrorResume 操作符来捕获异常并执行备用工作流。
- ❑ 可以通过应用 onErrorMap 操作符来捕获异常并将其转换为另一个异常来更好地表现当前场景。
- ❑ 可以定义一个在发生错误时重新执行的响应式工作流。如果源响应序列发出错误信号，那么 retry 操作符会重新订阅该序列。它可能一直如此表现或仅在有限的时间内如此表现。retryBackoff 操作符为指数退避算法（exponential backoff algorithm）提供开箱即用的支持，该算法会基于递增的延迟时间来重试该操作。

此外，有时我们不想要空数据流。在这种情况下，可以使用 defaultIfEmpty 操作符返回默认值，或者使用 switchIfEmpty 操作符返回完全不同的响应式流。

另一个便于使用的操作符 timeout 不仅可以限制操作等待时间，还可以抛出 TimeoutException 异常，而我们可以使用其他一些错误处理策略处理该异常。

下面演示如何应用以上描述的一些策略。假设有如下推荐服务，该服务是不可靠的：

```
public Flux<String> recommendedBooks(String userId) {
    return Flux.defer(() -> {                                        // (1)
        if (random.nextInt(10) < 7) {
            return Flux.<String>error(new RuntimeException("Err"))    // (2)
                .delaySequence(Duration.ofMillis(100));
        } else {
            return Flux.just("Blue Mars", "The Expanse")             // (3)
                .delayElements(Duration.ofMillis(50));
        }
    }).doOnSubscribe(s -> log.info("Request for {}", userId));        // (4)
}
```

带编号的代码解释如下。

(1) 推迟计算，直到订阅者到达。

(2) 我们的不可靠服务很可能返回错误。但是，我们可以通过应用 delaySequence 操作符来及时转移所有信号。

(3) 如果客户端很幸运，它们会收到一些延迟了的推荐。

(4) 将每个请求记录到服务中。

现在，让我们实现一个能够很好地处理不可靠服务的客户端：

```
Flux.just("user-1")                                      // (1)
    .flatMap(user ->                                     // (2)
        recommendedBooks(user)                           // (2.1)
            .retryBackoff(5, Duration.ofMillis(100))     // (2.2)
            .timeout(Duration.ofSeconds(3))              // (2.3)
            .onErrorResume(e -> Flux.just("The Martian")))  // (2.4)
    .subscribe(                                          // (3)
        b -> log.info("onNext: {}", b),
        e -> log.warn("onError: {}", e.getMessage()),
        () -> log.info("onComplete")
    );
```

带编号的代码解释如下。

(1) 生成一个用户流，这些用户会请求自己的电影推荐。

(2) 针对每个用户，调用不可靠的 recommendedBooks 服务(2.1)。如果调用失败，将以指数退避重试（不超过 5 次重试，从 100 毫秒的持续时间开始）(2.2)。但是，如果重试策略在 3 秒钟后没有带来任何结果，则会触发一个错误信号(2.3)。最后，如果出现任何错误，使用 onErrorResume 操作符返回预定义的通用推荐集(2.4)。

(3) 当然，我们需要创建一个订阅者。

运行时，我们的应用程序会生成以下输出：

```
[time: 18:49:29.543] Request for user-1
[time: 18:49:29.693] Request for user-1
[time: 18:49:29.881] Request for user-1
```

```
[time: 18:49:30.173] Request for user-1
[time: 18:49:30.972] Request for user-1
[time: 18:49:32.529] onNext: The Martian
[time: 18:49:32.529] onComplete
```

从日志中可以看到，我们的内核 5 次为 user-1 尝试获取推荐。此外，重试延迟从 150 毫秒增加到 1.5 秒。最后，代码停止尝试从 recommendedBooks 方法获取结果并返回回退值（The Martian）并完成流。

总而言之，Project Reactor 提供了丰富的工具集，可以帮助处理异常情况，从而提高应用程序的回弹性。

4.2.8 背压处理

尽管响应式流规范要求将背压构建到生产者和消费者之间的通信中，但这仍然可能使消费者溢出。一些消费者可能无意识地请求无界需求，然后无法处理生成的负载。另一些消费者则可能对传入消息的速率有严格的限制。例如，数据库客户端每秒不能插入超过 1000 条记录。在这种情况下，事件批处理技术可能有所帮助。我们在 4.2.5 节介绍了该方法。或者，我们可以通过以下方式配置流以处理背压情况。

- ❑ onBackPressureBuffer 操作符会请求无界需求并将返回的元素推送到下游。但是，如果下游消费者无法跟上，那么元素将缓冲在队列中。onBackPressureBuffer 操作符有许多重载并公开了许多配置选项，这有助于调整其行为。
- ❑ onBackPressureDrop 操作符也请求无界需求（Integer.MAX_VALUE）并向下游推送数据。如果下游请求数量不足，那么元素会被丢弃。自定义处理程序可以用来处理已丢弃的元素。
- ❑ onBackPressureLast 操作符与 onBackPressureDrop 的工作方式类似。但是，它会记住最近收到的元素，并在需求出现时立即将其推向下游。即使在溢出情况下，始终接收最新数据也可能有所帮助。
- ❑ onBackPressureError 操作符在尝试向下游推送数据时请求无界需求。如果下游消费者无法跟上，那么操作符会引发错误。

管理背压的另一种方法是使用速率限制技术。limitRate(n) 操作符将下游需求拆分为不大于 n 的较小批次。通过这种方式，我们可以保护脆弱的生产者免受来自下游消费者的不合理数据请求的破坏。limitRate(n) 操作符会限制来自下游消费者的需求（总请求值）。例如，limitRequest(100) 确保不会向生产者请求超过 100 个元素。发送 100 个事件后，操作符会成功关闭流。

4.2.9 热数据流和冷数据流

在谈论响应式发布者时，我们可能需要区分热（hot）和冷（cold）这两类发布者。

冷发布者的行为方式是这样的：无论订阅者何时出现，都为该订阅者生成所有序列数据。此外，对于冷发布者而言，没有订阅者就不会生成数据。例如，以下代码表示冷发布者的行为：

```
Flux<String> coldPublisher = Flux.defer(() -> {
    log.info("Generating new items");
    return Flux.just(UUID.randomUUID().toString());
});

log.info("No data was generated so far");
coldPublisher.subscribe(e -> log.info("onNext: {}", e));
coldPublisher.subscribe(e -> log.info("onNext: {}", e));
log.info("Data was generated twice for two subscribers");
```

上述代码生成以下输出：

```
No data was generated so far
Generating new items
onNext: 63c8d67e-86e2-48fc-80a8-a9c039b3909c
Generating new items
onNext: 52232746-9b19-4b5e-b6b9-b0a2fa76079a
Data was generated twice for two subscribers
```

正如我们所看到的，每当订阅者出现时都会有一个新序列生成,而这些语义可以代表 HTTP 请求。调用只有在所有人都对结果失去兴趣时才会发生，并且每个新订阅者都会触发一个 HTTP 请求。

此外，热发布者中的数据生成不依赖于订阅者而存在。因此，热发布者可能在第一个订阅者出现之前开始生成元素。此外，当订阅者出现时，热发布者可能不会发送先前生成的值，而只发送新的值。这种语义代表数据广播场景。例如，一旦油价发生变化，热发布者就可以向其订阅者广播有关当前油价的更新。但是，当订阅者到达时，它仅接收未来的价格更新，而不接受先前价格历史。Reactor 库中的大多数热发布者扩展了 Processor 接口。Reactor 的处理器会在 4.2.12 节中进行介绍。但是，just 工厂方法会生成一个热发布者，因为它的值只在构建发布者时计算一次，并且在新订阅者到达时不会重新计算。

我们可以通过将 just 包装在 defer 中来将其转换为冷发行者。这样，即使 just 在初始化时生成值，这种初始化也只会在新订阅出现时发生。后一种行为由 defer 工厂方法决定。

1. 多播流元素

当然，我们可以通过应用响应式转换将冷发布者转变为热发布者。例如，一旦所有订阅者都准备好生成数据，我们可能希望在几个订阅者之间共享冷处理器的结果。同时，我们又不希望为每个订阅者重新生成数据。Project Reactor 为此目的提供了 ConnectableFlux。使用 ConnectableFlux，不仅可以生成数据以满足最急迫的需求，还会缓存数据，以便所有其他订阅者可以按照自己的速度处理数据。当然，队列和超时的大小可以通过类的 publish 方法和 replay 方法进行配置。此外，ConnectableFlux 可以使用 connect、autoConnect(n)、refCount(n) 和 refCount(int, Duration) 等方法自动跟踪下游订阅者的数量，以便在达到所需阈值时触发执行操作。

让我们用以下示例描述 ConnectableFlux 的行为：

```
Flux<Integer> source = Flux.range(0, 3)
    .doOnSubscribe(s ->
        log.info("new subscription for the cold publisher"));

ConnectableFlux<Integer> conn = source.publish();

conn.subscribe(e -> log.info("[Subscriber 1] onNext: {}", e));
conn.subscribe(e -> log.info("[Subscriber 2] onNext: {}", e));

log.info("all subscribers are ready, connecting");
conn.connect();
```

运行时，上述代码生成以下输出：

```
all subscribers are ready, connecting
new subscription for the cold publisher
[Subscriber 1] onNext: 0
[Subscriber 2] onNext: 0
[Subscriber 1] onNext: 1
[Subscriber 2] onNext: 1
[Subscriber 1] onNext: 2
[Subscriber 2] onNext: 2
```

我们可以看到，我们的冷发布者收到了订阅，只生成了一次数据项。但是，两个订阅者都收到了整个事件集合。

2. 缓存流元素

使用 ConnectableFlux 可以轻松实现不同的数据缓存策略。但是，Reactor 已经以 cache 操作符的形式提供了用于事件缓存的 API。在内部，cache 操作符使用 ConnectableFlux，因此它的主要附加值是它所提供的一个流式而直接的 API。我们可以调整缓存所能容纳的数据量以及每个缓存项的到期时间。让我们用以下示例演示它是如何工作的：

```
Flux<Integer> source = Flux.range(0, 2)                             // (1)
    .doOnSubscribe(s ->
        log.info("new subscription for the cold publisher"));

Flux<Integer> cachedSource = source.cache(Duration.ofSeconds(1));   // (2)

cachedSource.subscribe(e -> log.info("[S 1] onNext: {}", e));       // (3)
cachedSource.subscribe(e -> log.info("[S 2] onNext: {}", e));       // (4)

Thread.sleep(1200);                                                 // (5)

cachedSource.subscribe(e -> log.info("[S 3] onNext: {}", e));       // (6)
```

带编号的代码解释如下。

(1) 首先创建一个生成一些数据项的冷发布者。

(2) 使用缓存操作符缓存冷发布者，持续时间为 1 秒。

(3) 连接第一个订阅者。

(4) 在第一个订阅者之后，紧接着连接第二个订阅者。

(5) 等待一段时间以使缓存的数据过期。

(6) 最后连接第三个订阅者。

让我们来看看程序的输出：

```
new subscription for the cold publisher
[S 1] onNext: 0
[S 1] onNext: 1
[S 2] onNext: 0
[S 2] onNext: 1
new subscription for the cold publisher
[S 3] onNext: 0
[S 3] onNext: 1
```

根据日志，我们可以得出结论，前两个订阅者共享第一个订阅的同一份缓存数据。然后，在一定延迟之后，由于第三个订阅者无法获取缓存数据，因此一个针对冷发布者的新订阅被触发了。最后，即使该数据不来自缓存，第三个订阅者也接收到了所需的数据。

3. 共享流元素

我们可以使用 ConnectableFlux 向几个订阅者多播事件。但是，我们需要等待订阅者出现才能开始处理。share 操作符可以将冷发布者转变为热发布者。该操作符会为每个新订阅者传播订阅者尚未错过的事件。让我们考虑以下示例：

```
Flux<Integer> source = Flux.range(0, 5)
    .delayElements(Duration.ofMillis(100))
    .doOnSubscribe(s ->
        log.info("new subscription for the cold publisher"));

Flux<Integer> cachedSource = source.share();

cachedSource.subscribe(e -> log.info("[S 1] onNext: {}", e));
Thread.sleep(400);
cachedSource.subscribe(e -> log.info("[S 2] onNext: {}", e));
```

在前面的代码中，我们共享了一个冷发布流，该流以每 100 毫秒为间隔生成事件。然后，经过一些延迟，一些订阅者订阅了共享发布者。让我们看一下应用程序的输出：

```
new subscription for the cold publisher
[S 1] onNext: 0
[S 1] onNext: 1
[S 1] onNext: 2
[S 1] onNext: 3
[S 2] onNext: 3
[S 1] onNext: 4
[S 2] onNext: 4
```

从日志中可以清楚地看出，第一个订阅者从第一个事件开始接收，而第二个订阅者错过了在其出现之前所产生的事件（S2 仅接收到事件 3 和事件 4）。

4.2.10 处理时间

响应式编程是异步的，因此它本身就假定存在时间之矢[①]。

基于 Project Reactor，我们可以使用 `interval` 操作符生成基于一定持续时间的事件，使用 `delayElements` 操作符生成延迟元素，并使用 `delaySequence` 操作符延迟所有信号。本章已经使用了其中的几个操作符。

我们已经讨论了如何根据配置的超时（`buffer(Duration)` 操作符和 `window(Window)` 操作符）进行数据缓冲和开窗。Reactor 的 API 使你能对一些与时间相关的事件做出响应，例如使用前面描述的 `timestamp` 操作符和 `timeout` 操作符。与 `timestamp` 类似，`elapsed` 操作符测量与上一个事件的时间间隔。我们考虑以下代码：

```
Flux.range(0, 5)
    .delayElements(Duration.ofMillis(100))
    .elapsed()
    .subscribe(e -> log.info("Elapsed {} ms: {}", e.getT1(), e.getT2()));
```

在这里，我们每 100 毫秒生成一次事件。我们来看看日志输出：

```
Elapsed 151 ms: 0
Elapsed 105 ms: 1
Elapsed 105 ms: 2
Elapsed 103 ms: 3
Elapsed 102 ms: 4
```

从前面的输出中可以明显看出，事件并未恰好在 100 毫秒的时间间隔内到达。发生这种情况是因为 Reactor 使用 Java 的 `ScheduledExecutorService` 进行调度事件，而这些事件本身并不能保证精确的延迟。因此，我们应该注意不要在 Reactor 库中要求太精确的时间（实时）间隔。

4.2.11 组合和转换响应式流

当我们构建复杂的响应式工作流时，通常需要在几个不同的地方使用相同的操作符序列。通过 `transform` 操作符，我们可以将这些常见的部分提取到单独的对象中，并在需要时重用它们。在前面，我们已经在流中转换了事件。使用 `transform` 操作符，我们可以增强流结构本身。假设有以下示例：

[①] 时间之矢（arrow of time），指自然过程的不可逆性和时间的方向性。近、现代科学揭示了自然界中实际发生的过程都是不可逆的、有时间方向的。有下列几种"时间之矢"：(1) 热力学、统计物理学的时间之矢，即熵增加、无序、退化的时间方向；(2) 生物学的时间之矢，即生物进化的时间方向；(3) 电磁学的时间之矢，即振荡电磁所产生的电磁波的传播方向；(4) 量子力学的时间之矢，即原子自发辐射的时间方向；(5) 宇宙学的时间之矢，即宇宙自大爆炸起不断膨胀的方向。——译者注

```
Function<Flux<String>, Flux<String>> logUserInfo =                      // (1)
    stream -> stream                                                    //
        .index()                                                        // (1.1)
        .doOnNext(tp ->                                                 // (1.2)
            log.info("[{}] User: {}", tp.getT1(), tp.getT2()))          //
        .map(Tuple2::getT2);                                            // (1.3)

Flux.range(1000, 3)                                                     // (2)
    .map(i -> "user-" + i)                                              //
    .transform(logUserInfo)                                             // (3)
    .subscribe(e -> log.info("onNext: {}", e));
```

带编号的代码解释如下。

(1) 使用 Function<Flux<String>,Flux<String>>签名来定义 logUserInfo 函数。它
会将一个 String 响应式流中的值转换为另一个响应式流,而该响应式流同样生成 String 值。
在此示例中,我们的函数会针对每个 onNext 信号记录有关用户的详细信息(1.2),还会使用
index 操作符(1.1)对传入事件进行额外的枚举。传出流不包含任何有关枚举的信息,因为我们会
使用 map(Tuple2::getT2)调用(1.3)将其删除。

(2) 生成一些用户 ID。

(3) 通过应用 transform 操作符嵌入了 logUserInfo 函数所定义的转换。

让我们执行上述代码。日志输出如下:

```
[0] User: user-1000
onNext: user-1000
[1] User: user-1001
onNext: user-1001
[2] User: user-1002
onNext: user-1002
```

在日志中,我们看到每个元素都由 logUserInfo 函数和最终订阅进行记录。但是,logUserInfo
函数还会跟踪事件的索引。

transform 操作符仅在流生命周期的组装阶段更新一次流行为。同时,Reactor 具有 compose
操作符,该操作符在每次订阅者到达时都会执行相同的流转换。让我们用以下代码演示它的行为:

```
Function<Flux<String>, Flux<String>> logUserInfo = (stream) -> {         // (1)
    if (random.nextBoolean()) {
        return stream
            .doOnNext(e -> log.info("[path A] User: {}", e));
    } else {
        return stream
            .doOnNext(e -> log.info("[path B] User: {}", e));
    }
};

Flux<String> publisher = Flux.just("1", "2")                             // (2)
    .compose(logUserInfo);                                               // (3)
```

```
publisher.subscribe();                                              // (4)
publisher.subscribe();
```

带编号的代码解释如下。

(1) 与前面的例子类似，我们定义了一个转换函数。在这种情况下，函数每次随机选择流转换的路径。两个路径的不同之处仅在于日志消息前缀。

(2) 创建了一个生成一些数据的发布者。

(3) 使用 compose 操作符，将 logUserInfo 函数嵌入到执行工作流程中。

(4) 为了观察不同订阅的不同行为，我们还执行了几次订阅。

执行上述代码，应该产生以下输出：

```
[path B] User: 1
[path B] User: 2
[path A] User: 1
[path A] User: 2
```

日志消息证明第一个订阅触发了 path B，而第二个触发了 path A。当然，compose 操作符可用于实现比随机选择日志消息前缀更复杂的业务逻辑。transform 和 compose 操作符都是强大的工具，可以在响应式应用程序中实现代码重用。

4.2.12 处理器

响应式流规范定义了 Processor 接口。Processor 既是 Publisher 也是 Subscriber。因此，我们既可以订阅 Processor 实例，也可以手动向它发送信号（onNext、onError 和 onComplete）。Reactor 的作者建议我们忽略处理器，因为它们很难使用并且容易出错。在大多数情况下，处理器可以被操作符的组合所取代。另外，生成器工厂方法（push、create 和 generate）可能更适合适配外部 API。

Reactor 提出以下几种处理器。

❑ **Direct** 处理器只能通过操作处理器的接收器来推送因用户手动操作而产生的数据。DirectProcessor 和 UnicastProcessor 是这组处理器的代表。DirectProcessor 虽然不处理背压，但可用于向多个订阅者发布事件。UnicastProcessor 虽然使用内部队列处理背压，但是最多只能为一个 Subscriber 服务。

❑ **Synchronous** 处理器（EmitterProcessor 和 ReplayProcessor）可以同时通过手动方式和订阅上游 Publisher 的方式来推送数据。EmitterProcessor 虽然可以为多个订阅者提供服务并满足它们的需求，但仅能以同步方式消费由单一 Publisher 产生的数据。ReplayProcessor 的行为类似于 EmitterProcessor，但是它能使用几种策略来缓存传入的数据。

❑ **Asynchronous** 处理器（`WorkQueueProcessor` 和 `TopicProcessor`）可以推送从多个上游发布者处获得的下游数据。为了处理多个上游发布者，这些处理器使用 `RingBuffer` 数据结构。这些处理器具有专用的构建器 API，因为配置选项的数量使它们很难初始化。`TopicProcessor` 兼容响应式流，并可以为每个下游 `Subscriber` 关联一个 `Thread` 来处理交互。因此，它可以服务的下游订阅者数量有限。`WorkQueueProcessor` 具有与 `TopicProcessor` 类似的特性。但是，它放宽了一些响应式流要求，这使它在运行时所使用的资源更少。

4.2.13　测试和调试 Project Reactor

Reactor 库附带了一个通用的测试框架。`io.projectreactor:reactor-test` 库提供了测试 Project Reactor 所实现的响应式工作流所需的所有必要工具。第 9 章将详细介绍适用于响应式编程的测试技术。

虽然响应式代码不那么容易调试，但是 Project Reactor 提供了能在需要时简化调试过程的技术。与任何基于回调的框架一样，Project Reactor 中的栈跟踪信息量不大。它们没有在代码中给出发生异常情况的确切位置。Reactor 库具有面向调试的组装时检测功能（4.3 节将介绍流生命周期中组装时阶段的详细信息），可以使用以下代码激活：

```
Hooks.onOperatorDebug();
```

启用后，此功能开始收集将要组装的所有流的栈跟踪，稍后此信息可以基于组装信息扩展栈跟踪信息，从而帮助我们更快地发现问题。但是，创建栈跟踪的过程成本很高。因此，作为最后的手段，它应该只以受控的方式进行激活。有关此功能的更多信息，请参阅 Reactor 的文档。

此外，Project Reactor 的 `Flux` 和 `Mono` 类型提供了一个被称为 `log` 的便捷方法。它能记录使用操作符的所有信号。即使在调试情况下，许多方法的自定义实现也可以提供足够的自由度来跟踪所需的数据。

4.2.14　Reactor 插件

Project Reactor 是一个通用且功能丰富的库。但是，它无法容纳所有有用的响应式工具。因此，有一些项目在一些领域扩展了 Reactor 的功能。官方的 Reactor 插件项目为 Reactor 项目提供了几个模块。在撰写本书时，Reactor 插件由以下模块组成：`reactor-adapter`、`reactor-logback` 和 `reactor-extra`。

`reactor-adapter` 模块为 RxJava 2 响应式类型和调度程序提供桥接。此外，该模块还能与 Akka 进行集成。

reactor-logback 模块提供高速异步日志记录功能。它以 Logback 的 AsyncAppender 和 LMAX Disruptor 的 RingBuffer 为基础，其中后者通过 Reactor 的 Processor 实现。

reactor-extra 模块包含用于高级需求的其他实用程序。例如，该模块包含 TupleUtils 类，该类简化了编写 Tuple 类的代码。第 7 章将解释如何使用此类。此外，该模块具有 MathFlux 类，可以从数字源中计算最小值和最大值，并对它们求和或取平均。ForkJoinPoolScheduler 类使 Java 的 ForkJoinPool 适配 Reactor 的 Scheduler。我们可以使用以下导入方式将模块添加到 Gradle 项目中：

```
compile 'io.projectreactor.addons:reactor-extra:3.2.RELEASE'
```

此外，Project Reactor 生态系统还为流行的异步框架和消息代理服务器提供了响应式驱动程序。

Reactor RabbitMQ 模块使用熟悉的 Reactor API 为 RabbitMQ 提供了一个响应式 Java 客户端。该模块不仅提供具有背压支持的异步非阻塞消息传递，还使我们的应用程序能够通过使用 Flux 和 Mono 类型将 RabbitMQ 用作消息总线。Reactor Kafka 模块为 Kafka 消息代理服务器提供了类似的功能。

另一个广受欢迎的 Reactor 扩展被称为 Reactor Netty。它使用 Reactor 的响应式类型来适配 Netty 的 TCP/HTTP/UDP 客户端和服务器。Spring WebFlux 模块在内部使用 Reactor Netty 来构建非阻塞式 Web 应用程序。第 6 章将更详细地介绍该主题。

4.3 Project Reactor 的高级主题

上一节探讨了响应式类型和响应式操作符，它们可以实现大量响应式工作流。现在，我们必须更深入地了解响应式流的生命周期、多线程以及 Project Reactor 的内部优化机制。

4.3.1 响应式流的生命周期

要理解多线程的工作原理以及 Reactor 中实现的各种内部优化，首先必须了解 Reactor 中响应式类型的生命周期。

1. 组装时

流生命周期的第一部分是**组装时**（assembly-time）。正如前面章节所述，Reactor 为我们提供了一个流式 API，该流式 API 使我们能够构建复杂的元素处理流程。乍一看，Reactor 提供的 API 看起来像是一个组合了流程中所选择的操作符的构建器。我们可能还记得，构建器模式不仅是可变的，它还假设像 build 这样的终端操作会执行另一个对象的构建。由于与常见的构建器模式相比，Reactor API 提供了不变性，因此每个被使用的操作符都会生成一个新对象。在响应式库中，构建执行流程的过程被称为**组装**（assembling）。为了更好地理解组装方法，以下伪代码演示了在假设没有 Reactor 构建器 API 的情况下，流程组装的可能表现形式：

```
Flux<Integer> sourceFlux = new FluxArray(1, 20, 300, 4000);
Flux<String> mapFlux = new FluxMap(sourceFlux, String::valueOf);
Flux<String> filterFlux = new FluxFilter(mapFlux, s -> s.length() > 1)
...
```

如果我们没有流式构建器 API，上面的代码演示了响应式代码的表现形式。很明显，在底层，Flux 对象是相互组合的。在组装过程之后，我们获得了一个 Publishers 链，每个新的 Publisher 包装了前一个。以下伪代码演示了这一点：

```
FluxFilter(
    FluxMap
        FluxArray(1, 2, 3, 40, 500, 6000)
    )
)
```

上述代码展示了应用一系列操作符（just -> map -> filter）后生成的 Flux 的表现形式。

在流生命周期中，该阶段起着重要作用，因为在流组装期间，我们可以通过检查流的类型来一个接一个地替换操作符。例如，concatWith -> concatWith -> concatWith 操作符序列可以被很容易地被压缩到一个串联结构中。以下代码展示了它在 Reactor 中的实现过程：

```
public final Flux<T> concatWith(Publisher<? extends T> other) {
    if (this instanceof FluxConcatArray) {
      @SuppressWarnings({ "unchecked" })
      FluxConcatArray<T> fluxConcatArray = (FluxConcatArray<T>) this;

      return fluxConcatArray.concatAdditionalSourceLast(other);
    }
    return concat(this, other);
}
```

正如我们从上述代码中看到的，如果当前 Flux 是 FluxConcatArray 实例，那么，我们不创建 FluxConcatArray(FluxConcatArray(FluxA, FluxB), FluxC)，而是创建一个 FluxConcatArray(FluxA, FluxB, FluxC)，并以这种方式改善整体流性能。

此外，在组装时，我们可能在组装过程中为流提供一些 Hooks，并启用一些额外的日志记录、跟踪、度量收集，以及其他在调试或流监控期间可能有用的重要补充。

我们来总结响应式流的生命周期中组装时阶段的角色。在该阶段，我们可以操纵流的构造过程并应用不同的技术来优化、监控或更好地进行流调试，这是构建响应式流必不可少的部分。

2. 订阅时

流执行生命周期的第二个重要阶段是**订阅时**（subscription-time）。当我们 subscribe 给定的

Publisher 时，就会发生订阅。例如，以下代码演示了如何订阅上述执行流程：

```
...
filteredFlux.subscribe(...);
```

正如前面几节提到的那样，为了构建执行流程，我们对 Publishers 进行相互传递，因而产生了 Publishers 链。一旦 subscribe 了顶层包装器，我们就开始了该链的订阅过程。以下伪代码展示了一个 Subscriber 在订阅时如何通过 Subscriber 链进行传播：

```
filterFlux.subscribe(Subscriber) {
    mapFlux.subscribe(new FilterSubscriber(Subscriber)) {
        arrayFlux.subscribe(new MapSubscriber(FilterSubscriber(Subscriber))) {
            // 在这里开始推送真正的元素
        }
    }
}
```

上述代码展示了在订阅时，我们组装的 Flux 内部所发生的情况。我们可以看到，对过滤后的 Flux.subscribe 方法的执行随后会为每个内部 Publisher 执行 subscribe 方法。最后，当执行在注释行结束时，我们将获取如下相互包装的订阅者序列：

```
ArraySubscriber(
    MapSubscriber(
        FilterSubscriber(
            Subscriber
        )
    )
)
```

在 Flux 金字塔的中间有一个 FluxArray（包装器的反向金字塔）。与组装的 Flux 不同，在 Subscribers 金字塔的顶部有 ArraySubscriber 包装器。

订阅时阶段的重要性在于，在该阶段中，我们可以执行与组装时阶段相同的优化。另一个重点是，在 Reactor 中启用多线程的一些操作符能够更改订阅所发生的工作单元。本章稍后将介绍订阅时优化和多线程。现在我们来解释流执行生命周期的最后阶段。

3. 运行时

流执行的最后一步是**运行时**（runtime）阶段。在该阶段，我们在 Publisher 和 Subscriber 之间进行实际信号交换。之前响应式流规范提到，Publisher 和 Subscriber 交换的前两个信号是 onSubscribe 信号和 request 信号。onSubscribe 方法由位于顶端的数据源调用，在本例中即 ArrayPublisher。这会将它的 Subscription 传递给给定的 Subscriber。描述通过 Subscribers 传递 Subscription 过程的伪代码如下所示：

```
MapSubscriber(FilterSubscriber(Subscriber)).onSubscribe(
    new ArraySubscription()
) {
```

```
FilterSubscriber(Subscriber).onSubscribe(
    new MapSubscription(ArraySubscription(...))
) {
    Subscriber.onSubscribe(
        FilterSubscription(MapSubscription(ArraySubscription(...)))
    ) {
        // 在这里请求数据
    }
}
```

一旦 Subscription 完全通过 Subscriber 链，链中的每个 Subscriber 会将 Subscription 包装为特定表示。最后，我们得到了 Subscription 包装器的金字塔，如下面的代码所示：

```
FilterSubscription(
    MapSubscription(
        ArraySubscription()
    )
)
```

最终，最后一个 Subscriber 接收 Subscription 链。并且，为了开始接收元素，应该调用 Subscription #request 方法。该方法会启动元素的发送。以下伪代码演示了请求元素的过程：

```
FilterSubscription(MapSubscription(ArraySubscription(...)))
    .request(10) {
        MapSubscription(ArraySubscription(...))
            .request(10) {
                ArraySubscription(...)
                    .request(10) {
                        // 开始发送数据
                    }
            }
    }
```

一旦所有订阅者传递了请求内容，并且 ArraySubscription 也接收到了这些请求，ArrayFlux 就可以开始向 MapSubscriber(FilterSubscriber(Subscriber))链发送元素。以下是伪代码，描述了通过所有 Subscriber 发送元素的过程：

```
...
ArraySubscription.request(10) {
    MapSubscriber(FilterSubscriber(Subscriber)).onNext(1) {
        // 在此处应用映射
        FilterSubscriber(Subscriber).onNext("1") {
            // 过滤
            // 不匹配的元素
            // 请求和附件元素
            MapSubscription(ArraySubscription(...)).request(1) {...}
        }
    }
```

```
MapSubscriber(FilterSubscriber(Subscriber)).onNext(20) {
    // 在此处应用映射
    FilterSubscriber(Subscriber).onNext("20") {
        // 过滤
        // 匹配的元素
        // 发送给下游订阅者
        Subscriber.onNext("20") {...}
    }
}
```

正如我们从上述代码中看到的那样，在运行时，数据源中的元素通过 Subscriber 链，并在每个阶段执行不同的功能。

理解这个阶段的重要性在于，在运行时我们可以应用优化，减少信号交换量。例如，（下一节将提到）我们可以减少 Subscription#request 调用的次数，从而提高流的性能。

正如第 3 章所述，Subscription#request 方法的调用会导致对负责保存需求的 volatile 字段的写入。从计算的角度来看，这样的写操作非常昂贵，因此如果可能的话，最好避免使用它。

图 4-8 总结了我们对流生命周期的理解以及每个阶段的执行情况。

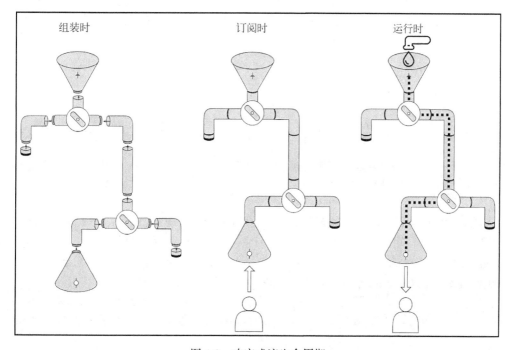

图 4-8　响应式流生命周期

总而言之，我们已经介绍了 Flux 和 Mono 响应式类型执行生命周期的核心点。在以下各节中，我们将使用流生命周期阶段，以阐明 Reactor 如何为每个响应式流提供非常高效的实现。

4.3.2　Reactor 中的线程调度模型

在本节中，我们将了解 Reactor 为多线程执行提供了哪些特性以及这些可用多线程操作符之间的根本区别。通常，有 4 个操作符可以将执行过程切换到不同的工作单元。接下来，让我们逐一了解这些操作符。

1. publishOn 操作符

简而言之，publishOn 操作符能将部分运行时执行移动到指定的工作单元。

我们之所以避免在这里使用单词 Thread，是因为虽然 Scheduler 的底层机制可能将工作排入同一个 Thread，但执行作业可能由 Scheduler 实例中的不同工作单元完成。

为了指定应该在运行时处理元素的工作单元，Reactor 为此引入了一个特定的抽象，叫作 Scheduler。Scheduler 是一个接口，代表 Project Reactor 中的一个工作单元或工作单元池。本章后面将介绍 Scheduler。但是现在，我们将只涉及使用此接口来为当前流选择特定的工作单元。为了更好地理解我们如何使用 publishOn 操作符，让我们考虑以下示例代码：

```
Scheduler scheduler = ...;          //   (1)
                                    //
Flux.range(0, 100)                  //   (2) ⌐|
    .map(String::valueOf)           //   (3)  |> Thread Main
    .filter(s -> s.length() > 1)    //   (4) _|

    .publishOn(scheduler)           //   (5)

    .map(this::calculateHash)       //   (6) ⌐|
    .map(this::doBusinessLogic)     //   (7)  |> Scheduler Thread
    .subscribe()                    //   (8) _|
```

正如上述代码所示，对元素的操作从(2)到(4)发生在 Thread Main 上，其中 publishOn 操作符之后的执行位于不同的 Scheduler 工作单元上。这意味着对散列的计算发生在 Thread A 上，因此 calculateHash 和 doBusinessLogic 在与 Thread Main 不同的工作单元上执行。如果我们从执行模型角度来看 publishOn 操作符，我们可以得到图 4-9 所示的流程。

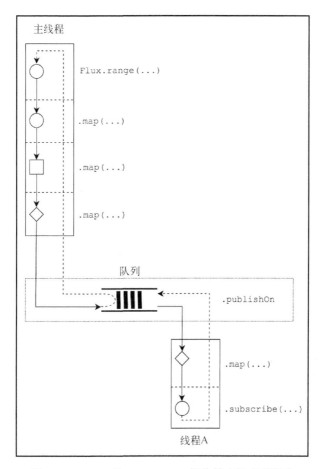

图 4-9 Reactor 的 publishOn 操作符内部表现形式

我们可能注意到，publishOn 操作符的重点是运行时执行。在底层，publishOn 操作符会保留一个队列，并为该队列提供新元素，以便专用工作单元消费消息并逐个处理它们。在这个例子中，我们已经表明工作正在单独的 Thread 上运行，因此其执行被一个异步边界所分割。所以，现在我们有两部分独立处理的流程。一个需要强调的重点是，响应式流中的所有元素都是逐个处理的（而不是同时处理的），因此我们可以始终为所有事件定义严格的顺序。此属性也被称为**串行化**（serializability）。这意味着，元素一旦进入 publishOn，就将被放入队列，并且一旦轮到它，它就将被移出队列进行处理。请注意，由于只有一个工作单元专门负责处理队列，因而元素的顺序始终是可预测的。

● **使用 publishOn 操作符实现并行化**

乍一看，publishOn 操作符不会启用响应式流元素的并发处理。然而，Project Reactor 提供的响应式编程范例可以使用 publishOn 操作符对处理流进行细粒度伸缩和并行化等处理。例如，让我们首先考虑图 4-10 所描述的完全同步处理过程。

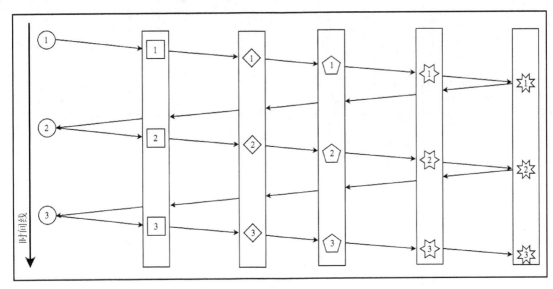

图 4-10   响应式流的完全同步处理过程

如图 4-10 所示，有一个处理流程，其中包含 3 个元素。由于流中元素的同步处理特性，我们必须在所有转换阶段中逐个移动元素。但是，为了开始处理下一个元素，我们必须完全处理完前一个元素。相反，如果在这个流程中放置一个 publishOn，我们就可能加快处理速度。图 4-11 是包含了 publishOn 操作符的图 4-10。

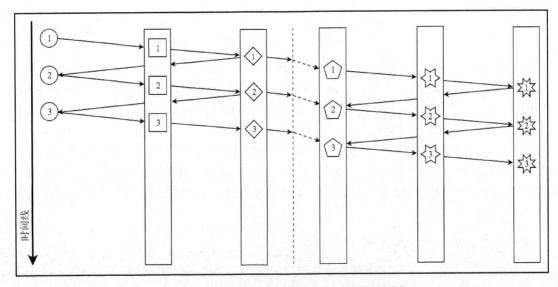

图 4-11   publishOn 操作符对流处理过程的影响

如图 4-11 所示，只要保持元素的处理时间相同，并在处理阶段之间提供异步边界（由 publishOn 操作符表示），就可以实现并行处理。现在，处理流程的左侧不需要等待右侧处理完成。相反，它们可以独立工作，以正确地实现并行处理。

2. subscribeOn 操作符

Reactor 中多线程的另一个要点是名为 subscribeOn 的操作符。与 publishOn 相比，subscribeOn 使你能更改正在运行的订阅链的工作单元。当我们从函数的执行过程中创建流的数据源时，此操作符很有用。通常，此类执行在订阅时进行，它会调用一个函数，该函数会为我们提供执行 .subscribe 方法的数据源。例如，让我们来看下面的示例代码，它展示了我们如何使用 Mono.fromCallable 来提供一些信息：

```
ObjectMapper objectMapper = ...
String json = "{ \"color\" : \"Black\", \"type\" : \"BMW\" }";
Mono.fromCallable(() ->
        objectMapper.readValue(json, Car.class)
    )
    ...
```

这里，Mono.fromCallable 从 Callable<T>创建 Mono，并将其评估结果提供给每个 Subscriber。Callable 实例在我们调用 .subscribe 方法时执行，因此 Mono.fromCallable 在底层执行以下操作：

```
public void subscribe(Subscriber actual) {
    ...
    Subscription subscription = ...
    try {
        T t = callable.call();
        if (t == null) {
            subscription.onComplete();
        }
        else {
            subscription.onNext(t);
            subscription.onComplete();
        }
    }
    catch (Throwable e) {
        actual.onError(
            Operators.onOperatorError(e, actual.currentContext()));
    }
}
```

如上述代码所示，Callable 的执行发生在 subscribe 方法中。这意味着我们可以使用 publishOn 来更改将执行 Callable 的工作单元。幸好，subscribeOn 使我们能指定将进行订阅的工作单元。以下示例展示了具体方法：

```
Scheduler scheduler = ...;
Mono.fromCallable(...)
```

```
.subscribeOn(scheduler)
.subscribe();
```

前面的示例展示了在单独的工作单元上执行给定的 Mono.fromCallable 的方法。在底层，subscribeOn 将父 Publisher 的订阅放在 Runnable 中执行（Runnable 是指定 Scheduler 的调度程序）。如果比较 subscribeOn 和 publishOn 的执行模型，我们会看到图 4-12 所示的内容。

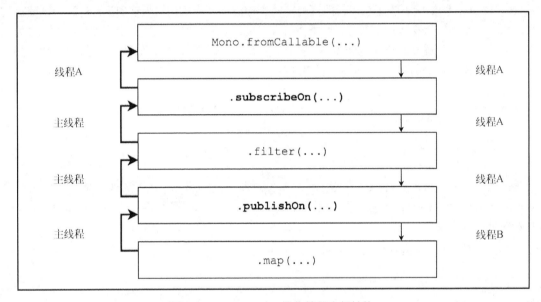

图 4-12   publishOn 操作符的内部结构

从图 4-12 中可以看出，subscribeOn 可以部分地指定运行时工作单元以及订阅时工作单元。发生这种情况是因为除了对 subscribe 方法执行的调度，subscribeOn 还会把每次调用调度到 Subscription.request()方法，以使调用发生在 Scheduler 实例指定的工作单元上。根据响应式流规范，Publisher 可以开始在调用者 Thread 上发送数据，因此后续的 Subscriber.onNext()将在与初始的 Subscription.request()相同的 Thread 上被调用。相反，publishOn 只能为下游指定执行行为，而不能影响上游执行。

3. 并行操作符

除了一些重要操作符（用于管理我们想要处理的执行流某些部分的线程），Reactor 还提供了一种熟悉的并行工作技术。为此，Reactor 有一个名为 .parallel 的操作符，它能将流分割为并行子流并均衡它们之间的元素。以下是此操作符的使用示例：

```
Flux.range(0, 10000)
    .parallel()
    .runOn(Schedulers.parallel())
```

```
.map()
.filter()
.subscribe()
```

如上例所示，.parallel()是 Flux API 的一部分。我们在这里注意到的一件事情是，通过应用 parallel 操作符，我们开始在不同类型的 Flux 上执行操作，该 Flux 被称为 ParallelFlux。ParallelFlux 是一组 Flux 的抽象，其中源 Flux 中的元素是均衡的。然后，通过应用 runOn 操作符，我们可以将 publishOn 应用于内部 Flux，并分配与元素（正在不同工作单元之间进行处理）相关的工作。

4. 调度器

调度器是一个接口，具有两个核心方法，即 Scheduler.schedule 和 Scheduler.createWorker。第一个方法可以调度 Runnable 任务；第二个方法不仅为我们提供了 Worker 接口的专用实例，还可以以相同的方式调度 Runnable 任务。Scheduler 接口和 Worker 接口之间的核心区别在于 Scheduler 接口表示工作单元池，而 Worker 是 Thread 或资源的专用抽象。默认情况下，Reactor 提供 3 个核心调度程序接口实现。

❑ SingleScheduler 能为一个专用工作单元安排所有可能的任务。它具有时间性，因此可以延迟安排定期事件。此调度程序可以使用 Scheduler.single()调用进行引用。

❑ ParallelScheduler 适用于固定大小的工作单元池（默认情况下，其大小受 CPU 内核数限制）。适合 CPU 密集型任务。此外，默认情况下，它也处理与时间相关的调度事件，例如 Flux.interval(Duration.ofSeconds(1))。此调度程序可以使用 Scheduler.parallel()调用进行引用。

❑ ElasticScheduler 可以动态创建工作单元并缓存线程池。由于其所创建的线程池没有最大数量限制，因此此调度程序非常适用于 I/O 密集型操作的调度。此调度程序可以使用 Scheduler.elastic()调用进行引用。

此外，我们还可以实现具有所期望的特性的 Scheduler。第 10 章给出了基于大规模的监控功能为 Reactor 创建 Scheduler 的方法示例。

要了解有关线程和调度程序的更多信息，请参阅 Project Reactor 文档。

5. 响应式上下文

Reactor 附带的另一个关键功能是 Context。Context 是沿数据流传递的接口。Context 接口的核心思想是提供对某些上下文信息的访问，因为这些信息可能在稍后的运行时阶段有用。你可能觉得很奇怪，既然已经有了可以做同样工作的 ThreadLocal，我们为什么还需要这个功能？例如，许多框架使用 ThreadLocal 来沿用户请求执行传递 SecurityContext，以在任何处理点访问授权用户。遗憾的是，这种概念只有在我们进行单线程处理时才能正常工作，因为执行是依附于同一个 Thread。如果我们开始在异步处理中使用该概念，那么 ThreadLocal 将会非常快速地释放。例如，如果我们执行如下操作，那么我们将丢失可用的 ThreadLocal：

```java
class ThreadLocalProblemShowcase {

    public static void main(String[] args) {
        ThreadLocal<Map<Object, Object>> threadLocal =          // (1)
            new ThreadLocal<>();                                //
        threadLocal.set(new HashMap<>());                      // (1.1)

        Flux                                                    // (2)
            .range(0, 10)                                       // (2.1)
            .doOnNext(k ->                                      //
                threadLocal                                     //
                    .get()                                      //
                    .put(k, new Random(k).nextGaussian())      // (2.2)
            )                                                  //
            .publishOn(Schedulers.parallel())                  // (2.3)
            .map(k -> threadLocal.get().get(k))                // (2.4)
            .blockLast();                                       //
    }
}
```

带编号的代码解释如下。

(1) 这里是一个 ThreadLocal 实例的声明。另外，在点(1.1)，我们对 ThreadLocal 进行设置，以便稍后在代码中使用它。

(2) 这里是 Flux 流声明，它生成从 0 到 9 的一系列元素(2.1)。此外，针对流中的每个新元素，我们生成一个 randomGaussian 双精度数，其中的元素是所生成的随机值的种子。一旦生成数字，我们就将它存放在 ThreadLocal 映射表中。然后，在点(2.3)，我们将执行过程移动到另一个 Thread。最后，在点(2.4)处，我们将流中的数字映射到先前存储在 ThreadLocal 映射表中的随机高斯双精度数。此时，我们将得到 NullPointerException，因为主线程中先前存储的映射在不同的 Thread 中不可用。

正如我们在上述例子中注意到的，在多线程环境中使用 ThreadLocal 是非常危险的，并且可能导致意外行为。尽管 Java API 能将 ThreadLocal 数据从一个 Thread 传输到另一个 Thread，但它并不保证传输的完全一致性。

幸好，Reactor Context 通过以下方式解决了这个问题：

```java
Flux.range(0, 10)                                              //
    .flatMap(k ->                                              //
        Mono.subscriberContext()                               // (1)
            .doOnNext(context -> {                             // (1.1)
                Map<Object, Object> map = context.get("randoms"); // (1.2)
                map.put(k, new Random(k).nextGaussian());       //
            })                                                  //
```

```
              .thenReturn(k)                                        // (1.3)
    )                                                               //
    .publishOn(Schedulers.parallel())                              //
    .flatMap(k ->                                                   //
       Mono.subscriberContext()                                    // (2)
           .map(context -> {                                       //
              Map<Object, Object> map = context.get("randoms");    // (2.1)
              return map.get(k);                                   // (2.2)
           })                                                      //
    )                                                              //
    .subscriberContext(context ->                                 // (3)
       context.put("randoms", new HashMap())                      //
    )                                                             //
    .blockLast();                                                 //
```

带编号的代码解释如下。

(1) 此例展示了如何访问 Reactor 中 Context。如例子所示，Reactor 使用静态操作符 subscriberContext 提供对当前流中 Context 实例的访问。与前面的示例一样，一旦获取了 Context (1.1)，我们就可以访问存储的 Map (1.2)并将生成的值放在那里。最后，我们返回 flatMap 的初始参数。

(2) 在这里，我们在切换 Thread 后再次访问 Reactor 的 Context。尽管此示例与我们使用 ThreadLocal 的前一个示例相同，但在点(2.1)处，我们将成功获取存储的映射并获得生成的随机高斯双精度数(2.2)。

(3) 最后，在这里，为了生成 randoms 键（该键返回一个 Map），我们在上游填充一个新的 Context 实例，该实例包含所需键对应的 Map。

如以上示例所示，Context 可以通过无参数的 Mono.subscriberContext 操作符进行访问，并且可以通过单参数 subscriberContext(Context)操作符提供给流。

看了以上示例我们可能好奇：既然 Context 接口具有与 Map 接口类似的方法，那为什么我们需要使用 Map 来传输数据？就其本质而言，Context 被设计为一个不可变对象，一旦我们向它添加新元素，我们就实现了 Context 的新实例。这样的设计决策有利于多线程访问模型。这意味着，这是向流提供 Context 并动态提供某些数据的唯一方法，这些数据将在组装时或订阅时的整个运行执行期间可用。如果在组装时提供了 Context，那么所有订阅者将共享相同的静态上下文，但这在每个 Subscriber（可能代表用户连接）具有其自身的 Context 的情况下可能没有用。因此，可以向每个 Subscriber 提供其自身上下文的唯一生命周期时段是订阅时阶段。

回忆一下前面的章节。在订阅时，Subscriber 通过 Publisher 链从流的底部上升到顶部，并在每个阶段中形成包装到本地 Subscriber 的表现形式，从而引入额外的运行时逻辑。为了保持该流程不变并通过流传递额外的 Context 对象，Reactor 使用名为 CoreSubscriber 的接口，该接口是 Subscriber 接口的特定扩展。CoreSubscriber 将 Context 作为其字段进行传递。CoreSubscriber 接口形式如下所示：

```
interface CoreSubscriber<T> extends Subscriber<T> {
    default Context currentContext() {
        return Context.empty();
    }
}
```

从上述代码中可以看到,CoreSubscriber 引入了一个名为 currentContext 的附加方法,该方法提供了对当前 Context 对象的访问。Project Reactor 中的大多数操作符提供了对 CoreSubscriber 接口的实现,并引用了下游 Context。正如我们注意到的那样,唯一能修改当前 Context 的操作符是 subscriberContext,它是 CoreSubscriber 的实现,持有被合并的下游 Context 并将其作为参数进行传递。

此外,这种行为意味着可访问的 Context 对象可能随流中的位置不同而不同。例如,以下代码展示了上述行为:

```
void run() {
    printCurrentContext("top")
    .subscriberContext(Context.of("top", "context"))
    .flatMap(__ -> printCurrentContext("middle"))
    .subscriberContext(Context.of("middle", "context"))
    .flatMap(__ -> printCurrentContext("bottom"))
    .subscriberContext(Context.of("bottom", "context"))
    .flatMap(__ -> printCurrentContext("initial"))
    .block();
}
void print(String id, Context context) {
    ...
}
Mono<Context> printCurrentContext(String id) {
    return Mono
        .subscriberContext()
        .doOnNext(context -> print(id, context));
}
```

上述代码展示了我们如何在流构造过程中使用 Context。如果我们运行上述代码,控制台将显示以下结果:

```
top {
  Context3{bottom=context, middle=context, top=context}
}

middle {
  Context2{bottom=context, middle=context}
}

bottom {
  Context1{bottom=context}
}

initial {
  Context0{}
}
```

如上述代码所示，流顶部的可用 `Context` 包含此流中可用的整个 `Context`，其中流的中间部分只能访问在下游中定义的 `Context`，而位于非常底部（具有 `id` 初始值）的上下文消费者上下文为空。

一般而言，`Context` 是一个杀手锏，它推动 Project Reactor 成为建立响应式系统的更高级别的工具。此外，这种特性对于我们需要访问上下文数据的许多场景很有用，例如，在流程中间处理用户请求的场景。正如第 6 章将要讲到的，此特性在 Spring 框架中得到了广泛使用，在响应式 Spring Security 中尤其如此。

尽管我们全面地介绍了 `Context` 特性，但这种 Reactor 技术仍有很大的可能性和应用场景。要了解有关 Reactor 的 `Context` 的更多信息，请参阅 Project Reactor 文档。

4.3.3　Project Reactor 内幕

正如我们在上一节中看到的那样，Reactor 拥有丰富的有用操作符。此外，我们可能已经注意到整个 API 具有与 RxJava 类似的操作符。然而，老一代库和包括 Project Reactor 3 在内的新库之间的主要区别是什么？最重要的突破又是什么？其中一项最显著的改进是**响应式流生命周期**（Reactive Stream life-cycle）和**操作符融合**（operator fusion）。上一节介绍了响应式流生命周期，下面来看看 Reactor 的操作符融合。

1. 宏融合

宏融合（macro-fusion）主要发生在组装时，其目的是用一个操作符替换另一个操作符。例如，我们已经看到经过高度优化的 `Mono` 被用于处理仅仅一个或零个元素。同时，`Flux` 内部操作符的某些部分也应该处理一个或零个元素（例如，操作符 `just(T)`、`empty()` 和 `error(Throwable)`）。在大多数情况下，这些简单的操作符会与其他转换流一起使用。因此，减少这种开销至关重要。为此，Reactor 在组装时提供优化，如果它检测到上游 `Publisher` 实现了 `Callable` 或 `ScalarCallable` 等接口，那么上游 `Publisher` 将被经过优化的操作符所替换。应用此类优化的示例代码如下所示：

```
Flux.just(1)
    .publishOn(...)
    .map(...)
```

前面的代码展示了一个非常简单的示例，其中元素的执行应该在元素创建后立即移动到不同的工作单元。如果没有应用优化，这样的执行会分配一个队列来保存来自不同工作单元的元素，而从这样一个队列中入队和出队的元素会导致一些不稳定的读写，因此这种普通 `Flux` 的执行开销过大。幸好，我们可以优化该流程。由于执行过程具体发生在哪个工作单元并不重要，并且提供一个元素可以被表示为 `ScalarCallable#call`，因而我们可以将 `publishOn` 操作符替换为不需要创建额外队列的 `subscribeOn`。此外，由于应用了优化，下游的执行不会改变，因此执行经过优化的流，我们将获得相同的结果。

前面的示例是隐藏在 Project Reactor 中的宏融合优化中的一种。在 4.3.1 节的第一部分，我们提到了另一个此类优化的示例。一般而言，在 Project Reactor 中应用宏融合的目的是优化组装流程，这样一来，我们就可以使用更原始、成本更低的解决方案，而不会把强大工具的宝贵资源浪费在简单任务上。

2. 微融合

微融合（micro-fusion）是一种更复杂的优化，与运行时优化以及重用共享资源有关。微融合的一个很好的例子是条件操作符。要理解这个问题，请看图 4-13。

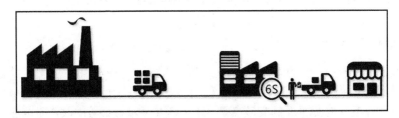

图 4-13　基于卡车示例的条件性问题

让我们想象下面的情况。商店订购了 n 件商品。过了一段时间，工厂用卡车将物品送到商店。但是，为了最终到达商店，卡车必须通过检验部门，以确保所有商品质量合格。遗憾的是，由于有些物品没有仔细包装，因而只有部分订单到达了商店。在那之后，工厂准备了另一辆卡车，再次往商店送货。这种情况反复发生，直到所有订购的商品到达商店。幸好，工厂意识到他们在使商品通过单独的检验部门上花了太多的时间和金钱，并决定从检验部门雇用检验员到本地（见图 4-14）。

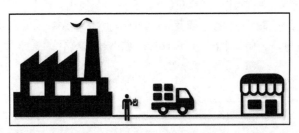

图 4-14　通过工厂侧的专用检验员解决了有条件的开销

所有物品现在都可以在工厂进行检验后送到商店，而无须前往检验部门。

这个故事与编程有什么关系呢？我们来看看下面的例子：

```
Flux.from(factory)
    .filter(inspectionDepartment)
    .subscribe(store);
```

在这里，我们有类似的情况。下游订阅者已从数据源请求了一定数量的元素。在通过操作符链发出元素时，元素正在通过条件操作符，而这可能拒绝某些元素。为了满足下游的需求，每个被拒绝数据项的过滤器操作符必须执行附加的 request(1) 上游调用。根据当前响应式库（例如 RxJava 或 Reactor 3）的设计，request 操作有自己的额外 CPU 开销。

根据 David Karnok 的研究，每个"对 request() 的调用通常最终都在一个原子 CAS 循环中，而每 21~45 个循环会掉落一个元素"。

这意味着条件操作符（如 filter 操作符）可能对整体性能产生重大影响！出于这个原因，出现了一种被称为 ConditionalSubscriber 的微融合类型。这种类型的优化使我们能在数据源端验证条件，并发送所需数量的元素而无须额外的 request 调用。

第二种微融合是最复杂的一种。这种融合与操作符之间的异步边界（曾在第 3 章中提到过）有关。为了理解这个问题，让我们设想一个具有一些异步边界的操作符链，如下例所示：

```
Flux.just(1, 2, 3)
    .publishOn(Schedulers.parallel())                              // (1)
    .concatMap(i -> Flux.range(0, i)
                       .publishOn(Schedulers.parallel()))          // (2)
    .subscribe();
```

前面的例子展示了 Reactor 的操作符链。此链包含两个异步边界，这意味着这里会出现队列。举一个例子。因为 concatMap 操作符的本质是它可能在来自上游的每个传入元素上产生 n 个元素，所以内部 Flux 将产生多少元素是无法预测的。为了处理背压以避免压垮消费者，我们有必要将结果放入队列中。而为了将响应式流中的元素从一个工作线程传输到另一个工作线程，publishOn 操作符也需要内部队列。除了队列开销，还有更危险的跨越异步边界的 request() 调用。这些可能导致更大的内存开销。要理解这个问题，让我们来看图 4-15。

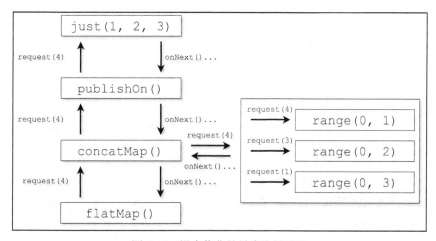

图 4-15 没有优化的异步边界开销

图 4-15 展示了前面代码段的内部行为。在这里，concatMap 的内部有一个巨大的开销，这种情况下，我们需要为每个内部流发送一个 request 直到满足下游需求。每个具有队列的操作符都有自己的 CAS 循环，这在不合理模型的请求事件中可能导致高额性能开销。例如，请求 1 个或任何（相比整个数据量）少得不合理的数量的元素，都可以被认为是不合理的请求模型。

CAS（比较和交换）是一个单独的操作，它会根据操作是否成功返回值 1 或值 0。由于希望操作成功，我们会重复 CAS 操作直到成功为止。这些重复的 CAS 操作被称为 CAS 循环。

为了避免内存开销和性能开销，我们应该遵循响应式流规范的建议，切换通信协议。假设一个或多个边界内的元素链具有共享队列，那么可以切换整个操作符链以使用上游操作符作为无须额外 request 调用的队列，这样可以显著提高整体性能。因此，下游可以从上游排出值，如果该值不可用于指示流的结束，则返回 null。为了通知下游元素可用，上游调用下游的 onNext，并使用 null 作为该协议的特例。此外，错误情况或流的完成将照常通过 onError 或 onComplete 进行通知。因此，先前的示例可以通过以下方式优化，如图 4-16 所示。

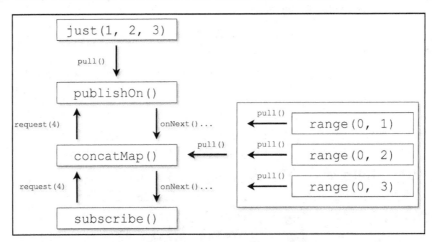

图 4-16   基于协议切换的队列订阅融合

在该示例中，publishOn 和 concatMap 操作符可以被显著优化。在第一种情况下，因为没有必须在主线程中执行的中间操作符，所以我们可以直接使用 just 操作符作为队列，并在单独的线程上从该队列中执行 pull 操作。在 concatMap 的情况下，所有内部流也可以被视为队列，以在没有附加任何 request 调用的情况下排出每个流。

我们应该注意到，虽然在 publishOn 和 concatMap 之间的通信中使用优化协议没有什么阻碍，但是在撰写本书时，这些优化尚未实现，因此我们决定按原样揭示通信机制。

总之，正如本节所述，Reactor 库的内部结构比看起来更复杂。通过强大的优化，Reactor 远远领先于 RxJava 1.x，从而提供了更好的性能。

4.4　小结

本章介绍了许多主题。首先简要概述了 Reactor 的历史，以探明另一个响应式库 Project Reactor 背后的动机。接着研究了这个库的重要里程碑，人们正是在其基础上构建出了这样一个功能多样且强大的工具。然后概述了 RxJava 1.x 实现的主要问题，以及早期 Reactor 版本的问题。通过查看响应式流规范出现之后 Project Reactor 中的更改，我们强调了如此高效和直接的响应式编程的实现如此具有挑战性的原因。

本章还描述了 Mono 和 Flux 响应式类型，以及创建、转换和消费响应式流的不同方法。我们查看了一个正在运行的流，并通过 Subscription 对象使用拉–推模型控制了背压。此外还描述了操作符融合提高响应式流的性能的原理。总之，Project Reactor 库为响应式编程以及异步和 I/O 密集型应用程序提供了强大的工具集。

接下来的章节中将介绍 Spring 框架中已经实现的各种改进，以便充分利用响应式编程（特别是 Project Reactor）的功能。我们将专注于使用 Spring 5 WebFlux 和响应式 Spring Data 构建高效的应用程序。

第 5 章

使用 Spring Boot 2 实现响应性

在上一章中，我们学习了 Project Reactor 的基础知识、响应式类型和操作符的行为以及它们如何帮助解决各种业务问题。除了简单的 API，我们还发现，在底层，隐藏的复杂机制能进行并发、异步、非阻塞的消息处理。除此之外，我们还探讨了可用的背压控制和相关策略。正如前一章所示，Project Reactor 不仅仅是一个响应式编程库，它还提供附加组件和适配器，这使我们即使没有 Spring 框架，也可以构建响应式系统。通过这一点，我们看到了 Project Reactor 与 Apache Kafka 和 Netty 的集成。

Project Reactor 虽然可以在没有 Spring 框架的情况下正常运行，但通常不足以构建功能丰富的应用程序。这里所缺少的一个元素正是众所周知的依赖注入。依赖注入能使我们在组件之间进行解耦。此外，随着 Spring 框架变得越来越出色，我们将可以通过它构建功能强大且可定制化的应用程序。但是，使用 Spring Boot 可以构建更好的应用程序。

因此，在本章中，我们将描述 Spring Boot 的重要性及其带来的功能特性。我们还将看到 Spring 5 和 Spring Boot 2 带来的变化，看看 Spring 生态系统如何采用响应式编程方法。

本章将介绍以下主题：

❑ Spring Boot 所解决的问题及解决问题的方法；
❑ Spring Boot 基础；
❑ Spring Boot 2.0 和 Spring 框架中的响应性。

5.1 快速启动是成功的关键

人类从来不喜欢花费太多时间在与其目标无关的日常工作和任务上。在业务上，为了达到预期的效果，我们需要快速学习并快速实验。响应性同样适用于现实生活。应对市场变化，快速改变策略，并尽快实现新目标往往至关重要。我们证明这一概念的速度越快，它给企业带来的价值就越大，同时花在研究上的钱就越少。

出于这个原因，人们总是努力简化日常工作。该规则也适用于开发人员。我们希望一切都是开箱即用的，尤其是像 Spring 这样的复杂框架。虽然 Spring 框架引入了许多优点和有用功能，但是我们必须深入了解其使用方法。新手开发人员在进入没有经验的领域时很容易失败。关于其中可能存在的陷阱，一个好例子是简单的**控制反转**（Inversion of Control，IoC）容器配置——它至少包含了 5 种可能的配置方法。要理解这个问题，我们来看下面的代码示例：

```
public class SpringApp {
    public static void main(String[] args) {
        GenericApplicationContext context =
            new GenericApplicationContext();

        new XmlBeanDefinitionReader(context)
            .loadBeanDefinitions("services.xml");

        new GroovyBeanDefinitionReader(context)
            .loadBeanDefinitions("services.groovy");

        new PropertiesBeanDefinitionReader(context)
            .loadBeanDefinitions("services.properties");

        context.refresh();
    }
}
```

正如上述代码所示，原始 Spring 框架至少能以 3 种不同的方式在 Spring 上下文中注册 bean。

一方面，Spring 框架为配置 bean 的来源提供了灵活性；另一方面，丰富的实现配置的选项列表也带来了一些问题。举例如下。首先，我们**无法轻松调试 XML 配置**。其次，在没有其他工具（如 IntelliJ IDEA 或 Spring Tool Suite）的情况下，我们无法验证这些配置的正确性，这让使用此类配置更加困难。最后，**编码风格和开发惯例缺乏适当的规则**，这可能大大增加大型项目的复杂性并降低其清晰度。举一个例子。假如 bean 的定义方法缺乏适当的规则，那么未来的项目可能因此而复杂化，因为团队中的某一个开发人员可能在 XML 中定义 bean，而另一个开发人员却可能在属性中执行此操作。而且任何其他人都可以在 Java 配置中执行相同的操作。因此，新开发人员很容易对这种不一致感到困惑，进而花费额外的时间在深入研究该项目上。

除了简单的 IoC，Spring 框架还提供了更复杂的功能，例如 Spring Web 模块和 Spring Data 模块。这两个模块都需要经过大量配置才能运行应用程序。当所开发的应用程序需要与平台无关时，通常会出现问题，因为这意味着配置代码和样板代码会越来越多，而业务相关代码会越来越少。

注意，此处**与平台无关**（platform-independent）意味着独立于特定的服务器 API（例如 Servlet API）。另外，它还可能指的是对特定环境及其配置，以及其他功能不知情。

例如，仅仅配置一个简单的 Web 应用程序，就需要数行样板代码，如下所示：

```
public class MyWebApplicationInitializer
            implements WebApplicationInitializer {
    @Override
    public void onStartup(ServletContext servletCxt) {
        AnnotationConfigWebApplicationContext cxt =
            new AnnotationConfigWebApplicationContext();
        cxt.register(AppConfig.class);
        cxt.refresh();
        DispatcherServlet servlet = new DispatcherServlet(cxt);
        ServletRegistration.Dynamic registration = servletCxt
            .addServlet("app", servlet);
        registration.setLoadOnStartup(1);
        registration.addMapping("/app/*");
    }
}
```

上述代码不包括任何安全配置或其他基本功能（例如内容呈现）。在某个时间点，每个基于 Spring 的应用程序中都有类似的代码片段。由于这些代码片段没有经过优化，需要开发人员的额外关注，因而导致了金钱上的浪费。

5.1.1　使用 Spring Roo 尝试更快地开发应用程序

幸好，Spring 团队理解快速项目启动的重要性。2009 年初，他们宣布了一个名为 Spring Roo 的新项目。该项目旨在快速开发应用程序，其背后的主要思想是使用约定优于配置（convention-over-configuration）的方法。为此，Spring Roo 提供了一个命令行用户界面，以初始化基础架构和领域模型，并使用一些命令创建 REST API。虽然 Spring Roo 简化了应用程序开发过程，但是，这种工具似乎并没有在大型应用程序的开发实践中发挥作用。因为在项目结构变得复杂，或者所使用的技术超出 Spring 框架的范围时，它就会出现问题。最后，Spring Roo 在日常使用中也不太受欢迎。因此，应用程序快速开发的问题仍然没有答案。

5.1.2　Spring Boot 是快速增长的应用程序的关键

2012 年底，Mike Youngstrom 提出了一个影响 Spring 框架未来的问题。他提出的观点是：改变整个 Spring 架构并简化 Spring 框架的使用，以便开发人员更快地开始构建业务逻辑。尽管该提议遭到了否绝，但它促使 Spring 团队创建了一个大大简化 Spring 框架使用的新项目。在 2013 年年中，Spring 团队宣布了这个名为 Spring Boot 的项目的第一个预发布版。Spring Boot 背后的主要思想是简化应用程序开发过程，并能使用户在没有任何额外基础结构配置的情况下开始新项目。

与此同时，Spring Boot 采用了无容器 Web 应用程序理念和可执行的胖 JAR（fat JAR）技术。使用这种方法，Spring 应用程序可以只写一行代码，并使用一个额外的命令行进行运行。以下代码展示了一个完整的 Spring Boot Web 应用程序：

```
@SpringBootApplication
public class MyApplication {
```

```
    public static void main(String[] args) {
        SpringApplication.run(MyApplication.class, args);
    }
}
```

　　以上示例中最重要的部分是运行 IoC 容器时需要一个名为@SpringBootApplication 的注解。这里也有 MVC 服务器以及其他应用程序组件。让我们深入研究一下。首先，Spring Boot 是一系列模块，是 Gradle 或 Maven 等现代构建工具的补充。通常，Spring Boot 依赖于两个核心模块。第一个是 spring-boot 模块，它带有与 Spring IoC 容器相关的所有可能的默认配置。第二个是 spring-boot-autoconfigure，它为所有现有的 Spring 项目（例如 Spring Data、Spring MVC、Spring WebFlux 等）带来了所有可能的配置。乍一看，即使并非必须，但似乎所有已定义的配置都能立即启用。然而，情况并非如此：在引入特定依赖项之前，所有配置都是被禁用的。Spring Boot 为模块定义了一个新概念，这些模块的名称中通常包含单词 "-starter-"。默认情况下，启动程序不包含任何 Java 代码，但会在 spring-boot-autoconfigure 中引入所有相关的依赖项以激活特定配置。有了 Spring Boot，我们就有了-starter-web 和-starter-data-jpa 模块，这些模块能配置所有必需的基础设施组件，而无须额外的工作。与 Spring Roo 项目相比，Spring Boot 明显更具灵活性。除了可以轻松扩展的默认配置，Spring Boot 还提供了一个流式 API，这使我们可以构建自己的启动器。此 API 能替换默认配置，并让我们自己配置特定的模块。

　　限于自身目的，本书不会介绍 Spring Boot 的详细信息。但是，Greg L. Turnquist 所著的 *Preview Online Code Files Learning Spring Boot 2.0* 第 2 版非常详细地介绍了 Spring Boot。

5.2　Spring Boot 2.0 中的响应式

　　由于本书是关于响应式编程的，因此我们不会详细介绍 Spring Boot。但是，正如前一节所述，快速启动应用程序的能力是成功框架的关键要素，因此我们需要弄清楚响应式是如何在 Spring 生态系统中反映出来的。由于 Spring MVC 和 Spring Data 模块的阻塞特性，仅将编程范例改为响应式编程不能使我们获益。因此，Spring 团队决定改变这些模块中的整个范例。为此，Spring 生态系统提供了一系列响应式模块。本节将简要介绍这些模块，而其中大部分模块将在本书后面的章节中专门介绍。

5.2.1　Spring Core 中的响应式

　　Spring 生态系统的核心模块是 **Spring Core** 模块。Spring 5.x 引入的一个值得注意的增强功能是对响应式流和响应式库的原生支持，其中，响应式库包含 RxJava 1/2 和 Project Reactor 3。

1. 响应式类型转换支持

　　为了支持响应式流规范所进行的最全面的改进之一是引入了 ReactiveAdapter 和 Reactive-

AdapterRegistry。ReactiveAdapter 类为响应式类型转换提供了两种基本方法，如以下代码所示：

```
class ReactiveAdapter {
  ...

  <T> Publisher<T> toPublisher(@Nullable Object source) { ... }        // (1)

  Object fromPublisher(Publisher<?> publisher) { ... }                 // (2)
}
```

在前面的示例中，ReactiveAdapter 引入了两种基本方法，用于将任何类型转换为 Publisher <T> (1)并将其转换回 Object。例如，为了提供对 RxJava 2 中的 Maybe 响应式类型的转换，我们可以通过以下方式创建自己的 ReactiveAdapter：

```
public class MaybeReactiveAdapter extends ReactiveAdapter {             // (1)

  public MaybeReactiveAdapter() {                                      // (2)
    super(
      ReactiveTypeDescriptor                                           // (3)
        .singleOptionalValue(Maybe.class, Maybe::empty),               //
      rawMaybe -> ((Maybe<?>)rawMaybe).toFlowable(),                   // (4)
      publisher -> Flowable.fromPublisher(publisher)                   // (5)
                         .singleElement()                              //
    );
  }
}
```

在前面的示例中，我们扩展了默认的 ReactiveAdapter 并提供了一个自定义实现(1)。同时，我们提供一个默认构造函数并隐藏其背后的实现细节(2)。父构造函数(3)的第一个参数是 ReactiveTypeDescriptor 实例的定义。

ReactiveTypeDescriptor 提供了有关 ReactiveAdapter 中使用的响应式类型的信息。最后，父构造函数需要定义转换函数（在我们的例子中为 lambdas），而该函数将原始对象（假设为 Maybe）转换为 Publisher (4)并将任何 Publisher 转换回 Maybe。

注意，ReactiveAdapter 假定在将任何对象传递给 toPublisher 方法之前，该对象的类型兼容性已经以 ReactiveAdapter#getReactiveType 方法检查。

为简化交互，ReactiveAdapterRegistry 使我们能将 ReactiveAdapter 的实例保存在一个位置并提供对它们的通用访问，如以下代码所示：

```
ReactiveAdapterRegistry
  .getSharedInstance()                                                 // (1)
  .registerReactiveType(                                               // (2)
    ReactiveTypeDescriptor
      .singleOptionalValue(Maybe.class, Maybe::empty),
    rawMaybe -> ((Maybe<?>)rawMaybe).toFlowable(),
```

```
        publisher -> Flowable.fromPublisher(publisher)
                                .singleElement()
    );

...

ReactiveAdapter maybeAdapter = ReactiveAdapterRegistry
    .getSharedInstance()                                    // (1)
    .getAdapter(Maybe.class);                               // (3)
```

如代码所示,ReactiveAdapterRegistry 表示针对不同响应式类型的 ReactiveAdapter 实例的公共池。同时，ReactiveAdapterRegistry 提供了一个单例实例(1)，该实例既可以在框架内的许多地方使用，也可以在开发的应用程序中使用。除此之外，该注册表还可以通过提供与前一个示例(2)中相同的参数列表来注册适配器。最后，我们可以通过提供应该进行转换的 Java 类来获得现有的适配器(3)。

2. 响应式 I/O

另一个与响应式支持相关的显著改进是增强了核心 I/O 封装。首先，Spring Core 模块在 byte 缓冲区实例上引入了一个称为 DataBuffer 的额外抽象。之所以避免使用 java.nio.ByteBuffer，主要是为了提供一个既可以支持不同字节缓冲区，又不需要在它们之间进行任何额外的转换的抽象。例如，为了将 io.netty.buffer.ByteBuf 转换为 ByteBuffer，我们必须访问所存储的字节，而这些字节可能需要从堆外空间被拉入到堆中。这可能破坏 Netty 提供的高效内存使用和缓冲区回收（重用相同的字节缓冲区）。另外，Spring DataBuffer 提供特定实现的抽象，并使我们能以通用方式使用底层实现。PooledDataBuffer 这一附加的子接口，还启用了引用计数功能，并支持开箱即用的高效内存管理。

此外，Spring Core 的第五版引入了一个额外的 DataBufferUtils 类，它能以响应式流的形式与 I/O 进行交互（与网络、资源、文件等交互）。例如，我们可以基于背压支持并通过以下响应式的方式阅读莎士比亚的《哈姆雷特》：

```
Flux<DataBuffer> reactiveHamlet = DataBufferUtils
    .read(
        new DefaultResourceLoader().getResource("hamlet.txt"),
        new DefaultDataBufferFactory(),
        1024
    );
```

我们已经注意到，DataBufferUtils.read 返回一个 DataBuffer 实例的 Flux。因此，我们可以使用 Reactor 的所有功能来阅读《哈姆雷特》。

最后，与 Spring Core 中响应式相关的最后一个意义重大且不可或缺的特性是**响应式编解码器**（reactive codecs）。响应式编解码器提供了一种将 DataBuffer 实例流和对象流进行相互转换的简便方式。Encoder 和 Decoder 接口服务于该目的,并提供以下用于编码/解码数据流的 API:

```
interface Encoder<T> {
  ...

  Flux<DataBuffer> encode(Publisher<? extends T> inputStream, ...);
}

interface Decoder<T> {
  ...

  Flux<T> decode(Publisher<DataBuffer> inputStream, ...);

  Mono<T> decodeToMono(Publisher<DataBuffer> inputStream, ...);
}
```

从前面的示例中可以看出，两个接口都与响应式流中的 `Publisher` 一起运行，并能将 `DataBuffer` 实例流编码/解码为对象。使用这种 API 的主要好处是，它提供了一种非阻塞方式，可以将序列化数据转换为 Java 对象；反之亦然。此外，这种编码/解码数据的方式可以减少处理延迟，这是因为响应式流在本质上支持独立的元素处理，我们不必等到最后一个字节才开始解码整个数据集。相反，不必拥有完整的对象列表我们就能开始编码并将它们发送到 I/O 通道，这样在两个方向都可以进行改进。

总而言之，可以说我们在 Spring 框架中使用 Spring Core 的第五版为响应式编程奠定了良好的基础。反过来，Spring Boot 会把这个基础作为主干组件提供给任何应用程序。它还使编写响应式应用程序得到了实现，同时节省了花费在转换响应式类型、以响应式方式运行 I/O 和即时编码/解码数据等方面的精力。

5.2.2　响应式 Web

这里必须提到的另一个关键点是 Web 模块中不可避免的变化。首先，Spring Boot 2 引入了一个名为 WebFlux 的新 Web 启动程序，它为高吞吐量、低延迟的应用程序带来了新的机会。Spring WebFlux 模块构建在响应式流适配器之上，提供与 Netty 和 Undertow 等服务器引擎的集成，以及基于 Servlet-API-3.1 的传统服务器的支持。通过这种方式，Spring WebFlux 提供了一个非阻塞基础，并为响应式流作为业务逻辑代码和服务器引擎之间交互的中心抽象开辟了新的可能性。

 注意，Servlet API 3.1 的适配器提供了与 Web MVC 适配器不同的纯异步和非阻塞集成。当然，Spring Web MVC 模块还支持 Servlet API 4.0，后者支持 HTTP/2。

同时，Spring WebFlux 视 Reactor 3 为一等公民并广泛使用它。因此，我们可以使用开箱即用的响应式编程而无须任何额外的工作，我们还可以在 Project Reactor 与 Netty 的内置集成之上运行 Web 应用程序。最后，由于 WebFlux 模块提供内置的背压支持，因此我们可以确保 I/O 不会变得不堪重负。除了服务器端交互的变化，Spring WebFlux 还带来了一个新的 `WebClient` 类，可以实现非阻塞的客户端交互。

此外，除了引入 WebFlux 模块，优秀的旧 Web MVC 模块还获得了对响应式流的一些支持。从框架的第五版开始，Servlet API 3.1 也成为 Web MVC 模块的基线。这意味着 Web MVC 现在支持 Servlet 规范提出的非阻塞 I/O。但是，Web MVC 模块的设计在适当级别的非阻塞 I/O 方面没有太大变化。尽管如此，Servlet 3.0 的异步行为已经正确实现了一段时间。为了填补响应式支持的空白，Spring Web MVC 为 ResponseBodyEmitterReturnValueHandler 类提供了升级。由于 Publisher 类可能被视为无限的事件流，因此在不会破坏 Web MVC 模块的整个基础结构的情况下，Emitter 处理程序是放置响应式处理逻辑的适当位置。为此，Web MVC 模块引入了 ReactiveTypeHandler 类，它负责正确处理 Flux 和 Mono 等响应式类型。

为了在客户端获得非阻塞行为，除了支持服务器端响应式类型的变更，我们还可以使用 WebFlux 模块所提供的 WebClient。乍一看，这似乎可能导致两个模块之间的冲突。幸好，Spring Boot 可以提供基于类路径中可用类的复杂环境管理行为。因此，通过提供 Web MVC（spring-boot-starter-web）模块以及 WebFlux，我们可以从 WebFlux 模块获得 Web MVC 环境和非阻塞响应式 WebClient。

最后，当将这两个模块作为响应式管道进行比较时，我们得到的结构如图 5-1 所示。

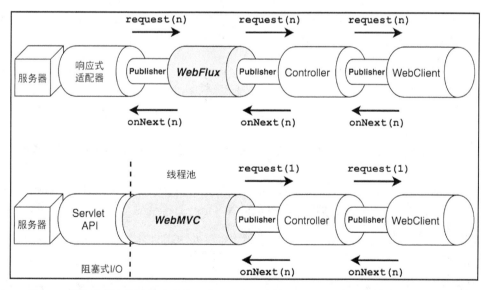

图 5-1　以管道形式展示的响应式 WebFlux 和具有部分响应式的 Web MVC 模块的示意图

从图 5-1 中可以看出，在 Web MVC 或 WebFlux 这两种用法中，我们得到了几乎相同的基于响应式流的编程模型。这两个模块之间的显著差异之一是 Web MVC 需要在与源自旧模块设计的 Servlet API 集成时进行阻塞式写入或阻塞式读取。该缺陷导致响应式流内的相互作用模型退化，使其降级为普通的拉模型。同时，Web MVC 现在使用内部专用于所有阻塞读/写的线程池。因此，应该合理配置它以避免意外行为。

相反，WebFlux 通信模型取决于网络吞吐量以及可定义其自身控制流的底层传输协议。

总而言之，Spring 5 引入了一个强大的工具，用于使用响应式流规范和 Project Reactor 构建响应式非阻塞应用程序。此外，Spring Boot 支持强大的依赖管理和自动配置，可以保护我们免受依赖地狱的侵害。尽管本书不会详细介绍新响应式 Web 的功能，但第 6 章将全面介绍 WebFlux 模块。

5.2.3   响应式 Spring Data

除了 Web 层的变化，大多数应用程序的另一个重要部分是与存储交互的数据层。多年来，Spring Data 项目一直是一个简化日常开发的强大解决方案，因为它通过**存储库模式**（repository pattern）为数据访问提供了简便的抽象。早期，Spring Data 主要提供对底层存储区域的同步阻塞访问。幸好，第五代 Spring Data 框架为响应式和非阻塞访问数据库层提供了新的可能性。在新一代产品中，Spring Data 提供了 `ReactiveCrudRepository` 接口，该接口暴露了 Project Reactor 的响应式类型，以便与响应式工作流程无缝集成。因此，它能使数据库连接器成为完全响应式应用程序的有效部分。

除了响应式存储库，Spring Data 还提供了几个通过扩展 `ReactiveCrudRepository` 接口而与存储方法集成的模块。以下是现在 Spring Data 中具有响应式集成的存储方法列表。

- □ **基于 Spring Data Mongo 响应式模块的 MongoDB**：这是与 NoSQL 数据库之间的完全响应式非阻塞交互，同时它也是一个合适的背压控制。
- □ **基于 Spring Data Cassandra 响应式模块的 Cassandra**：这是与 Cassandra 数据存储之间的异步非阻塞交互，支持基于 TCP 流控制的背压。
- □ **基于 Spring Data Redis 响应式模块的 Redis**：这是通过 Lettuce Java 客户端实现的与 Redis 之间的响应式集成。
- □ **基于 Spring Data Couchbase 响应式模块的 Couchbase**：这是通过基于 RxJava 的驱动程序实现的与 Couchbase 数据库之间的响应式 Spring Data 集成。

此外，Spring Boot 支持上述所有模块，它提供了额外的启动器模块，可以与所选的存储方法实现平滑集成。

此外，除了 NoSQL 数据库，Spring Data 还引入了 Spring Data JDBC，这是一种与 JDBC 之间的轻量级集成，可以很快提供响应式 JDBC 连接。第 7 章将介绍响应式数据访问。

总而言之，第五代 Spring Data 完成了从 Web 端点到响应式数据库集成的端到端响应式数据流，它满足了大多数应用程序的需求。同样，后文将提到，其他 Spring 框架模块的大多数改进以 WebFlux 的响应式能力或响应式 Spring Data 模块为基础。

5.2.4　响应式 Spring Session

Spring 框架中与 Spring Web 模块相关的另一个重要更新是 Spring Session 模块中的响应式支持。

现在我们获得了对 WebFlux 模块的支持，因而我们可以使用高效的抽象来进行会话管理。为此，Spring Session 引入了 `ReactiveSessionRepository`，它可以使用 Reactor 的 `Mono` 类型对存储的会话进行异步非阻塞访问。

除此之外，作为响应式 Spring Data 的会话存储，Spring Session 还提供与 Redis 的响应式集成。基于这种方式，我们可以通过包含以下依赖项来实现分布式 `WebSession`：

```
compile "org.springframework.session:spring-session-data-redis"
compile "org.springframework.boot:spring-boot-starter-webflux"
compile "org.springframework.boot:spring-boot-starter-data-redis-reactive"
```

正如前面的 Gradle 依赖项示例所示，为了实现响应式 Redis WebSession 管理，我们必须将这 3 个依赖项组合在一个地方。同时，Spring Boot 负责提供 bean 的精确组合并生成合适的自动配置，以便顺利地运行 Web 应用程序。

5.2.5　响应式 Spring Security

为了实施 WebFlux 模块，Spring 5 在 Spring Security 模块中提供了改进后的响应式支持。这里，核心增强功能是通过 Project Reactor 对响应式编程模型提供支持。我们可能还记得，旧的 Spring Security 使用 `ThreadLocal` 作为 `SecurityContext` 实例的存储方法。在单个 `Thread` 内执行时，该技术很有效，在任何时候，我们都可以访问存储在 `ThreadLocal` 中的 `SecurityContext`。但是，在执行异步通信时，该技术就会出现问题。这时，我们必须提供额外的工作来将 `ThreadLocal` 内容传输到另一个 `Thread`，并为 `Thread` 实例之间的每个切换实例执行此操作。尽管 Spring 框架通过使用一个额外的 `ThreadLocal` 扩展简化了 `Threads` 之间的 `SecurityContext` 传输，但在基于 Project Reactor 或类似的响应式库应用响应式编程范例时，我们仍然会遇到麻烦。

幸好，新一代 Spring Security 采用了 Reactor 上下文功能，以便在 `Flux` 或 `Mono` 流中传输安全上下文。通过这种方式，即使在运作着不同执行线程的复杂响应式流中，我们也可以安全地访问安全上下文。第 6 章将介绍关于在响应式栈中实现此类功能的细节。

5.2.6　响应式 Spring Cloud

尽管 Spring Cloud 生态系统旨在使用 Spring 框架构建响应式系统，但响应式编程范例并没有遗漏 Spring Cloud。首先，这些变化影响了分布式系统的入口点，即**网关**（gateway）。很长一段时间，唯一能够将应用程序作为网关运行的 Spring 模块是 **Spring Cloud Netflix Zuul** 模块。我们知道，Netflix Zuul 基于使用阻塞同步请求路由的 Servlet API。使处理请求无效并获得更好性能的唯一方法是调整底层服务器线程池。遗憾的是，这种模型的伸缩性无法与响应式方法相比，第 6 章将详细介绍这种情况的原因。

幸好，Spring Cloud 引入了新的 Spring Cloud Gateway 模块，该模块构建于 Spring WebFlux 之上，并在 Project Reactor 3 的支持下提供异步和非阻塞路由。

除了新的网关模块，Spring Cloud Streams 还获得了 Project Reactor 的支持，并且引入了更加细粒度的流模型。第 8 章将介绍 Spring Cloud Streams。

最后，为了简化响应式系统的开发，Spring Cloud 引入了一个名为 Spring Cloud Function 的新模块，该模块旨在为构建我们自己的**函数即服务**（function as a service，FaaS）解决方案提供必要的组件。正如第 8 章将要讲到的，如果没有适当的附加基础设施，Spring Cloud Function 模块将无法应用在普通开发中。幸好，Spring Cloud Data Flow 不仅提供了这种可能性，还包含了 Spring Cloud Function 的部分功能。我们不会在这里详细介绍 Spring Cloud Function 和 Spring Cloud Data Flow，因为第 8 章将详细介绍它们。

5.2.7   响应式 Spring Test

任何系统开发过程都必须包括测试部分。因此，Spring 生态系统提供了改进后的 Spring Test 和 Spring Boot Test 模块，它们扩展了一系列用于测试响应式 Spring 应用程序的附加功能。通过这种方式，Spring Test 提供了一个 `WebTestClient` 来测试基于 WebFlux 的 Web 应用程序，同时，Spring Boot Test 使用普通的注解来处理测试套件的自动配置。

同时，为了测试响应式流的 `Publisher`，Project Reactor 提供了 `Reactor-Test` 模块，它与 Spring Test 和 Spring Boot Test 模块相结合，可以为使用响应式 Spring 实现的业务逻辑编写完整的验证套件。响应式测试的所有细节将在第 9 章中介绍。

5.2.8   响应式监控

最后，基于 Project Reactor 和响应式 Spring 框架构建的面向生产的响应式系统应该暴露所有重要的运维指标。为此，Spring 生态系统提供了一些具有不同粒度的选项用于监控应用程序。

首先，Project Reactor 本身具有内置指标。它提供 `Flux#metrics()` 方法，可以跟踪响应式流中的不同事件。但是，除了手动注册的监控点，普通的 Web 应用程序还应该跟踪很多内部流程。不仅如此，它还应以某种方式报告其运维指标。为此，Spring 框架生态系统提供了更新后的 Spring Boot Actuator 模块，该模块支持应用程序监控和故障排除的主要指标。新一代 Spring Actuator 提供与 WebFlux 的完全集成，并使用其异步、非阻塞编程模型，以便有效地暴露指标端点。

Spring Cloud Sleuth 模块提供了监控和跟踪应用程序的最终选项。该模块提供开箱即用的分布式跟踪，它的一个显著优点是支持 Project Reactor 的响应式编程，因此应用程序中的所有响应式工作流都可以被正确跟踪。

总而言之，Spring 生态系统不仅改进了内核框架的响应性，还负责面向生产的功能，而且支持详细的应用程序监控（这种监控甚至包括这些功能的响应式解决方案）。这些方面都将在第 10 章中介绍。

5.3 小结

正如本章所示，引入 Spring Boot 是为了简化使用 Spring 框架进行的开发。它充当 Spring 组件的粘合剂，并根据应用程序依赖关系提供合理的默认配置。Spring Boot 2 还为响应式栈提供了出色的支持。本章省略了关于 Spring 框架改进的诸多细节，而介绍了 Spring Boot 如何帮助我们轻松地充分获取响应性的优势。

然而，我们将在接下来的章节中深入介绍 Spring 5.x 中引入的特性和增强功能。首先我们将研究 Spring WebFlux 模块，然后我们会将其与旧的 Spring Web MVC 进行比较。

5

第 6 章

WebFlux 异步非阻塞通信

从上一章起，我们开始关注 Spring Boot 2.x。我们看到 Spring 框架的第五版已经提供了许多有用的更新和模块，还提到了 Spring WebFlux 模块。

本章将详细介绍该模块。我们会将 WebFlux 的内部设计与优秀的旧 Web MVC 进行比较，并尝试了解两者的优缺点；我们还将使用 WebFlux 构建一个简单的 Web 应用程序。

本章将介绍以下主题：

❏ Spring WebFlux 概览；
❏ 对比 Spring WebFlux 和 Spring Web MVC；
❏ Spring WebFlux 的全方位设计概述。

6.1 WebFlux 作为核心响应式服务器基础

正如第 1 章和第 4 章所述，应用程序服务器的新时代为开发人员带来了新技术。从 Spring 框架在 Web 应用程序领域开始演进起，人们就做出了将 Spring Web 模块与 Java EE 的 Servlet API 进行集成的决定。Spring 框架的整个基础设施都是围绕 Servlet API 构建的，它们之间紧密耦合。例如，Spring Web MVC 整体以 **Front Controller** 模式为基础。该模式在 Spring Web MVC 中由 `org.springframework.web.servlet.DispatcherServlet` 类实现，而该类间接扩展了 `javax.servlet.http.HttpServlet` 类。

另外，在 Spring Web 模块中，Spring 框架确实提供了更好的抽象级别。Spring Web 模块是注解驱动控制器等许多功能的构建块。尽管该模块将公共接口与其实现部分进行分离，但 Spring Web 的初始设计也是基于同步交互模型，并因此阻塞了 I/O。尽管如此，但这种分离仍是一个很好的基础。因此在开始深入响应式 Web 之前，让我们回顾一下 Web 模块的设计并尝试理解这里发生了什么，如图 6-1 所示。

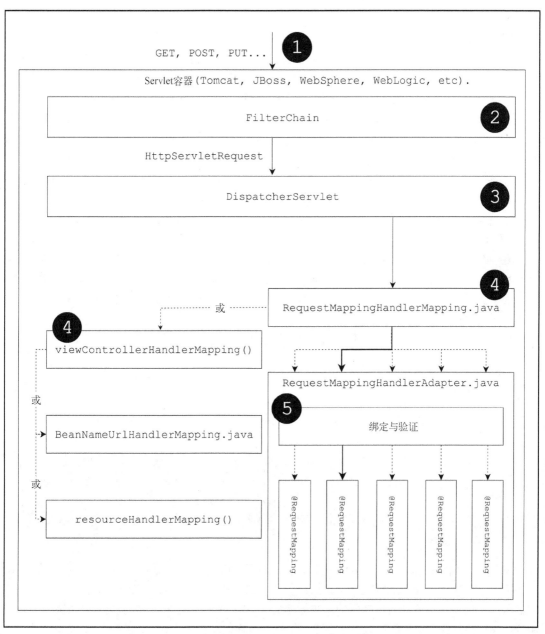

图 6-1 Spring Web MVC 模块中 Web 栈的实现

以下是对图 6-1 的说明。

❶ 传入请求由底层 **Servlet 容器**处理。这里，Servlet 容器负责将传入的请求主体转换为 Servlet API 的 `ServletRequest` 接口，并以 `ServletResponse` 接口的形式准备输出。

❷ 通过过滤器过滤 `ServletRequest` 的阶段被组合为 `FilterChain`。

❸ 下一阶段是 `DispatcherServlet` 处理阶段。请记住，`DispatcherServlet` 扩展了 `Servlet` 类。它还持有 `HandlerMappings` ❹、`HandlerAdapters` ❺ 和 `ViewResolvers`（未在图中描述）的列表。在当前执行流的上下文中，`DispatcherServlet` 类负责搜索 `HandlerMapping` 实例并使用合适的 `HandlerAdapter` 对其进行适配。然后，它搜索可以解析 `View` 的 `ViewResolver`，以便 `DispatcherServlet` 启动对 `HandlerMapping` 和 `HandlerAdapter` 的执行结果的渲染。

❹ 然后是 `HandlerMapping` 阶段。`DispatcherServlet` ❸ 在应用上下文中搜索所有 `HandlerMapping` bean。在映射的初始化过程中，扫描过程中找到的所有实例都按顺序进行排序。该顺序号由 `@Order` 注解指定，或者在 `HandlerMapping` 实现 `Ordered` 接口的情况下指定。因此，查找合适的 `HandlerMapping` 实例取决于先前设置的顺序。图 6-1 描述了一些常见的 `HandlerMapping` 实例，我们最熟悉的是 `RequestMappingHandlerMapping`，它能启用基于注解的编程模型。

❺ 最后是 `RequestMappingHandlerAdapter` 阶段，它负责将传入的 `ServletRequest` 正确绑定到 `@Controller` 注解对象。`RequestMappingHandlerAdapter` 还提供请求验证、响应转换以及许多其他有用的东西，这使 Spring Web MVC 框架在日常 Web 开发中很有用。

你可能已经注意到了，整体设计依赖于底层 Servlet 容器，而该容器负责处理容器内的所有映射 Servlet。`DispatchServlet` 作为一个集成点，用于集成灵活且高度可配置的 Spring Web 基础设施和繁重且复杂的 Servlet API。`HandlerMapping` 的可配置抽象有助于将最终的业务逻辑（例如控制器和 bean）与 Servlet API 分离。

Spring MVC 不仅能与 `HttpServletRequest` 和 `HttpServletResponse` 进行直接交互，还支持映射、绑定和验证等功能。但是，在使用这些类时，我们会对 Servlet API 产生额外的直接依赖性。这是一种不好的做法，因为可能使从 Web MVC 到 WebFlux 或 Spring 的任何其他 Web 扩展的迁移过程复杂化。建议使用 `org.springframework.http.RequestEntity` 和 `org.springframework.http.ResponseEntity` 来进行替换。这些类将请求和响应对象与 Web 服务器实现隔离开来。

多年来，Spring Web MVC 方法一直是一种便于使用的编程模型。事实证明，它是用于 Web 应用程序开发的坚固且稳定的框架。这就是为什么在 2003 年，Spring 框架开始成为在 Servlet API 之上构建 Web 应用程序的最流行的解决方案之一。但是，过去的方法和技术不能很好地满足现代数据密集型系统的要求。

尽管 Servlet API 支持异步、非阻塞通信（从 3.1 版开始），但 Spring MVC 模块的实现不仅存在很多缺陷，还不允许在整个请求生命周期中出现非阻塞操作。例如，因为它没有开箱即用的非阻塞 HTTP 客户端，所以任何外部交互都很可能导致阻塞的 I/O 调用。如第 5 章所述，Web MVC 抽象尚不能支持非阻塞 Servlet API 3.1 的所有功能。在它能够支持所有功能之前，Spring Web MVC

不能被视为一种应对高负载项目的框架。旧版 Spring 中 Web 抽象的另一个劣势是，对于非 Servlet 服务器（如 Netty）而言，重用 Spring Web 功能或编程模型没有灵活性。

这就是为什么 Spring 框架团队在过去几年中面临的核心挑战是构建一个新的解决方案，以在使用基于注解的相同编程模型的同时，提供异步非阻塞服务器的所有优势。

6.1.1 响应式 Web 内核

假设我们正在为新的 Spring 生态系统开发新的异步非阻塞 Web 模块。新的响应式 Web 栈应该是什么样子？首先，让我们分析现有的解决方案，并突出应该增强或消除的部分。

需要注意的是，Spring MVC 的内部 API 总体上设计得很好。该 API 上唯一应该添加的是对 Servlet API 的一种直接依赖。因此，最终解决方案应具有与 Servlet API 类似的接口。设计响应式栈的第一步是使用模拟接口和一个对传入请求作出响应的方法来替换 `javax.servlet.Servlet#service`。我们还必须更改相关的接口和类。Servlet API 交换客户端对服务器响应的请求的方式同样应该增强和定制。

虽然引入自己的 API 使我们解耦了服务器引擎和具体的 API，但并没有帮助我们建立响应式通信。因此，所有新接口都应提供对所有数据的访问，例如请求的主体和具有响应式格式的会话。正如之前的章节所述，响应式流模型可以根据可用性和需求与数据进行交互并对其进行处理。由于 Project Reactor 遵循响应式流标准并从功能的角度提供了丰富的 API，因此它可以成为构建所有响应式 Web API 的合适工具。

最后，如果我们将这些内容组合在一个真正的实现中，会得到以下代码：

```
interface ServerHttpRequest {                                          // (1)
  ...                                                                  //
  Flux<DataBuffer> getBody();                                          // (1.1)
  ...                                                                  //
}                                                                      //

interface ServerHttpResponse {                                         // (2)
  ...                                                                  //
  Mono<Void> writeWith(Publisher<? extends DataBuffer> body);          // (2.1)
  ...                                                                  //
}                                                                      //

interface ServerWebExchange {                                          // (3)
  ...                                                                  //
  ServerHttpRequest getRequest();                                      // (3.1)
  ServerHttpResponse getResponse();                                    // (3.2)
  ...                                                                  //
  Mono<WebSession> getSession();                                       // (3.3)
  ...                                                                  //
}                                                                      //
```

带编号的代码解释如下。

(1) 这是表示传入消息的接口草稿。如代码所示，在点(1.1)，访问传入字节的核心抽象是 Flux，这意味着它具有响应式访问能力。第 5 章曾提到，DataBuffer 是一个针对字节缓冲区的有用抽象。这是与特定服务器实现数据交换的便捷方式。除了请求的主体，HTTP 请求通常还包含有关传入消息头、请求路径、cookie 和查询参数的信息，因此这些信息可以在该接口或其子接口中表示为单独的方法。

(2) 这是响应接口的草稿，它是 ServerHttpRequest 接口的配套接口。如点(2.1)所示，与 ServerHttpRequest#getBody 方法不同，ServerHttpResponse#writeWith 方法接受任何 Publisher<? extends DataBuffer>类。在这种情况下，Publisher 响应式类型为我们提供了更大的灵活性，并与特定的响应式库解耦。因此，我们可以使用接口的任何实现，并将业务逻辑与框架解耦。该方法返回 Mono <Void>，它表示向网络发送数据的异步过程。这里重要的一点是，只有当我们订阅给定的 Mono 时才会执行发送数据的过程。此外，接收服务器可以根据传输协议的控制流来控制背压。

(3) 这是 ServerWebExchange 接口声明。这里，该接口充当 HTTP 请求-响应实例的容器（在点(3.1)和点(3.2)处）。该接口是基础设施，除了 HTTP 交互，还可以保存与框架相关的信息。例如，它可能包含来自传入请求的有关已恢复 WebSession 的信息，如点(3.3)所示。或者，它也可以在请求和响应接口之上提供额外的基础设施方法。

在前面的示例中，我们为响应式 Web 栈起草了潜在的接口。通常，这 3 个接口类似于 Servlet API 中的接口。例如，ServerHttpRequest 和 ServerHttpResponse 可能让我们想起 ServletRequest 和 ServletResponse。从本质上讲，响应式接口旨在从交互模型的角度提供几乎相同的方法。但是，由于响应式流的异步和非阻塞特性，我们不仅拥有开箱即用的流基础，还能防止出现基于回调的复杂 API。这也保护了我们免受回调地狱的折磨。

除了核心接口，为了实现整个交互流程，我们必须定义请求-响应处理程序和过滤器 API，可能的定义如下所示：

```
interface WebHandler {                                          // (1)
    Mono<Void> handle(ServerWebExchange exchange);              //
}

interface WebFilterChain {                                      // (2)
    Mono<Void> filter(ServerWebExchange exchange);              //
}

interface WebFilter {                                           // (3)
    Mono<Void> filter(ServerWebExchange exch, WebFilterChain chain); //
}
```

带编号的代码解释如下。

(1) 这是任何 HTTP 交互的核心入口点，被称为 WebHandler。在这里，由于接口扮演抽象

DispatcherServlet 的角色，因此我们可以在它之上构建任何实现。由于接口的职责是查找请求的处理程序，然后使用视图的渲染器将执行的结果写入 ServerHttpResponse，因而 DispatcheServlet#handle 方法不必返回任何结果。但是，在处理完成后得到通知可能是有用的。依靠这样的通知信号，我们可以应用一种处理超时机制——如果在指定的持续时间内没有信号出现，我们可以取消执行。因此，该方法的返回值从 Void 转为 Mono，这使我们不必处理结果也能完成异步处理。

(2) 这是允许将几个 WebFilter 实例(3)连接到链中的接口，类似于 Servlet API。

(3) 这表示响应式 Filter。

上述接口提供了一个基础，我们可以在其基础上开始为框架的其余部分构建业务逻辑。

我们几乎完成了响应式 Web 基础设施的基本要素。要完成抽象层次结构，我们的设计需要最低级别的契约来进行响应式 HTTP 请求处理。由于我们之前只定义了负责数据传输和处理的接口，因此必须定义一个接口用来负责使服务器引擎适应已定义的基础设施。为此，我们需要一个额外的抽象级别，负责与 ServerHttpRequest 和 ServerHttpResponse 的直接交互。

此外，该层应负责构建 ServerWebExchange。特定的会话存储、本地化解析器和类似的基础设施保存在此处：

```
public interface HttpHandler {
    Mono<Void> handle(
        ServerHttpRequest request,
        ServerHttpResponse response);
}
```

最后，针对每个服务器引擎，我们可能实现一种适配来调用中间件的 HttpHandler，然后该 HttpHandler 会将给定的 ServerHttpResponse 和 ServerHttpRequest 组合到 ServerWebExchange 再将其传递给 WebFilterChain 和 WebHandler。基于这样的设计，特定服务器引擎的工作方式对 Spring WebFlux 用户而言并不重要，因为我们现在有一个适当的抽象级别来隐藏服务器引擎的细节。我们现在可以继续下一步，构建一个高级别的响应式抽象。

6.1.2　响应式 Web 和 MVC 框架

我们可能还记得，Spring Web MVC 模块的关键特性是它基于注解的编程模型。因此，核心挑战就是为响应式 Web 栈提供相同的概念。如果查看当前的 Spring Web MVC 模块，我们可以看到模块大致设计得当。因此，与其建立新的响应式 MVC 基础设施，不如重用现有的基础设施，并用 Flux、Mono 和 Publisher 等响应式类型替换同步通信。例如，用于映射请求和将上下文信息（例如消息头、查询参数、属性和会话）绑定到已找到的处理程序的两个核心接口是 HandlerMapping 和 HandlerAdapter。通常，我们可以保留与 Spring Web MVC 相同的 HandlerMapping 和 HandlerAdapter 链，但使用基于 Reactor 类型的响应式交互来替换实时命令：

```
interface HandlerMapping {                                      // (1)
/* HandlerExecutionChain getHandler(HttpServletRequest request) */  // (1.1)
   Mono<Object>            getHandler(ServerWebExchange exchange);  // (1.2)
}                                                               //

interface HandlerAdapter {                                      // (2)
   boolean supports(Object handler);                            //
                                                                //
/* ModelAndView          handle(                                // (2.1)
     HttpServletRequest request, HttpServletResponse response,  //
     Object handler                                             //
   ) */                                                         //

   Mono<HandlerResult> handle(                                  // (2.2)
     ServerWebExchange exchange,                                //
     Object handler                                             //
   );                                                           //
}                                                               //
```

带编号的代码解释如下。

(1) 这是响应式 HandlerMapping 接口的声明。这里，为了突出旧的 Web MVC 实现与改进后的实现之间的区别，代码包含两个方法的声明。在点(1.1)处的旧实现用 / * ... * /注释，而在点(1.2)处的新接口则以**黑体字**突出显示。我们可以看到，这两个方法整体上非常相似，不同之处在于后一个因返回 Mono 类型，而启用了响应式行为。

(2) 这是响应式 HandlerAdapter 接口版本。如代码所示，因为 ServerWebExchange 类同时组合了请求和响应实例，所以 handle 方法的响应式版本稍微简洁一些。在点(2.2)，该方法返回 HandlerResult 的 Mono 而不是 ModelAndView(2.1)。我们可能还记得，ModelAndView 负责提供状态码、Model 和 View 等信息。除状态码外，HandlerResult 类包含相同的信息。HandlerResult 更好，是因为它提供了直接执行的结果，从而使 DispatcherHandler 更容易找到处理程序。由于在 Web MVC 中，View 不仅负责呈现模板和对象，还会产生结果，因此它在 Web MVC 中的用途有点模糊。遗憾的是，这种多重责任不能轻易地适配异步结果处理。在这种情况下，当结果是普通 Java 对象时，View 的查找会在 HandlerAdapter 中完成，而这不是该类的直接责任。因此，最好保持责任清晰，而以上代码中实现的更新是一种改进。

遵循这些步骤，我们将得到一个响应式交互模型，而不会破坏整个执行层次结构，从而可以保留现有设计并能以最小的更改重用现有代码。

最后，通过整合目前为止为实现响应式 Web 栈和纠正请求处理流程而采取的所有步骤，并考虑到实际的实现，我们将提出以下设计（见图 6-2）。

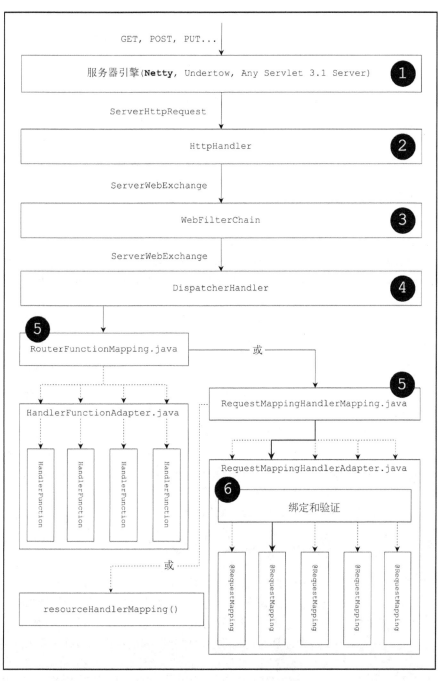

图 6-2　重新设计的响应式 Web 和 MVC 栈

图 6-2 解释如下。

❶ 这是传入请求，由底层**服务器引擎**处理。我们可以看到，服务器引擎列表不限于基于 Servlet API 的服务器，现在还包括 **Netty** 和 **Undertow** 等引擎。这里，每个服务器引擎都有自己的响应式适配器，该适配器会将 HTTP 请求和 HTTP 响应的内部表示映射到 `ServerHttpRequest` 和 `ServerHttpResponse`。

❷ 这是 `HttpHandler` 阶段，该阶段将给定的 `ServerHttpRequest`、`ServerHttpResponse`、用户 `Session` 和相关信息组合到 `ServerWebExchage` 实例中。

❸ 这里是 `WebFilterChain` 阶段，它将定义的 `WebFilter` 组合到链中。然后，`WebFilterChain` 会负责执行此链中每个 `WebFilter` 实例的 `WebFilter#filter` 方法，以过滤传入的 `ServerWebExchange`。

❹ 如果满足所有过滤条件，`WebFilterChain` 将调用 `WebHandler` 实例。

❺ 下一步是查找 `HandlerMapping` 实例并调用第一个合适的实例。在该示例中，我们描述了一些 `HandlerMapping` 实例，例如 `RouterFunctionMapping`、众所周知的 `Request-MappingHandlerMapping` 和 `HandlerMapping` 资源。新的 `HandlerMapping` 实例在这里是 `RouterFunctionMapping`，它被引入到 WebFlux 之中，超越了纯粹的功能请求处理。下一节将详细介绍该功能。

❻ 这是 `RequestMappingHandlerAdapter` 阶段，它具有与以前相同的功能，但现在使用响应式流来构建响应式交互流。

图 6-2 仅描绘了 WebFlux 模块中底层交互流的简化视图。应该注意的是，在 WebFlux 模块中，默认服务器引擎是 Netty。Netty 服务器很适合作为默认服务器，因为它广泛用于响应式领域。此外，该服务器引擎还同时提供客户端和服务器异步非阻塞交互，这意味着它更适合 Spring WebFlux 提供的响应式编程范例。尽管 Netty 是一个很好的默认服务器引擎，但凭借 WebFlux，我们可以灵活地选择服务器引擎，这意味着我们可以轻松地在 Undertow、Tomcat、Jetty 或任何其他基于 Servlet API 的现代引擎服务器之间切换。可以看到，WebFlux 模块对应了 Spring Web MVC 模块的体系结构，因此对于那些有旧 Web 框架开发经验的人来说，它很容易理解。此外，Spring Web Flux 模块还有许多隐藏的精华，以下各节将对它们进行介绍。

6.1.3　基于 WebFlux 的纯函数式 Web

正如图 6-2 所示，虽然与 Web MVC 有许多相似之处，但 WebFlux 还提供了许多新功能。在小型微服务、Amazon Lambda 和类似云服务的时代，提供能使开发人员创建特性与框架几乎相同的轻量级应用程序的功能非常重要。使 Vert.x 或 Ratpack 等竞品框架更具吸引力的一个特性是它们能够生成轻量级应用程序。该特性是通过函数式路由映射和使我们能够编写复杂的请求路由逻辑的内置 API 实现的。这就是 Spring 框架团队决定将此功能合并到 WebFlux 模块中的原因。此外，纯函数式路由的组合足以适应新的响应式编程方法。让我们看看如何使用新的函数式方法构建复杂的路由，示例如下：

```
import static ...RouterFunctions.nest;                              // (1)
import static ...RouterFunctions.nest;                              //
import static ...RouterFunctions.route;                             //
...
import static ...RequestPredicates.GET;                             // (2)
import static ...RequestPredicates.POST;                            //
import static ...RequestPredicates.accept;                          //
import static ...RequestPredicates.contentType;                     //
import static ...RequestPredicates.method;                          //
import static ...RequestPredicates.path;                            //

@SpringBootApplication                                              // (3)
public class DemoApplication {                                      //
  ...
  @Bean
  public RouterFunction<ServerResponse> routes(                     // (4)
    OrderHandler handler                                            // (4.1)
  ) {                                                               //
    return
      nest(path("/orders"),                                         // (5)
        nest(accept(APPLICATION_JSON),                              //
          route(GET("/{id}"), handler::get)                         //
          .andRoute(method(HttpMethod.GET), handler::list)          //
        )                                                           //
        .andNest(contentType(APPLICATION_JSON),                     //
          route(POST("/"), handler::create)                         //
        )                                                           //
      );
  }
}
```

带编号的代码解释如下。

(1) 这是来自 RouterFunctions 类的静态导入声明。我们可以看到，RouterFunctions 类提供了一个丰富的工厂方法列表，它们返回具有不同行为的 RouterFunction 接口。

(2) 这是来自 RequestPredicates 类的静态导入声明。正如以上代码所示，RequestPredicates 类允许从不同的角度检查传入的请求。通常，RequestPredicates 会提供对 RequestPredicate 接口不同实现的访问，RequestPredicate 接口是一个函数式接口，可以轻松扩展，以便以自定义方式验证传入请求。

(3) 这是 Spring Boot 应用程序的通用声明，该类使用@SpringBootApplication 注解。

(4) 这是一个初始化 RouterFunction <ServerResponse> bean 的方法声明。在此示例中，该方法在引导应用程序期间被调用。

(5) 这是 RouterFunction 声明，这里展示了 RouterFunctions 和 RequestPredicates API 对它的支持。

在前面的示例中，我们使用了另一种声明应用程序 Web API 的方法。此技术为声明处理程序提供了一种函数式方法，并使我们能将所有路由显式定义在一个位置。此外，之前使用的 API

使我们能轻松编写自己的请求谓词。例如，以下代码展示了如何实现自定义 `RequestPredicate` 并将其应用于路由逻辑：

```
nest((serverRequest) -> serverRequest.cookies()
                                .containsKey("Redirect-Traffic"),
    route(all(), serverRedirectHandler)
)
```

在以上示例中，我们创建了一个小 `RouterFunction`。如果出现 "Redirect-Traffic" cookie，它会将流量重定向到另一台服务器。

新的函数式 Web 还引入了一种处理请求和响应的新方法。例如，以下示例代码展示了 `OrderHandler` 实现的一部分：

```
class OrderHandler {                                                // (1)
    final OrderRepository orderRepository;                          //
    ...
    public Mono<ServerResponse> create(ServerRequest request) {     // (2)
        return request                                              //
            .bodyToMono(Order.class)                                // (2.1)
            .flatMap(orderRepository::save)                         //
            .flatMap(o ->                                           //
                ServerResponse.created(URI.create("/orders/" + o.id))  // (2.2)
                            .build()                                //
            );                                                      //
    }                                                               //
    ...                                                             //
}                                                                   //
```

带编号的代码解释如下。

(1) 这是 `OrderHandler` 类声明。在这个例子中，我们跳过构造函数声明，以专注于函数式路由的 API。

(2) 这是 `create` 方法声明。我们可以看到，该方法接受 `ServerRequest`，它是一种特定的函数式路由请求类型。正如点(2.1)所示，`ServerRequest` 暴露了 API，这能将请求体手动映射到 `Mono` 或 `Flux`。此外，API 还允许我们指定请求体应映射的类。最后，WebFlux 中的函数式附加功能提供了一个 API，允许我们使用 `ServerResponse` 类的流式 API 构建响应(2.2)。

我们可以看到，除函数式路由声明的 API 之外，我们还有一个用于请求和响应处理的函数式 API。

尽管新的 API 为我们提供了一种用于声明处理程序和映射的函数式方法，但它并没有为我们提供一个完全轻量级的 Web 应用程序。在某些情况下，Spring 生态系统的整个功能可能是多余的，因此抛弃它可以减少应用程序的整体启动时间。例如，假设我们必须构建一个负责匹配用户密码的服务。通常，这样的服务会对输入密码进行散列然后将其与存储的密码进行比较，而这会消耗大量 CPU。我们需要的唯一功能是 Spring Security 模块的 `PasswordEncoder` 接口，它允许我们使用 PasswordEncoder#matchs 方法将编码后的密码与原始密码进行比较。因此，具有 IoC、注解处理和自动配置的整个 Spring 基础设施是多余的，且会拖慢应用程序的启动时间。

幸好，新的函数式 Web 框架允许我们在不启动整个 Spring 基础设施的情况下构建 Web 应用程序。让我们考虑以下示例以了解如何实现这一点：

```
class StandaloneApplication {                                        // (1)

    public static void main(String[] args) {                        // (2)
        HttpHandler httpHandler = RouterFunctions.toHttpHandler(     // (2.1)
            routes(new BCryptPasswordEncoder(18))                    // (2.2)
        );                                                           //
        ReactorHttpHandlerAdapter reactorHttpHandler =               // (2.3)
            new ReactorHttpHandlerAdapter(httpHandler);              //

        HttpServer.create()                                          // (3)
                .port(8080)                                          // (3.1)
                .handle(reactorHttpHandler)                          // (3.2)
                .bind()                                              // (3.3)
                .flatMap(DisposableChannel::onDispose)               // (3.4)
                .block();                                            //
    }

    static RouterFunction<ServerResponse> routes(                    // (4)
        PasswordEncoder passwordEncoder                              //
    ) {                                                              //
        return                                                       //
            route(POST("/check"),                                    // (5)
                request -> request                                   //
                    .bodyToMono(PasswordDTO.class)                   // (5.1)
                    .map(p -> passwordEncoder                        //
                        .matches(p.getRaw(), p.getSecured()))        // (5.2)
                    .flatMap(isMatched -> isMatched                  // (5.3)
                        ? ServerResponse                             //
                            .ok()                                    //
                            .build()                                 //
                        : ServerResponse                             //
                            .status(HttpStatus.EXPECTATION_FAILED)   //
                            .build()                                 //
                    )                                                //
            );                                                       //
    }
}
```

带编号的代码解释如下。

(1) 这是主应用程序类的声明。可以看到，没有使用 Spring Boot 的额外注解。

(2) 这里，我们通过初始化所需变量来声明 main 方法。在点(2.2)，我们调用 routes 方法，然后将 RouterFunction 转换为 HttpHandler。然后，在点(2.3)，我们使用名为 Reactor-HttpHandlerAdapter 的内置 HttpHandler 适配器。

(3) 此时，我们创建了一个 `HttpServer` 实例，它是 Reactor-Netty API 的一部分。在这里，我们使用 `HttpServer` 类的流式 API 来设置服务器。在点(3.1)，我们声明端口，放置所创建的 `ReactorHttpHandlerAdapter` 实例(3.2)，并通过在点(3.3)调用 `bind` 方法来启动服务器引擎。最后，为了使应用程序保持活动状态，我们阻塞主 Thread 并在点(3.4)处监听所创建服务器的处理事件。

(4) 这一点展示了 `routes` 方法的声明。

(5) 这是路由映射逻辑，它使用/ check 路径处理任何 POST 方法的请求。在这里，我们首先在 `bodyToMono` 方法的支持下映射传入的请求。然后，一旦请求主体被转换，我们就使用 `PasswordEncoder` 实例来检查已加密密码的原始密码（在该示例中，我们使用强大的 `BCrypt` 算法进行 18 轮散列，这可能需要几秒钟来编码/匹配）(5.2)。最后，如果密码与存储的密码匹配，则 `ServerResponse` 将返回 OK 状态(200)；如果密码与存储的密码不匹配，则返回的状态将为 `EXPECTATION_FAILED`(417)。

前面的示例展示了我们可以轻松地设置 Web 应用程序而无须运行整个 Spring 框架基础设施。这种 Web 应用程序的好处是它的启动时间要短得多。该应用程序的启动时间约为 700 毫秒，而使用 Spring 框架和 Spring Boot 基础设施的同一应用程序的启动过程需要约 2 秒（2000 毫秒），耗时大约是原来的 3 倍。

注意，虽然启动时间可能有所不同，但总体比例应该是相同的。

总结一下路由声明技术。通过切换到函数式路由声明，我们在一个位置维护所有路由配置，并使用响应式方法对传入请求进行处理。同时，在访问传入的请求参数、路径变量和请求的其他重要组件方面，这种技术的灵活性与基于注解的常规方法几乎相同。它不但能避免运行整个 Spring 框架基础设施，并且在路由设置方面同样灵活，这可以让应用程序的启动时间减少到原来的三分之一。

6.1.4   基于 `WebClient` 的非阻塞跨服务通信

在前面各节中，我们查看了新的 Spring WebFlux 模块的基本设计和更新的概述，并了解了使用 `RoutesFunction` 的新函数式方法。但是，Spring WebFlux 还包含其他新的可能性。其中最重要的功能之一就是新的非阻塞 HTTP 客户端，即 `WebClient`。

从本质上讲，`WebClient` 是旧 `RestTemplate` 的响应式替代品。但是，在 `WebClient` 中有一个函数式 API，可以更好地适应响应式方法，并提供内置的到 Project Reactor 类型（如 `Flux` 或 `Mono`）的映射。为了了解有关 `WebClient` 的更多信息，让我们看一下以下示例：

```
WebClient.create("http://localhost/api")                                 // (1)
        .get()                                                           // (2)
        .uri("/users/{id}", userId)                                      // (3)
```

```
.retrieve()                                              // (4)
.bodyToMono(User.class)                                  // (5)
.map(...)                                                // (6)
.subscribe();                                            //
```

在上述示例中，如点(1)所示，我们使用名为 create 的工厂方法创建 WebClient 实例。这里，create 方法允许我们指定基础 URI，而该 URI 会在内部用于所有后续的 HTTP 调用。然后，为了开始构建对远程服务器的调用，我们可以执行一个听起来像 HTTP 方法的 WebClient 方法。在上述示例中，我们使用了 WebClient#get 方法，如点(2)所示。一旦调用了 WebClient#get 方法，我们就会对请求构建器实例进行操作，并可以在 uri 方法中指定相对路径，如点(3)所示。除了相对路径，我们还可以指定消息头、cookie 和请求主体。但是，为简单起见，我们在这种情况下省略了这些设置，并继续通过调用 retrieve 或 exchange 方法来组合请求。在这个例子中，我们使用了 retrieve 方法，如点(4)所示。当我们只对获取主体和执行进一步处理感兴趣时，此选项很有用。一旦设置了请求，我们就可以使用其中一种方法来帮助我们转换响应主体。在这里，我们使用 bodyToMono 方法，该方法将传入的 User 有效负载转换为 Mono，如点(5)所示。最后，我们可以使用 Reactor API 构建传入响应的处理流程，并通过调用 subscribe 方法执行远程调用。

 WebClient 遵循响应式流规范中描述的行为。这意味着只有通过调用 subscribe 方法，WebClient 才会建立连接并开始将数据发送到远程服务器。

尽管在大多数情况下，最常见的响应处理是处理消息主体，但在某些情况下我们需要处理响应状态、消息头或 cookie。例如，让我们构建一个对密码检查服务的调用，并使用 WebClient API 以自定义方式处理响应状态：

```
class DefaultPasswordVerificationService                 // (1)
  implements PasswordVerificationService {               //

  final WebClient webClient;                             // (2)
                                                         //
  public DefaultPasswordVerificationService(             //
    WebClient.Builder webClientBuilder                   //
  ) {                                                    //
    this.webClient = webClientBuilder                    // (2.1)
      .baseUrl("http://localhost:8080")                  //
      .build();                                          //
  }                                                      //

  @Override                                              // (3)
  public Mono<Void> check(String raw, String encoded) {  //
    return webClient                                     //
      .post()                                            // (3.1)
      .uri("/check")                                     //
      .body(BodyInserters.fromPublisher(                 // (3.2)
        Mono.just(new PasswordDTO(raw, encoded)),        //
        PasswordDTO.class                                //
```

```
        ))                                                      //
        .exchange()                                             // (3.3)
        .flatMap(response -> {                                  // (3.4)
            if (response.statusCode().is2xxSuccessful()) {      // (3.5)
                return Mono.empty();                            //
            }                                                   //
            else if(resposne.statusCode() == EXPECTATION_FAILD) {  //
                return Mono.error(                              // (3.6)
                    new BadCredentialsException(...)            //
                );                                              //
            }                                                   //
            return Mono.error(new IllegalStateException());     //
        });                                                     //
    }                                                           //
}                                                               //
```

带编号的代码解释如下。

(1) 这是 PasswordVerificationService 接口的实现。

(2) 这是 WebClient 实例的初始化。需要注意的是，我们在这里为每个类使用一个 WebClient 实例，因此我们不必在每次执行 check 方法时初始化一个新实例。这种技术降低了初始化 WebClient 新实例的需要，并减少了方法的执行时间。但是，WebClient 的默认实现使用 Reactor-Netty HttpClient，默认配置下，它共享所有 HttpClient 实例中的公共资源池。因此，创建新的 HttpClient 实例不会花费那么多成本。一旦调用 DefaultPasswordVerificationService 的构造函数，我们就开始初始化 webClient 并使用一个流式构建器设置客户端，如点(2.1)所示。

(3) 这是 check 方法的实现。在这里，我们使用 WebClient 实例来执行 post 请求，如点(3.1) 所示。另外，我们使用 body 方法发送消息主体，并准备使用 BodyInserters#fromPublisher 工厂方法来插入它，如(3.2)所示。然后我们在点(3.3)执行 exchange 方法，并返回 Mono<Client-Response>。因此，我们可以使用 flatMap 操作符处理响应，如(3.4)所示。在点(3.5)中，如果密码验证成功，check 方法返回 Mono.empty。或者在点(3.6)中，在 EXPECTATION_FAILED(417) 状态代码的情况下，我们可以返回 BadCredentialsExeception 的 Mono。

正如上述示例所示，在需要处理公共 HTTP 响应的状态码、消息头、cookie 和其他内部数据的情况下，最合适的是 exchange 方法，该方法返回 ClientResponse。

如前文所述，DefaultWebClient 使用 Reactor-Netty HttpClient 来提供与远程服务器的异步和非阻塞交互。但是，DefaultWebClient 旨在轻松更改底层 HTTP 客户端。为此，出现了一个名为 org.springframework.http.client.reactive.ClientHttpConnector 的针对 HTTP 连接的低级别响应式抽象。默认情况下，DefaultWebClient 预先配置为使用 ReactorClientHttpConnector，而这是 ClientHttpConnector 接口的实现。从 Spring WebFlux 5.1 开始，JettyClientHttpConnector 实现出现，它使用 Jetty 中的响应式 HttpClient。为了更改底层 HTTP 客户端引擎，我们可以使用 WebClient.Builder#clientConnector 方法并传递所需的实例，该实例既可以是自定义实现，也可以是现有实例。

除了有用的抽象层，`ClientHttpConnector` 还可以以原始格式的方式使用。例如，它可以用于下载大文件、即时处理或简单的字节扫描。本书不会详细介绍 `ClientHttpConnector`，好奇的读者可以自己研究。

6.1.5　响应式 WebSocket API

我们现在已经介绍了新 WebFlux 模块的大部分新功能。但是，现代 Web 的关键部分之一是流交互模型，而客户端和服务器都可以在该模型中相互传输消息。在本节中，我们将介绍最知名的全双工客户端–服务器通信双工协议，即 WebSocket。

尽管通过 WebSocket 协议进行的通信于 2013 年初被引入到 Spring 框架中，并且它旨在进行异步消息发送，但其实际的实现仍然有一些阻塞操作。例如，将数据写入 I/O 或从 I/O 读取数据仍然是阻塞操作，因此这二者都会影响应用程序的性能。因此，WebFlux 模块为 WebSocket 引入了改进版本的基础设施。

WebFlux 同时提供客户端和服务器基础设施。本节将首先分析服务器端的 WebSocket，然后介绍客户端的可能性。

1. 服务器端 WebSocket API

WebFlux 提供 `WebSocketHandler` 作为处理 WebSocket 连接的核心接口。该接口有一个名为 `handle` 的方法，它接受 `WebSocketSession`。`WebSocketSession` 类表示客户端和服务器之间的成功握手，并提供对包括有关握手、会话属性和传入数据流的信息的访问。为了学习如何处理这些信息，让我们考虑以下使用 echo 消息响应发送者的示例：

```
class EchoWebSocketHandler implements WebSocketHandler {          // (1)
    @Override                                                     //
    public Mono<Void> handle(WebSocketSession session){          // (2)
        return session                                           // (3)
            .receive()                                           // (4)
            .map(WebSocketMessage::getPayloadAsText)             // (5)
            .map(tm -> "Echo: " + tm)                            // (6)
            .map(session::textMessage)                           // (7)
            .as(session::send);                                  // (8)
    }                                                            //
}
```

从前面的示例中可以看出，新的 WebSocket API 构建在 Project Reactor 的响应式类型之上。我们在点(1)提供了 `WebSocketHandler` 接口的实现，并在点(2)重写了 `handle` 方法。然后，我们在点(3)使用 `WebSocketSession#receive` 方法，以便使用 Flux API 构建对传入 `WebSocketMessage` 的处理流程。`WebSocketMessage` 是 `DataBuffer` 的包装器，它提供了额外功能，例如将以字节为单位的有效负载转换为文本，见点(5)。一旦提取了传入消息，我们在该文本前面加上点(6)所示的 "Echo:" 后缀，将新文本消息包装在 `WebSocketMessage` 中，并使

用 WebSocketSession#send 方法将其发送回客户端。这里，send 方法接受 Publisher
<WebSocketMessage>并返回 Mono<Void>作为结果。因此，通过使用 Reactor API 中的 as 操
作符，我们可以将 Flux 视为 Mono<Void>，并使用 session::send 作为转换函数。

　　除了 WebSocketHandler 接口实现，设置服务器端 WebSocket API 还需要配置其他 Handler-
Mapping 实例和 WebSocketHandlerAdapter 实例。请参考以下代码作为此类配置的示例：

```
@Configuration                                              // (1)
public class WebSocketConfiguration {                       //

    @Bean                                                   // (2)
    public HandlerMapping handlerMapping() {                //
        SimpleUrlHandlerMapping mapping =                   //
            new SimpleUrlHandlerMapping();                  // (2.1)
        mapping.setUrlMap(Collections.singletonMap(         // (2.2)
            "/ws/echo",                                     //
            new EchoWebSocketHandler()                      //
        ));                                                 //
        mapping.setOrder(-1);                               // (2.3)
        return mapping;                                     //
    }                                                       //

    @Bean                                                   // (3)
    public HandlerAdapter handlerAdapter() {                //
        return new WebSocketHandlerAdapter();               //
    }                                                       //
}
```

带编号的代码解释如下。

　　(1) 这是使用@Configuration 注解的类。
　　(2) 这里是 HandlerMapping bean 的声明和设置。在点(2.1)，我们创建了 SimpleUrlHandler-
Mapping，它能在点(2.2)设置基于路径的到 WebSocketHandler 的映射。为了在其他 HandlerMapping
实例之前处理 SimpleUrlHandlerMapping，它应该具有更高的优先级。
　　(3) 这是名为 WebSocketHandlerAdapter 的 HandlerAdapter bean 声明。在这里，WebSocket-
HandlerAdapter 扮演着最重要的角色，因为它将 HTTP 连接升级到 WebSocket，然后调用了
WebSocketHandler#handle 方法。

　　我们可以看到，WebSocket API 的配置很简单。

2. 客户端 WebSocket API

　　与 WebSocket 模块（基于 Web MVC）不同，WebFlux 还为我们提供了客户端支持。要发送
WebSocket 连接请求，可以使用 WebSocketClient 类。WebSocketClient 有两个执行 WebSocket
连接的核心方法，如以下示例代码所示：

```
public interface WebSocketClient {
    Mono<Void> execute(
        URI url,
        WebSocketHandler handler
    );
    Mono<Void> execute(
        URI url,
        HttpHeaders headers,
        WebSocketHandler handler
    );
}
```

可以看到，WebSocketClient 使用相同的 WebSockeHandler 接口来处理来自服务器的消息并发回消息。有一些 WebSocketClient 实现与服务器引擎相关，例如 TomcatWebSocketClient 实现或 JettyWebSocketClient 实现。在下面的示例中，我们将查看 ReactorNettyWebSocketClient：

```
WebSocketClient client = new ReactorNettyWebSocketClient();

client.execute(
    URI.create("http://localhost:8080/ws/echo"),
    session -> Flux
        .interval(Duration.ofMillis(100))
        .map(String::valueOf)
        .map(session::textMessage)
        .as(session::send)
);
```

前面的示例展示了如何使用 ReactorNettyWebSocketClient 连接 WebSocket 并开始向服务器定期发送消息。

3. 对比 WebFlux WebSocket 与 Spring WebSocket 模块

虽然熟悉基于 Servlet 的 WebSocket 模块的读者可能注意到两个模块的设计有很多相似之处，但是两者也存在很多差异。我们可能还记得，Spring WebSocket 模块的主要缺点是它阻塞了与 I/O 的交互，而 Spring WebFlux 提供了完全无阻塞的写入和读取。此外，WebFlux 模块通过使用响应式流规范和 Project Reactor 提供了更好的流抽象。旧 WebSocket 模块中的 WebSocketHandler 接口只允许一次处理一条消息。此外，WebSocketSession#sendMessage 方法仅允许以同步方式发送消息。

但是，新的 Spring WebFlux 与 WebSocket 的集成中存在一些隔阂。旧 Spring WebSocket 模块的一个关键特性就是它与 Spring Messaging 模块的良好集成，而这能用@MessageMapping 注解来声明 WebSocket 端点。以下代码展示了旧 WebSocket API 的简单示例，这些 API 基于 Web MVC，且使用 Spring Messaging 中的注解：

```
@Controller
public class GreetingController {
```

```
@MessageMapping("/hello")
@SendTo("/topic/greetings")
public Greeting greeting(HelloMessage message) {
    return new Greeting("Hello, " + message.getName() + "!");
}
}
```

上述代码展示了我们如何使用 Spring Messaging 模块声明 WebSocket 端点。遗憾的是，
WebFlux 模块的 WebSocket 集成缺少此类支持，为了声明复杂的处理程序，我们必须提供自己的
基础设施。

第 8 章将介绍客户端和服务器之间双工消息传递的另一个强大抽象，该抽象可以超越简单的
浏览器–服务器交互。

6.1.6　作为 WebSocket 轻量级替代品的响应式 SSE

与重量级 WebSocket 一起，HTML5 引入了一种创建静态（在本例中为半双工）连接的新方
法，其中服务器能够推送事件。该技术解决了与 WebSocket 类似的问题。例如，我们可以使用相
同的基于注解的编程模型声明**服务器发送事件**（Server-Sent Events，SSE）流，但是返回一个无
限的 ServerSentEvent 对象流，如以下示例所示：

```
@RestController                                              // (1)
@RequestMapping("/sse/stocks")                              //
class StocksController {                                     //
    final Map<String, StocksService> stocksServiceMap;      //
    ...
    @GetMapping                                              // (2)
    public Flux<ServerSentEvent<?>> streamStocks() {        // (2.1)
        return Flux                                          //
            .fromIterable(stocksServiceMap.values())        //
            .flatMap(StocksService::stream)                 // (2.2)
            .<ServerSentEvent<?>>map(item ->                //
                ServerSentEvent                             // (2.3)
                    .builder(item)                          // (2.4)
                    .event("StockItem")                     // (2.5)
                    .id(item.getId())                       // (2.6)
                    .build()                                //
            )                                               //
            .startWith(                                     // (2.7)
                ServerSentEvent                             //
                    .builder()                              //
                    .event("Stocks")                        // (2.8)
                    .data(stocksServiceMap.keySet())        // (2.9)
                    .build()                                //
            );                                              //
    }                                                       //
}
```

上述代码中的数字可以解释如下。

(1) 这是@RestController 类的声明。为了简化代码，我们跳过了构造函数和字段初始化部分。

(2) 在这里，我们声明处理程序方法，该方法使用熟悉的@GetMapping 注解。如点(2.1)所示，streamStocks 方法返回 ServerSentEvent 的 Flux，这意味着当前处理程序启用了事件流。然后，我们合并所有可用的股票来源和流更改到客户端，如点(2.2)所示。之后，我们在(2.3)中应用映射，将每个 StockItem 映射到 ServerSentEvent，这里使用了(2.4)中的静态 builder 方法。为了正确设置 ServerSentEvent 实例，我们在构建器参数中提供事件 ID (2.6)和事件名称(2.5)，它允许在客户端区分消息。此外，在点(2.7)，我们使用特定的 ServerSentEvent 实例启动 Flux，如点(2.8)所示，它向客户端声明可用的股票通道(2.9)。

正如上述示例所示，Spring WebFlux 能映射 Flux 响应式类型的流特性，并向客户端发送无限的股票事件流。此外，SSE 流不要求我们更改 API 或使用其他抽象。它只需要我们声明一个特定的返回类型，以帮助框架找出处理响应的方法。我们不必声明 ServerSentEvent 的 Flux，我们可以直接提供内容类型，如下例所示：

```
@GetMapping(produces = "text/event-stream")
public Flux<StockItem> streamStocks() {
    ...
}
```

在这种情况下，WebFlux 框架在内部将流的每个元素包装到 ServerSentEvent 中。

正如上述示例所示，ServerSentEvent 技术的核心优势在于这种流模型的配置不需要额外的样板代码，而在 WebFlux 中采用 WebSocket 时则需要这些样板代码。这是因为 SSE 是一种基于 HTTP 的简单抽象，既不需要协议切换，也不需要特定的服务器配置。如上述示例所示，我们可以使用@RestController 和@XXXMapping 注解的传统组合来配置 SSE。但是，对于 WebSocket 而言，我们需要自定义消息转换配置，例如手动选择特定的消息传递协议。相比之下，Spring WebFlux 为 SSE 提供的消息转换器配置与为典型 REST 控制器提供的相同。

另外，SSE 不支持二进制编码并将事件限制为 UTF-8 编码。这意味着 WebSocket 可能对较小的消息有用，并且在客户端和服务器之间传输的流量较少，因此具有较低的延迟。

总而言之，SSE 通常是 WebSocket 的一个很好的替代品。由于 SSE 是 HTTP 协议的抽象，因此 WebFlux 支持与典型 REST 控制器相同的声明性函数式端点配置和消息转换。

6.1.7　响应式模板引擎

除常规 API 功能外，现代 Web 应用程序中最受欢迎的部分之一是 UI。当然，今天的 Web 应用程序 UI 基于复杂的 JavaScript 呈现，在大多数情况下，开发人员更喜欢客户端呈现而不是服务器端呈现。尽管如此，许多业务应用程序仍在使用与其应用场景相关的服务器端呈现技术。Web MVC 支持各种技术，例如 JSP、JSTL、FreeMarker、Groovy Markup、Thymeleaf、Apache Tiles 以及其他各种技术。遗憾的是，Spring 5.*x* 和 WebFlux 模块已经放弃支持包括 Apache Velocity 在内的许多技术。

尽管如此，Spring WebFlux 与 Web MVC 拥有相同的视图渲染技术。以下示例展示了一种指定渲染视图的常用方法：

```
@RequestMapping("/")
public String index() {
    return "index";
}
```

在前面的示例中，作为 index 方法调用的结果，我们返回一个带有视图名称的 String。在底层，框架在所配置的文件夹中查找该视图，然后使用适当的模板引擎呈现它。

默认情况下，WebFlux 仅支持 FreeMarker 服务器端呈现引擎。但是，重要的是要弄清楚模板渲染过程中如何支持响应式方法。为此，让我们考虑一个涉及渲染大型音乐播放列表的案例：

```
@RequestMapping("/play-list-view")
public Mono<String> getPlaylist(final Model model) {               // (1)
    final Flux<Song> playlistStream = ...;                          // (2)
    return playlistStream                                           //
        .collectList()                                              // (3)
        .doOnNext(list -> model.addAttribute("playList", list))     // (4)
        .then(Mono.just("freemarker/play-list-view"));             // (5)
}
```

正如上述示例中点(1)所示，我们使用了一个响应式类型 Mono<String>，以便异步返回视图名称。另外，我们的模板有一个占位符 dataSource，它应该由给定 Song 的列表填充，如点(2)所示。提供特定于上下文数据的常用方法是定义 Model (1)，并在其中放置所需的属性，如点(4)所示。遗憾的是，FreeMarker 不支持数据的响应式呈现和非阻塞呈现，因此我们必须将所有歌曲收集到列表中并将收集的数据全部放入 Model 中。最后，一旦收集所有条目并将其存储在 Model 中，我们就可以返回视图的名称并开始渲染它。

遗憾的是，渲染这些模板是一项 CPU 密集型操作。如果我们有一个庞大的数据集，执行该操作可能需要一些时间和内存。幸好，Thymeleaf 社区决定支持响应式 WebFlux，并为异步和流模板渲染提供更多可能性。Thymeleaf 提供与 FreeMarker 类似的功能，并允许编写相同的代码来呈现 UI。Thymeleaf 还使我们能够将响应式类型用作模板内的数据源，并在流中的新元素可用时呈现模板的一部分。以下示例展示了在处理请求期间如何将响应式流与 Thymeleaf 一起使用：

```
@RequestMapping("/play-list-view")
public String view(final Model model) {
    final Flux<Song> playlistStream = ...;
    model.addAttribute(
```

```
    "playList",
    new ReactiveDataDriverContextVariable(playlistStream, 1, 1)
  );
  return "thymeleaf/play-list-view";
}
```

此示例引入了一种名为 ReactiveDataDriverContextVariable 的新数据类型，它接受响应式类型，如 Publisher、Flux、Mono、Observable 和由 ReactiveAdapterRegistry 类支持的其他响应式类型。

尽管响应式支持需要围绕流使用额外的类包装器，但模板端不需要任何更改。以下示例展示了我们如何使用与处理普通集合类似的方式处理响应式流：

```
<!DOCTYPE html>                                                 // (1)
<html>                                                          //
  ...                                                           //
  <body>                                                        //
    ...                                                         //
    <table>                                                     // (2)
      <thead>                                                   //
        ...                                                     // (3)
      </thead>                                                  //
      <tbody>                                                   // (4)
        <tr th:each="e : ${playList}">                          // (5)
          <td th:text="${e.id}">...</td>                        //
          <td th:text="${e.name}">...</td>                      //
          <td th:text="${e.artist}">...</td>                    //
          <td th:text="${e.album}">...</td>                     //
        </tr>                                                   //
      </tbody>                                                  //
    </table>                                                    //
  </body>                                                       //
</html>                                                         //
```

此代码演示了如何使用 Thymeleaf 模板的标记，该模板具有常见的 HTML 文档声明，如点 (1)所示。在点(2)中，它生成一个表，带有一些表头(3)和一个正文(4)。该表是由 Song 条目的 playList 和它们的信息构成的行所填充的。

这里最有价值的优势是 Thymeleaf 的渲染引擎开始将数据流传输到客户端，而不必等待最后一个元素被发射。而且，它支持渲染无限的元素流。这可以通过添加对 Transfer-Encoding: chunked 的支持来实现。Thymeleaf 不会渲染内存中的整个模板，而会首先渲染可用的部分，然后在新元素可用时以块的形式异步发送模板的其余部分。

遗憾的是，在撰写本书时，Thymeleaf 仅支持一个模板一个响应式数据源的方式。然而，这种技术能比通常的渲染（需要整个数据集）更快地返回第一块数据，进而减少请求与来自服务器的第一次反馈之间的延迟，从而改善整体用户体验。

6.1.8　响应式 Web 安全

现代 Web 应用程序最重要的部分之一是安全性。Spring Web 早期存在一个模块，即 Spring Security 模块。这能通过在任何控制器和 Web 处理程序调用之前提供 `Filter` 来设置安全的 Web 应用程序，并自然地适应现有的 Spring Web 基础设施。多年来，Spring Security 模块与 Web MVC 基础设施相结合，并仅使用 Servlet API 的 `Filter` 抽象。

幸好，随着响应式 WebFlux 模块的引入，一切都发生了变化。为了支持组件之间的响应式和非阻塞交互并以响应式方式提供访问，Spring Security 提供了一个全新的响应式栈的实现，该栈使用新的 `WebFilter` 基础设施并且在很大程度上依赖于 Project Reactor 的上下文功能。

1. 对 `SecurityContext` 的响应式访问

为了访问新的响应式 Spring Security 模块中的 `SecurityContext`，我们使用名为 `ReactiveSecurityContextHolder` 的新类。

`ReactiveSecurityContextHolder` 通过静态 `getContext` 方法以响应式方式提供对当前 `SecurityContext` 的访问，`getContext` 方法返回 `Mono<SecurityContext>`。这意味着我们可以编写以下代码以访问应用程序中的 `SecurityContext`：

```
@RestController                                                    // (1)
@RequestMapping("/api/v1")                                         //
public class SecuredProfileController {                            //
   @GetMapping("/profiles")                                        // (2)
   @PreAuthorize("hasRole(USER)")                                  // (2.1)
   public Mono<Profile> getProfile() {                            // (2.2)
      return ReactiveSecurityContextHolder                         // (2.3)
         .getContext()                                             // (2.4)
         .map(SecurityContext::getAuthentication)                  //
         .flatMap(auth ->                                          //
            profileService.getByUser(auth.getName())               // (2.5)
         );                                                        //
   }                                                               //
}
```

上述带编号的代码解释如下。

(1) 这是 REST 控制器类的声明，请求映射到 "`/api/v1`"

(2) 这是 `getProfile` 处理程序方法声明。正如上例所示，此方法返回 `Mono` 响应式类型，能对数据进行响应式访问，如点(2.2)所示。然后，为了访问当前的 `SecurityContext`，我们调用 `ReactiveSecurityContextHolder.getContext()`，如点(2.3)和点(2.4)所示。最后，在点(2.5)，如果存在 `SecurityContext`，则 `flatMap` 将被处理且我们可以访问用户的个人信息。此外，此方法使用@`PreAuthorize` 注解，这在该情况下检查可用的 `Authentication` 是否具有所需的角色。请注意，如果我们具有响应式返回类型，则该方法的调用将推迟，直到所需的

Authentication 被解析完毕并且存在所需的权限。

我们可以看到，新的响应式上下文持有者的 API 有点类似于它的同步对应物 API。此外，基于新一代的 Spring Security，我们可以使用相同的注解来检查所需的权限。

在内部，ReactiveSecurityContextHolder 依赖于 Reactor Context API。有关登录用户的当前信息保存在 Context 接口的实例中。以下示例说明了 ReactiveSecurityContext-Holder 在底层是如何工作的：...

```
static final Class<?> SECURITY_CONTEXT_KEY = SecurityContext.class;
...
public static Mono<SecurityContext> getContext() {
  return Mono.subscriberContext()
     .filter(c -> c.hasKey(SECURITY_CONTEXT_KEY))
     .flatMap(c -> c.<Mono<SecurityContext>>get(SECURITY_CONTEXT_KEY));
}
```

我们可能还记得在第 4 章中，为了访问内部 Reactor Context，我们可以使用 subscriberContext 这一 Mono 响应式类型的专用操作符。然后，一旦访问了上下文，我们就会对当前的 Context 使用 fliter，并检查它是否包含特定的密钥。隐藏在该密钥中的值是 SecurityContext 中的一个 Mono，这意味着我们可以以响应式方式访问当前的 SecurityContext。执行过程与获取存储（如数据库）的 SecurityContext 有关，该过程仅在某人订阅给定的 Mono 时执行。

尽管 ReactiveSecurityContextHolder 的 API 看起来很熟悉，但它隐藏了许多陷阱。例如，我们可能错误地遵循使用 SecurityContextHolder 时的惯用法。这样一来，我们可能盲目地实现以下示例代码中描述的常见交互：

```
ReactiveSecurityContextHolder
  .getContext()
  .map(SecurityContext::getAuthentication)
  .block();
```

就像以前从 ThreadLocal 中获取 SecurityContext 一样，我们可能尝试使用 ReactiveSecurityContextHolder 执行相同的操作（如以上示例所示）。遗憾的是，当调用 getContext 并使用 block 方法订阅流时，我们在流中配置的是一个空的上下文。因此，一旦 ReactiveSecurityContextHodler 类尝试访问内部 Context，就不会在那里找到可用的 SecurityContext。

所以，如本节开头所示，问题在于，当我们正确连接流时，如何设置 Context 并使其可访问。答案在于第五代 Spring Security 模块的新 ReactorContextWebFilter。在调用期间，ReactorContextWebFilter 使用 subscriberContext 方法提供一个 Reactor Context。此外，SecurityContext 的解析是通过 ServerSecurityContextRepository 来执行的。ServerSecurityContextRepository 有两个方法，分别是 save 和 load：

```
interface ServerSecurityContextRepository {

    Mono<Void> save(ServerWebExchange exchange, SecurityContext context);

    Mono<SecurityContext> load(ServerWebExchange exchange);
}
```

如上述代码所示，save 方法能将 SecurityContext 与特定的 ServerWebExchange 相关
联，然后使用来自用户请求（附加到 ServerWebExchange）的 load 方法将其还原。

如你所见，新一代 Spring Security 的主要优点是对 SecurityContext 的响应式访问的全
面支持。这里，响应式访问意味着实际的 SecurityContext 可以存储在数据库中，因此解析存
储的 SecurityContext 不需要阻塞操作。因为上下文解析的策略是惰性的，所以只有在我们订
阅 ReactiveSecurityContextHolder.getContext() 时才会执行对底层存储的实际调用。
最后，SecurityContext 传输的机制使我们能轻松地构建复杂的流处理，而不必关注 Thread
实例之间常见的 ThreadLocal 传播问题。

2. 启用响应式安全性

我们尚未涉及的最后一部分是在响应式 Web 应用程序中启用安全性的复杂程度。幸好，基
于 WebFlux 的现代应用程序的安全性配置只需要声明少量 bean。以下是我们如何执行此操作的
参考示例：

```
@SpringBootConfiguration                                        // (1)
@EnableReactiveMethodSecurity                                   // (1.1)
public class SecurityConfiguration {                            //

    @Bean                                                       // (2)
    public SecurityWebFilterChain securityWebFilterChain(       //
        ServerHttpSecurity http                                 // (2.1)
    ) {                                                         //
        return http                                             // (2.2)
            .formLogin()                                        //
            .and()                                              //
            .authorizeExchange()                                //
              .anyExchange().authenticated()                    //
            .and()                                              //
            .build();                                           // (2.3)
    }                                                           //

    @Bean                                                       // (3)
    public ReactiveUserDetailsService userDetailsService() {    //
        UserDetails user =                                      //
            User.withUsername("user")                           // (3.1)
                .withDefaultPasswordEncoder()                   //
                .password("password")                           //
                .roles("USER", "ADMIN")                         //
                .build();                                       //
        return new MapReactiveUserDetailsService(user);         // (3.2)
    }                                                           //
}
```

带编号的代码解释如下。

(1) 这是配置类的声明。这里，为了启用特定的带注解的 `MethodInterceptor`，我们必须添加 `@EnableReactiveMethodSecurity` 注解，它会导入所需的配置，如点(1.1)所示。

(2) 在这里，我们配置 `SecurityWebFilterChain` bean。为了配置所需的 bean，Spring Security 为我们提供了 `ServerHttpSecurity`，它是一个带有流式 API (2.2)的构建器(2.3)。

(3) 这是 `ReactiveUserDetailsService` bean 配置。为了在默认的 Spring Security 设置中对用户进行身份验证，我们必须提供 `ReactiveUserDetailsService` 的实现。出于演示目的，我们提供了接口的内存实现，如点(3.2)所示，并配置一个测试用户(3.1)以登录系统。

如上述代码所示，Spring Security 的整体配置与我们之前看到的类似。这意味着迁移到这样的配置不会花费太多时间。

在新一代 Spring Security 中支持响应式，使我们能够以最少的工作量完成基础设施的设置，并构建高度受保护的 Web 应用程序。

6.1.9 与其他响应式库的交互

尽管 WebFlux 使用 Project Reactor 3 作为核心构建块，但 WebFlux 也允许使用其他响应式库。为了实现跨库互操作性，WebFlux 中的大多数操作基于响应式流规范中的接口。通过这种方式，我们可以轻松地用 RxJava 2 或 Akka Streams 替换 Reactor 3 所编写的代码：

```
import io.reactivex.Observable;                                // (1)
...                                                           //

@RestController                                               // (2)
class AlbomsController {                                      //

  final ReactiveAdapterRegistry adapterRegistry;             // (2.1)
  ...                                                         //

  @GetMapping("/songs")                                       // (3)
  public Observable<Song> findAlbomByArtists(                // (3.1)
    Flux<Artist> artistsFlux                                 // (3.2)
  ) {
    Observable<Artist> observable = adapterRegistry          // (4)
      .getAdapter(Observable.class)                          //
      .fromPublisher(artistsFlux);                           //
    Observable<Song> albomsObservable = ...;                 // (4.1)
                                                             //
    return albomsObservable;                                 // (4.2)
  }
}
```

带编号的代码解释如下。

(1) 这是导入声明，它表明我们从 RxJava 2 导入了 `Observable`。

(2) 这是 `AlbomsController` 类，使用了 `@RestController` 注解。我们还声明了一个 `ReactiveAdapterRegistry` 类型的字段(2.1)，稍后在本例中使用。

(3) 这里有一个名为 `findAlbumByArtists` 的请求处理程序方法的声明。我们可以看到，`findAlbumByArtists` 接受一个 `Flux <Artist>` 类型的 `Publisher` (3.2)并返回 `Observable <Song>` (3.1)。

(4) 在这里，我们声明将 `artistsFlux` 映射到 `Observable <Artist>`，执行业务逻辑(4.1)，并将结果返回给调用者。

前面的示例展示了如何使用 RxJava 以及 Project Reactor 响应式类型重写响应式通信。在第 5 章中，响应式类型转换是 Spring Core 模块的一部分，并受 `org.springframework.core.ReactiveAdapterRegistry` 和 `org.springframework.core.ReactiveAdapter` 的支持。这些类能与响应式流 `Publisher` 类相互转换。因此，通过使用该支持库，我们可以使用几乎任何响应式库，而无须将其与 Project Reactor 紧密耦合。

6.2　对比 WebFlux 和 Web MVC

在前面的内容中，我们简要概述了新的 Spring WebFlux 中包含的主要组件。我们还研究了 Spring WebFlux 模块中引入的新功能以及如何使用它们。

然而，我们现在尽管已经了解如何使用新的 API 来构建 Web 应用程序，但仍然不清楚为什么新的 WebFlux 比 Web MVC 更好。了解 WebFlux 的主要优点将会有所帮助。

为此，我们必须深入研究如何构建 Web 服务器的理论基础，了解高性能 Web 服务器的关键特性，并考虑可能改变 Web 服务器性能的因素。在以下内容中，我们将分析现代 Web 服务器的关键特性，了解可能导致性能下降的原因，并思考如何避免这种情况。

6.2.1　比较框架时的定律

在继续之前，让我们尝试理解将用于比较的系统特征。大多数 Web 应用程序的核心指标是吞吐量、延迟、CPU 和内存使用情况。现在，Web 跟刚开始的时候相比有着完全不同的要求。以前，计算机是顺序的。用户习惯于浏览简单的静态内容，而系统的总体负载很低，主要操作涉及生成 HTML 或简单计算，因而一个处理器就可以满足计算需求，而且我们不需要为 Web 应用程序准备多个服务器。

随着时间的推移，游戏规则发生了变化。Web 用户数量达到十亿级，且其内容开始变成动态的甚至是实时的，而对吞吐量和延迟的要求已经发生了很大变化。我们的 Web 应用程序已经开始大规模分布在内核和集群上。因此，了解如何对 Web 应用程序进行伸缩变得至关重要。一个重要的问题是：并行工作单元的数量如何改变延迟或吞吐量？

1. 利特尔定律

为了回答这个问题，利特尔定律（Little's Law）出现了。该定律解释了如何计算并行的请求数（或者只是应该有多少并行工作单元），以处理特定延迟级别的预定义吞吐量。换句话说，使用此公式，我们可以计算系统容量，或者所需要的并行运行的计算机、节点或 Web 应用程序实例的数量，以便以稳定的响应时间处理每秒所需的用户数：

$$N = X \times R$$

上述公式可以解释为：**系统或队列中驻留的平均请求数（或同时处理的请求数）（N）等于吞吐量（或每秒用户数）（X）乘以平均响应时间或延迟时间（R）。**

这意味着如果我们系统的平均响应时间 R 为 0.2 秒，吞吐量 X 为每秒 100 个请求，那么它应该能够同时处理 20 个请求，或者并行处理 20 个用户。我们要么在一台机器上准备 20 个工作单元，要么在一个工作单元上准备 20 台机器。这是一个理想情况，其中工作单元之间或并发请求之间没有交叉点，如图 6-3 所示。

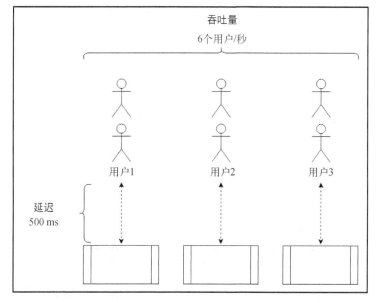

图 6-3　理想的并行处理

正如图 6-3 所示，系统中有 3 个工作单元，每秒可处理 6 个用户或请求。在这种情况下，所有用户在工作单元之间保持**平衡**，这意味着它们之间不需要为了选择工作单元进行协调。

但是，上述情况实际上并不现实，因为任何系统（如 Web 应用程序）都需要并发访问 CPU 或内存等共享资源。因此，对整体吞吐量的修订越来越多，**阿姆达尔定律**（Amdahl Law）及其扩展，**通用可伸缩性定律**（Universal Scalability Law）对此进行了描述。

2. 阿姆达尔定律

这些定律中的第一个是关于**串行化（serialized）访问**对平均响应时间（或延迟）的影响，以及其进一步对吞吐量的影响。尽管我们总是想要并行化工作，但在出现无法并行化的问题时，我们需要将工作串行化。如果响应式流中有一个协调工作单元，或者一个聚合操作符或裁剪操作符，就可能是这种情况，这意味着我们必须关联所有执行。当一段代码仅在串行模式下工作，而不能并行执行时，也可能发生这种情况。在大型微服务系统中，这可能是负载均衡器或编排系统。因此，我们可以参考阿姆达尔定律，以便使用以下公式计算吞吐量变化：

$$X(N) = \frac{X(1) \times N}{1 + \sigma \times (N-1)}$$

在这个公式中，$X(1)$ 是**初始吞吐量**，N 是并行化或工作单元数，σ 是**竞争系数**（也称为**串行化系数**），换句话说，该系数表示了花在执行无法并行处理的代码上的总时间的百分比。

如果我们进行简单计算并构建基于一些随机竞争系数的并行化吞吐量依赖图，当 $\sigma = 0.03$ 并且初始吞吐量 $X(1) = $ 每秒 50 个请求、并行化范围 $N = [0, 500]$ 时，那么我们能得到图 6-4 所示的曲线。

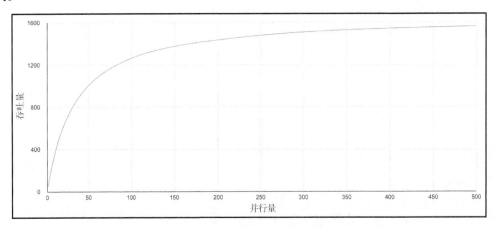

图 6-4　吞吐量根据并行化而变化

如图 6-4 所示，随着并行化的增加，系统的吞吐量开始增加得越来越慢。最后，吞吐量的总体增长结束，并遵循渐近行为。阿姆达尔定律表明，将整体工作并行化并没有使吞吐量线性上升，因为我们无法比代码的串行化部分更快地处理结果。从对常见 Web 应用程序进行伸缩的角度来看，这个表述意味着只要有一个单点协调或处理过程无法更快工作，我们就不会从增加系统中的内核或节点数量中获益。此外，我们还要在提供冗余机器上消耗成本，而吞吐量的整体增加并不值得这些成本。

从图 6-4 中我们可以看到，吞吐量的变化取决于并行化。但是，在许多情况下，我们必须了解延迟如何随着并行化的增加而变化。为此，我们可以将利特尔定律中的方程和阿姆达尔定律中的方程相结合。我们记得，两个方程都包含吞吐量（X）。因此，为了结合这两个公式，我们必须重写利特尔定律：

$$X(N) = \frac{N}{R}$$

在上述转换之后，我们可以在阿姆达尔定律中替换 $X(N)$，并得出以下结果：

$$\frac{N}{R} = \frac{X(1) \times N}{1 + \sigma \times (N-1)}$$

最后，为了得出延迟（R），我们必须进行以下转换：

$$\frac{1}{R} = \frac{X(1) \times N}{[1 + \sigma \times (N-1)] \times N}$$

$$R = \frac{1 + \sigma \times (N-1)}{X(1)}$$

从前面的公式中，我们可以得出结论，总体增长是线性的。图 6-5 展示了基于并行化的延迟增长曲线。

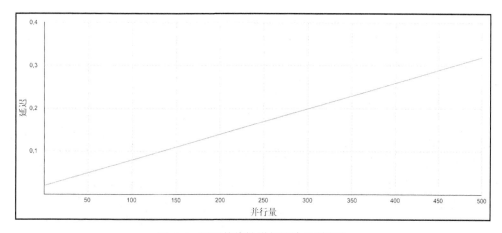

图 6-5　延迟的线性增长取决于并行化

这意味着随着并行化的增加，响应时间会减少。

总而言之，正如阿姆达尔定律所描述的那样，具有并行执行的系统总是具有串行化点，这会导致额外的开销，并且使我们不能仅通过提高并行化水平来达到更高的吞吐量。图 6-6 展示了这种系统。

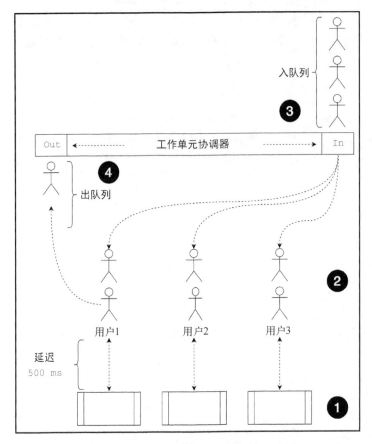

图 6-6   使用阿姆达尔定律的并行处理示例

图 6-6 可以描述如下。

❶ 这里表示工作单元。请注意,即使在这里,代码若不能分成可以独立执行的较小的子任务,也应该被视为串行化的一个点。

❷ 这是队列中的用户或用户请求的表示。

❸ 这是在被分配给特定工作单元之前的用户队列或用户请求。串行化点是协调并为工作单元分配一个用户。

❹ 用户协调可能需要双向进行。此时,协调器可以执行一些动作以将响应发送回用户。

总而言之,阿姆达尔定律指出系统存在瓶颈,因此,我们无法为更多用户提供服务或实现更低的延迟。

3. 通用伸缩性定律

虽然阿姆达尔定律能解释任何系统的可伸缩性,但实际应用程序展示了完全不同的可伸缩性结果。在对该领域进行了一些研究后，Neil Gunther 发现，除了串行化，还有一个更关键的点，即**不一致性**（incoherence）。

不一致性是共享资源的并发系统中的常见现象。例如，从标准的 Java Web 应用程序的角度来看，这种不一致性在 Thread 对资源（如 CPU）混乱的访问中暴露出来。整个 Java 线程模型并不理想。在 Thread 实例比实际处理器多得多的情况下，用于访问 CPU 和实现其计算周期的不同 Thread 实例之间存在直接冲突。而解决他们的冗余协调和一致性需要额外的努力。一个 Thread 对共享内存的每次访问都可能需要额外的同步，并可能降低应用程序的吞吐量和延迟。

为了解释系统中的这种行为，作为阿姆达尔定律的扩展，**通用可伸缩性定律**（Universal Scalability Law，USL）提供了以下用于根据并行化计算吞吐量变化的公式：

$$X(N) = \frac{X(1) \times N}{1 + \sigma \times (N-1) + k \times N \times (N-1)}$$

以上公式引入了一致性系数（k）。这里最值得注意的是，从现在开始，在并行化 N 上将存在二次后向吞吐量关系 $X(N)$。

为了理解这种连接的重大影响，让我们看一下图 6-7，其中初始吞吐量 $X(1) = 50$，竞争系数 $\sigma = 0.03$，以及一致性系数 $k = 0.000\,07$，这些都与我们前面介绍的相同。

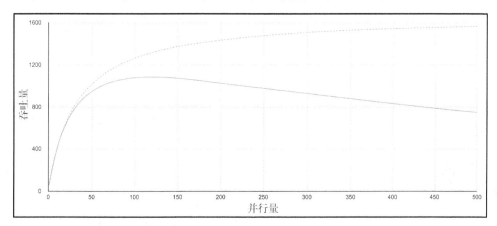

图 6-7　吞吐量取决于并行化。阿姆达尔定律（虚线）与 USL（实线）的对比

从图 6-7 中，我们可以观察到存在一个临界点，在此点之后吞吐量开始降低。此外，为了更好地表示实际系统的可伸缩性，该图同时展示了由 USL 建模的系统可伸缩性和由阿姆达尔定律建模的系统可伸缩性。平均响应时间退化曲线也改变了其行为。图 6-8 展示了基于并行化的延迟变化。

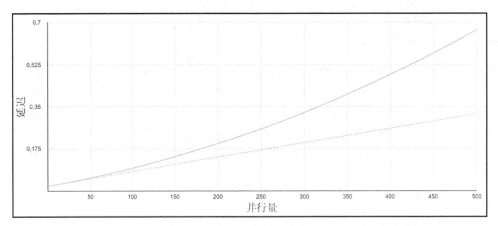

图 6-8   延迟取决于并行化。阿姆达尔定律（虚线）与 USL（实线）的对比

　　类似地，为了显示对比度，我们将由 USL 建模的延迟时间变化曲线与由阿姆达尔定律建模的相同曲线进行比较。从前面的图中可以看出，当存在共享访问点时，系统的行为会有所不同，这可能是不一致的，需要额外的同步。图 6-9 即这种系统的示意图。

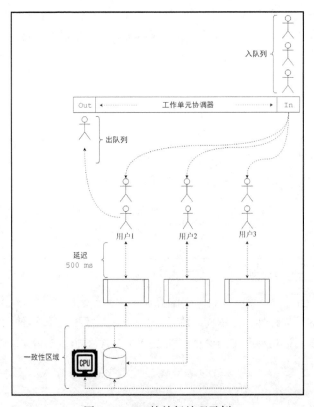

图 6-9   USL 的并行处理示例

如你所见，系统的整体情况可能比利特尔定律最初引入的情况要复杂得多。存在许多隐藏的陷阱，这些陷阱可能直接影响系统的可伸缩性。

总结以上三个部分，对这些定律的整体理解在可伸缩系统建模和规划系统容量中起着重要作用。这些定律既适用于复杂的高负载分布式系统，也适用于多处理器节点，这些节点由 Spring 框架构建的 Web 应用程序运行。此外，了解影响系统可伸缩性的因素有助于正确地设计系统并避免诸如不一致性和竞争等陷阱。它还能够从定律角度正确分析 WebFlux 和 Web MVC 模块，并预测哪些伸缩将发挥最佳作用。

6.2.2 全面分析和比较

根据我们对可伸缩性的了解，我们非常有必要了解框架的行为、架构以及资源使用模型。此外，选择适当的框架来解决具体问题至关重要。在接下来的几个小节中，我们将从不同的角度比较 Web MVC 和 WebFlux，并在最后了解它们更适合哪些问题区域。

1. 理解 WebFlux 和 Web MVC 中的处理模型

首先，为了理解不同处理模型对系统吞吐量和延迟的影响，我们将回顾如何在 Web MVC 和 WebFlux 中处理传入请求。

如前文所述，Web MVC 建立在阻塞 I/O 之上。这意味着处理每个传入请求的 Thread 可能被从 I/O 读取传入的消息体所阻塞（见图 6-10）。

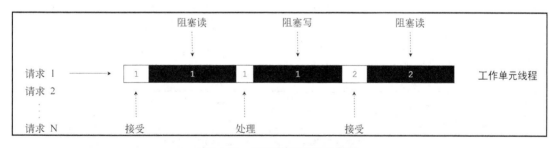

图 6-10 阻塞请求和响应处理

在图 6-10 的示例中，所有请求都排队并由一个 Thread 按顺序进行处理。黑条表示此处存在进出 I/O 的阻塞读/写操作。此外，如你所见，实际处理时间（白条）远少于花费在阻塞操作上的时间。从这个简单的图表中，我们可以得出结论，Thread 效率低下，并且接受和处理队列中的请求这两项操作可以共享等待时间。

相比之下，WebFlux 构建在非阻塞 API 之上，这意味着没有操作需要与 I/O 阻塞 Thread 进行交互。这种接受和处理请求的高效技术如图 6-11 所示。

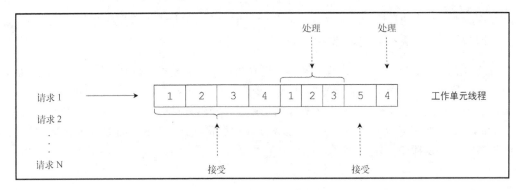

图 6-11 异步非阻塞请求处理

如图 6-11 所示,情况与之前的阻塞 I/O 相同。图的左侧有一个请求队列,而中间有一条处理时间线。在这种情况下,处理时间线上没有任何黑条,这意味着即使网络没有提供足够的字节以继续处理请求,我们也可以切换到处理另一个请求,而不会阻塞 Thread。将图 6-11 的异步、非阻塞请求处理与阻塞示例进行比较,我们可能注意到,现在系统没有在收集请求消息体时发生等待,Thread 被高效的使用以接受新连接。然后,底层操作系统可以通知我们,(比如)对请求消息体的收集已经完成,并且处理器可以在非阻塞的情况下对其进行处理。在这种情况下,我们拥有最佳的 CPU 利用率。类似地,写入响应也不需要阻塞,并能使我们以非阻塞方式写入 I/O。唯一的区别是系统会在准备好将一部分数据非阻塞地写入 I/O 时通知我们。

前面的示例展示了 WebFlux 能比 Web MVC 更有效地利用一个 Thread,因此可以在相同的时间段内处理更多的请求。但是,我们仍然可以争辩说,在 Java 中存在多线程,因此我们可以通过使用适当数量的 Thread 实例来利用真正的处理器。因此,为了更快地处理请求并通过阻塞 Web MVC 实现相同的 CPU 利用率,我们不是使用一个 Thread,而是使用一批工作线程,甚至使用单连接单线程的模型,如图 6-12 所示。

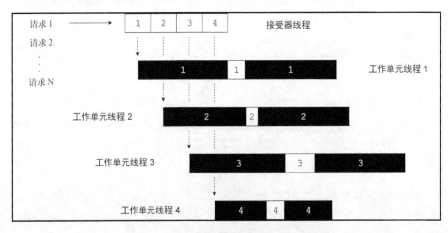

图 6-12 单连接单线程的 Web MVC 模型

从图 6-12 中可以看出，多线程模型能更快地处理排队请求，并给出了系统接受、处理和响应几乎相同数量请求的错觉。

但是，这种设计有其缺陷。如通用可伸缩性定律所示，当系统具有共享资源（如 CPU 或内存）时，扩大并行工作单元的数目可能降低系统的性能。在这种情况下，当用户请求的处理涉及太多的 Thread 实例时，它们之间的不一致性会导致性能下降。

2. 处理模型对吞吐量和延迟的影响

要验证此声明，让我们尝试进行简单的压力测试。为此，我们将基于 Web MVC 或 WebFlux（让我们称之为中间件）开发一个简单的 Spring Boot 2.x 应用程序。我们还将通过向第三方服务进行一些网络调用来模拟来自中间件的 I/O 活动，这将返回一个空的成功响应，并保证 200 毫秒的平均延迟。通信流程描述见图 6-13。

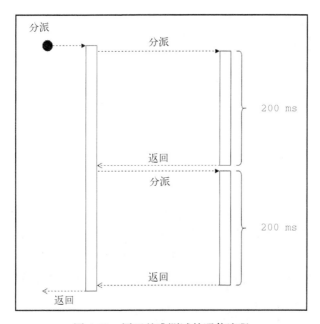

图 6-13　用于基准测试的通信流程

要启动我们的中间件并模拟客户端活动，我们将使用安装在每台计算机上的 Microsoft Azure 基础设施（基于 Ubuntu Server 16.04）。对于中间件，我们将使用 D12 v2 VM（4 个虚拟 CPU 和 28 GB RAM）。对于客户端，我们将使用 F4 v2 VM（4 个虚拟 CPU 和 8 GB RAM）。用户活动将以较小的步骤顺序增加。我们将使用 4 个并发用户开始进行负载测试，到完成时并发用户数将达到 20 000 个。这将为我们提供平滑的延迟曲线和吞吐量变化，并使我们能创建可理解的图形。为了在中间件上产生适当的负载并正确收集统计数据和测量特性，我们将使用一个名为 wrk 的现代 HTTP 基准测试工具。

请注意，这些基准旨在显示**趋势**而不是系统随时间变化的**稳定性**，这些基准还旨在衡量 WebFlux 框架当前实现的正确程度。以下测量展示了 WebFlux 中的非阻塞异步通信相较 Web MVC 中的基于线程的阻塞式同步通信的优势。

以下是用于测量的 Web MVC 中间件代码的示例：

```
@RestController                                               // (1)
@SpringBootApplication                                        //
public class BlockingDemoApplication                          //
    implements InitializingBean {                             // (1.1)
    ...                                                        //
    @GetMapping("/")                                          // (2)
    public void get() {                                       //
        restTemplate.getForObject(someUri, String.class);     // (2.1)
        restTemplate.getForObject(someUri, String.class);     // (2.2)
    }                                                         //
    ...                                                        //
}                                                             //
```

带编号的代码解释如下。

(1) 这是添加了 `@SpringBootApplication` 注解的类声明。同时，这个类是一个用 `@RestController` 注解的控制器。为了使这个例子尽可能简单，我们跳过了初始化过程并在这个类中声明了字段，如点(1.1)所示。

(2) 这里有一个带有 `@GetMapping` 声明的 `get` 方法。为了减少冗余网络流量并仅关注于框架性能，我们不会在响应消息体中返回任何内容。根据图 6-13 中提到的流程，我们对远程服务器执行两个 HTTP 请求，如点(2.1)和点(2.2)所示。

从上述示例和模式可以看出，中间件的平均响应时间应该在 400 毫秒左右。

注意，针对此测试，我们将使用 Tomcat Web 服务器，这是 Web MVC 的默认设置。此外，为了了解 Web MVC 中性能如何变化，我们将设置与并发用户一样多的 `Thread` 实例。以下 sh 脚本展示了 Tomcat 的设置：

```
java -Xss512K -Xmx24G -Xms24G
    -Dserver.tomcat.prestartmin-spare-threads=true
    -Dserver.tomcat.prestart-min-spare-threads=true
    -Dserver.tomcat.max-threads=$1
    -Dserver.tomcat.min-spare-threads=$1
    -Dserver.tomcat.max-connections=100000
    -Dserver.tomcat.accept-count=100000
    -jar ...
```

从前面的脚本可以看出，`max-threads` 参数和 `min-spare-threads` 参数的值是动态的，由测试中的并发用户数决定。

前面的设置不是面向生产的，它仅用于展示 Spring Web MVC 中所使用的线程模型的缺点，尤其是**单连接单线程**（thread-per-connection）的模型。

针对服务启动测试套件，我们将获得以下结果曲线（见图 6-14）。

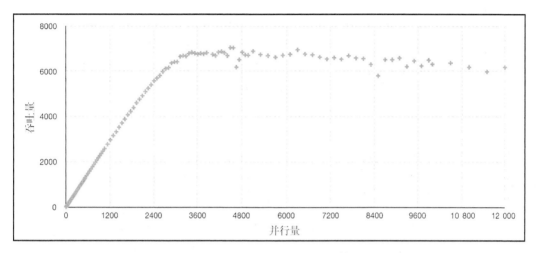

图 6-14   Web MVC 吞吐量测量结果

图 6-14 显示，从某个时刻起，吞吐量开始减少，这意味着我们的应用程序存在竞争或不一致。

为了比较 Web MVC 框架的性能结果，我们还必须为 WebFlux 运行相同的测试。以下是我们用于测量基于 WebFlux 的应用程序性能的代码：

```
@RestController
@SpringBootApplication
public class ReactiveDemoApplication
   implements InitializingBean {
   ...
   @GetMapping("/")
   public Mono<Void> get() {                              // (1)
     return                                               //
       webClient                                          //
           .get()                                         // (2)
           .uri(someUri)                                  //
           .retrieve()                                    //
           .bodyToMono(DataBuffer.class)                  //
           .doOnNext(DataBufferUtils::release)            //
        .then(                                            // (3)
          webClient                                       //
           .get()                                         // (4)
           .uri(someUri)                                  //
           .retrieve()                                    //
           .bodyToMono(DataBuffer.class)                  //
           .doOnNext(DataBufferUtils::release)            //
```

```
            .then()                                          //
       )                                                     //
       .then();                                              // (5)
   }
   ...
}
```

上面的代码显示我们现在正在积极使用 Spring WebFlux 和 Project Reactor 功能，以实现异步和非阻塞请求和响应处理。就像 Web MVC 的情况一样，在点(1)，我们返回一个 Void 结果，但它现在被包装在响应式类型 Mono 中。然后，在点(3)我们使用 WebClient API 执行远程调用，而在点(4)我们以相同的顺序方式执行第二个远程调用。最后，我们跳过两个调用的执行结果并返回一个 Mono<Void>结果，通知订阅者两个执行的完成。

 注意，使用 Reactor 技术，我们可以在不并行执行两个请求的情况下改进执行时间。由于两个执行都是非阻塞和异步的，因此我们不必为此分配额外的 Thread 实例。但是，为了维持图 6-13 中提到的系统行为，我们需要保持执行的顺序化，因此产生的平均延迟应为 400 毫秒。

针对基于 WebFlux 的中间件启动测试套件，我们将获得以下结果曲线（见图 6-15）。

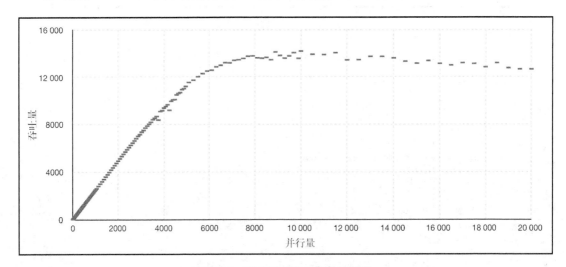

图 6-15　WebFlux 吞吐量测量结果

如图 6-15 所示，WebFlux 曲线的趋势有点类似于 Web MVC 曲线。

为了比较两条曲线，我们将它们放在同一张图上（见图 6-16）。

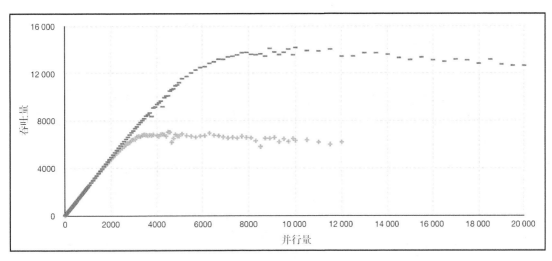

图 6-16　WebFlux 与 Web MVC 吞吐量测量结果比较

在图 6-16 中，+符号行表示 Web MVC，−符号行表示 WebFlux。在这种情况下，更高意味着更好，我们可以看到，WebFlux 的吞吐量几乎是 Web MVC 的两倍。

此外，这里应该注意的是，在 12 000 个并发用户之后，就没有针对 Web MVC 的测量了。原因是 Tomcat 的线程池占用了太多内存，不适合给定的 28 GB。因此，每次 Tomcat 专门尝试多于12 000 个 Thread 实例时，Linux 内核就会终止该进程。这一点强调了单连接单线程模型不适合我们的场景，因为该场景需要处理超过 10 000 个用户的情况。

　前面的比较是**单连接单线程模型**与**非阻塞异步处理模型**之间比较。在第一种情况下，处理请求而不会对延迟产生重大影响的唯一方法是为每个用户专门分配一个单独的 Thread。通过这种方式，我们可以最大限度地减少用户在队列中等待可用 Thread 所花费的时间。相反，由于我们使用非阻塞 I/O，因此 WebFlux 的配置不需要为每个用户分配单独的线程。在实际场景中，Tomcat 服务器的常规配置对于线程池的大小有限制。

然而，两条曲线都显示出类似的趋势，并且具有临界点，该临界点之后它们的吞吐量开始下降。这可以通过许多系统在开放客户端连接方面具有其局限性的事实来解释。此外，由于我们使用具有不同配置的 HTTP 客户端的不同实现，因此这种比较可能有点不公平。例如，RestTemplate 的默认连接策略是在每次新调用时分配新的 HTTP 连接。相比之下，默认的基于Netty 的 WebClient 实现使用了底层的连接池。在这种情况下，连接可以被重用。即使系统可能被调整为重用已打开的连接，这种比较也可能是错误的。

因此，为了更好地进行比较，我们将通过提供 400 毫秒的延迟来模拟网络活动。针对这两种情况，我们使用以下代码：

```
Mono.empty()
    .delaySubscription(Duration.ofMillis(200))
    .then(Mono.empty()
            .delaySubscription(Duration.ofMillis(200)))
    .then()
```

对于 WebFlux 而言，返回类型是 Mono<Void>，而对于 Web MVC 而言，执行流程通过调用 .block() 操作结束，因此 Thread 将被阻塞指定的延迟。在这里，我们使用相同的代码来获得延迟调度的相同行为。

我们还将使用类似的云环境设置。对于中间件，我们将使用 E4S V3 VM（4 个虚拟 CPU 和 32 GB RAM）；对于客户端，我们将使用 B4MS VM（4 个虚拟 CPU 和 16 GB RAM）。

针对服务运行该测试套件，可以观察到以下结果（见图 6-17）。

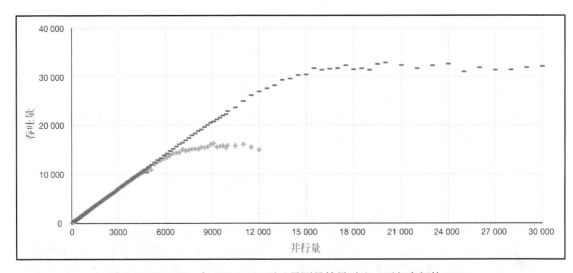

图 6-17   WebFlux 与 Web MVC 吞吐量测量结果对比，不包含额外 I/O

在图 6-17 中，+符号行表示 Web MVC，–符号行表示 WebFlux。我们可以看到，整体结果高于实际外部调用。这意味着应用程序中的连接池或操作系统中的连接策略会对系统性能影响巨大。

尽管如此，WebFlux 的吞吐量仍是 Web MVC 的两倍，这最终证明了单连接单线程模型效率低下这一假设。WebFlux 表现得仍然像阿姆达尔定律所提出的那样。但是，我们应该记住，除了应用程序限制，还存在系统限制，而这可能改变我们对最终结果的解释。

我们还可以比较两个模块的延迟和 CPU 使用情况，分别如图 6-18 和图 6-19 所示。

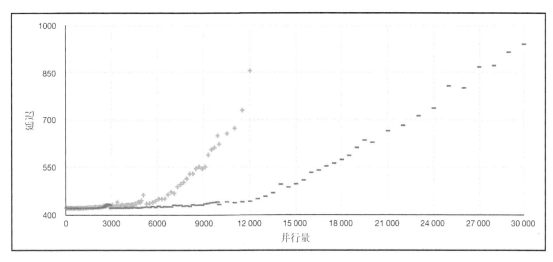

图 6-18　WebFlux 和的延迟对比，不包含额外 I/O

在图 6-18 中，+符号行用于 Web MVC，–符号行用于 WebFlux。在这种情况下，结果越低越好。图 6-18 描绘了 Web MVC 延迟的巨大恶化。在 12 000 个并发用户的并行化级别上，WebFlux显示的响应时间大约比 Web MVC 好 2.1 倍。

从 CPU 使用的角度来看，我们有以下趋势（见图 6-19）。

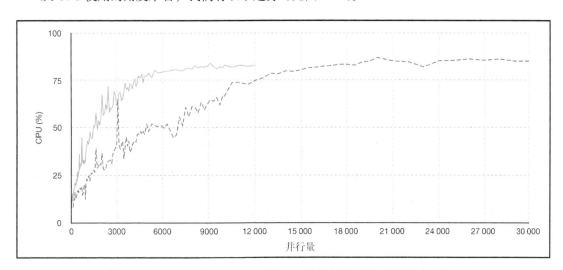

图 6-19　WebFlux 和 Web MVC 的 CPU 使用情况对比，不包含额外 I/O

在图 6-19 中，实线表示 Web MVC，虚线表示 WebFlux。同样，在这种情况下，结果越低越好。我们可以得出结论，WebFlux 在吞吐量、延迟和 CPU 使用方面更高效。CPU 使用率的差异可以通过不同 Thread 实例之间的冗余工作上下文切换来解释。

3. WebFlux 处理模型面临的挑战

WebFlux 与 Web MVC 有很大不同。由于系统中没有阻塞 I/O,因此我们只能使用少量 Thread 实例来处理所有请求。同时处理事件所需的 Thread 实例不比系统中的处理器/内核更多。

 这是因为 WebFlux 构建在 Netty 之上,其中 Thread 实例的默认数量是 Runtime. getRuntime().availableProcessors() 乘以 2。

虽然使用非阻塞操作允许异步处理结果(见图 6-11),通过它我们可以更好地进行伸缩、更有效地利用 CPU、把 CPU 周期用在实际处理上并减少上下文切换的浪费,但是异步非阻塞处理模型有其自身的缺陷。首先,了解 CPU 密集型任务应该安排在单独的 Thread 实例或 ThreadPool 实例上是很重要的。此问题不适用于单连接单线程模型或线程池具有大量工作单元的类似模型,因为在这种情况下,每个连接都已有一个专用工作单元。通常,大多数具有此类模型经验的开发人员会忘记这一点,并在主线程上执行 CPU 密集型任务。像这样的错误会导致高成本并影响整体性能。在这种情况下,主线程忙于处理过程,没有时间接受或处理新连接(见图 6-20)。

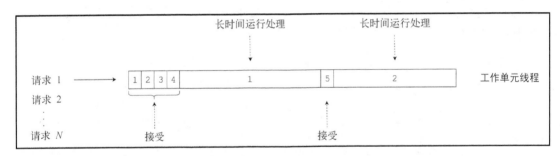

图 6-20　单处理器环境中的 CPU 密集型工作

从图 6-20 可以看出,即使整个请求处理线都由白条组成(这意味着没有阻塞 I/O),我们也可以通过运行大量计算来堆叠处理,从而窃取其他请求的处理时间。

要解决此问题,我们应该将长时间运行的工作委托给单独的处理器池,或者在单进程节点的情况下将工作委托给其他节点。例如,我们可以组织一个有效的**事件循环**,其中一个 Thread 接受连接,然后将实际处理委托给另一个工作单元/节点池(见图 6-21)。

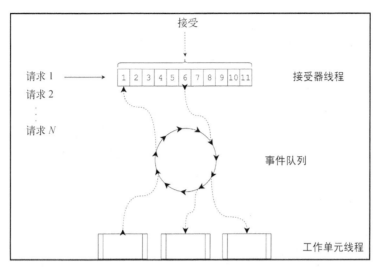

图 6-21 类似 Netty 的非阻塞服务器架构

异步非阻塞编程的另一个常见错误是阻塞操作的用法。Web 应用程序开发的一个棘手部分是生成一个唯一的 UUID：

```
UUID requestUniqueId = java.util.UUID.randomUUID();
```

这里的问题是 #randomUUID() 使用 SecureRandom。典型的加密随机数生成器使用应用程序外部的熵源。它可能是硬件随机数生成器，但更常见的是它是在正常操作中由操作系统收集的**累积随机性**（randomness）。

 在这种情况下，随机性的概念意味着诸如鼠标移动、电力变化以及系统可能在运行时收集的其他随机事件之类的事件。

问题是熵源具有速率限制。如果超过一段时间，对于某些系统而言，读取熵的系统调用将停止，直到有足够的熵可用才恢复。此外，线程数对 UUID 生成的性能有很大影响。这可以通过查看 SecureRandom#nextBytes(byte [] bytes) 的实现来解释，该方法生成 UUID.randomUUID() 的随机数：

```
synchronized public void nextBytes(byte[] bytes) {
    secureRandomSpi.engineNextBytes(bytes);
}
```

我们可以看到，#nextBytes 是同步的，当由不同的线程访问时会导致显著的性能损失。

据我们所知，WebFlux 使用一些线程以非阻塞的方式异步处理大量请求。我们必须要小心那些在使用时乍看之下不像是 I/O 操作的方法，但事实上隐藏了一些与 OS 的特定交互。如果不对这些方法给予适当的关注，就可能大大降低整个系统的性能。因此，仅使用 WebFlux 的非阻塞操作至关重要。但是，这样的要求对响应式系统的开发提出了很多限制。例如，整个 JDK 专为 Java 生态系统组件之间的命令式同步交互而设计。因此，许多阻塞操作没有非阻塞的异步实现，这使许多非阻塞、响应式系统开发变得复杂。虽然 WebFlux 为我们提供了更高的吞吐量和更低的延迟，但我们必须非常关注我们正在使用的所有操作和库。

此外，在复杂计算是我们服务的核心操作的情况下，基于简单线程的处理模型优于非阻塞异步处理模型。同时，如果与 I/O 交互的所有操作都是阻塞的，那么使用非阻塞 I/O 我们也不会获取太多好处。另外，用于事件处理的非阻塞和异步算法的复杂性可能是多余的，因此 Web MVC 中的简单线程模型将反而比 WebFlux 更有效。

然而，在没有这种限制或特定使用场景且有很多 I/O 交互的情况下，非阻塞和异步 WebFlux 将会闪耀光芒。

4. 不同处理模型对内存消耗的影响

框架分析的另一个关键组件是比较内存使用情况。回想一下第 1 章中的 `Thread` 单次连接模型，我们知道，我们不会为微小事件的对象分配内存，而会为每个新连接分配一个巨大的专用 `Thread`。我们应该记住的一点是 `Thread` 会为其栈保留一些空间。实际栈大小取决于 OS 和 JVM 配置。默认情况下，对于运行在 64 位上的大多数常见服务器而言，VM 栈大小为 1 MB。

在高负载场景中使用这种技术会导致高内存消耗。为了维持整个 1 MB 栈以及请求和响应消息体，会产生非常不合理的开销。如果专用线程池受限，则会导致吞吐量下降和平均延迟增加。因此，在 Web MVC 中，我们必须平衡内存使用和系统吞吐量。正如上一节所示，WebFlux 可以使用固定数量的 `Thread` 实例来处理更多请求，同时保证使用的内存量不会超出预料。要全面了解上述测量中内存如何被使用，请查看图 6-22 所示的内存使用情况比较。

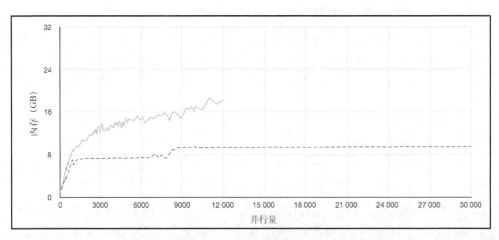

图 6-22　WebFlux 和 Web MVC 的内存使用情况比较

在图 6-22 中，实线表示 Web MVC，虚线表示 WebFlux。在这种情况下，内存越低越好。应该注意的是，两个应用程序都将获得额外的 JVM 参数，即 Xms26GB 和 Xmx26GB。这意味着两个应用程序都可以访问相同数量的专用内存。但是，对于 Web MVC 而言，内存使用随着并行化的增加而增长。如本节开头所述，通常 Thread 栈的大小为 1 MB。在我们的例子中，Thread 堆栈大小设置为 Xss512K，因此每个新线程需要额外的 512 KB 内存。因此，单连接单线程模型内存使用效率低下。

相比之下，尽管使用了并行化，但 WebFlux 内存使用仍然稳定。这意味着 WebFlux 在消耗内存方面更加优化。换句话说，这意味着基于 WebFlux，我们可以使用更便宜的服务器。

为了确保这个假设的正确性，让我们尝试运行一个小实验，该实验仍是关于内存使用的可预测性以及它如何在不可预测的情况下帮助我们的。在此次测试中，我们将尝试分析使用 Web MVC 和 WebFlux 在云基础设施上花费的费用。

为了测量系统的上限，我们将进行压力测试并验证我们的系统能够处理多少请求。在运行我们的 Web 应用程序时，我们将启动一个 Amazon EC2 t2.small 实例，该实例具有一个虚拟 CPU 和 2 GB RAM。其操作系统将是带有 JDK 1.8.0_144 和 VM 25.144-b01 的 Amazon Linux。在第一轮测量中，我们将使用 Spring Boot 2.0.x、Web MVC 与 Tomcat。此外，为了模拟网络调用和其他 I/O 活动（这是现代系统的常用组件），我们将使用以下只用于模拟的代码：

```
@RestController
@SpringBootApplication
public class BlockingDemoApplication {
    ...
    @GetMapping("/endpoint")
    public String get() throws InterruptedException {
        Thread.sleep(1000);
        return "Hello";
    }
}
```

要运行该应用程序，我们将使用以下命令：

```
java -Xmx2g
     -Xms1g
     -Dserver.tomcat.max-threads=20000
     -Dserver.tomcat.max-connections=20000
     -Dserver.tomcat.accept-count=20000
     -jar blocking-demo-0.0.1-SNAPSHOT.jar
```

因此，通过上述配置，我们将检查我们的系统是否可以处理多达 20 000 个用户而不会出现故障。如果运行负载测试，我们将得到表 6-1 所示的结果。

表　6-1

并发请求数	平均延迟/ms
100	1271
1000	1429
10 000	OutOfMemoryError/停机

这些结果可能随时间而变化，但平均而言它们将是相同的。我们可以看到，2 GB 的内存不足以处理 10 000 个单连接单线程。当然，通过调优及使用 JVM 和 Tomcat 的特定配置，结果可以略有提升，但这并不能解决不合理的内存浪费问题。在使用相同的应用程序服务器的情况下，我们可以仅仅通过将 Servlet 3.1 切换到 WebFlux 获得重大改进。新的 Web 应用程序如下所示：

```
@RestController
@SpringBootApplication
public class TomcatNonBlockingDemoApplication {
    ...
    @GetMapping("/endpoint")
    public Mono<String> get() {
        return Mono.just("Hello")
                .delaySubscription(Duration.ofSeconds(1));
    }
}
```

在这种情况下，与 I/O 的交互模拟将是异步非阻塞的，这可以通过流式 Reactor 3 API 轻松实现。

注意，WebFlux 的默认服务器引擎是 Reactor-Netty。因此，为了切换到 Tomcat Web 服务器，我们必须从 WebFlux 中排除 `spring-boot-starter-reactor-netty`，并提供对 `spring-boot-starter-tomcat` 模块的依赖。

要运行新栈，我们将使用以下命令：

```
Java -Xmx2g
     -Xms1g
     -Dserver.tomcat.accept-count=20000
     -jar non-blocking-demo-tomcat-0.0.1-SNAPSHOT.jar
```

类似地，我们为 Java 应用程序分配所有 RAM，但在这种情况下，我们使用默认的线程池大小，即 200 个线程。通过运行相同的测试，我们将得到表 6-2 中的结果。

表　6-2

并发请求数	平均延迟/ms
100	1203
1000	1407
10 000	9661

如表 6-2 所示，在这种情况下，该应用程序展示了更好的结果。但是，由于一些高负载用户不得不等待很长时间，因此结果仍然不理想。为了改善结果，让我们观察一个真正响应式服务器 Reactor-Netty 的吞吐量和延迟。

由于运行新 Web 应用程序的代码和命令是相同的，因此我们只介绍基准测试结果，如表 6-3 所示。

表 6-3

并发请求数	平均延迟/ms
1000	1370
10 000	2699
20 000	6310

如表 6-3 所示，结果要好得多。首先，在 Netty 上，我们选择了一次最少 1000 个连接的吞吐量。而上限设定为 20 000。这足以表明在配置相同的情况下，Netty 服务器的性能是 Tomcat 的两倍。仅用该对比即可表明，基于 WebFlux 的解决方案可以降低基础设施的成本，因为现在我们的应用程序适用于更便宜的服务器并以一种更高效的方式消耗资源。

WebFlux 模块的另一个好处是我们能以更少的内存消耗来更快地处理传入的请求体。当传入的消息体是元素集合时此功能将打开，然后我们的系统可以单独处理集合中的每个数据项，如图 6-23 所示。

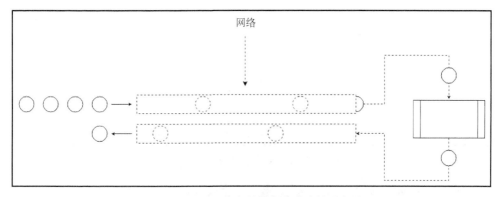

图 6-23　WebFlux 将大量数据分成小块进行处理

从图 6-23 中可以看出，系统只需要一小部分请求体就可以开始处理数据。当我们向客户端发送响应消息体时，也可以实现相同的目标。我们不必等待整个响应体，而可以在每个元素到来时就开始将其写入网络。以下代码展示了通过 WebFlux 实现这一目标的方法：

```
@RestController
@RequestMapping("/api/json")
class BigJSONProcessorController {
```

```
@GetMapping(
    value = "/process-json",
    produces = MediaType.APPLICATION_STREAM_JSON_VALUE
)
public Flux<ProcessedItem> processOneByOne(Flux<Item> bodyFlux) {
    return bodyFlux
        .map(item -> processItem(item))
        .filter(processedItem -> filterItem(processedItem));
    }
}
```

正如上述代码所示，这些惊人的功能可以在不了解 Spring WebFlux 模块内部原理的情况下使用，并且可以通过可用的 API 来实现。此外，使用这种处理模型能让我们更快地返回第一个响应，因为将第一个数据项上传到网络和接收响应之间的时间等于以下时间：

$$R = Rnet + Rprocessing + Rnet$$

 注意，**流**数据处理技术不能使我们预测响应消息体的**内容长度**，这可能被认为是一个缺点。

相比之下，Web MVC 需要将整个请求上传到内存中。只有在那之后才能处理传入的消息体，如图 6-24 所示。

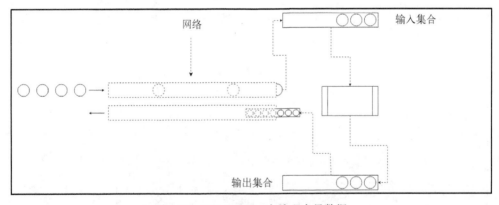

网络　　　　输入集合

输出集合

图 6-24　Web MVC 一次处理大量数据

想要像在 WebFlux 中那样响应式地处理数据是不可能的，因为 @Controller 的常见声明如下所示：

```
@RestController
@RequestMapping("/api/json")
class BigJSONProcessorController {

    @GetMapping("/process-json")
    public List<ProcessedItem> processOneByOne(
        List<Item> bodyList
    ) {
        return bodyList
```

```
        .stream()
        .map(item -> processItem(item))
        .filter(processedItem -> filterItem(processedItem))
        .collect(toList());
    }
}
```

这里，方法声明明确要求将完整的请求体转换为特定项的集合。从数学角度来看，求平均处理时间的公式如下：

$$R = N \times (Rnet + Rprocessing) + Rnet$$

同样，要将第一个结果返回给用户，就要处理整个请求体并将结果聚合到集合中。只有在那之后，我们的系统才能够向客户端发送响应。这意味着 WebFlux 使用的内存比 Web MVC 要少得多。WebFlux 将能够比 Web MVC 更快地返回第一个响应，并且能够处理无限的数据流。

5. 处理模型对可用性的影响

我们在 Web MVC 和 WebFlux 之间的比较应包含一些定性和定量指标。测量的最常见的定性指标之一是学习曲线。Web MVC 是一个众所周知的框架，在业务领域有超过十年的广泛应用。它依赖于命令式编程这一最简单的编程范式。这在业务中意味着如果我们基于简单的 Spring 5 和 Web MVC 开始一个新项目，那么找到熟练的开发人员会容易得多，而指导新的开发人员也要便宜得多。相比之下，基于 WebFlux 情况将会有很大不同。首先，WebFlux 是一项新技术，尚未充分证明自己，可能存在很多 bug 和漏洞。底层的异步、非阻塞编程范例也可能是一个问题。首先，调试异步、非阻塞代码非常困难，Netflix 将 Zuul 迁移到新的编程模型的经验证明了这一点。

> 异步编程是基于回调的，由一个事件循环驱动。在尝试跟踪请求时，事件循环的堆栈跟踪毫无意义。这是因为要处理的是事件和回调，并且很少有工具可以帮助调试。边界情况、未处理的异常以及错误处理的状态更改会创建悬空资源，从而导致 ByteBuf 泄漏、文件描述符泄漏或丢失响应等。事实证明，这些类型的问题很难调试，因为我们很难知道哪个事件没有得到正确处理或者没有得到适当的清理。

此外，从业务角度来看，寻找具有异步非阻塞编程深度知识的、技能高得难以置信的（尤其是使用 Netty 技术栈）工程师可能是不合理的。从头开始指导新开发人员不但需要花费大量的时间和金钱，而且无法保证他们能完全理解该技术。幸好，使用 Reactor 3 可以解决这个问题的某些部分，Reactor 3 使构建有意义的转换流更简单，并且隐藏了异步编程中最难的部分。遗憾的是，Reactor 并没有解决所有问题，在业务中，这种不可预测的对人员和风险技术的资金投资可能不值得。

定性分析的另一个关键点是将现有解决方案迁移到新的响应式栈。尽管从框架开发的最初阶段开始，Spring 团队就一直在尽力提供平滑迁移，但要预测所有迁移场景仍然非常困难。例如，那些依赖 JSP、Apache Velocity 或类似服务器端呈现技术的人员将需要迁移整个 UI 相关代码。此外，许多现代框架依赖于 `ThreadLocal`，这使向异步非阻塞编程的平滑迁移具有挑战性。与此同时，其中还存在许多与数据库相关的问题，这些问题将在第 7 章中介绍。

6.3　WebFlux 的应用

在前面的部分中，我们了解了 WebFlux 设计的基础知识及其新功能，对 WebFlux 和 Web MVC 进行了细粒度比较，还从不同的角度了解了它们的优缺点。最后，在本节中，我们将尝试清楚地理解 WebFlux 的应用。

6.3.1　基于微服务的系统

WebFlux 的第一个应用是微服务系统。与单体系统相比，典型微服务系统最显著的特点是大量的 I/O 通信。I/O 的存在，尤其是阻塞式 I/O，会降低整体系统延迟和吞吐量。单连接单线程模型中的竞争和一致性不会显著提高系统性能。这意味着对于服务间调用很重要的系统或特定服务而言，WebFlux 将是最有效的解决方案之一。这种服务的一个示例是支付流程编排服务。

通常，在简单操作（例如账户之间的资金转移）的背后隐藏着复杂机制，包括一组检索、验证，以及随后的实际转账执行操作。例如，当我们使用 PayPal 汇款时，第一步可能是检索汇款人和收款人的账户。然后，由于 PayPal 可以在任意两个国家之间转账，因此确认转账不会违反这些国家的法律是非常重要的。每个账户可能都有自己的限制和约束。最后，收件人可能有内部 PayPal 账户或外部信用卡及借记卡，因此，根据账户类型，我们可能需要额外调用外部系统，如图 6-25 所示。

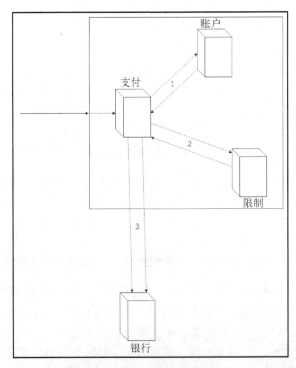

图 6-25　PayPal 支付流程实现示例

通过在这样复杂的流程中配置非阻塞、异步通信，我们可以高效处理其他请求并高效地利用计算机资源。

6.3.2　处理客户端连接速度慢的系统

WebFlux 的第二个应用是构建系统，而这些系统的目标是在缓慢或不稳定网络连接条件下适用于移动设备客户端。要理解为什么 WebFlux 在这个领域有用，就要回想一下在处理一个慢速连接时会发生什么。问题在于，将数据从客户端传输到服务器可能花费大量时间，并且相应的响应也可能花费大量时间。在使用单连接单线程模型的情况下，已连接客户端数量越多，系统崩溃的可能性越大。例如，黑客能很容易的通过使用**拒绝服务**（Denial-of-Service，DoS）攻击使我们的服务器不可用。

相比之下，WebFlux 使我们能在不阻塞工作线程的情况下接受连接。这样，慢速连接不会导致任何问题。在等待传入请求体时，WebFlux 将继续接收其他连接而不会阻塞。响应式流抽象使我们能在需要时消费数据。这意味着服务器可以根据网络的就绪情况控制事件消费。

6.3.3　流或实时系统

WebFlux 的另一个有用的应用是实时流系统。要了解 WebFlux 为什么能在这一点上提供帮助，就要回想实时流系统是什么。

首先，这些系统的特点是低延迟和高吞吐量。在流系统中，大多数数据是从服务器端传出的，因此客户端扮演消费者的角色。通常来自于客户端的事件少于来自于服务器端的事件。但是，在在线游戏等实时系统中，传入数据量等于传出数据量。

使用非阻塞通信可以实现低延迟和高吞吐量。正如前文所述，非阻塞异步通信可以实现高效的资源利用，而基于 Netty 或类似框架的系统可以实现最高的吞吐量和最低的延迟。然而，这种响应式框架有其自身的缺点，即使用通道和回调的复杂交互模型。

尽管如此，响应式编程仍然可以巧妙地解决这两个问题。正如第 4 章所述，响应式编程，尤其是响应式库（如 Reactor 3）可以帮助我们构建一个异步的非阻塞流而只需要很少的开销。这些开销来自基础代码复杂性和可接受的学习曲线。这两种解决方案都包含在 WebFlux 中。使用 Spring 框架可以让我们轻松构建这样的系统。

6.3.4　WebFlux 实战

为了学习如何在真实场景中使用 WebFlux，我们将构建一个简单的 Web 应用程序。该应用程序使用 WebClient 连接到远程 Gitter Streams API，并使用 Project Reactor API 转换数据，然后将转换后的消息通过 SSE 广播到世界。图 6-26 为系统的原理图。

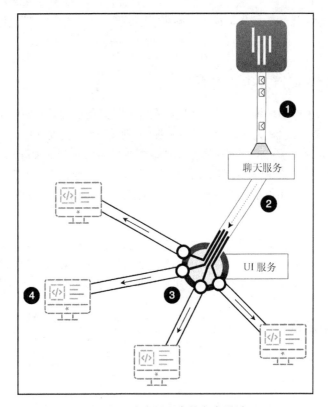

图 6-26 流应用程序的方案设计

图 6-26 中带编号的点描述如下。

❶ 这里与 Gitter API 进行集成。如图 6-26 所示，我们的服务器和 Gitter 之间的通信是流式通信，因此，响应式编程天然适用于此。

❷ 在系统中的该点，我们需要处理传入消息并将它们转换为不同视图。

❸ 在该点我们缓存收到的消息并将其广播到每个已连接的客户端。

❹ 该点表示所连接的浏览器。

可以看到，该系统有 4 个核心组件。为了构建这个系统，我们将创建以下类和接口。

❑ ChatServeice：这是负责与远程服务器进行通信的接口。它提供了从该服务器监听消息的能力。

❑ GitterService：这是 ChatService 接口的实现，它连接到 Gitter 流 API 以便监听新消息。

❑ InfoResource：这是处理用户请求并使用一个消息流进行响应的处理程序类。

实现该系统的第一步是分析 ChatService 接口。以下示例展示了所需的方法：

```
interface ChatService<T> {

    Flux<T> getMessagesStream();

    Mono<List<T>> getMessagesAfter(String messageId);
}
```

上述示例接口涵盖了与消息读取和监听相关的最低功能要求。这里，getMessagesStream
方法在聊天中返回无限的新消息流，而 getMessagesAfter 使我们能检索具有特定消息 ID 的
消息列表。

在这两种情况下，Gitter 都可以通过 HTTP 访问其消息。这意味着我们可以使用普通的
WebClient。以下是我们如何实现 getMessagesAfter 并访问远程服务器的示例：

```
Mono<List<MessageResponse>> getMessagesAfter(            //
    String messageId                                     //
) {                                                      //
    ...                                                  //
    return webClient                                     // (1)
        .get()                                           // (2)
        .uri(...)                                        // (3)
        .retrieve()                                      // (4)
        .bodyToMono(                                     // (5)
            new ParameterizedTypeReference<List<MessageResponse>>() {}  //
        )                                                //
        .timeout(Duration.ofSeconds(1))                 // (6)
        .retryBackoff(Long.MAX_VALUE, Duration.ofMillis(500));  // (7)
}
```

上述示例代码展示了组织与 Gitter 服务之间的简单请求–响应交互的方法。在点(1)，我们使
用 WebClient 实例来执行到远程 Gitter 服务器(3)的 GET HTTP 方法调用(2)。然后，我们在点(4)
获取信息，并在点(5)使用 WebClient DSL 将其转换为 MessageResponse 列表的 Mono。然后，
为了提供与外部服务通信的回弹性，我们在点(6)处为调用提供 timeout，并且在出现错误的情
况下，在点(7)重试该调用。

与流 Gitter API 进行通信就是这么简单。以下代码展示了连接到 Gitter 服务器的 JSON 流
（application/stream+json）端点的方法：

```
public Flux<MessageResponse> getMessagesStream() {      //
    return webClient                                    //
        .get()                                          // (1)
        .uri(...)                                       //
        .retrieve()                                     //
        .bodyToFlux(MessageResponse.class)              // (2)
        .retryBackoff(Long.MAX_VALUE, Duration.ofMillis(500));  //
}                                                       //
```

正如上述代码所示，我们使用与之前相同的 API，如点(1)所示。我们所做的唯二更改一个在
隐藏的 URI 中，另一个是我们映射到 Flux 而不是 Mono，如点(2)所示。在底层，WebClient 使

用容器中可用的 Decoder。如果我们有一个无限流，就能实时转换元素，而无须等待流的结束。

最后，为了将两个流组合成一个并缓存它们，我们可以实现以下代码，它为 InfoResource 处理程序提供了一个实现：

```
@RestController                                                    // (1)
@RequestMapping("/api/v1/info")                                    //
public class InfoResource {                                        //

  final ReplayProcessor<MessageVM> messagesStream                  // (2)
    = ReplayProcessor.create(50);                                  //

  public InfoResource(                                             // (3)
    ChatService<MessageResponse> chatService                       //
  ) {                                                              //
    Flux.mergeSequential(                                          // (3.1)
        chatService.getMessageAfter(null)                          // (3.2)
                  .flatMapIterable(Function.identity())            //
        chatService.getMessagesStream()                            // (3.3)
    )                                                              //
    .map(...)                                                      // (3.4)
    .subscribe(messagesStream);                                    // (3.5)
  }

  @GetMapping(produces = MediaType.TEXT_EVENT_STREAM_VALUE)         // (4)
  public Flux<MessageResponse> stream() {                          //
    return messagesStream;                                         // (4.1)
  }                                                                //
}                                                                  //
```

带编号的代码解释如下。

(1) 这是使用@RestController 注解的类声明。

(2) 这是 ReplayProcessor 字段声明。在第 4 章中，ReplayProcessor 使我们能缓存预定义数量的元素并将最新元素重播给每个新订阅者。

(3) 这里，我们有一个 InfoResource 类的构造函数的声明。在构造函数中，我们构建一个处理流程，它合并来自 Gitter 的最新消息流，如点(3.1)和点(3.2)所示。在空 ID 的情况下，Gitter 返回 30 条最新消息。处理流程还近实时地监听新消息流，如点(3.3)所示。然后，所有消息都映射到视图模型，如点(3.4)所示，并且流由 ReplayProcessor 立即进行订阅。这意味着一旦构造了 InfoResource bean，我们就连接到 Gitter 服务，缓存最新消息并开始监听更新。请注意，mergeSequential 虽然同时订阅两个流，但仅在第一个流完成时才开始从第二个流发送消息。由于第一个流是有限的，我们接收最新的消息并开始从 getMessagesStream Flux 发送排队的消息。

(4) 这是一个处理程序方法声明，在每个到指定端点的新连接上调用。在这里，我们可能只返回 ReplayProcessor 实例，如点(4.1)所示，因此它将共享最新的缓存消息并在可用时发送新消息。

正如以上示例所示，我们并不需要花费很多精力或编写很多代码就能提供复杂的功能。这些功能包括以正确的顺序合并流，或者缓存最新的 50 条消息并将它们动态地广播给所有订阅者。Reactor 和 WebFlux 涵盖了最难的部分，让我们只须编写业务逻辑。这实现了与 I/O 的高效非阻塞交互。因此，我们可以使用这个功能强大的工具包来实现高吞吐量和低延迟的系统。

6.4　小结

在本章中，我们了解到 WebFlux 是旧 Web MVC 框架的高效替代品，还了解到 WebFlux 使用相同的技术进行请求处理程序声明（即使用众所周知的@RestController 和@Controller）。除了标准的处理程序声明，WebFlux 还通过使用 RouterFunction 引入了一个轻量级的函数式端点声明。在很长一段时间里，Spring 框架的用户都无法使用现代的响应式 Web 服务器（如 Netty）和非阻塞的 Undertow 功能。借助 WebFlux Web 框架，这些技术可以通过相同而熟悉的 API 进行实现。由于 WebFlux 基于异步非阻塞通信，因此该框架依赖于 Reactor 3，这是模块的核心组件。

我们还探讨了新 WebFlux 模块引入的变化，其中包括基于 Reactor 3 响应式类型的用户与服务器之间通信的变化、服务器与外部服务之间通信的变化（特别是使用新的 WebClient 技术），以及一个新的 WebSocketClient，它能通过 WebSocket 进行客户端-服务器通信。此外，WebFlux 是一个跨库框架，这意味着它支持任何基于响应式流的库，并且可以替换默认的 Reactor 3 库或任何其他所选择的库。

然后，本章从不同的角度对 WebFlux 和 Web MVC 进行了详细对比。总而言之，在大多数情况下，WebFlux 是高负载 Web 服务器的正确解决方案，并且在所有性能结果中，它的性能都是 Web MVC 的两倍。我们研究了使用 WebFlux 模块的业务收益，考虑了 WebFlux 如何简化工作，还查看了这项技术的缺陷。

最后，我们了解了一些使用场景，在这些场景中 WebFlux 是最合适的解决方案。这些场景包括微服务系统、实时流系统、在线游戏和其他类似的应用领域，其中重要的特性包括低延迟、高吞吐量、低内存占用和高效 CPU 利用。

虽然我们已经了解了 Web 应用程序的核心方面，但它还有另一个更重要的部分，即与数据库的交互。下一章将介绍它与数据库之间响应式通信的主要特性、哪些数据库支持响应式通信，以及在没有响应式支持时我们应该做什么。

第 7 章

响应式数据库访问

第 6 章介绍了 Spring 框架家族的新增功能 Spring WebFlux。该功能将响应式编程带至应用程序前端，并实现了对各种 HTTP 请求的非阻塞处理。

在本章中，我们将学习如何使用 Spring Data 模块以响应式方式访问数据。这种能力对于创建完全即时的响应性应用程序至关重要，这种应用程序可以最高效地利用所有可用的计算资源，提供最大的业务价值，同时只需要最低的运维成本。

即使我们选择的数据库没有提供响应式或异步驱动程序，我们仍然可以使用专用线程池来构建一个围绕它的响应式应用程序，本章将介绍如何实现这一点。但是，在响应式应用程序中始终不鼓励阻塞 I/O。

本章将介绍以下主题：

❑ 现代数据存储和数据处理的模式；
❑ 同步数据访问的优缺点；
❑ Spring Data 如何实现响应式数据访问以及如何在响应式应用程序中使用它；
❑ 目前有哪些响应式连接器可供使用；
❑ 如何使阻塞 I/O 适配响应式编程模型。

7.1 现代数据处理模式

尽管单体软件系统仍然存在，并且运行和支持着许多日常活动，但大多数新系统的设计目的（至少在某些时候）将会转换为微服务。当下，微服务可能是现代应用程序最主要的架构风格，尤其是**云原生应用程序**（cloud-native application）。在大多数情况下，这种方法会缩短软件产品的开发周期。同时，它还为使用更具高成本效益的底层基础设施（服务器、网络、备份等）提供了机会，在依赖 AWS、Google Cloud Platform 或 Pivotal Cloud Foundry 等云提供商时更是如此。

第 10 章将会介绍响应式编程环境中云原生应用程序的更多优缺点。

现在，我们将概述微服务上下文中的数据存储基础知识、可能的策略、实现方法以及与数据持久性相关的一些建议。

7.1.1　领域驱动设计

Eric Evans 的《领域驱动设计：软件核心复杂性应对之道》应该在每个软件工程师的书架上占据一席之地，因为它为成功的微服务架构定义了重要的理论基础并使其成型。**领域驱动设计**（domain-driven design，DDD）建立了一个通用的词汇表（即上下文、领域、模型和统一语言），并制定了一套维护模型完整性的原则。DDD 最重要的结果之一是，根据 DDD 定义的单个**边界上下文**（bounded context）通常会被映射到单独的微服务中，如图 7-1 所示。

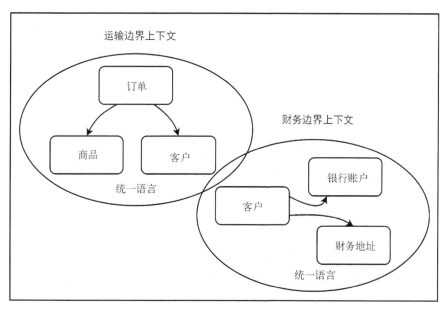

图 7-1　Vaughn Vernon 描述的边界上下文（微服务的良好候选者）。Vaughn Vernon 是《实现领域驱动设计》和《领域驱动设计精粹》的作者

由于 DDD 非常关注业务核心域（core domain），尤其是用来表达、创建和检索域模型的工件，因此**实体**（entity）、**值对象**（value object）、**聚合**（aggregate）、**存储库**（repository）等对象在本章中将会被频繁提及。

在考虑 DDD 的应用程序实现期间，应将上述对象映射到应用程序持久化层（如果服务中存在这样的层）。这种领域模型构成了逻辑和物理数据模型的基础。

7.1.2　微服务时代的数据存储

微服务架构引入的与持久性相关的主要变化，可能就是强烈鼓励不在服务之间共享数据存储。这意味着每个逻辑服务拥有并管理其自己的数据库（如果它需要数据库），并且在理想情况下，其他服务无法以与服务 API 调用不同的方式访问数据。

本书不会解释这种分离的所有原因，但最重要的原因如下：

- ❑ 能够单独发展不同的服务，而无须在数据库模式上紧密耦合；
- ❑ 更精确的资源管理潜力；
- ❑ 水平可伸缩性的可能性；
- ❑ 使用最佳拟合持久化实现的可能性。

考虑图 7-2。

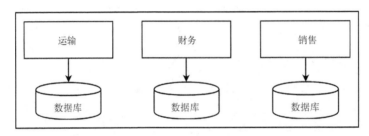

图 7-2　每个服务有单独的数据库

在物理层面，存储分离能以几种不同的方式实现。最简单的方法是为所有服务提供一个数据库服务器和一个数据库，但是使用单独的模式（每个微服务一种模式）来划分它们。这样的配置易于实现，需要的服务器资源最少，并且在生产中不需要太多管理，因此在应用程序开发的第一阶段非常有吸引力。数据分离可以使用数据库访问控制规则强制执行。这种方法虽然易于实现，但同时也容易出问题。由于数据存储在同一个数据库中，因此开发人员有时会编写一个可能检索或更新属于多个服务数据的查询。同时，一个服务的损坏也很容易破坏整个系统的安全性。图 7-3 展示了上述系统的设计。

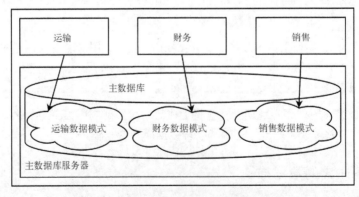

图 7-3　每个服务一种模式

服务可以共享单个数据库服务器,但根据不同的访问凭据,它们可以访问不同的数据库。这种方法改进了数据分离,因为编写能够访问外部数据的单个查询要困难得多。但是,这也使备份流程变得复杂一些。图 7-4 描绘了这种设计。

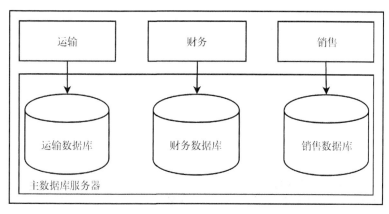

图 7-4 每个服务一个数据库

每个服务都可以有其数据库服务器。这种方法虽然需要更多管理,但为数据库服务器的细粒度调优提供了良好的起点,以满足具体服务的需求。此外,在这种情况下,我们可以仅对需要伸缩性的数据库进行垂直伸缩和水平伸缩。图 7-5 展示了这种设计。

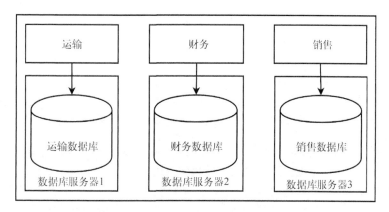

图 7-5 每个服务一个数据库服务器

在实现软件系统时,根据系统的实际需求,可以容易地以不同比例同时使用所有前面提到的技术。图 7-6 中的架构展示了此类系统的设计。

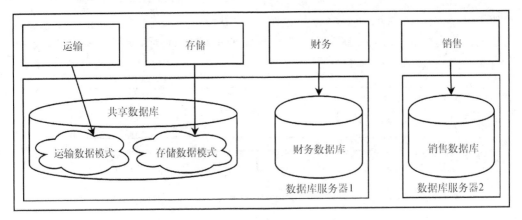

图 7-6　持久化策略的混合组合

此外，系统中还可能存在不同的数据库服务器实例，现在我们可以同时使用不同的数据库引擎（SQL 和 NoSQL）来获得最佳结果。这种方法被称为**多语言持久化**（polyglot persistence）。

7.1.3　多语言持久化

2006 年，Neal Ford 提出了**多语言编程**（polyglot programming）这一术语。该术语表达了这样的想法：软件系统可以用不同语言混合编写，以便从最适合业务或技术上下文的语言中获得最大的推动。之后，许多新的编程语言被引入，它们旨在成为特定领域的最佳语言，或者在多个领域中获得出色表现。

与此同时，在数据持久化领域发生了另一次类似的思维转变。这导致人们提出疑问：如果不同的应用程序组成部分根据业务或技术需求使用不同的持久化技术，会发生什么？例如，为分布式 Web 应用程序存储 HTTP 会话和在社交网络上存储朋友关系图需要不同的操作特性，因此需要不同的数据库。如今，一个系统同时拥有两种或更多种不同的数据库技术是非常常见的。

从历史上看，大多数**关系型数据库管理系统**（Relational Database Management System，RDBMS）基于相同的 ACID 原则，并提供非常相似的用于通信的 SQL 方言和存储媒介。RDBMS 一般适用于广大应用程序，但它们很少能为许多常见使用场景（如图像存储、内存存储和分布式存储）提供最佳性能和最佳操作功能。相比之下，最近出现的 **NoSQL 数据库**具有更广泛的基本原则，即使大多数 NoSQL 数据库无法有效地用作通用数据存储媒介，这也为常见使用场景带来了更好的功能。图 7-7 描绘了这种设计。

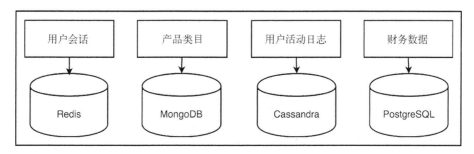

图 7-7　每个服务都使用最符合其需求的持久化技术

此外，多语言持久化还具有额外的复杂性代价。每个新的存储机制都引入了需要学习的新 API 和范例、要开发或采用的新的客户端库，以及在开发和生产中要解决的一组新的标准化问题。此外，错误使用 NoSQL 数据库可能意味着完全重新设计服务。使用**正确**的持久化技术（SQL 或 NoSQL）应该让这一过程更加舒适，但挑战并没有消失。

Spring 框架有一些专门用于数据持久化的子项目，被称为 Spring Data。本章的剩余部分将介绍 Spring Data 中可用的不同设计方法和数据库连接器，并会针对响应式编程模式以及它们如何改变应用程序对存储在多语言持久层中的数据的访问方式进行特别介绍。

7.1.4　数据库即服务

在设计合理的微服务架构中，所有服务都是无状态的，而所有状态都存储在知道如何管理数据持久化的特殊服务中。在云环境中，无状态服务可以实现高效的可伸缩性和高可用性。但是，有效地管理和伸缩数据库服务器要困难得多，管理那些不是为云设计的服务器尤其困难。大多数云提供商提供**数据库即服务**（Database as a Service，DBaaS）解决方案来解决该问题。此类存储解决方案既可能是普通数据库（MySQL、PostgreSQL 和 Redis）的定制版本，也可能是从头开始设计的且只能在云中运行的数据库（AWS Redshift、Google BigTable 和 Microsoft CosmosDB）。

通常，云存储或数据库使用的算法以下列方式工作。

(1) 客户端发出访问数据库或文件存储的请求（通过管理页面或 API）。

(2) 云提供程序授予对 API 或服务器资源的访问权限，该资源可用于数据持久化。同时，客户端不知道甚至不关心所提供的 API 是如何实现的。

(3) 客户端使用提供访问凭据的存储 API 或数据库驱动程序。

(4) 云提供商根据客户端订阅计划、存储的数据大小、查询频率、并发连接或其他特性向客户端收费。

通常，这种方法能使客户端（在我们的例子中是软件开发人员）和云提供商专注于他们的主要目标。云提供商实施最高效的客户端数据存储和处理方式，最大限度地减少底层基础设施的花费。同时，客户端专注于应用程序的主要业务目标，而不必花时间配置数据库服务器、复制或备份。对于客户端来说，这种关注点的分离并不总是最有利的，甚至根本不可能实现。但是，当有需要时，它有时仅需要少数工程师就构建出使用广泛的成功的应用程序。

 在其他应用场景中，Foursquare 的应用程序每月有超过 5000 万人在使用，其构建主要使用 AWS 技术栈，即用于云托管的 Amazon EC2，用于存储图像和其他数据的 Amazon S3，以及用作数据库的 Amazon Redshift。

一些最著名的云原生数据存储和数据库服务如下。

- AWS S3 通过 Web 服务接口（REST API 或 AWS SDK）提供键值存储。它用于存储文件、图像、备份或可以表示为字节桶的任何其他信息。
- AWS DynamoDB 是一个完全托管的专有 NoSQL 数据库，可跨多个数据中心提供同步复制。
- AWS Redshift 是一个基于并行处理技术（MPP）构建的数据仓库。可以在大数据上实现分析工作。
- 作为服务的 Heroku PostgreSQL 是一个 PostgreSQL 数据库，完全由 Heroku 云提供商管理，能使部署到 Heroku 集群的应用程序共享和独占数据库服务器。
- Google Cloud SQL 是由 Google 提供的完全托管的 PostgreSQL 和 MySQL 数据库。
- Google BigTable 是压缩、高性能和专有数据存储，旨在以一致的低延迟和高吞吐量处理大量工作负载。
- Azure Cosmos DB 是 Microsoft 专有的全球分布式多模型数据库，具有一些不同的 API，包括 MongoDB 驱动程序级协议支持。

7.1.5   跨微服务共享数据

在实际业务系统中，通常需要查询由两个或多个服务拥有的数据以处理客户端请求。例如，客户可能希望查看其所有订单以及与其订单相对应的支付状态。在微服务架构之前，这可以用单个连接查询来实现，但现在这种做法是与最佳实践相违背的。要处理多服务请求，需要实现查询订单和支付服务的适配器服务，应用所有必需的转换，并将聚合结果返回给客户端。此外，很明显的是，如果两个服务之间通信很多或彼此高度依赖，那么可以考虑把它们合并到一个服务中（如果这样的服务合并不会违反领域驱动设计）。图 7-8 描绘了这种情况。

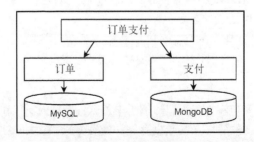

图 7-8   适配器服务，它聚合来自订单服务和支付服务的数据

读策略非常简单,但实施和更新同时涉及多个服务的策略要困难得多。假设客户想要下订单,但只能验证相应的库存余量和支付信息。因为每个服务都有自己的数据库,所以在工作流程中,一个业务事务中会涉及两个或多个微服务和数据库。有几种方法可以解决这个问题,但最受欢迎的两种方法是**分布式事务**(distributed transaction)和**事件驱动架构**(event-driven architecture)。

1. 分布式事务

分布式事务是更新两个或多个联网计算机系统中数据的事务,换句话说,即一个协议中的多个服务一致同意是否发生了某种行为。实际上,大多数数据库系统使用强大、严格的两阶段锁来确保全局可串行性。

服务通常使用分布式事务来原子地更新数据存储。它们经常用于单体应用程序,以确保对不同数据存储的可靠操作。这同时有助于从故障中正确恢复。但是,现在不鼓励在多个微服务之间使用分布式事务。这有许多原因,但最重要的原因如下:

□ 实现分布式事务的服务需要一个支持两阶段提交的 API,而这实现起来并不是很容易;
□ 分布式事务中涉及的微服务是紧密耦合的,而在微服务架构中不鼓励这种情况;
□ 分布式事务不容易伸缩,这会限制系统带宽,从而降低系统的可伸缩性。

2. 事件驱动架构

在微服务环境中实现分布式业务事务的最佳方式是借助事件驱动的架构体系,到目前为止,关于这一点本书已经探讨了好几次。

如果需要改变系统的状态,则第一个服务在其自己的数据库中更改其数据,并且同一内部事务将事件发布到消息代理服务器。因此,即使涉及事务,它们也不会跨越服务的边界。第二个服务将对所需类型的事件注册订阅,接收事件并相应地更改其存储,并可能发送事件。这些服务不会被阻塞在一起,也不会相互依赖,系统中唯一存在的耦合是它们交换的消息。相比分布式事务,即使第二个服务在第一个服务操作时没有运行,事件驱动的架构体系也能使系统正常运行。这一特性非常重要,因为它直接影响系统的回弹性。分布式事务要求所有相关组件(微服务)必须可用并且必须在事务的整个持续时间内正确操作才能使其正常运行。系统具有的微服务越多,或者微服务在分布式事务中的参与越广泛,系统就越难以运行。

正如前文所述,当两个服务以烦琐的方式进行大量通信时,可以考虑将它们合并。此外,我们可以使用事件来实现对少数服务进行多次更新的适配器服务。

3. 最终一致性

让我们回顾一下,分析分布式事务在软件系统中的作用。很明显,我们使用分布式事务来确定系统状态,换句话说,我们消除了整个系统中某些状态可能不一致的不确定性。然而,消除不确定性是一个非常严格的要求。《实施领域驱动设计》的作者 Vaughn Vernon 建议将**不确定性嵌入**

到领域模型中。根据他的说法，如果人们很难保护系统免于不一致状态，并且无论如何努力仍然会出现不一致，那么接受不确定性并将其嵌入到常规业务工作流程中就会很有用。

例如，通过引入被称为验证支付信息的新状态，我们的系统在缺少经过验证的支付信息的情况下仍然可以创建订单。这个新事件将不确定的情况（支付信息可能有效也可能无效）转换为可能在有限时间内被占用的单独业务步骤（直到支付信息被验证为止）。在使用这种方法时，我们的系统不需要始终保持一致。相反，我们需要确保系统对每个业务事务的状态具有一致的愿景。这种未来的一致性被称为**最终一致性**（eventual consistency）。图 7-9 描绘了这种场景。

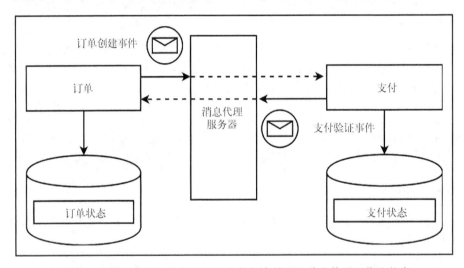

图 7-9　订单和支付服务都更新私有数据库并通过消息传递工作流状态

通常，最终一致性保障足以构建能成功运行其操作的健康系统。此外，任何分布式系统都必须处理最终的一致性，以确保可用（处理用户请求）和分区容错（在组件之间网络中断时可用）。

4. SAGA 模式

SAGA 模式是分布式事务最流行的模式之一，它在微服务领域尤其流行。它在 1987 年被引入，用于管理数据库中的长事务。

一个 saga 由一些小事务组成，每个事务都是其微服务的本地事务。saga 由外部请求启动，然后它会启动第一个小事务，而该事务在成功完成后会触发第二个事务，依此类推。如果事务在中间执行失败，则会触发先前事务的补偿操作。该模式有两种主要实现方式，即**基于事件的编排**（events-based choreography）和**基于协调器服务的编排**（orchestration via a coordinator service）。

5. 事件源

为了处理流经微服务应用程序的事件，微服务可以使用**事件源**（event sourcing）模式。事件源将业务实体的状态保存为一系列状态变更事件。例如，银行账户可以表示为初始金额和一系列存款/取款操作。拥有这些信息不仅使我们能通过重放更新事件来计算当前账户状态，还可以提供实体变更的可靠审计日志，并可以通过查询确定实体在过去任何时刻的状态。通常，实现事件源的服务提供能使其他服务订阅实体更新的 API。

为了优化计算当前状态所需的时间，应用程序可以定期构建和保存快照。要减小存储大小，可以删除所选快照之前的事件。在这种情况下，更新事件的整个历史记录的一部分明显丢失了。示例如表 7-1 所示。

表 7-1　银行账户 111-11 事件日志

日　期	操　作	金　额
2018-06-04 22:00:01	create	$0
2018-06-05 00:05:00	deposit	$50
2018-06-05 09:30:00	withdraw	$10
2018-06-05 14:00:30	deposit	$20
2018-06-06 15:00:30	deposit	$115
2018-06-07 10:10:00	withdraw	$40

当前余额：$135

尽管事件源简单，但由于其陌生且略显异常的编程方法以及学习曲线，它使用并不广泛。此外，由于持续地重新计算常量状态，事件源不能进行高效查询，在查询比较复杂的情况下尤其如此。在这种情况下，**命令查询职责分离**可能有所帮助。

6. 命令查询职责分离

命令查询职责分离（Command Query Responsibility Segregation，CQRS）通常与事件源一起使用。CQRS 由两部分组成。

- **写入**部分接收状态更新命令并将它们存储在基础事件存储媒介中，但不返回实体状态。
- **读取**部分不会更改状态并会针对请求的查询类型进行返回。不同查询的状态表示存储在视图中，在通过命令接收更新事件后，会对其重新进行异步计算。

CQRS 模式的工作方式如图 7-10 所示。

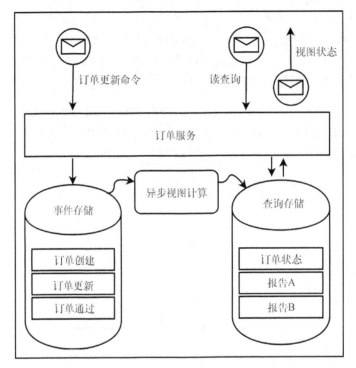

图 7-10　订单服务的 CQRS 实现。写入部分存储更新命令，读取部分异步计算用于查询的视图

　　CQRS 模式既能使软件系统以流方式处理大量数据，也能使系统可以快速响应关于当前系统状态的各种查询。

7. 免冲突复制数据类型

　　应用程序越大，处理的数据就越多，即使对于具有明确范围定义的单个微服务也是如此。正如前文所述，事务不能很好地伸缩，并且随着应用程序的增长，即使在一个微服务的边界内，也很难保持全局状态的一致性。因此，出于性能和系统可伸缩性的考虑，我们可以用不同服务实例同时更新数据，而无须全局锁定或事务一致性。这种方法被称为乐观复制（optimistic replication），它能使数据副本与后续需要解决的潜在不一致性**并行**发展。在这种情况下，可以在合并副本时重新建立副本之间的一致性。此时，我们必须**解决**冲突，但这通常意味着必须恢复某些更改，从用户的角度来看这可能是不可接受的。但是，也有携带可确保合并过程始终成功的数学属性的数据结构。这种数据结构被称为**免冲突复制数据类型**（Conflict-Free Replicated Data Types，CRDT）。

　　CRDT 描述了一种数据类型，该类型可以跨多个计算单元复制，在没有任何协调的情况下同时更新，并可以合并以获得一致的状态。这个概念由 Marc Shapiro、Nuno Preguica、Marek Zawirski 和 Carlos Baquero 在 2011 年提出。在撰写本书时，CRDT 仅有数个数据类型，例如只增长计数器（Grow-only Counter）、只增长集合（Grow-only Set）、两阶段集合（Two-Phase Set），最后写入元素集合（Last-Write-Wins-Element Set），以及其他一些只能涵盖典型业务工作流子集的集合。然而，CRDT 仍被证明对协作文本编辑、在线聊天和在线赌博非常有用。SoundCloud 音频分发平台在使用 CRDT，Phoenix Web 框架使用 CRDT 实现实时多节点信息共享，而 Microsoft 的 Cosmos DB 使用 CRDT 编写多主数据。Redis 数据库还以**免冲突复制数据库**（Conflict-Free Replicated Database，CRDB）的形式内置了对 CRDT 的支持。

8. 作为数据存储的消息系统

基于事件源的概念，我们可以得出结论：对于单个微服务而言，**具有消息持久化存储的消息代理服务器可以减少其对专用数据库的需求**。实际上，如果所有实体更新事件（包括实体快照）都在消息代理服务器中存储足够长的时间并且可以在任何时刻重新读取，则系统的整个状态可以仅由该事件定义。在启动期间，每个服务可以读取最近的事件历史记录（直到最后一个快照）并重新计算实体在内存中的状态。因此，服务可以仅通过处理新的更新命令、读取查询以及不时地向代理服务器生成和发送实体快照来运行。

Apache Kafka 是一种流行的分布式消息代理服务器，具有可靠的持久化层，而该层可用作系统中的主要的、也可能是唯一的数据存储。

可以看到，现在多语言持久化和基于消息代理的事件驱动架构经常同时用于在高度易变、可伸缩、不断变化的软件系统中实现可靠的复杂工作流。本章的其余部分主要关注 Spring 框架提供的持久化机制，而第 8 章则揭示了 Spring 生态系统中可用于实现基于事件驱动架构的高效应用程序的技术。

7.2 获取数据的同步模型

要了解响应式持久化的所有好处和缺陷，首先必须回顾应用程序在前响应式（pre-reactive）时代如何实现数据访问。我们还必须了解客户端和数据库在发出和处理查询时如何通信，这些通信的哪些部分可以异步完成，以及哪些部分可以从应用响应式编程模式中受益。由于数据库持久化由几层抽象组成，因此我们将遍历所有层，描述它们并尝试准备响应式。

7.2.1 数据库访问的连接协议

有些类型的数据库被称为**嵌入式数据库**（embedded databases）。此类数据库在应用程序进程内部运行，不需要通过网络进行任何通信。嵌入式数据库并不硬性要求连接协议，即使有些协议已经或可以同时作为嵌入式模式或作为单独的服务运行。本章之后将在几个示例中使用 H2 嵌入式数据库。

但是，大多数软件使用在不同服务器（或不同的容器）的不同进程中运行的数据库。应用程序使用被称为**数据库驱动程序**（database driver）的专用客户端库与外部数据库进行通信。此外，连接协议定义了数据库驱动程序和数据库本身如何通信。它定义了客户端和数据库之间发送的消息顺序的格式。在大多数情况下，连接协议与语言无关，因此 Java 应用程序可以查询用 C++编写的数据库。

由于连接协议通常设计为通过 TCP/IP 工作，因此不需要对其进行阻塞。与同步 HTTP 通信一样，协议本身不会阻塞，只有客户端才会在等待结果时被阻塞。此外，TCP 是一种异步协议，通过由滑动窗口实现的流量控制来支持背压。但是，由于滑动窗口方法是通过网络发送字节块，因此可能无法以最佳方式反映应用程序的背压需求。例如，从数据库接收数据行时，与其依赖于定义网络缓冲区大小的系统设置，不如以行数请求下一部分数据处理。当然，连接协议可能特意使用另一种机制甚至机制组合来实现背压，但是要记住，TCP 机制也始终在底层发挥作用。

我们还可以使用更高级别的协议作为数据库连接协议的基础。例如，我们可以使用 HTTP2、WebSockets、gRPC 或 RSocket。第 8 章对 RSocket 和 gRPC 协议进行了简要比较。

除了背压问题，在客户端和数据库之间传递大数据集还有不同的方法。例如，客户端会插入数万行数据，或者分析包含数百万行的查询结果。为简单起见，我们只考虑后一种使用场景。通常，有一些方法可以传送这样的结果集。

- 计算数据库端的**整个结果集**，将数据放入容器中，并在查询完成后立即发送整个容器。这种方法没有任何逻辑背压，并且在数据库方面需要大量缓冲区（在客户端也可能需要）。此外，客户端仅在执行整个查询后才收到其第一个结果。这种方法易于实现。此外，查询执行过程不会持续太长时间，并且可以减少由同时发生更新的查询导致的竞争。
- 在客户端请求时**以块的形式发送结果集**。数据库既可以完整执行查询并将结果存储在缓冲器中，也可以仅将查询执行到足以填充一个或几个请求块的点，并且仅在它已经响应客户端的请求之后继续执行。后者可能需要更少的内存缓冲区，且能在查询仍在运行时就返回数据的第一行，还可以传播逻辑背压或查询取消。
- 一旦在查询执行期间获得结果，就**将结果作为流发送**。基于此，客户端还可以向数据库通知需求并传播可能反过来影响查询执行过程的逻辑背压。这种方法几乎不需要额外的缓冲区，且只要有可能，客户端就会收到结果的第一行。然而，由于非常**烦琐**的通信方式和频繁的系统调用，这种通信方式可能未充分利用网络和 CPU。

图 7-11 展示了分块结果流的交互流程。

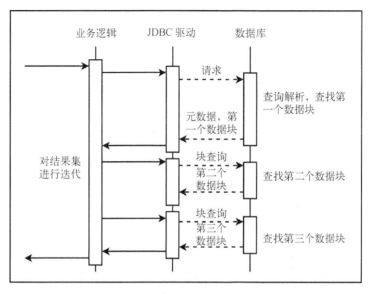

图 7-11   使用块迭代查询结果

通常，不同的数据库在其连接协议中实现一种或多种方法。例如，MySQL 知道如何作为一个整体或一个流来逐行发送数据。同时，PostgreSQL 数据库有一个名为门户（portal）的概念，这使客户端能够传播已准备好接收的任意多行数据。图 7-11 描述了 Java 应用程序如何使用这种方法。

在这个层级，精心设计的数据库连接协议可能已经具有响应式所需的所有特征。同时，即使是最简单的协议也可能包含一个可能使用 TCP 控制流进行背压传播的响应式驱动程序。

7.2.2   数据库驱动程序

数据库驱动程序是一个库，它使数据库连接协议适配方法调用、回调或潜在的响应式流等语言结构。对于关系型数据库，驱动程序通常实现语言级 API，例如用于 Python 的 DB-API 或用于 Java 的 JDBC。

以同步阻塞方式编写的软件使用相同的方法进行数据访问并不奇怪。此外，通过驱动程序与外部数据库的通信和使用外部 HTTP 服务的通信通常没有什么不同。例如，Apache Phoenix JDBC 驱动程序基于 Apache Calcite 框架的 Avatica 组件，并使用基于 HTTP 的 JSON 或 Protocol Buffer。因此，理论上，我们也可以将响应式设计应用于数据库通信协议，并获得非常类似的好处，就像 Spring WebFlux 模块中的响应式 WebClient 一样。从网络通信角度来看，图 7-12 展示了 HTTP 请求和数据库查询非常相似。

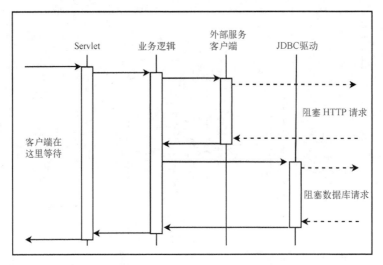

图 7-12　阻塞 HTTP 请求和数据库请求的类似阻塞 I/O 行为

通常，数据库驱动程序的阻塞性质由上层 API 决定，而不是由连接协议决定。因此，实现具有适当语言级 API 的响应式数据库驱动程序并不困难。这一 API 的候选者将在本章后面介绍。同时，NoSQL 数据库驱动程序由于没有已建立的语言级 API 可以去实现，因此可以自由地或响应式地实现自己的 API。例如，MongoDB、Cassandra 和 Couchbase 决定采用这种路线，现在它们提供异步或响应式驱动程序。

7.2.3　JDBC

Java 数据库连接（Java Database Connectivity，JDBC）于 1997 年首次发布，从此定义了应用程序与数据库（主要指关系型数据库）的通信方式，为 Java 平台上的数据访问提供了统一的 API。最新的 4.3 修订版 API 于 2017 年发布，并包含在 Java SE 9 中。

JDBC 中存在多个数据库客户端驱动程序并由同一应用程序使用。JDBC 驱动程序管理器负责正确注册、加载和使用所需的驱动程序实现。加载驱动程序后，客户端可以使用适当的访问凭据来创建连接。JDBC 连接可以初始化和执行 SELECT、CREATE、INSERT、UPDATE 和 DELETE 等 SQL 语句。对数据库状态进行更新并获取执行结果的语句会返回一些受影响的行，而查询语句将返回 java.sql.ResultSet，它是结果行的迭代器。ResultSet 设计时间很早，并且其 API 非常奇怪。例如，其枚举行中列的索引从 1 开始，而不是从 0 开始。

ResultSet 接口被设计用于后向迭代，甚至是随机访问，但是这种兼容性要求驱动程序在进行任何处理之前加载所有行。为简单起见，我们假设 ResultSet 类似于结果行的简单迭代器。此假设能使底层实现在分块结果集上运行，并根据需要从数据库加载批处理数据。任何底层的异步实现都必须包含在 JDBC 级别的同步阻塞调用中。

在性能方面，JDBC 能批量处理非 select 型查询，这样可以使用较少的网络请求与数据库通信。但是，因为 JDBC 是同步阻塞的，所以这在处理大数据集时无济于事。

即使 JDBC 被设计为业务逻辑级 API，它仍使用表、行和列，而不是领域驱动设计推荐的**实体和聚合**。因此，JDBC 在如今被认为太低层而不适合直接使用。为此，Spring 生态系统准备了 Spring Data JDBC 和 Spring Data JPA 模块。许多成熟的库同样可以包装 JDBC 并提供更让人愉快的 API，其中一个例子是 Jdbi。它不仅提供了流式 API，还提供了与 Spring 生态系统的出色集成。

1. 连接管理

现代应用程序很少直接创建 JDBC 连接，而通常使用**连接池**（connection pools）。这背后的原因非常简单：建立新连接的成本很高。因此，以允许重用的方式管理连接的缓存是明智的。创建连接的成本可能来自两个方面。首先，连接启动过程可能需要客户端身份验证和授权，这会占用宝贵的时间。其次，新的连接可能花费数据库一些资源。例如，无论何时建立新连接，PostgreSQL 都会创建一个全新的进程（而不是一个线程！），这在性能强大的 Linux 机器上可能需要几百毫秒。在撰写本书时，Java 平台最常用的连接池是 Apache Commons DBCP2、C3P0、Tomcat JDBC 和 HikariCP。HikariCP 被认为是 Java 世界中最快的连接池。

请注意，即使连接池被广泛用于 JDBC 连接，它也不是数据库通信的固有部分。例如，Oracle 数据库驱动程序可以使连接多路复用，这使我们能通过单个网络连接汇集多个逻辑连接。当然，这种支持不仅由驱动程序启用，同时也由连接协议和数据库实现本身启用。

2. 使关系数据库实现响应式访问

由于 JDBC 是 Java 世界中数据访问的主要语言级 API（至少对于关系型数据源而言是这样），它会塑造在其上构建的所有抽象级别的行为。之前提到，由于会限制应用程序的可伸缩性，因而我们不建议将阻塞 API 用于响应式应用程序。因此，对于我们来说，在响应式应用程序中使用适当的语言级数据库访问 API 至关重要。遗憾的是，没有可以通过略微调整 JDBC 达到此目的的简单解决方案。目前，两个有望实现的 API 草案可能适合这个场景，本章后面将讨论它们。图 7-13 描述了实现响应式 JDBC API 所需的内容。

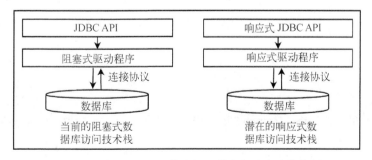

图 7-13　当前的 JDBC 技术栈和潜在的响应式替代物

7.2.4　Spring JDBC

为了简化原始 JDBC 的麻烦，Spring 提供了 Spring JDBC 模块，这个模块很老但描述得很好。此模块提供了几个版本的 `JdbcTemplate` 类，这有助于执行查询并将关系行映射到实体。它还处理资源的创建和释放，有助于避免忘记关闭预处理语句或连接等常见错误。`JdbcTemplate` 还捕获 JDBC 异常并将它们转换为通用的 `org.springframework.dao` 异常。

假设我们在 SQL 数据库中有一系列图书，实体由以下 Java 类表示：

```
class Book {
    private int id;
    private String title;

    public Book() { }
    public Book(int id, String title) {
        this.id = id;
        this.title = title;
    }
    // getter 和 setter 方法……
}
```

使用 `JdbcTemplate` 和通用 `BeanPropertyRowMapper`，我们可以通过以下方式创建 Spring 存储库：

```
@Repository
class BookJdbcRepository {

    @Autowired
    JdbcTemplate jdbcTemplate;

    public Book findById(int id) {
        return jdbcTemplate.queryForObject(
            "SELECT * FROM book WHERE id=?",
            new Object[] { id },
            new BeanPropertyRowMapper<>(Book.class));
    }
}
```

或者，我们可以提供自己的 mapper 类来指示 Spring 如何将 `ResultSet` 转换为领域实体：

```
class BookMapper implements RowMapper<Book> {
    @Override
    public Book mapRow(ResultSet rs, int rowNum) throws SQLException {
        return new Book(rs.getInt("id"), rs.getString("title"));
    }
}
```

让我们使用 `BookMapper` 类实现 `BookJdbcRepository.findAll()` 方法：

```
public List<Book> findAll() {
    return jdbcTemplate.query("SELECT * FROM book", new BookMapper());
}
```

NamedParameterJdbcTemplate 类比 JdbcTemplate 多实现了一个改进。这增加了对传递 JDBC 参数（使用人类可读的名称）的支持，而不是 "?" 占位符。因此，预处理 SQL 查询及其相应的 Java 代码可能如下所示：

```
SELECT * FROM book WHERE title = :searchtitle
```

这是一个经典的预处理 SQL 语句：

```
SELECT * FROM book WHERE title = ?
```

虽然这似乎只是一个小的改进，但命名参数提供了比索引更好的代码可读性，当查询需要很多参数时尤其如此。

总之，Spring JDBC 模块由更高级抽象使用的实用程序、帮助程序类和工具组成。由于更高级别的 API 不限制 Spring JDBC 模块，而底层 API 也支持它，因此它可以相对容易地吸收所需的响应式支持。

7.2.5　Spring Data JDBC

Spring Data JDBC 是 Spring Data 家族中一个非常新的模块。它旨在简化基于 JDBC 的存储库的实现。Spring Data 存储库（包括基于 JDBC 的存储库）的灵感来自 Eric Evans 在《领域驱动设计》中描述的存储库。这意味着我们应为每个聚合根（aggregate root）创建一个存储库。Spring Data JDBC 为简单聚合提供 CRUD 操作，支持@Query 注解和实体生命周期事件。

 注意，Spring Data JDBC 和 Spring JDBC 是不同的模块！

要使用 Spring Data JDBC，我们必须修改 Book 实体并将 org.springframework.data. annotation.Id 注解应用于 id 字段。存储库要求实体具有唯一标识符，因此为在存储库中使用 Book 实体，对其重构如下：

```
class Book {
    @Id
    private int id;
    private String title;

    // 其他部分没有变化
}
```

现在让我们定义 BookRepository 接口，该接口从 CrudRepository<Book, Integer> 进行派生：

```
@Repository
public interface BookSpringDataJdbcRepository
    extends CrudRepository<Book, Integer> {                          // (1)
```

```
@Query("SELECT * FROM book WHERE LENGTH(title) = " +          // (2)
       "(SELECT MAX(LENGTH(title)) FROM book)")
List<Book> findByLongestTitle();                             // (2.1)

@Query("SELECT * FROM book WHERE LENGTH(title) = " +
       "(SELECT MIN(LENGTH(title)) FROM book)")
Stream<Book> findByShortestTitle();                          // (3)

@Async                                                       // (4)
@Query("SELECT * FROM book b " +
    "WHERE b.title = :title")
CompletableFuture<Book> findBookByTitleAsync(                // (4.1)
    @Param("title") String title);

@Async                                                       // (5)
@Query("SELECT * FROM book b " +
    "WHERE b.id > :fromId AND b.id < :toId")
CompletableFuture<Stream<Book>> findBooksByIdBetweenAsync(   // (5.1)
    @Param("fromId") Integer from,
    @Param("toId") Integer to);
}
```

带编号的代码解释如下。

(1) 通过扩展 CrudRepository，我们的图书存储库收到了十几种基本 CRUD 操作方法，例如 save(...)、saveAll(...)、findById(...) 和 deleteAll(...)。

(2) 它通过提供在 @Query 注解中定义的定制化 SQL 来注册自定义方法以查找具有最长标题的图书。但是，与 Spring JDBC 相比，我们没有看到任何 ResultSet 转换。JdbcTemplate 不是必需的，我们唯一要编写的是一个接口。Spring 框架自动生成实现并处理许多陷阱。作为 findByLongestTitle 方法的结果(2.1)，存储库返回 List 容器，因此只有在整个查询结果到达时才会解除客户端阻塞。

(3) 或者，存储库可以返回一个图书 Stream，因此当客户端调用 findByShortestTitle 方法(3.1)时，根据底层实现，API 可以在数据库仍然执行查询时处理第一个元素。当然，只有在底层实现和数据库本身支持这种操作模式的情况下才能如此。

(4) 存储库使用 findBookByTitleAsync 方法(4.1)利用 Spring 框架的异步支持。该方法返回 CompletableFuture，因此在等待结果时不会阻塞客户端的线程。遗憾的是，由于 JDBC 的阻塞方式，锁定底层线程仍然是必须的。

(5) 此外，可以将 findtableFuture 和 Stream 组合在 findBooksByIdBetweenAsync 方法(5.1)中。这样，在第一批数据行到达之前客户端的线程不会阻塞。然后我们可以以块的形式遍历结果集。遗憾的是，我们必须在执行的第一部分阻塞底层线程，并且在获取下一个数据块之后阻塞客户端的线程。这种行为是 JDBC 能实现的最好的行为，同时不具备响应式支持。

要告知 Spring 需要使用 Spring Data JDBC 生成 BookRepository 实现，就必须在 Spring Boot 应用程序中添加下一个依赖项：

```
compile('org.springframework.data:spring-data-jdbc:1.0.0.RELEASE')
```

我们还需要将@EnableJdbcRepositories 注解添加到应用程序配置中。在底层，Spring Data JDBC 使用 Spring JDBC 和 NamedParameterJdbcTemplate，这在前面已经讨论过。

Spring Data JDBC 是一个非常小的模块，它为小型微服务构建简单的持久层提供了一种便捷的方法。但是，它的设计目标是简便性，而不是面向 ORM 的缓存、实体延迟加载和复杂实体关系等各个方面。为此，Java 生态系统准备了一个单独的规范，被称为 Java 持久化 API（Java Persistence API，JPA）。

使 Spring Data JDBC 具有响应性

Spring Data JDBC 是 Spring Data Relational 的一部分，后者是一个更大的项目。Spring Data JDBC 需要 JDBC，它是一个完全阻塞的 API，不适用于完全响应式栈。在撰写本书时，Spring Data 团队开发了 R2DBC 规范，能使驱动程序提供与数据库的完全响应式非阻塞集成。这些工作可能在 Spring Data R2DBC 模块中被采用，该模块将成为 Spring Data Relational 项目的一部分。图 7-14 展示了 Spring Data Relational 的潜在响应式栈。

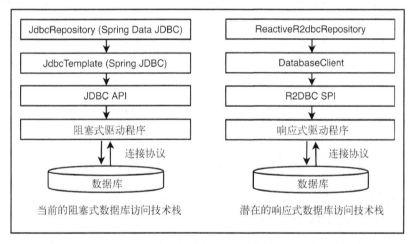

图 7-14　当前的 Spring Data JDBC 技术栈和潜在的响应式替代物

7.2.6　JPA

JPA 于 2006 年首次出现（最新的 2.2 版本于 2013 年发布，有时被称为 JPA 2），旨在描述 Java 应用程序中的关系型数据管理。如今，JPA 是一种定义应用程序如何组织持久化层的标准。它由 API 本身和 Java 持久化查询语言（Java Persistence Query Language，JPQL）组成。JPQL 是一种类似 SQL 的平台无关语言，它通过存储库而不是数据库来查询 JPA 实体对象。

与作为数据库访问标准的 JDBC 相比，JPA 是一个**对象关系映射**（Object Relational Mapping，

ORM）标准，它能将代码中的对象映射到数据库中的表。ORM 通常在底层使用 JDBC 和运行中生成的 SQL 查询，但这种机制对应用程序开发人员而言通常是不可见的。JPA 不仅可以映射实体，还可以映射实体关系，以便轻松加载关联对象。

最常用的 JPA 实现是 Hibernate 和 EclipseLink。两者都实现了 JPA 2.2，可以互换。除了实现 JPA 标准，两个项目都提出了一组额外的功能，这些功能在规范中没有定义，但在某些情况下可能很方便。例如，EclipseLink 可以处理数据库更改事件，并描述实体到多个数据库表的映射。另外，Hibernate 提供了对时间戳和自然标识符的更好支持。两个库都支持多租户（multi-tenancy）。但是，我们应该理解，在使用特有功能时，这些库不可以互换。

使用 JPA 实现而不是使用纯 JDBC 的另一个原因是由于 Hibernate 和 EclipseLink 提供的缓存功能。这两个库使我们能最小化在第一级会话缓存甚至在第二级外部缓存中所缓存实体的实际数据库请求的数量。仅这个功能就可能对应用程序性能产生显著影响。

使 JPA 具有响应性

在撰写本书时，尚不清楚是否有使 JPA 具有异步或响应性的尝试。这样的工作需要建立 JDBC 的异步或响应式替代物，JPA 也是构建在这个基础之上的。此外，JPA 设计有许多假设，而这些假设在响应式编程中不再是成立的。此外，JPA 提供程序的巨大代码库对响应式重构而言不是一个简单目标。因此，很可能短时间内不会有响应式 JPA 支持。

7.2.7　Spring Data JPA

Spring Data JPA 同样能让我们像用 Spring Data JDBC 那样构建存储库，但在内部它使用了更强大的基于 JPA 的实现。Spring Data JPA 对 Hibernate 和 EclipseLink 都提供了出色的支持。在运行中，Spring Data JPA 根据方法名称约定生成 JPA 查询，为 Generic DAO 模式提供实现，并添加对 Querydsl 库的支持，该库可实现优雅的、类型安全的基于 Java 的查询。

现在，让我们创建一个简单的应用程序来演示 Spring Data JPA 的基础用法。以下依赖项获取 Spring Boot 应用程序所需的所有模块：

```
compile('org.springframework.boot:spring-boot-starter-data-jpa')
```

Spring Boot 足够聪明，可以推断出 Spring Data JPA 正在被使用，因此甚至不需要添加 @EnableJpaRepositories 注解（但如果我们愿意的话也可以这样做）。Book 实体如下所示：

```
@Entity
@Table(name = "book")
public class Book {
    @Id
    private int id;
    private String title;

    //构造器、getter 和 setter 方法……
}
```

标有 `javax.persistence.Entity` 注解的 `Book` 实体能设置 JPQL 查询中使用的实体名称。`javax.persistence.Table` 注解既定义表的坐标，也可以定义约束和索引。要重点注意，我们必须使用 `javax.persistence.Id` 注解而不是 `org.springframework.data.annotation.Id` 注解。

现在，让我们使用自定义方法来定义 CRUD 存储库，其中一个方法使用命名约定生成查询，而另一个方法则使用 JPQL 查询：

```
@Repository
interface BookJpaRepository
    extends CrudRepository<Book, Integer> {

    Iterable<Book> findByIdBetween(int lower, int upper);

    @Query("SELECT b FROM Book b WHERE LENGTH(b.title) = " +
            "(SELECT MIN(LENGTH(b2.title)) FROM Book b2)")
    Iterable<Book> findShortestTitle();
}
```

类路径中的 JDBC 驱动程序、Spring Boot 依赖项、`Book` 实体类和 `BookJpaRepository` 接口等足以提供一个基础但非常通用的持久层，该持久层的技术栈包括 Spring Data JPA、JPA、JPQL、Hibernate 和 JDBC。

使 Spring Data JPA 具有响应性

遗憾的是，Spring Data JPA 模块的响应式变体将要求其所有底层也具有响应式，其中包括 JDBC、JPA 和 JPA 提供程序。因此，在未来几年内这种情况发生的可能性极小。

7.2.8 Spring Data NoSQL

Spring Data JPA 和 Spring Data JDBC 都是连接到（至少提供 JDBC 驱动程序的）关系型数据库的绝佳解决方案，但大多数 NoSQL 数据库不会这样做。在这种情况下，Spring Data 项目准备了几个单独的模块，逐个针对流行的 NoSQL 数据库。Spring 团队积极为 MongoDB、Redis、Apache Cassandra、Apache Solr、Gemfire、Geode 和 LDAP 开发模块。与此同时，社区为以下数据库和存储媒介开发模块：Aerospike、ArangoDB、Couchbase、Azure Cosmos DB、DynamoDB、Elasticsearch、Neo4j、Google Cloud Spanner、Hazelcast 和 Vault。

值得一提的是 EclipseLink 和 Hibernate 都支持 NoSQL 数据库。EclipseLink 支持 MongoDB、Oracle NoSQL、Cassandra、Google BigTable 和 Couch DB。此外，Hibernate 准备了一个名为 Hibernate OGM 的子项目，以支持 Infinispan、MongoDB、Neo4j 等 NoSQL。但是，由于 JPA 本质上是一种关系型 API，因此与专用 Spring 数据模块相比，此类解决方案缺少与 NoSQL 相关的功能。此外，JPA 及其关系型假设在应用于 NoSQL 数据存储时可能导致应用程序设计方向错误。

使用 MongoDB 的代码与 Spring Data JDBC 示例中的代码几乎相同。要使用 MongoDB 存储库，我们必须添加以下依赖项：

```
compile('org.springframework.boot:spring-boot-starter-data-mongodb')
```

想象一下，我们必须实现在线图书目录，而解决方案基于 MongoDB 和 Spring 框架。为此，我们可以使用以下 Java 类定义 Book 实体：

```
@Document(collection = "book")                                         // (1)
public class Book {
    @Id                                                               // (2)
    private ObjectId id;                                              // (3)

    @Indexed                                                          // (4)
    private String title;

    @Indexed
    private List<String> authors;                                     // (5)

    @Field("pubYear")                                                 // (6)
    private int publishingYear;

    // 构造器、getter 和 setter 方法
    // ……
}
```

这里，我们使用 org.springframework.data.mongodb.core.mapping 包中的@Document 注解(1)而不是 JPA 的@Entity 注解。@Document 注解特定于 MongoDB，并且可以引用正确的数据库集合。此外，为了定义实体的内部 ID，我们使用 MongoDB 的特定类型 org.bson.types. ObjectId (3)，并结合 Spring Data 注解 org.springframework.data.annotation.Id (2)。我们的实体以及我们的数据库文档将包含一个 title 字段，该字段也将由 MongoDB 进行索引。为此，我们使用@Indexed 注解(4)修饰该字段。此注解提供了一些有关索引详细信息的配置选项。另外，一本书可能有一个或多个作者，我们通过将 authors 字段的类型声明为 List<String> (5)来表示这一点。authors 字段也被编入索引。注意，这里我们不创建对具有多对多关系的单独 author 表的引用（因为它很可能是用关系型数据库实现的），而是将作者名称作为子文档嵌入到 Book 实体中。最后，我们定义了 publishingYear 字段。实体中的字段名和数据库中的字段名不同。@Field 注解可以实现这些场景下的自定义映射(6)。

在数据库中，这样的 book 实体将由以下 JSON 文档表示：

```
{
    "_id" : ObjectId("5b1c0908eb696eddfadc0b1b"),                     /*(1)*/
    "title" : "The Expanse: Leviathan Wakes",
    "pubYear" : 2011,                                                 /*(2)*/
    "authors" : [                                                     /*(3)*/
        "Daniel Abraham",                                            /*    */
        "Ty Franck"                                                  /*    */
    ],
    "_class" : "org.rpis5.chapters.chapter_07.mongo_repo.Book"        /*(4)*/
}
```

我们可以看到，MongoDB 使用专门设计的数据类型来表示文档 ID (1)。在这种情况下，
`publishingYear` 映射到 `pubYear` 字段(2)，而 `authors` 由数组(3)表示。此外，Spring Data
MongoDB 添加了 `_class` 字段支持，该字段描述了用于对象–文档映射的 Java 类。

基于 MongoDB，存储库接口应扩展 `org.springframework.data.mongodb.repository.`
`MongoRepository` 接口(1)，后者又扩展了我们在前面示例中使用过的 `CrudRepository`：

```
@Repository
public interface BookSpringDataMongoRepository
    extends MongoRepository<Book, Integer> {                        // (1)

    Iterable<Book> findByAuthorsOrderByPublishingYearDesc(           // (2)
        String... authors
    );

    @Query("{ 'authors.1': { $exists: true } }")                    // (3)
    Iterable<Book> booksWithFewAuthors();
}
```

当然，MongoDB 存储库支持基于命名约定的查询生成，因此 `findByAuthorsOrder-`
`ByPublishingYearDesc` 方法按作者搜索图书，并返回按发布年份排序（最新出版物排在前面）
的结果。此外，`org.springframework.data.mongodb.repository.Query` 注解使我们能
编写特定于 MongoDB 的查询。例如，前面的查询(3)能巧妙地搜索具有多个作者的图书。

应用程序的其余部分应该与 Spring Data JDBC 或 Spring Data JPA 的运行情况相同。

尽管我们已经谈到了使用 Spring 进行数据持久化的主要方法，但我们对这个领域只是了解了
一些皮毛。我们完全省略了事务管理、数据库初始化和迁移（Liquibase、Flyway），它们是实体
映射、缓存和性能调优的最佳实践。以上所有领域都可以写不止一本书，但我们必须继续前进，
并研究如何实现响应式持久化。

使用 Spring 框架实现 NoSQL 数据库的响应式支持需要整个底层基础设施提供响应式或异步
API。一般来说，NoSQL 数据库相对出现较晚并且发展很快，因此受到同步阻塞 API 的严重限制
的基础设施不多。因此，与使用 JDBC 驱动程序的关系型数据库相比，使用 NoSQL 数据库实现
响应式持久性应该更容易。到目前为止，Spring Data 有一些响应式数据连接器，MongoDB 就是
其中之一。后面的节中将介绍这一点。

7.2.9 同步模型的局限性

在研究使用 Spring 框架乃至 Java 进行持久化选型时，我们已经查看了 JDBC、JPA、Hibernate、
EclipseLink、Spring Data JDBC 和 Spring Data JDBC，这些 API 和库本身都是同步和阻塞的。即
使它们几乎总是用于在涉及网络调用的外部服务中进行数据检索，它们也不支持非阻塞交互。因
此，所有前面提到的 API 和库都与响应式范式相冲突。向数据库发出查询的 Java 线程注定要被

阻塞，直到第一个数据到达或发生超时为止。从响应式应用程序资源管理角度来看，这是非常浪费的。如第 6 章中所述，这种方法大大限制了应用程序的吞吐量，并且需要更多的服务器资源，因此需要更多的资金。

无论是 HTTP 请求还是数据库请求，以阻塞方式发出 I/O 请求都是浪费。此外，基于 JDBC 的通信通常使用整个连接池来并行执行查询。相反，广泛使用的 HTTP2 协议允许使用相同的 TCP 连接同时发送和接收多个资源。这种方法减少了占用的 TCP 套接字数量，并使客户端和服务器（在我们的例子中是数据库）都具有更大的并发性。请考虑图 7-15。

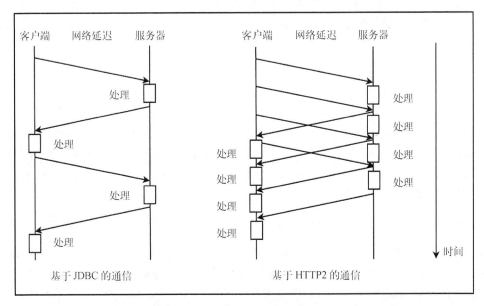

图 7-15　普通数据库通信和允许多路复用的通信协议（如 HTTP2）之间的比较

当然，连接池可以节省打开新连接的时间。在 JDBC 层以下实现通信层，以便像 HTTP2 一样利用多路复用也是可行的，但是，JDBC 层之前的代码必须是同步和阻塞的。

同样，当处理包含少量批次的大型查询结果时，与数据库游标（支持迭代查询结果记录的控制结构）的通信看起来就像图 7-15 的左侧。第 3 章虽然从响应式流的角度详细分析了通信选项之间的差异，但相同的参数适用于网络交互。

即使数据库提供了能够高效通信并利用连接多路复用的异步非阻塞驱动程序，我们也无法在使用 JDBC、JPA 或 Spring Data JPA 时充分发挥它的潜力。因此，要构建完全响应式的应用程序，我们必须放弃同步技术并使用响应式类型创建 API。

总结本节，传统而完善的 JDBC 和 JPA 实现可能成为现代响应式应用程序的瓶颈。JDBC 和 JPA 不仅很可能在运行时使用太多线程和内存，还可能同时需要积极采用缓存来限制冗长的同步请求和阻塞 I/O。

同步模型不是不好，它只是不适合响应式应用程序，并很可能成为一个限制因素。但是，这些模型可能成功共存。同步和响应式方法各有其优点和缺点。例如，到目前为止，响应式持久化方法无法在功能方面提出任何接近 JPA 的 ORM 解决方案。

7.2.10　同步模型的优点

尽管同步数据访问不是在实现持久层时使用服务器资源最有效的方式，但它仍然是一种非常有价值的方法，主要用于构建阻塞式 Web 应用程序。JDBC 可能是用于访问数据的最流行、最通用的 API，它几乎完全隐藏了应用程序和数据库之间的客户端-服务器通信的复杂性。Spring Data JDBC 和 Spring Data JPA 为数据持久化提供了更多高级工具，并隐藏了查询转换和事务管理的巨大复杂性。这些都经过了实战测试，大大简化了现代应用程序的开发方式。

同步数据访问简单、易于调试且易于测试。通过监控线程池，我们也可以轻松跟踪资源使用情况。同步方法提供了大量的工具（例如 JPA 和 Spring Data 连接器），它们不需要任何背压支持，并且在使用迭代器和同步流时仍然高效。此外，由于大多数现代数据库内部使用阻塞模型，因此使用阻塞驱动程序进行交互是很自然的事情。这种同步方法对本地和分布式事务具有出色的支持，在用 C 或 C ++编写的本机驱动程序上实现包装也很容易。

同步数据访问的唯一缺点在于阻塞执行方式，这与使用响应式范例（Netty、Reactor、WebFlux）构建的响应式 Web 应用程序很不兼容。

在简要回顾了同步数据访问技术之后，我们将会探索响应式数据持久化，并了解 Spring Data 的响应式连接器如何在不影响 Spring Data 存储库多功能性的情况下实现高性能。

7.3　使用 Spring Data 进行响应式数据访问

因此，要构建一个完全响应式的应用程序，我们需要一个不与实体集合一起运行，而使用响应式实体流操作的存储库。响应式存储库既能够通过消费 Entity 本身，也能够通过消费响应式 Publisher<Entity>来保存、更新或删除实体。它还应该通过响应式类型返回数据。理想情况下，在查询数据库时，我们希望以与 Spring WebFlux 模块中的 WebClient 类似的方式使用数据存储库。实际上，Spring Data Commons 模块为 ReactiveCrudRepository 接口提供了这样的契约。

现在，让我们讨论在使用响应式数据访问层而不是通常的阻塞式数据访问层时可以期望的好处。第 3 章比较了数据检索的同步模型和响应式模型，因此，通过采用理想的响应式数据访问层，我们的应用程序可能获得以下所有好处。

- **高效的线程管理**。因为不需要线程来阻塞 I/O 操作，所以创建的线程更少，线程调度的开销更少，为 `Thread` 对象的堆栈分配的内存占用更少，因此，它能够处理大量的并发连接。
- **查询第一个结果的延迟较小**。即使在查询完成之前，结果也可用。这一点对于以低延迟操作为目标的搜索引擎和交互式 UI 组件是很方便的。
- **减少内存占用**。因为在处理传出或传入流量的查询时需要缓冲的数据较少，所以这很有用。此外，客户端可以取消对响应式流的订阅，并在有足够数据满足其需求时减少通过网络发送的数据量。
- **背压传播**能通知客户端数据库使用新数据的能力。此外，它还能通知数据库服务器客户端处理查询结果的能力。在这种情况下，我们可以转而做更紧急的工作。
- 由于响应式客户端不是线程绑定的，因此发送查询和不同的数据处理操作可能发生在不同的线程中。反过来，底层查询和连接对象必须容忍这种操作模式。由于没有线程拥有对查询对象的专有权，并且没有阻塞客户端代码，因此我们可以**对到数据库的单连接进行共享**并忽略连接池。如果数据库支持**智能连接模式**，我们则可以通过单个物理网络连接传输查询结果，并将其路由到正确的响应式订阅者。
- 最后，同样重要的是，**持久化层与响应式应用程序的流式响应式代码的平滑集成**由响应式流规范支持。

数据库访问技术栈越具有**响应式特性**，应用程序可能带来的好处就越多。但是，通过应用异步驱动程序或封装在适当响应式适配器中的阻塞驱动程序，我们可以获得前面提到的一些好处。尽管应用程序可能失去传播背压的能力，但它仍然使用更少的内存并具有适当的线程管理。现在，是时候在 Spring Boot 应用程序中使用响应式代码了。

要在 Spring Boot 应用程序中启用响应式持久化，我们必须使用一个具有响应式连接器的数据库。在撰写本书时，Spring Data 项目为 MongoDB、Cassandra、Redis 和 Couchbase 提供了响应式连接。这个清单似乎有些短，但目前响应式持久化仍然是一种新奇的方式，尚未被普遍接受。此外，限制 Spring 团队支持更多响应式数据库的主要因素是缺乏数据库的响应式和异步驱动程序。现在，让我们研究一下在 MongoDB 示例中响应式 CRUD 存储库的工作原理。

7.3.1   使用 MongoDB 响应式库

要使用 MongoDB 的响应式数据访问而不是其同步实现，我们必须将以下依赖项添加到 Gradle 项目中：

```
compile 'org.springframework.boot:spring-boot-starter-data-mongodb-reactive'
```

假设我们想要将上一节中的简单 MongoDB 应用程序重构为响应式。在这种情况下，我们可以保留 Book 实体而不进行任何修改。与 MongoDB 对象-文档映射关联的所有注解对于同步和响应式 MongoDB 模块而言都是相同的。但是，在存储库中，我们现在必须用响应式类型替换普通类型：

```
public interface ReactiveSpringDataMongoBookRepository
    extends ReactiveMongoRepository<Book, Integer> {          // (1)

    @Meta(maxScanDocuments = 3)                               // (2)
    Flux<Book> findByAuthorsOrderByPublishingYearDesc(        // (3)
        Flux<String> authors
    );

    @Query("{ 'authors.1': { $exists: true } }")             // (4)
    Flux<Book> booksWithFewAuthors();
}
```

因此，我们的存储库现在扩展了 ReactiveMongoRepository 接口(1)而不是 MongoRepository 接口。而 ReactiveMongoRepository 扩展了 ReactiveCrudRepository 接口，后者是所有响应式连接器的通用接口。

 尽管此处没有 RxJava2MongoRepository，我们仍然可以通过从 RxJava2Crud-Repository 进行扩展而将所有响应式 Spring Data 存储库与 RxJava 2 一起使用。Spring Data 处理 Project Reactor 类型到 RxJava 2 的适配（反之亦然），从而提供原生 RxJava 2 体验。

ReactiveCrudRepository 接口是同步 Spring Data 中 CrudRepository 接口的响应式等价物。Reactive Spring Data 存储库使用相同的注解并支持大多数同步提供的功能。因此，响应式 Mongo 存储库支持方法名称约定(3)的查询，带有手写 MongoDB 查询的@Query 注解(4)，以及带有一些附加查询调优功能的@Meta 注解(2)。它还支持构建运行**按示例查询**（Query by Example，QBE）的请求。但是，与同步 MongoRepository 相比，ReactiveMongoRepository 扩展了 ReactiveSortingRepository 接口，该接口提供了按请求结果进行特定排序的功能，但不提供分页支持。后文将会介绍数据分页问题。

像往常一样，我们可以在应用程序中注入一个 ReactiveSpringDataMongoBookRepository 类型的 bean，然后 Spring Data 会提供所需的 bean。以下代码展示了如何使用响应式存储库将一些图书插入 MongoDB：

```
@Autowired
private ReactiveSpringDataMongoBookRepository rxBookRepository;   // (1)
...
Flux<Book> books = Flux.just(                                    // (2)
    new Book("The Martian", 2011, "Andy Weir"),
    new Book("Blue Mars", 1996, "Kim Stanley Robinson")
);

rxBookRepository
    .saveAll(books)                                             // (3)
    .then()                                                     // (4)
    .doOnSuccess(ignore -> log.info("Books saved in DB"))       // (5)
    .subscribe();                                               // (6)
```

带编号的代码解释如下。

(1) 使用 BookSpringDataMongoRxRepository 接口注入 bean。

(2) 准备必须插入到数据库的 Book 响应式流。

(3) 通过 saveAll 方法保存实体，该方法消费 Publisher<Book>。像往常一样，在实际订阅者订阅之前不会进行保存。ReactiveCrudRepository 还具有消费 Iterable 接口的 saveAll 重载方法。这两种方法有不同的语义，但关于这个主题的介绍被安排在后面。

(4) saveAll 方法返回带有已保存实体的 Flux<Book>，但由于对这种程度的细节不感兴趣，因此我们使用 then 方法转换流，只传播 onComplete 或 onError 事件。

(5) 当响应式流已完成并保存所有图书时，我们会报告相应的日志消息。

(6) 与往常一样，只要有响应式流，就应该存在订阅者。此处为了简单起见，我们在订阅时没有提供任何处理程序。但在实际的应用程序中应该有真正的订阅者，例如来自处理响应的 WebFlux exchange 方法的订阅。

现在，让我们使用响应式流查询 MongoDB。我们可以方便地使用以下辅助方法打印流经响应式流的查询结果：

```
private void reportResults(String message, Flux<Book> books) {          // (1)
   books
      .map(Book::toString)                                              // (2)
      .reduce(                                                          // (3)
        new StringBuilder(),                                            // (3.1)
        (sb, b) -> sb.append(" - ")                                     // (3.2)
           .append(b)
           .append("\n"))
      .doOnNext(sb -> log.info(message + "\n{}", sb))                   // (4)
      .subscribe();                                                     // (5)
}
```

带编号的代码解释如下。

(1) 这是一种将人类可读的图书列表打印为一条日志消息的方法，该消息具有所需的消息前缀。

(2) 对于流中的每一本图书，它调用其 toString 方法并传播其字符串表示形式。

(3) Flux.reduce 方法用于将所有图书表示收集到一条消息中。请注意，如果图书数量很大，这种方法可能不起作用，因为每本新书都会增加存储缓冲区的大小，并可能导致高内存消耗。为了存储中间结果，我们使用 StringBuilder 类(3.1)。请记住，StringBuilder 不是线程安全的，onNext 方法可能调用不同的线程，但响应式规范保证了发生前（happens-before）关系。因此，即使不同的线程推送不同的实体，也可以安全地用 StringBuilder 将它们连接在一起，因为内存屏障（memory barrier）可以保证 StringBuilder 对象在一个响应式流内更新时处于最新状态。在点(3.2)处，一个图书被添加到单个缓冲区。

(4) 由于 reduce 方法仅在处理了所有传入的 onNext 事件后才发出 onNext 事件，因此我们可以安全地记录所有图书的最终消息。

(5) 要启动处理过程，我们必须执行 subscribe。为简单起见，我们假设这里不会发生错误。但是，在生产环境代码中，此处应该有一些用于处理错误的逻辑。

现在，让我们读取并报告数据库中的所有图书：

```
Flux<Book> allBooks = rxBookRepository.findAll();
reportResults("All books in DB:", allBooks);
```

以下代码使用方法命名约定搜索 Andy Weir 的所有图书：

```
Flux<Book> andyWeirBooks = rxBookRepository
    .findByAuthorsOrderByPublishingYearDesc(Mono.just("Andy Weir"));
reportResults("All books by Andy Weir:", andyWeirBooks);
```

此外，上述代码使用 Mono<String>类型传递搜索条件，并仅在 Mono 生成 onNext 事件时才启动实际的数据库查询。因此，响应式存储库成为响应式流的自然部分，其中传入流和传出流都是响应式的。

7.3.2 组合存储库操作

现在，让我们实现一个稍微复杂的业务用例。我们想要更新一本书的出版年份，但我们只知道这本书的标题。因此，我们必须首先找到所需的图书实例，然后更新出版年份，最后将图书保存到数据库中。为了使该用例更加复杂，我们假设标题和年份值是异步获取的（会有一些延迟），并且通过 Mono 类型进行传递。此外，我们还想知道更新请求是否成功。到目前为止，我们并不要求更新是原子的，并且假设不会有多本具有相同标题的图书。因此，根据这些要求，我们可以设计以下业务方法 API：

```
public Mono<Book> updatedBookYearByTitle(            // (1)
                   Mono<String> title,               // (2)
                   Mono<Integer> newPublishingYear)  // (3)
```

带编号的代码解释如下。

(1) updatedBookYearByTitle 方法返回更新后的图书实体（如果没有找到图书，则不返回任何内容）。

(2) 通过 Mono<String>类型对标题值进行引用。

(3) 通过 Mono<Integer>类型对新的出版年份值进行引用。

我们现在可以创建一个测试场景来检查 updatedBookYearByTitle 实现的工作原理：

```
Instant start = now();                                        // (1)
Mono<String> title = Mono.delay(Duration.ofSeconds(1))       // (2)
    .thenReturn("Artemis")                                   //
    .doOnSubscribe(s -> log.info("Subscribed for title"))    //
    .doOnNext(t ->                                           //
      log.info("Book title resolved: {}" , t));              // (2.1)
```

```
Mono<Integer> publishingYear = Mono.delay(Duration.ofSeconds(2))    // (3)
    .thenReturn(2017)                                               //
    .doOnSubscribe(s -> log.info("Subscribed for publishing year")) //
    .doOnNext(t ->                                                  //
        log.info("New publishing year resolved: {}" , t));         // (3.1)

updatedBookYearByTitle(title, publishingYear)                       // (4)
    .doOnNext(b ->                                                  //
        log.info("Publishing year updated for book: {}", b))       // (4.1)
    .hasElement()                                                   // (4.2)
    .doOnSuccess(status ->                                          //
        log.info("Updated finished {}, took: {}",                  // (5)
            status ? "successfully" : "unsuccessfully",            //
            between(start, now())))                                // (5.1)
    .subscribe();                                                   // (6)
```

带编号的代码解释如下。

(1) 跟踪运行时间，存储测试的开始时间。

(2) 解析标题并模拟一秒的延迟，在值准备就绪后立即记录(2.1)。

(3) 解析新的出版年份值并模拟两秒的延迟，在值准备就绪后立即记录(2.1)。

(4) 调用业务方法，在更新通知（如果有的话）到达时进行记录(4.1)。调用返回 Mono<Boolean> 的 Mono.hasElement 方法，以检查是否存在 onNext 事件（意味着实际的图书更新）。

(5) 流完成后，代码会记录更新是否成功并报告总执行时间。

(6) 与往常一样，必须有人订阅响应式工作流才能启动。

从前面的代码中，我们可以得出结论，工作流的运行时间不会少于两秒，因为这是解析出版年份所需的时间。但是，它的运行时间还可能更长。现在让我们进行实现的第一次迭代：

```
private Mono<Book> updatedBookYearByTitle(            /* 第一次迭代 */
    Mono<String> title,
    Mono<Integer> newPublishingYear
) {
    return rxBookRepository.findOneByTitle(title)            // (1)
        .flatMap(book -> newPublishingYear                  // (2)
            .flatMap(year -> {                              // (3)
                book.setPublishingYear(year);              // (4)
                return rxBookRepository.save(book);        // (5)
            }));
}
```

使用这种方法，我们在方法的开头用所提供的对 title 的响应式引用来调用存储库(1)。一旦找到 Book 实体(2)，我们就订阅新的出版年份值。然后，只要新的出版年份值到达，我们就更新 Book 实体(4)，并调用存储库的 save 方法。此代码生成以下输出：

```
Subscribed for title
Book title resolved: Artemis
Subscribed for publishing year
```

```
New publishing year resolved: 2017
Publishing year updated for book: Book(publishingYear=2017...
Updated finished successfully, took: PT3.027S
```

至此，该图书被更新。但正如日志所示，由于我们只在收到标题后才订阅新的出版年份，因此总共花费了超过 3 秒的时间来计算结果。我们可以做得更好。为此，我们必须在工作流的开头同时订阅两个流，以便启动并发检索过程。以下代码描述了如何使用 zip 方法执行此操作：

```
private Mono<Book> updatedBookYearByTitle(              /* 第二次迭代 */
    Mono<String> title,
    Mono<Integer> newPublishingYear
) {
    return Mono.zip(title, newPublishingYear)                      // (1)
        .flatMap((Tuple2<String, Integer> data) -> {              // (2)
            String titleVal = data.getT1();                       // (2.1)
            Integer yearVal = data.getT2();                       // (2.2)
            return rxBookRepository
                .findOneByTitle(Mono.just(titleVal))              // (3)
                .flatMap(book -> {
                    book.setPublishingYear(yearVal);              // (3.1)
                    return rxBookRepository.save(book);           // (3.2)
                });
        });
}
```

在这里，我们 zip 两个值并同时订阅它们(1)。一旦两个值都准备就绪，我们的流就会收到一个 Tuple2<String, Integer>容器，其中包含相关的值(2)。现在我们必须调用 data.getT1() 和 data.getT2()来解压缩值(2.1)和(2.2)。在点(3)，我们查询 Book 实体，一旦它到达，我们就会更新出版年份并将实体保存到数据库中。第二次迭代后，我们的应用程序显示以下输出：

```
Subscribed for title
Subscribed for publishing year
Book title resolved: Artemis
New publishing year resolved: 2017
Publishing year updated for the book: Book(publishingYear=2017...
Updated finished successfully, took: PT2.032S
```

现在可以看到，我们首先订阅了两个流，并且在两个值都到达时，更新了图书实体。在第二种方法中，我们花费大约 2 秒钟而不是 3 秒钟来执行操作。该方法更快但需要使用 Tuple2 类型，而这不仅需要额外的代码行还需要执行转换。为了提高可读性并删除 getT1()调用和 getT2()调用，我们可以添加 Reactor Addons 模块，该模块为这种情况提供了一些语法糖。

我们可以用以下新依赖项改进前面的示例代码：

```
compile('io.projectreactor.addons:reactor-extra')
```

这就是改进它的方法：

```
private Mono<Book> updatedBookYearByTitle(                    /* 第三次迭代 */
    Mono<String> title,
    Mono<Integer> newPublishingYear
) {
    return Mono.zip(title, newPublishingYear)
        .flatMap(
            TupleUtils.function((titleValue, yearValue) ->       // (1)
                rxBookRepository
                    .findOneByTitle(Mono.just(titleValue))       // (2)
                    .flatMap(book -> {
                        book.setPublishingYear(yearValue);
                        return rxBookRepository.save(book);
                    })));
}
```

在点(1)处，我们可以用 TupleUtils 类中的 function 方法替换 Tuple2 对象的手动析构，并使用析构后的值。由于 function 方法是静态的，因此生成的代码非常流畅且非常详细：

```
return Mono.zip(title, newPublishingYear)
    .flatMap(function((titleValue, yearValue) -> { ... }));
```

此外，在点(2)处，我们获取 titleValue 并将其再次包装到 Mono 对象中。我们可以使用已经具有正确类型的原始 title 对象，但在这种情况下，我们将两次订阅 title 流并将接收以下输出（请注意，我们会两次触发标题解析代码）：

```
Subscribed for title
Subscribed for publishing year
Book title resolved: Artemis
New publishing year resolved: 2017
Subscribed for title
Book title resolved: Artemis
Publishing year updated for the book: Book(publishingYear=2017...
Updated finished successfully, took: PT3.029S
```

还有一点是，在第三次迭代中，我们只有在收到标题和新出版值后才发出数据库请求以加载图书。但是，当出版年份请求仍在进行中但标题值已经存在时，我们也可以开始加载图书实体。第四次迭代展示了如何构建这个响应式工作流：

```
private Mono<Book> updatedBookYearByTitle(                    /* 第四次迭代 */
    Mono<String> title,
    Mono<Integer> newPublishingYear
) {
    return Mono.zip(                                          // (1)
        newPublishingYear,                                   // (1.1)
        rxBookRepository.findOneByTitle(title)               // (1.2)
    ).flatMap(function((yearValue, bookValue) -> {           // (2)
        bookValue.setPublishingYear(yearValue);              //
        return rxBookRepository.save(bookValue);             // (2.1)
    }));
}
```

我们使用 zip 操作符(1)同时订阅新的出版年份值(1.1)和图书实体(1.2)。当两个值都到达时(2)，我们更新实体的出版年份并请求图书保存程序(2.1)。此外，与该业务用例之前的所有迭代一样，工作流程即使至少需要两秒钟才能完成，也不会阻塞任何线程。因此，该代码非常高效地利用了计算资源。

本练习说明了，基于响应式流的能力和 Project Reactor API 的多功能性，即使在数据持久层中也可以轻松构建不同的异步工作流。只需几个响应式操作符，我们就可以完全改变数据流经系统的方式。然而，这些响应式流替代方案并非都是相同的，其中有些可能运行得更快，而有些可能运行得更慢，在很多情况下，最明显的解决方案并不是最合适的解决方案。因此，在编写响应式管道时，请考虑响应式操作符的各种组合，不要选择第一个想到的组合，而要选择最适合业务请求的组合。

7.3.3 响应式存储库的工作原理

现在，让我们深入了解响应式存储库的工作原理。Spring Data 中的响应式存储库通过适配底层数据库驱动程序功能来工作。在底层可能有一个兼容响应式流的驱动程序或一个可以包装到响应式 API 中的异步驱动程序。在这里，我们将了解响应式 MongoDB 存储库如何使用兼容响应式流的 MongoDB 驱动程序，以及如何在异步驱动程序上构建响应式 Cassandra 存储库。

首先，ReactiveMongoRepository 接口扩展了更多通用接口，包括 ReactiveSorting-Repository 和 ReactiveQueryByExampleExecutor。ReactiveQueryByExampleExecutor 接口可以使用 QBE 语言执行查询。ReactiveSortingRepository 接口扩展了更通用的 ReactiveCrudRepository 接口，并添加了 findAll 方法，该方法能对请求查询结果进行排序。

由于许多响应式连接器使用 ReactiveCrudRepository 接口，因此我们将仔细研究它。ReactiveCrudRepository 声明了用于保存、查找和删除实体的方法。Mono<T> save(T entity) 方法保存 entity，然后返回所保存的实体以便进一步操作。请注意，保存操作可能更改整个实体对象。Mono<T> findById(ID id) 操作消费实体的 id 并返回包装在 Mono 中的结果。findAllById 方法有两个重载方法，其中一个重载方法以 Iterable<ID>集合的形式消费 ID，另一个则采用 Publisher<ID>的形式。除了响应式方法，ReactiveCrudRepository 和 CrudRepository 之间唯一值得注意的区别在于 ReactiveCrudRepository 没有分页支持并且不能进行事务操作。本章稍后将介绍 Spring Data 响应式持久化的事务支持。但是现在，开发人员的责任是实现分页策略。

1. 分页支持

值得注意的是，Spring Data 团队故意省略了分页支持，因为同步存储库中使用的实现方案不适合响应式范式。要计算下一页的参数，我们需要知道前一个结果的返回记录数。此外，要使用该方法计算分页总数，我们需要查询记录总数。这两个方面都不符合响应式非阻塞范式。此外，

通过查询数据库计算总行数不仅相当昂贵，还在实际数据处理之前增加了延迟。但是，通过将
Pageable 对象传递到存储库，我们仍然可以获取数据块，如下所示：

```
public interface ReactiveBookRepository
    extends ReactiveSortingRepository<Book, Long> {

    Flux<Book> findByAuthor(String author, Pageable pageable);
}
```

所以，现在我们可以请求结果的第二页（注意，索引从 0 开始），其中每页包含 5 个元素：

```
Flux<Book> result = reactiveBookRepository
    .findByAuthor('Andy Weir', PageRequest.of(1, 5));
```

2. ReactiveMongoRepository 实现细节

Spring Data MongoDB Reactive 模块只有一个针对 ReactiveMongoRepository 接口的实
现，即 SimpleReactiveMongoRepository 类。它为 ReactiveMongoRepository 的所有方
法提供实现，并使用 ReactiveMongoOperations 接口处理所有较低级别的操作。

我们来看看 findAllById(Publisher<ID> ids)方法的实现：

```
public Flux<T> findAllById(Publisher<ID> ids) {
    return Flux.from(ids).buffer().flatMap(this::findAllById);
}
```

很明显，此方法使用 buffer 操作收集所有 ids，然后使用 findAllById(Iterable<ID>
ids)重载方法创建一个请求。该方法反过来构建 Query 对象并调用 findAll(Query query)方
法，该方法触发 ReactiveMongoOperations 实例的 mongoOperations.find(query,...)。

另一个有趣的现象是，insert(Iterable<S> entities)方法在一个单批处理查询中插入
实体。同时，insert(Publisher <S> entities)方法在 flatMap 操作符内生成许多查询，
如下所示：

```
public <S extends T> Flux<S> insert(Publisher<S> entities) {
    return Flux.from(entities)
      .flatMap(entity -> mongoOperations.insert(entity,...));
}
```

在这种情况下，findAllById 方法的两个重载方法以相同的方式运行，并且只生成一个数
据库查询。现在，让我们看一下 saveAll 方法。该方法消费 Publisher 的重载会为每个实体
都发出查询。而其消费 Iterable 的重载，在所有实体都是新的的情况下只发出一个查询，但在
其他情况下会为每个实体都发出一个查询。deleteAll(Iterable<?extends T> entities)
方法总是为每个实体发出一个查询，即使所有实体在 Iterable 容器中都可用并且不需要等待元
素异步显示也是如此。

我们可以看到，同一方法的不同重载可能以不同的方式运行，并可能生成不同数量的数据库查询。此外，此行为与方法是否消费某些同步迭代器或响应式 Publisher 相关性不强。因此，我们建议检查存储库方法的实现，以了解它向数据库发出的查询的数量。

如果我们将 ReactiveCrudRepository 方法与实时生成的实现一起使用，查看实际查询会更加困难。但是，在这种情况下，查询生成的行为方式与普通的同步 CrudRepository 类似。RepositoryFactorySupport 为 ReactiveCrudRepository 生成适当的代理。当使用@Query 注解修饰方法时，ReactiveStringBasedMongoQuery 类用于生成查询。ReactivePartTree-MongoQuery 类用于基于方法名称约定的查询生成。当然，将 ReactiveMongoTemplate 的日志记录器级别设置为 DEBUG 时，可以跟踪发送到 MongoDB 的所有查询。

3. 使用 ReactiveMongoTemplate

即使 ReactiveMongoTemplate 被用作响应式存储库的构建块，该类本身也非常通用。有时它能比高级别的存储库更高效地使用数据库。

举例说明。让我们实现一个简单的服务，该服务使用 ReactiveMongoTemplate 并基于正则表达式来按标题查找图书，其实现如下所示：

```
public class RxMongoTemplateQueryService {
    private final ReactiveMongoOperations mongoOperations;          // (1)
    //构造器……

    public Flux<Book> findBooksByTitle(String titleRegExp) {        // (2)
        Query query = Query.query(new Criteria("title")            // (3)
            .regex(titleRegExp)))
            .limit(100);
        return mongoOperations
            .find(query, Book.class, "book");                      // (4)
    }
}
```

RxMongoTemplateQueryService 类的要点解释如下。

(1) 我们必须引用 ReactiveMongoOperations 接口的实例。ReactiveMongoTemplate 实现该接口，并在配置了 MongoDB 数据源后出现在 Spring 上下文中。

(2) 该服务定义了 findBooksByTitle 方法，它使用正则表达式作为搜索条件，并返回包含结果的 Flux。

(3) MongoDB 连接器的 Query 类和 Criteria 类用于使用正则表达式构建实际查询。此外，我们通过应用 Query.limit 方法将结果数限制为 100。

(4) 这里，我们通过 mongoOperations 执行前面构建的查询。查询结果应映射到 Book 类的实体。此外，我们必须辨别用于查询的集合。在前面的示例中，我们查询名为 book 的集合。

注意，我们可以通过提供以下方法签名来实现与普通响应式存储库相同的行为（查询限制除外），该签名遵循如下命名约定。

```
Flux<Book> findManyByTitleRegex(String regex);
```

在底层，`ReactiveMongoTemplate` 使用 `ReactiveMongoDatabaseFactory` 接口来获取响应式 MongoDB 连接的实例。此外，它使用 `MongoConverter` 接口的实例将实体转换为文档，反之亦然。`MongoConverter` 也适用于同步 `MongoTemplate`。让我们看一下 `ReactiveMongo-Template` 如何实现其契约。例如，`find(Query query,...)` 方法将 `org.springframework.data.mongodb.core.query.Query` 实例映射到 `org.bson.Document` 类的实例，MongoDB 客户端可以使用后者工作。然后，`ReactiveMongoTemplate` 使用转换后的查询调用数据库客户端。`com.mongodb.reactivestreams.client.MongoClient` 类提供了响应式 MongoDB 驱动程序的入口点。它符合响应式流并通过响应式发布者返回数据。

4. 使用响应式驱动程序（MongoDB）

Spring Data 中的响应式 MongoDB 连接基于 MongoDB 响应式流 Java 驱动程序构建。该驱动程序提供具有非阻塞背压的异步流处理。此外，响应式驱动程序构建在 MongoDB 异步 Java 驱动程序之上。异步驱动程序是低级别的，并且具有基于回调的 API，因此它不像较高级别的响应式流驱动程序那样易于使用。我们必须注意，除了 MongoDB 响应式流 Java 驱动程序，还有 MongoDB RxJava 驱动程序，而后者构建在同一个异步 MongoDB 驱动程序之上。因此，针对 MongoDB 连接，Java 生态系统准备了一个同步驱动程序、一个异步驱动程序和两个响应式驱动程序。

当然，如果对查询过程控制的需求超过 `ReactiveMongoTemplate` 所能提供的，我们可以直接使用响应式驱动程序。通过这种方法，在上述示例中使用纯响应式驱动程序的结果如下：

```
public class RxMongoDriverQueryService {
  private final MongoClient mongoClient;                         // (1)

  public Flux<Book> findBooksByTitleRegex(String regex) {        // (2)
    return Flux.defer(() -> {                                    // (3)
      Bson query = Filters.regex(titleRegex);                    // (3.1)
      return mongoClient                                         //
          .getDatabase("test-database")                          // (3.2)
          .getCollection("book")                                 // (3.3)
          .find(query);                                          // (3.4)
    })
      .map(doc -> new Book(                                      // (4)
        doc.getObjectId("id"),
        doc.getString("title"),
        doc.getInteger("pubYear"),
        // ……其他映射程序
      ));
  }
}
```

带编号的代码解释如下。

(1) 该服务引用 com.mongodb.reactivestreams.client.MongoClient 接口的实例。在正确配置数据源时，此实例应作为 Spring bean 接受访问。

(2) 该服务定义了 findBooksByTitleRegex 方法，此方法返回包含 Book 实体的 Flux。

(3) 我们必须返回一个新的 Flux 实例，它将执行过程推迟到实际订阅发生的时间。在 lambda 中，我们使用 com.mongodb.client.model.Filters 辅助类并基于 org.bson.conversions.Bson 类型定义一个新查询。然后我们按名称引用数据库(3.2)和集合(3.3)。除非我们使用 find 方法发送先前准备的查询(3.4)，否则不会与数据库进行通信。

(4) 一旦结果开始返回，我们就可以将 MongoDB 文档转移到领域实体中（如果需要的话）。

尽管前面的示例中我们在数据库驱动程序级别进行工作，但在使用响应式流时它仍然让人感到非常舒适。此外，我们不需要手动处理背压，因为 MongoDB 响应式流 Java 驱动程序已经支持背压处理。响应式 MongoDB 连接使用基于批大小的背压需求。虽然这种方法是一种合理的默认设置，但在使用小的需求增量时会生成许多往返。图 7-16 强调了响应式 MongoDB 存储库所需的所有抽象层。

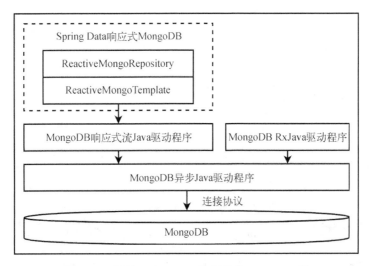

图 7-16　基于 Spring Data 的响应式 MongoDB 栈

5. 使用异步驱动程序（Cassandra）

我们已经描述了如何在响应式驱动程序之上构建响应式 Mongo 存储库。现在，让我们看一下响应式 Cassandra 存储库如何适配异步驱动程序。

与 ReactiveMongoRepository 类似，响应式 Casandra 连接器为我们提供了 Reactive-CassandraRepository 接口，该接口同样扩展了更通用的 ReactiveCrudRepository。

ReactiveCassandraRepository 接口由 SimpleReactiveCassandraRepository 实现,而 SimpleReactiveCassandraRepository 又使用 ReactiveCassandraOperations 接口进行低级别操作。

ReactiveCassandraOperations 由 ReactiveCassandraTemplate 类实现。当然,类似于 ReactiveMongoTemplate,ReactiveCassandraTemplate 可以直接在应用程序中使用。

ReactiveCassandraTemplate 类在内部使用 ReactiveCqlOperations。

ReactiveCassandraTemplate 与 Spring Data 实体(如 org.springframework.data. cassandra.core.query.Query)一起运行,而 ReactiveCqlOperations 使用 Cassandra 驱动程序可识别的 CQL 语句(由 String 表示)进行操作。ReactiveCqlOperations 接口由 ReactiveCqlTemplate 类实现。此外,ReactiveCqlTemplate 使用 ReactiveSession 接口进行实际的数据库查询。ReactiveSession 由 DefaultBridgedReactiveSession 类实现, 该类将驱动程序提供的异步 Session 方法桥接到响应式执行模式。

让我们更深入一下,看看 DefaultBridgedReactiveSession 类如何将异步 API 适配为响应式 API。execute 方法接收一个 Statement(例如一个 SELECT 语句)并响应式返回结果。 execute 方法及其 adaptFuture 辅助方法如下所示:

```
public Mono<ReactiveResultSet> execute(Statement statement) {          // (1)
    return Mono.create(sink -> {                                        // (2)
        try {
            ListenableFuture<ResultSet> future = this.session          // (3)
                .executeAsync(statement);
            ListenableFuture<ReactiveResultSet> resultSetFuture =
                Futures.transform(                                     // (4)
                    future, DefaultReactiveResultSet::new);
            adaptFuture(resultSetFuture, sink);                        // (5)
        } catch (Exception cause) {
            sink.error(cause);                                         // (6)
        }
    });
}

<T> void adaptFuture(                                                   // (7)
    ListenableFuture<T> future, MonoSink<T> sink
) {
    future.addListener(() -> {                                         // (7.1)
        if (future.isDone()) {
            try {
                sink.success(future.get());                            // (7.2)
            } catch (Exception cause) {
                sink.error(cause);                                     // (7.3)
            }
        }
    }, Runnable::run);
}
```

带编号的代码解释如下。

(1) 首先，execute 方法不会返回带有结果的 Flux，而是返回带有 ReactiveResultSet 实例的 Mono。ReactiveResultSet 包装异步 com.datastax.driver.core.ResultSet，后者支持分页以便在返回 ResultSet 实例时获取结果的第一页，并且仅在消费了第一页的所有结果后才获取下一页。ReactiveResultSet 使用 Flux<Row> rows()方法来适配该行为。

(2) 我们使用 create 方法创建一个新的 Mono 实例，该方法将操作推迟到订阅时。

(3) 这是对驱动程序异步 Session 实例的异步查询执行。请注意，Cassandra 驱动程序使用 Guava 的 ListenableFuture 返回结果。

(4) 异步 ResultSet 被包装到名为 ReactiveResultSet 的响应式对应物中。

(5) 这里，我们调用 adaptFuture 辅助方法，它将 ListenableFuture 映射到 Mono。

(6) 如果有任何错误，我们必须通知响应式订阅者。

(7) adaptFuture 方法只是为 future 添加一个新的监听器(7.1)，因此当结果出现时，它会生成一个响应式的 onNext 信号(7.2)。如果有执行错误产生，它还会告知订阅者(7.3)。

值得注意的是，多页 ResultSet 能调用 fetchMoreResults 方法异步获取后续数据页。ReactiveResultSet 在 Flux<Row> rows()方法内部执行此操作。虽然这种方法有效，但在 Casandra 实现完全响应式的驱动程序之前，它一直被认为是一种中间解决方案。

图 7-17 展示了响应式 Spring Data Cassandra 模块的内部体系结构。

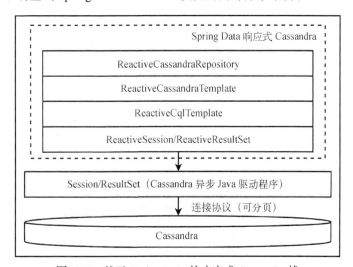

图 7-17　基于 Spring Data 的响应式 Cassandra 栈

7.3.4　响应式事务

事务是数据库的标记，它定义了具有许多逻辑操作的单个单元的边界，而这些逻辑操作应该以原子方式执行。因此，在某个时间点事务被初始化，然后一些操作发生在事务对象上，最后在某个时间进行决策。此时，客户端和数据库决定应成功提交事务还是回滚事务。

在同步世界中，事务对象通常保存在 ThreadLocal 容器中。但是，ThreadLocal 不适合用于将数据与响应式流相关联，因为用户无法控制线程切换。事务需要将底层资源绑定到物化数据流。在 Project Reactor 中，我们可以通过利用第 4 章中描述的 Reactor 上下文来实现这一目标。

1. 基于 MongoDB 4 的响应式事务

MongoDB 从 4.0 版开始支持**多文档事务**（multi-document transactions）。这使我们能在新版 MongoDB 中试验响应式事务。以前，Spring Data 仅具有不支持事务的响应式数据库连接器。现在，情况发生了变化。由于响应式事务在响应式持久化领域是一个新奇事物（后者本身就是一个新概念），所以下列所有声明和示例代码都应被视为未来实现响应式事务处理的一些可能方法。在撰写本书时，Spring Data 没有任何在服务或存储库级别应用响应式事务的功能。但是，我们可以使用 ReactiveMongoOperations 级别（由 ReactiveMongoTemplate 实现）的事务进行操作。

首先，多文档事务是 MongoDB 的一项新功能。它仅适用于使用 WiredTiger 存储引擎的非分片副本集。在 MongoDB 4.0 中，没有其他配置支持多文档事务。

其次，某些 MongoDB 功能在事务中不可用，如，发出元命令和创建集合或索引都是不可能的。同时，隐式创建集合在事务中不起作用。因此，我们需要设置所需的数据库结构以防止错误。此外，某些命令的行为可能有所不同，因此请查看有关多文档事务的资料。

以前，MongoDB 只能针对一个文档进行原子更新，即使该文档包含嵌入文档也是如此。借助多文档事务，我们可以跨多个操作、文档和集合获得全有或全无的语义。多文档事务能保证数据视图全局一致。如果事务成功提交，事务中所作的所有更改都将得到保存；但是，如果事务中的任何一个操作失败，整个事务将中止，所有更改都将被丢弃。此外，在事务提交之前，事务外部不会显示任何数据更新。

现在，让我们演示使用响应式事务将文档存储到 MongoDB。为此，我们可以使用一个众所周知的经典例子。假设我们必须实现一种用于在用户账户之间转账的钱包服务。每个用户都有自己的账户，且账户余额非负。用户可以将任意金额转给其他用户，但只有在账户中有足够资金时转账才会成功。转账可以并行发生，但在转账时，系统中的资金既不能增加，也不能减少。因此，汇款人钱包的取款操作和收款人钱包的存款操作必须同时且原子地进行。多文档事务在这里有所帮助。

如果没有事务，我们就可能遇到以下问题。

❑ 客户同时进行多笔转账，而转账的总金额高于其账户余额。此时，并发转账可能影响系统的一致性，并非法**创造资金**。

❑ 用户同时收到几笔存款。某些更新可能重写钱包状态，导致用户永久资金**丢失**。

有多种方法可以描述转账算法，但在这里我们关注最简单的方法。要将一笔款项从账户 A 转账到账户 B，我们应该执行以下操作。

(1) 启动新事务。

(2) 加载账户 A 的钱包。

(3) 加载账户 B 的钱包。

(4) 检查账户 A 的钱包中是否有足够的资金。

(5) 提取转账金额并计算账户 A 的新余额。

(6) 存入转账金额并计算账户 B 的新余额。

(7) 保存账户 A 的钱包。

(8) 保存账户 B 的钱包。

(9) 提交事务。

作为该算法的结果，我们要么获得钱包的新的一致状态，要么根本看不到任何变化。

让我们描述映射到 MongoDB 文档的 Wallet 实体类，它有一些方便的实用方法：

```
@Document(collection = "wallet")                                    // (1)
public class Wallet {
   @Id private ObjectId id;                                         // (2)
   private String owner;
   private int balance;

   //省略构造器、getter 和 setter 方法……

   public boolean hasEnoughFunds(int amount) {                      // (3)
      return balance >= amount;
   }

   public void withdraw(int amount) {                               // (4)
      if (!hasEnoughFunds(amount)) {
         throw new IllegalStateException("Not enough funds!");
      }
      this.balance = this.balance - amount;
   }

   public void deposit(int amount) {                                // (5)
      this.balance = this.balance + amount;
   }
}
```

带编号的代码解释如下。

(1) Wallet 实体类被映射到 MongoDB 中的 wallet 集合。

(2) org.bson.types.ObjectId 类用作实体标识符。ObjectId 类与 MongoDB 有很好的集成，通常用于实体标识。

(3) hasEnoughFunds 方法检查钱包中是否有足够的资金用于操作。

(4) withdraw 方法按要求的金额减少钱包的余额。

(5) deposit 方法按要求的金额增加钱包的余额。

我们需要一个存储库来基于数据库存储和加载钱包：

```
public interface WalletRepository
        extends ReactiveMongoRepository<Wallet, ObjectId> {          // (1)
    Mono<Wallet> findByOwner(Mono<String> owner);                    // (2)
}
```

让我们更详细地描述 WalletRepository 接口。

(1) 我们的 WalletRepository 接口扩展了 ReactiveMongoRepository 接口。

(2) 此外，如果知道钱包所有者的名字，我们还会定义一个名为 findByOwner 的附加方法，并将其用于检索钱包。生成的接口实现知道如何执行实际查询，因为 findByOwner 方法遵循 Spring Data 命名约定。

现在，让我们为 WalletService 定义一个接口：

```
public interface WalletService {

    Mono<TxResult> transferMoney(                                    // (1)
        Mono<String> fromOwner,
        Mono<String> toOwner,
        Mono<Integer> amount);
    Mono<Statistics> reportAllWallets();                             // (2)
    enum TxResult {                                                  // (3)
        SUCCESS,
        NOT_ENOUGH_FUNDS,
        TX_CONFLICT
    }
    class Statistics {                                              // (4)
        // 省略实现……
    }
}
```

带编号的代码解释如下。

(1) transferMoney 方法将 amount 金额从 ofOwner 钱包转移到 toOwner 钱包。请注意，该方法使用响应式类型，因此在方法调用时，实际的事务参与者可能仍然是未知的。当然，该方法同样可以接受原始类型或 Mono<MoneyTransferRequest>。但是，在这里，我们有意使用 3 个不同的 Mono 实例来练习 zip 操作符和 TupleUtils。

(2) reportAllWallets 方法汇总所有已注册钱包的数据并检查总余额。

(3) transferMoney 方法返回 TxResult 类型的结果。TxResult 枚举描述了转账操作的 3 种可能结果：SUCCESS、NOT_ENOUGH_FUNDS 和 TX_CONFLICT。SUCCESS 和 NOT_ENOUGH_FUNDS 操作是自描述的。TX_CONFLICT 描述了因为其他执行成功的并发事务更新了所涉及的一个或两个钱包而导致事务失败的情况。

(4) Statistics 类表示系统中所有钱包的聚合状态，这对完整性检查很有用。为简单起见，此处省略了实现细节。

现在我们已经定义了 `WalletService` 接口，可以模拟编写单元测试。在满足并行要求的情况下，该模拟随机选择两个用户并尝试转账随机金额。这里省略了一些不重要的部分，模拟过程如下所示：

```
public Mono<OperationStats> runSimulation() {
    return Flux.range(0, iterations)                          // (1)
        .flatMap(i -> Mono
            .delay(Duration.ofMillis(rnd.nextInt(10)))       // (2)
            .publishOn(simulationScheduler)                  // (3)
            .flatMap(_i -> {
                String fromOwner = randomOwner();            // (4)
                String toOwner = randomOwnerExcept(fromOwner);   //
                int amount = randomTransferAmount();         //
                return walletService.transferMoney(          // (5)
                    Mono.just(fromOwner),
                    Mono.just(toOwner),
                    Mono.just(amount));
            }))
        .reduce(                                              // (6)
            OperationStats.start(),
            OperationStats::countTxResult);
}
```

带编号的代码解释如下。

(1) 使用 `Flux.range` 方法模拟所需的传输 `iterations` 量。

(2) 应用一个小的随机延迟，以激发随机事务竞争。

(3) 事务在 `simulationScheduler` 上运行。它的并行性定义了可能发生的并发事务数。我们可以使用代码 `Schedulers.newParallel("name", parallelism)` 创建一个调度。

(4) 随机选择钱包所有者和要转移的金额。

(5) 发出 `transferMoney` 服务请求。

(6) 由于 `transferMoney` 调用可能产生一个 `TxResult` 状态，所以使用 `reduce` 方法以帮助跟踪模拟统计信息。请注意，`OperationStats` 类会跟踪有多少操作成功、有多少操作因资金不足而被拒绝，以及有多少操作因交易冲突而失败。此外，`WalletService.Statistics` 类跟踪资金总额。

通过正确实现 `WalletService`，我们预计测试模拟会生成一个系统状态，即系统中的总金额不会发生变化。与此同时，我们预计当汇款人有足够的资金进行交易时，转账请求会成功执行。否则，我们会面临可能导致实际财务损失的系统完整性问题。

现在，让我们使用 MongoDB 4 和 Spring Data 提供的响应式事务支持来实现 `WalletService` 服务。`TransactionalWalletService` 类的实现如下所示：

```
public class TransactionalWalletService implements WalletService {
    private final ReactiveMongoTemplate mongoTemplate;           // (1)
```

```
@Override
public Mono<TxResult> transferMoney(                          // (2)
    Mono<String> fromOwner,                                   //
    Mono<String> toOwner,                                     //
    Mono<Integer> requestAmount                               //
) {                                                           //
    return Mono.zip(fromOwner, toOwner, requestAmount)        // (2.1)
        .flatMap(function((from, to, amount) -> {             // (2.2)
            return doTransferMoney(from, to, amount)          // (2.3)
                .retryBackoff(                                // (2.4)
                    20, Duration.ofMillis(1),                 //
                    Duration.ofMillis(500), 0.1               //
                )                                             //
                .onErrorReturn(TxResult.c);                   // (2.5)
        }));                                                  //
}

private Mono<TxResult> doTransferMoney(                       // (3)
    String from, String to, Integer amount                   // (3.1)
) {                                                           //
    return mongoTemplate.inTransaction().execute(session ->   // (3.2)
        session                                               //
            .findOne(queryForOwner(from), Wallet.class)       // (3.3)
            .flatMap(fromWallet -> session                    //
                .findOne(queryForOwner(to), Wallet.class)     // (3.4)
                .flatMap(toWallet -> {                        //
                    if (fromWallet.hasEnoughFunds(amount)) {  // (3.5)
                        fromWallet.withdraw(amount);          // (3.6)
                        toWallet.deposit(amount);             // (3.7)
                        return session.save(fromWallet)       // (3.8)
                            .then(session.save(toWallet))     // (3.9)
                            .then(Mono.just(TxResult.SUCCESS)); // (3.10)
                    } else {                                  //
                        return Mono.just(TxResult.NOT_ENOUGH_FUNDS); // (3.11)
                    }                                         //
                })))                                          //
        .onErrorResume(e ->                                   // (3.12)
            Mono.error(new RuntimeException("Conflict")))     //
        .last();                                              // (3.13)
}

private Query queryForOwner(String owner) {                  // (4)
    return Query.query(new Criteria("owner").is(owner));     // (4.1)
}
}
```

带编号的代码解释如下。

(1) 首先，我们必须使用 ReactiveMongoTemplate 类，因为在撰写本书时，Reactive MongoDB 连接器不支持存储库级别的事务，仅支持 MongoDB 模板级别的事务。

(2) 这里定义了 transferMoney 方法的实现。zip 操作订阅了所有方法参数(2.1)，并且为了代码的流畅性，当所有参数完成解析时，它使用 TupleUtils.function 静态辅助函数将

Tuple3<String，String，Integer>进行分解(2.2)。在点(2.3)，我们调用 doTransferMoney 方法进行实际的资金转账。但是，该方法可能返回指示事务冲突的 onError 信号。在这种情况下，我们可以使用便捷的 retryBackoff 方法(2.4)重试该操作。该方法需要知道重试次数（20 次）、初始重试延迟（1 ms）、最大重试延迟（500 ms）和抖动值（0.1），以上信息将用于配置重试延迟的增长速度。如果我们在所有重试后仍无法处理事务，我们应该将 TX_CONFLICT 状态返回给客户端。

(3) doTransferMoney 方法试图执行实际的转账。我们使用已经解析的 form、to 和 amount 参数(3.1)调用该方法。通过调用 mongoTemplate.inTransaction().execute(...)方法，我们定义了一个新事务的边界(3.2)。在 execute 方法中，我们获得了 ReactiveMongoOperations 类的 session 实例。session 对象被绑定到 MongoDB 事务。现在，在该事务中，我们先搜索汇款人的钱包(3.3)，再搜索收款者的钱包(3.4)。在解析了两个钱包后，我们会检查汇款人是否有足够的资金(3.5)。然后我们从汇款人的钱包(3.6)中提取正确金额的资金，并将相同金额的资金存入收款人的钱包(3.7)。此时，更改尚未保存到数据库。现在，我们先保存汇款人更新后的钱包(3.8)，再保存收款人(3.9)更新后的钱包。如果数据库没有拒绝更改，我们将返回 SUCCESS 状态并自动提交事务(3.10)。如果汇款人没有足够的资金，我们会返回 NOT_ENOUGH_FUNDS 状态(3.11)。如果在与数据库通信时出现任何错误，我们会传播 onError 信号(3.12)，这反过来应该触发点(2.4)描述的重试逻辑。

(4) 在点(3.3)和点(3.4)，我们使用 queryForOwner 方法，该方法使用 Criteria API 来构建 MongoDB 查询。

基于事务引用正确的会话可以通过使用 Reactor 上下文实现。ReactiveMongoTemplate.inTransaction 方法启动一个新事务并将其放入上下文中。因此，在响应流中的任何位置都可以获得用 com.mongodb.reactivestreams.client.ClientSession 接口表示的事务的会话。ReactiveMongoContext.getSession()辅助方法可以帮助我们获取会话实例。

当然，我们可以通过在一个查询中同时加载和更新两个钱包来改进 TransactionalWalletService 类。这样的更改可以减少数据库请求的数量，加快转账速度，并降低事务冲突率。但是，这些改进将留给读者自己练习。

现在，我们可以使用不同数量的钱包、汇款迭代以及并行量来运行前面描述的测试场景。如果我们正确地实现了 TransactionalWalletService 类中的所有业务逻辑，我们应该接收到如下所示的测试输出：

```
The number of accounts in the system: 500
The total balance of the system before the simulation: 500,000$
Running the money transferring simulation (10,000 iterations)
...
The simulation is finished
Transfer operations statistic:
  - successful transfer operations: 6,238
  - not enough funds: 3,762
```

```
  - conflicts: 0
All wallet operations:
  - total withdraw operations: 6,238
  - total deposit operations: 6,238
The total balance of the system after the simulation: 500,000$
```

因此，在前面的模拟中，我们进行了 10 000 次转账操作，其中 6 238 次成功，3 762 次由于资金不足而失败。此外，我们的重试策略解决了所有事务冲突，因为没有任何事务以 TX_CONFLICT 状态完成。从日志中可以明显看出，系统保持了总余额不变，即模拟前后系统中的总金额是相同的。因此，我们通过应用 MongoDB 的响应式事务来实现并发资金转账中的系统完整性。

现在，对副本集的多文档事务的支持能使用 MongoDB 作为主数据存储来实现全新的应用程序集。当然，未来版本的 MongoDB 可能支持跨分片部署的事务，并提供各种隔离级别来处理事务。但是，我们应该注意到，与简单的文档写入相比，多文档事务会产生更高的性能成本和更长的响应延迟。

尽管响应式事务还不是一种广泛使用的技术，但这些例子清楚地表明，事务可以以响应式方式实现。将响应式持久化应用于 PostgreSQL 等关系数据库时，响应式事务的需求量会很大。但是，该主题需要一个用于数据库访问的响应式语言级 API，而这在撰写本书时尚未出现。

2. 基于 SAGA 模式的分布式事务

正如本章前面所述，分布式事务可以以不同方式实现。当然，对于使用响应式范式实现的持久层，这种说法也成立。但是，鉴于 Spring Data 仅支持 MongoDB 4 的响应式事务，并且前面提到的事务支持与 Java 事务 API（Java Transaction API，JTA）不兼容，在响应式微服务中实现分布式事务的唯一可行选择是 SAGA 模式，该模式在本章前面已经有所描述。此外，与其他需要分布式事务的可选模式相比，SAGA 模式具有良好的可伸缩性，更适合响应式流。

7.3.5 Spring Data 响应式连接器

在撰写本书时，Spring Data 2.1 为 4 个 NoSQL 数据库准备了数据库连接器，即 MongoDB、Cassandra、Couchbase 和 Redis。Spring Data 也可能支持其他数据存储，特别是那些利用 Spring WebFlux WebClient 基于 HTTP 进行通信的数据存储。

在这里，我们既不会涵盖 Spring Data 响应式连接器的所有功能，也不会涵盖其实现细节。虽然前面各节已经介绍了大部分关于 MongoDB 和 Cassandra 的内容，但是此处还要重点介绍每个响应式连接器的特有功能。

1. 响应式 MongoDB 连接器

如本章前面所述，Spring Data 对 MongoDB 提供了出色的支持。可以使用 spring-boot-starter-data-mongodb-active Spring Boot 启动器模块启用 Spring Data Reactive MongoDB 模块。响应式 MongoDB 支持提供了一个响应式存储库。ReactiveMongoRepository 接口定义基本存储库契约。存储库继承了 ReactiveCrudRepository 的所有功能，并添加了对 QBE 的支持。此外，MongoDB 存储库支持使用@Query 注解的自定义查询以及带有@Meta 注解的其他查询配置。如果 MongoDB 存储库遵循命名约定，则它支持从方法名称生成查询。

MongoDB 存储库的另一个显著特性是支持**尾游标**（tailable cursor）。默认情况下，数据库会在消费了所有结果时自动关闭查询游标。但是，MongoDB 有**固定集合**（capped collections），这些集合大小固定，支持高吞吐量操作。文档检索基于插入顺序。固定集合的工作方式与循环缓冲区类似。此外，固定集合也支持一个**尾游标**。客户端消费初始查询的所有结果后，此光标保持打开状态，当有人将新文档插入到固定集合中时，尾游标将返回新文档。在 ReactiveMongo-Repository 中，由@Tailable 注解标记的方法会返回由 Flux<Entity>类型表示的尾游标。

ReactiveMongoOperations 接口和它的实现类 ReactiveMongoTemplate 级别更低，可以更精细地访问 MongoDB 通信。除此之外，ReactiveMongoTemplate 还支持 MongoDB 的多文档事务。此功能仅适用于 WiredTiger 存储引擎的非分片副本集。此功能在 7.3.4 节的第 1 部分中进行了描述。

响应式 Spring Data MongoDB 模块构建于响应式流 MongoDB 驱动程序之上，后者实现了响应式规范并在内部使用 Project Reactor。此外，MongoDB 响应式流 Java 驱动程序基于 MongoDB 异步 Java 驱动程序构建。7.3.3 节更详细地描述了 ReactiveMongoRepository 的工作原理。

2. 响应式 Cassandra 连接器

Spring Data Reactive Cassandra 模块可以通过导入 spring-boot-starter-data-cassandra-reactive 启动器模块来启用。Cassandra 还支持响应式存储库。ReactiveCassandraRepository 接口扩展了 ReactiveCrudRepository 并定义了 Cassandra 基础数据访问层的功能。@Query 注解能手动定义 CQL3 查询。@Consistency 注解可以配置所要应用于查询的一致性级别。

ReactiveCassandraOperations 接口和 ReactiveCassandraTemplate 类可以在 Cassandra 数据库上实现低级别操作。

从 Spring Data 2.1 开始，响应式 Cassandra 连接器包装异步 Cassandra 驱动程序。7.3.3 节第 5 部分描述了异步通信如何被包装到响应式客户端。

3. 响应式 Couchbase 连接器

Spring Data Reactive Couchbase 模块可以使用 spring-boot-starter-data-couchbase-reactive 启动器模块启用。它支持 Couchbase 的响应式访问。ReactiveCouchbaseRepository 接口扩展了基本的 ReactiveCrudRepository,另外还需要实体 ID 类型来扩展 Serializable 接口。

ReactiveCouchbaseRepository 接口的默认实现构建在 RxJavaCouchbaseOperations 接口之上。RxJavaCouchbaseTemplate 类能实现 RxJavaCouchbaseOperations。此时，应该很明显的看到响应式 Couchbase 连接器将 RxJava 库用于 RxJavaCouchbaseOperations。由于 ReactiveCouchbaseRepository 方法返回 Mono 类型和 Flux 类型，而 RxJavaCouchbase-Operations 方法返回 Observable 类型，因此需要进行响应式类型转换。这种转换发生在存储库实现的级别。

响应式 Couchbase 连接器构建在响应式 Couchbase 驱动程序之上。最新的 Couchbase 2.6.2 版本驱动程序使用 1.3.8 版本的 RxJava，即 1.x 分支的最后一个版本。因此，Couchbase 连接器的背压支持可能受限。但是，借助 Netty 框架和 RxJava 库，它具有完全非阻塞栈，因此不会浪费任何应用程序资源。

4. 响应式 Redis 连接器

Spring Data Reactive Redis 模块可以通过导入 spring-boot-starter-data-redis-reactive 启动器来启用。与其他响应式连接器相比，Redis 连接器不提供响应式存储库。因此，ReactiveRedisTemplate 类成为响应式 Redis 数据访问的核心抽象。ReactiveRedisTemplate 实现 ReactiveRedisOperations 接口定义的 API，并提供所有必需的序列化/反序列化过程。同时，ReactiveRedisConnection 能在与 Redis 通信时使用原始字节缓冲区。

除了能进行存储和检索对象以及管理 Redis 数据结构等普通操作，该模板还能订阅 Pub-Sub 通道。例如，convertAndSend(String destination, V message) 方法将给定消息发布到给定通道，并返回接收消息的客户端数。listenToChannel(String...channels) 方法返回一个 Flux，其中包含来自感兴趣通道的消息。这样，响应式 Redis 连接器不仅可以实现响应式数据存储，还可以提供消息传递机制。第 8 章更详细地介绍了消息传递如何提高响应式应用程序的可伸缩性和弹性。

Spring Data Redis 目前集成了 Lettuce 驱动程序。它是 Redis 唯一的响应式 Java 连接器。Lettuce 4.x 版本使用 RxJava 进行底层实现。但是，该库的 5.x 分支切换到了 Project Reactor。

除 Couchbase 外的所有响应式连接器都具有响应式健康指标。因此，数据库运行状况检查也不应浪费任何服务器资源。相关详细信息请参阅第 10 章。

我们相信，随着时间的推移，Spring Data 将为其生态系统添加更多的响应式连接器。

7.3.6　限制和预期的改进

由于响应式连接领域相对较新，存在一些限制，因此许多应用无法使用该方法。

❑ 大部分现代项目中使用的流行数据库**缺乏响应式驱动程序**。到目前为止,我们为 MongoDB、
Cassandra、Redis 和 Couchbase 提供了响应式或异步驱动程序。因此,这些数据库在 Spring
Data 生态系统中具有响应式连接器。此外,对于 PostgreSQL 响应式访问方式我们也有一
些选择余地。与此同时,还有一些工作需要应用 MySQL 和 MariaDB 的响应式访问。虽
然少数具有响应式支持的数据库涉及许多应用场景,但是这个列表仍然是有限的。要成
为一种主流的开发技术,响应式数据访问应该具有针对广大关系数据库(如 PostgreSQL、
MySQL、Oracle 和 MS SQL)、流行的搜索引擎(如 ElasticSearch 和 Apache Solr)以及云
数据库(如 Google Big Query、Amazon Redshift 和 Microsoft CosmosDB)的连接器。

❑ **缺乏响应式 JPA**。目前,响应式持久化的运行水平相当低。我们不能以普通 JPA 所提出的
方式轻松地操作实体。当前的响应式连接器不支持实体关系映射、实体缓存或延迟加载。
然而,在认同任何用于响应式数据访问的低级 API 之前,要求这样的能力是很奇怪的。

❑ **缺乏用于数据访问的语言级响应式 API**。正如本章前面所述,在撰写本书时,Java 平台只
有用于数据访问的 JDBC API,它是同步且阻塞的,因此无法顺利地与响应式应用程序一
起使用。

但是,我们可能看到越来越多的 NoSQL 解决方案提供响应式驱动程序,或者至少是易于包
含在响应式 API 中的异步驱动程序。此外,使用 Java 进行数据访问的语言级 API 领域目前正在
进行重大改进。在撰写本书时,有两个突出的提议可以实现这一细分领域,即 ADBA 和 R2DBC。
现在,让我们更仔细地看一下它们。

7.3.7　异步数据库访问

异步数据库访问(Asynchronous Database Access,ADBA)为 Java 平台定义了非阻塞数据库
访问 API。在撰写本书时,它仍然是一个草案,JDBC 专家组正在讨论它应该是什么样子。ADBA
在 JavaOne 2016 大会上被宣布,并且已经被讨论几年了。ADBA 旨在补充当前的 JDBC API,并
提出面向高吞吐量程序的异步可选方案(不是替代方案)。ADBA 是为了支持流式编程风格而设
计的,并提供用于组合数据库查询的构建器模式。ADBA 不是 JDBC 的扩展,不依赖于它。在准
备好之后,ADBA 很可能将存在于 `java.sql2` 包中。

ADBA 是一个异步 API,因此在进行网络调用时不应阻塞任何方法调用。所有可能阻塞的动
作都被表示为单独的 ADBA 操作。客户端应用程序构建并提交一个 ADBA 操作或 ADBA 操作图。
异步实现 ADBA 的驱动程序执行操作并通过 `java.util.concurrent.CompletionStage` 或
回调报告结果。准备好后,通过 ADBA 发起请求的异步 SQL 可能如下所示:

```
CompletionStage<List<String>> employeeNames =                          // (1)
connection
  .<Integer>rowOperation("select * from employee")                     // (2)
  .onError(this::userDefinedErrorHandler)                              // (3)
  .collect(Collector.of(                                               // (4)
```

```
    () -> new ArrayList<String>(),
    (ArrayList<String> cont, Result.RowColumn row) ->
        cont = cont.add(row.at("name").get(String.class)),
    (l, r) -> l,
    container -> container))
  .submit()                                                   // (5)
  .getCompletionStage();                                      // (6)
```

注意，由于前面的代码仍然基于 ADBA 草案，因此 API 随时可能更改。

带编号的代码解释如下。

(1) 查询通过 CompletionStage 返回结果。此例中，我们返回一份员工姓名列表。

(2) 这里通过调用数据库 connection 的 rowOperation 方法启动新的行操作。

(3) 该操作能通过调用 onError 方法来注册错误处理程序。错误处理发生在我们的自定义 userDefinedErrorHandler 方法中。

(4) collect 方法可以使用 Java Stream API 收集器收集结果。

(5) submit 方法开始处理操作。

(6) getCompletionStage 方法为用户提供 CompletionStage 实例，该实例将在处理完成时保存结果。

当然，ADBA 将提供编写和执行更复杂数据库查询的能力，其中包括条件操作、并行操作和相关性操作。ADBA 支持事务。但是，与 JDBC 相比，ADBA 的目的并非使自身可以通过业务代码直接使用（即使可能），而是为更高级别的库和框架提供异步基础。

在撰写本书时，ADBA 只有一个实现，被称为 AoJ。AoJ 是一个实验性库，它通过在单独的线程池上调用标准 JDBC 来实现 ADBA API 的子集。AoJ 不适合面向生产使用，但能够在不需要实现完整异步驱动程序的情况下提供使用 ADBA 的能力。

有一些关于 ADBA 的讨论指出，它能够返回的结果不仅包括 CompletionStage，还包括来自 Java Flow API 的响应式 Publisher。但是，目前尚不清楚 Flow API 如何集成到 ADBA 中，或者 ADBA 是否会暴露响应式 API。在撰写本书时，这个主题仍然在热议中。

此时，我们必须再次声明，由 Java 的 CompletionStage 表示的异步行为总是可以由一个响应式的 Publisher 实现代替。但是，此声明在相反情况下不成立。只有经过一些妥协（降低背压传播），响应式行为才可以用 CompletionStage 或 CompletableFuture 表示。此外，CompletionStage<List<T>>中没有实际的数据流语义，因为客户端需要等待完整的结果集。在这一点上，利用 Collector API 进行流式传输似乎不可行。此外，CompletableFuture 在提交后立即开始执行，而 Publisher 仅在收到订阅时才开始执行。用于数据库访问的响应式 API 将满足响应式语言级 API 和异步语言级 API 的需求。这是因为任何响应式 API 都可以快速转换为异步 API，而不必经过任何语义上的妥协。但是在大多数情况下，异步 API 只有经过一定妥协才可能成为一个响应式 API。这就是为什么从本书作者的角度来看，具有响应式流支持的 ADBA

似乎比仅使用异步的 ADBA 更有益。

Java 中下一代数据访问 API 的替代候选者被称为 R2DBC。它提供了比完全异步的 ADBA 更多的功能,并证明了用于关系型数据访问的响应式 API 具有巨大的潜力。那么,让我们更仔细地看一下。

7.3.8 响应式关系型数据库连接

响应式关系型数据库连接(Reactive Relational Database Connectivity,R2DBC)是一项探索完全响应式数据库 API 的倡议。Spring Data 团队领导 R2DBC 倡议,并使用它在响应式应用程序内的响应式数据访问环境中探测和验证想法。R2DBC 在 Spring OnePlatform 2018 会议上被公开,其目标是定义具有背压支持的响应式数据库访问 API。Spring Data 团队在响应式 NoSQL 持久化方面获得了一些先进经验,因此决定提出对真正响应式语言级数据访问 API 的愿景。此外,R2DBC 可能成为 Spring Data 中关系型响应式库的底层 API。在撰写本书时,R2DBC 仍处于试验阶段,尚不清楚它是否成为或何时成为面向生产的软件。

R2DBC 项目包括以下部分。

❑ **R2DBC 服务提供程序接口**(Service Provider Interface,SPI)定义了实现驱动程序的简约 API。该 API 非常简洁,便于彻底减少驱动程序实现者必须遵守的 API。SPI 不适合在应用程序代码中直接使用。相反,为此需要专用的客户端库。

❑ **R2DBC 客户端**提供了一个人性化的 API 和帮助类,可将用户请求转换为 SPI 级别。这种独立的抽象级别在直接使用 R2DBC 时增加了一些舒适度。在此强调,R2DBC 客户端对 R2DBC SPI 的作用与 Jdbi 库对 JDBC 的作用相同。但是,任何人都可以直接使用 SPI 或通过 R2DBC SPI 实现自己的客户端库。

❑ **R2DBC PostgreSQL 实现**为 PostgreSQL 提供了 R2DBC 驱动程序。它使用 Netty 框架通过 PostgreSQL 连接协议进行异步通信。背压既可以通过 TCP 流控制,也可以通过被称为门户(portal)的 PostgreSQL 特性来实现,后者实际上是一个查询内的光标。门户能完美地转换为响应式流。值得注意的是,并非所有关系型数据库都具有正确背压传播所需的连接协议功能。但至少 TCP 流控制在所有情况下都可用。

R2DBC 客户端可以使用 PostgreSQL 数据库,如下所示:

```
PostgresqlConnectionFactory pgConnectionFactory =            // (1)
    PostgresqlConnectionConfiguration.builder()
        .host("<host>")
        .database("<database>")
        .username("<username>")
        .password("<password>")
        .build();

R2dbc r2dbc = new R2dbc(pgConnectionFactory);                // (2)
```

```
r2dbc.inTransaction(handle ->                                      // (3)
   handle
      .execute("insert into book (id, title, publishing_year) " +  // (3.1)
               "values ($1, $2, $3)",
               20, "The Sands of Mars", 1951)
      .doOnNext(n -> log.info("{} rows inserted", n))              // (3.2)
).thenMany(r2dbc.inTransaction(handle ->                           // (4)
      handle.select("SELECT title FROM book")                      // (4.1)
         .mapResult(result ->                                      // (4.2)
            result.map((row, rowMetadata) ->                       // (4.3)
               row.get("title", String.class)))))                  // (4.4)
   .subscribe(elem -> log.info(" - Title: {}", elem));             // (5)
```

带编号的代码解释如下。

(1) 首先，我们必须配置由 `PostgresqlConnectionFactory` 类表示的连接工厂。配置过程很简单。

(2) 我们必须创建一个 R2dbc 类的实例，它提供了响应式 API。

(3) R2dbc 使我们能通过应用 `inTransaction` 方法创建事务。`handle` 包装响应式连接的实例并提供额外便利的 API。在这里，我们可以执行一个 SQL 语句，例如，插入新的一行。`execute` 方法接收 SQL 查询及其参数（如果有的话）(3.1)。反过来，`execute` 方法返回受影响的行数。在上面的代码中，我们记录了更新行的数量(3.2)。

(4) 插入一行后，我们启动另一个事务，选择所有书名(4.1)。当结果到达时，我们应用了解各行结构的 map 函数(4.3)来映射各行(4.2)。此例中，我们检索 String 类型的 title (4.4)。`mapResult` 方法返回 Flux<String> 类型。

(5) 我们响应式地记录所有 onNext 信号。每个信号都有一个书名，包括在步骤(3)中插入的书名。

我们可以看到，R2DBC 客户端提供了一个具有响应式风格的流式 API。此 API 在响应式应用程序的代码库中显得非常自然。

基于 Spring Data R2DBC 使用 R2DBC

当然，Spring Data 团队无法抵制在 R2DBC 之上实现 `ReactiveCrudRepository` 接口的吸引力。在撰写本书时，此实现已存在于 Spring Data JDBC 模块中，而该模块已在本章中进行了描述。但是，此实现将获得自己的模块 **Spring Data R2DBC**。`SimpleR2dbcRepository` 类使用 R2DBC 实现 `ReactiveCrudRepository` 接口。值得注意的是，`SimpleR2dbcRepository` 类不使用默认的 R2DBC 客户端，而是定义自己的客户端以使用 R2DBC SPI。

在 Spring Data R2DBC 项目启动之前，Spring Data JDBC 模块中的响应式支持位于该项目的 r2dbc Git 分支中，因此尚未准备好面向生产。但是，具有 R2DBC 支持的 Spring Data JDBC 模块展示了使用 `ReactiveCrudRepository` 进行关系型数据操作的巨大潜力。所以，让我们为 PostgreSQL 定义我们的第一个 `ReactiveCrudRepository`。它可能如下所示：

```
public interface BookRepository
    extends ReactiveCrudRepository<Book, Integer> {

    @Query("SELECT * FROM book WHERE publishing_year = " +
        "(SELECT MAX(publishing_year) FROM book)")
    Flux<Book> findTheLatestBooks();
}
```

到目前为止，Spring Data JDBC 模块没有自动配置，因此我们必须手动创建 BookRepository 接口的实例：

```
BookRepository createRepository(PostgresqlConnectionFactory fct) {    // (1)
    TransactionalDatabaseClient txClient =                            // (2)
        TransactionalDatabaseClient.create(fct);
    RelationalMappingContext cnt = new RelationalMappingContext();    // (3)
    return new R2dbcRepositoryFactory(txClient, cnt)                  // (4)
        .getRepository(BookRepository.class);                        // (5)
}
```

带编号的代码解释如下。

(1) 我们需要一个 PostgresqlConnectionFactory 的引用，它已经在前面的例子中进行创建。

(2) TransactionalDatabaseClient 提供对事务的基本支持。

(3) 我们必须创建一个简单的 RelationalMappingContext，以便将行映射到实体，反之亦然。

(4) 我们创建一个合适的存储库工厂。R2dbcRepositoryFactory 类知道如何创建 Reactive-CrudRepository。

(5) 工厂生成 BookRepository 接口的实例。

现在，我们可以在正常的响应式工作流中使用完全响应式的 BookRepository，如下所示：

```
bookRepository.findTheLatestBooks()
    .doOnNext(book -> log.info("Book: {}", book))
    .count()
    .doOnSuccess(count -> log.info("DB contains {} latest books", count))
    .subscribe();
```

尽管 R2DBC 项目本身以及它在 Spring Data JDBC 中的支持仍然是实验性的，但我们可能发现，真正的响应式数据访问并不是很遥远。此外，背压问题在 R2DBC SPI 级别得到了解决。

目前尚不清楚 ADBA 是否会获得响应式支持，或者 R2DBC 是否会成为 ADBA 的响应式替代品。但是，在这两种情况下，我们有信心，对响应式关系型数据访问将很快成为现实（至少对于兼容 ADBA 或 R2DBC 驱动程序的数据库而言）。

7.4　将同步存储库转换为响应式存储库

虽然 Spring Data 为流行的 NoSQL 数据库提供了响应式连接器，但是响应式应用程序有时仍需要查询没有响应式连接的数据库。将阻塞通信包装到响应式 API 中是可行的。但是，所有阻塞通信都应该在适当的线程池上进行。如果不是，我们可能阻塞应用程序的事件循环并导致其完全停止。注意，一个小的（具有一个有界队列的）线程池可能在某个时候耗尽。此时一个满的队列在某个时刻变为阻塞模式，而使其非阻塞的意义就不存在了。虽然这些解决方案不如它们完全响应式的对应物那么高效，但是，在响应式应用程序中，为阻塞请求使用专用线程池的方法通常是可以接受的。

假设我们必须实现一个响应式微服务，该服务不时向关系型数据库发出请求。而该数据库具有 JDBC 驱动程序，但没有任何异步或响应式驱动程序。在这种情况下，唯一的选择是构建一个响应式适配器，用来隐藏响应式 API 背后的阻塞请求。

如前文所述，所有阻塞请求都应在专用调度程序上进行。调度程序的基础线程池定义阻塞操作的并行级别。例如，在 `Schedulers.elastic()` 上运行阻塞操作时，**并发**请求的数量不受限制，因为 elastic 调度程序不绑定已创建线程池的最大数量。同时，`Scheduler.newParallel` `("jdbc", 10)` 定义了池化工作单元的数量，因此同时发生的并发请求数量不会超过 10 个。当通过固定大小的连接池与数据库通信时，此方法很高效。在大多数情况下，将线程池设置得比连接池大是没有意义的。例如，对于在无限制线程池上运行的调度程序而言，当连接池耗尽时，新任务及其运行线程的阻塞将不会发生在网络通信阶段，而是发生在从连接池获取连接的阶段。

在选择适当的阻塞式 API 时，我们有几个选项，而每个选项都有其优点和缺点。在这里，我们将介绍 rxjava2-jdbc 库，并了解如何包装预先存在的阻塞存储库。

7.4.1　使用 `rxjava2-jdbc` 库

David Moten 创建了 rxjava2-jdbc 库，该库能以不阻塞响应式应用程序的方式包装 JDBC 驱动程序。该库基于 RxJava 2 构建，并使用专用线程池和非阻塞连接池的概念，因此，请求不会在等待可用连接时阻塞线程。一旦连接可用，查询就开始在连接上执行并阻塞线程。应用程序无法管理阻塞请求的专用调度程序，因为库会执行此操作。此外，该库具有流式 DSL，使我们能发出 SQL 语句并将结果作为响应式流接收。让我们定义 Book 实体并正确地注解它以便与 rxjava2-jdbc 一起使用：

```
@Query("select id, title, publishing_year " +                    // (3)
       "from book order by publishing_year")
public interface Book {                                          // (1)
    @Column String id();                                         // (2)
    @Column String title();
    @Column Integer publishing_year();
}
```

带编号的代码解释如下。

(1) 我们定义 Book 接口。注意，在 Spring Data 中，我们通常将实体定义为类。

(2) 使用@Column 注解修饰访问器方法。该注解有助于将行列映射到实体字段。

(3) 基于@Query 注解，我们定义用于实体检索的 SQL 语句。

现在让我们定义一个简单的存储库，查找在特定时间段内发布的图书：

```java
public class RxBookRepository {
    private static final String SELECT_BY_YEAR_BETWEEN =          // (1)
        "select * from book where " +
        "publishing_year >= :from and publishing_year <= :to";

    private final String url = "jdbc:h2:mem:db";
    private final int poolSize = 25;
    private final Database database = Database.from(url, poolSize);   // (2)

    public Flowable<Book> findByYearBetween(                      // (3)
      Single<Integer> from,
      Single<Integer> to
    ) {
      return Single
        .zip(from, to, Tuple2::new)                               // (3.1)
        .flatMapPublisher(tuple -> database                       //
          .select(SELECT_BY_YEAR_BETWEEN)                         // (3.2)
          .parameter("from", tuple._1())                          // (3.3)
          .parameter("to", tuple._2())                            //
          .autoMap(Book.class));                                  // (3.5)
    }
}
```

让我们以如下方式描述 RxBookRepository 类的实现。

(1) 由于库无法自动生成查询，我们必须提供用于搜索所需图书的 SQL 查询。在 SQL 查询中可以使用命名参数。

(2) 数据库初始化需要 JDBC URL 和池大小。此示例中，可以同时运行的并发查询不超过 25 个。

(3) findByYearBetween 方法使用 RxJava 2 库中的响应式类型（Flowable 和 Single），而不是 Project Reactor 中的。这是因为 rxjava2-jdbc 库内部使用 RxJava 2.x 并通过其 API 暴露 RxJava 类型。但是，将 RxJava 类型转换为 Project Reactor 中的类型很容易。在点(3.1)，我们订阅了解析请求参数的流。然后我们调用 select 方法(3.2)并填充查询参数(3.3)。autoMap 方法将 JDBC 行转换为 Book 实体。autoMap 方法返回 Flowable<Book>，它相当于 Project Reactor 的 Flux<Book>。

rxjava2-jdbc 库支持大多数 JDBC 驱动程序。此外，该库还有一些事务支持。事务内的所有操作都必须在同一连接上执行。事务的提交/回滚会自动发生。

rxjava2-jdbc 库很简洁，减少了一些潜在的线程块，并且可以响应式地使用关系型数据库。

但是，到目前为止，它仍然是新的，可能无法处理复杂的响应式工作流，尤其是那些涉及事务的工作流。rxjava2-jdbc 库还需要所有 SQL 查询的定义。

7.4.2 包装同步 `CrudRepository`

有时候我们可能已经有一个包含所有必需的数据访问机制的 `CrudRepository` 实例（不需要手动查询或实体映射），却不能在响应式应用程序中直接使用它。在这种情况下，编写我们自己的响应式适配器是很容易的，它的行为类似于 rxjava2-jdbc，但处于存储库级别。在应用此方法时要小心 JPA。在使用延迟加载时，我们会很快遇到代理问题。那么，让我们假设有以下由 JPA 定义的 Book 实体：

```
@Entity
@Table(name = "book")
public class Book {
    @Id
    @GeneratedValue(strategy = GenerationType.IDENTITY)
    private Integer id;
    private String title;
    private Integer publishingYear;
    //构造器、getter 和 setter 方法……
}
```

此外，我们还有以下 Spring Data JPA 存储库：

```
@Repository
public interface BookJpaRepository
    extends CrudRepository<Book, Integer> {                        // (1)

    Iterable<Book> findByIdBetween(int lower, int upper);          // (2)

    @Query("SELECT b FROM Book b WHERE " +
        "LENGTH(b.title)=(SELECT MIN(LENGTH(b2.title)) FROM Book b2)")   // (3)
    Iterable<Book> findShortestTitle();
}
```

`BookJpaRepository` 具有以下特性。

(1) 它扩展了 `CrudRepository` 接口并继承了数据访问的所有方法。

(2) `BookJpaRepository` 定义了一种基于命名约定生成查询的方法。

(3) `BookJpaRepository` 使用自定义 SQL 定义了一个方法。

`BookJpaRepository` 接口可以和阻塞式 JPA 基础设施一起工作。`BookJpaRepository` 存储库的所有方法都返回非响应式类型。要将 `BookJpaRepository` 接口包装到一个响应式 API 并接收其大部分功能，我们可以定义一个抽象适配器并使用额外的方法对其进行扩展，以映射 `findByIdBetween` 和 `findShortestTitle` 方法。可以重用抽象适配器来适配 `CrudRepository` 实例。适配器可能如下所示：

```
public abstract class
    ReactiveCrudRepositoryAdapter
                <T, ID, I extends CrudRepository<T, ID>>              // (1)
    implements ReactiveCrudRepository<T, ID> {                       //

    protected final I delegate;                                      // (2)
    protected final Scheduler scheduler;                             //

    //构造器……

    @Override
    public <S extends T> Mono<S> save(S entity) {                    // (3)
        return Mono                                                  //
            .fromCallable(() -> delegate.save(entity))               // (3.1)
            .subscribeOn(scheduler);                                 // (3.2)
    }

    @Override
    public Mono<T> findById(Publisher<ID> id) {                      // (4)
        return Mono.from(id)                                         // (4.1)
            .flatMap(actualId ->                                     // (4.2)
                delegate.findById(actualId)                          // (4.3)
                    .map(Mono::just)                                 // (4.4)
                    .orElseGet(Mono::empty))                         // (4.5)
            .subscribeOn(scheduler);                                 // (4.6)
    }

    @Override
    public Mono<Void> deleteAll(Publisher<? extends T> entities) {   // (5)
        return Flux.from(entities)                                   // (5.1)
            .flatMap(entity -> Mono                                  //
                .fromRunnable(() -> delegate.delete(entity))         // (5.2)
                .subscribeOn(scheduler))                             // (5.3)
            .then();                                                 // (5.4)
    }
    // ReactiveCrudRepository 的所有其他方法……
}
```

带编号的代码解释如下。

(1) ReactiveCrudRepositoryAdapter 是一个抽象类，它实现 ReactiveCrudRepository 接口，并具有与代理存储库相同的泛型类型。

(2) ReactiveCrudRepositoryAdapter 使用 CrudRepository 类型的底层 delegate。此外，适配器需要 Scheduler 实例来转移来自事件循环的请求。调度程序的并行性定义了并发请求的数量，因此该数量与为连接池配置的数量相同是很自然的。但是，最佳映射并不总是一对一的。如果连接池用于其他目的，则可用连接可能少于可用线程，并且在等待连接时某些线程可能遭到阻塞（rxjava2-jdbc 能更好地处理这种情况）。

(3) 这是阻塞式 save 方法的响应式包装方法。阻塞调用被包装到 Mono.fromCallable 操作符(3.1)中并转移到专用 scheduler (3.2)。

(4) 这是 findById 方法的响应式适配器。首先，该方法订阅 id 流(4.1)。如果值到达(4.2)，则调用 delegate 实例(4.3)。CrudRepository.findById 方法返回 Optional，因此需要将值映射到 Mono 实例(4.4)。一旦收到一个空的 Optional，则返回空的 Mono(4.5)。当然，执行将被转移到专用 scheduler。

(5) 这是 deleteAll 方法的响应式适配器。由于 deleteAll(Publisher<T> entities) 和 deleteAll(Iterator<T> entities)方法具有不同的语义，我们无法将一个响应式调用直接映射到一个阻塞式调用。例如，实体流是无穷无尽的，因此不会删除任何项目。因此，deleteAll 方法订阅实体(5.1)并为每个实体发出单独的 delegate.delete(T entity) 请求(5.2)。由于删除请求可以并行运行，因此每个请求都有自己的 subscribeOn 调用，以从 scheduler(5.3)接收工作单元。deleteAll 方法返回一个输出流，该输出流在传入流终止且所有删除操作完成时完成。ReactiveCrudRepository 接口的所有方法都应该以这种方式进行映射。

现在，让我们在具体的响应式存储库实现中定义缺失的自定义方法：

```
public class RxBookRepository extends
    ReactiveCrudRepositoryAdapter<Book, Integer, BookJpaRepository> {

    public RxBookRepository(
        BookJpaRepository delegate,
        Scheduler scheduler
    ) {
        super(delegate, scheduler);
    }
    public Flux<Book> findByIdBetween(                            // (1)
        Publisher<Integer> lowerPublisher,                        //
        Publisher<Integer> upperPublisher                         //
    ) {                                                           //
        return Mono.zip(                                          // (1.1)
            Mono.from(lowerPublisher),                            //
            Mono.from(upperPublisher)                             //
        ).flatMapMany(                                            //
            function((low, upp) ->                                // (1.2)
                Flux                                              //
                    .fromIterable(delegate.findByIdBetween(low, upp))  // (1.3)
                    .subscribeOn(scheduler)                       // (1.4)
            ))                                                    //
            .subscribeOn(scheduler);                              // (1.5)
    }

    public Flux<Book> findShortestTitle() {                       // (2)
        return Mono.fromCallable(delegate::findShortestTitle)     // (2.1)
            .subscribeOn(scheduler)                               // (2.2)
            .flatMapMany(Flux::fromIterable);                     // (2.3)
    }
}
```

RxBookRepository 类扩展了抽象 ReactiveCrudRepositoryAdapter 类，引用了 BookJpaRepository 和 Scheduler 实例，并定义了以下方法。

(1) findByIdBetween 方法接收两个响应式流并使用 zip 操作(1.1)订阅它们。当两个流的值都准备就绪时(1.2)，在 delegate 实例(1.3)上调用相应的方法，并将阻塞执行转移到专用调度程序。我们也可以转移 lowerPublisher 和 upperPublisher 流的分解过程，这样事件循环就不会在该处花费资源(1.5)。请小心这种方法，因为它可能对实际数据库请求的资源进行争夺并降低吞吐量。

(2) findShortestTitle 方法在专用调度程序(2.2)上调用相应的方法(2.1)，并将 Iterable 映射到 Flux (2.3)。

现在，我们可以使用以下代码将阻塞式 BookJpaRepository 包装到响应式 RxBookRepository 中：

```
Scheduler scheduler = Schedulers.newParallel("JPA", 10);
BookJpaRepository jpaRepository = getBlockingRepository(...);

RxBookRepository rxRepository =
    new RxBookRepository(jpaRepository, scheduler);

Flux<Book> books = rxRepository
    .findByIdBetween(Mono.just(17), Mono.just(22));

books
    .subscribe(b -> log.info("Book: {}", b));
```

并非所有阻塞功能都可以轻松映射。例如，JPA 延迟加载很可能被描述的方法所破坏。此外，与 rxjava2-jdbc 库中类似，对事务的支持需要额外的努力。或者，我们需要以一定的粒度包装同步操作，而在该粒度中没有跨越多个阻塞调用的事务扩展。

这里描述的方法并没有将阻塞请求神奇地转换为响应式非阻塞执行。构成 JPA 调度程序的某些线程仍将被阻塞。但是，对调度程序的详细监控以及合理的池管理应该有助于在应用程序的性能和资源使用之间创建可接受的平衡。

7.5　响应式 Spring Data 实战

为了完成本章并强调响应式持久化的好处，让我们创建一个必须经常与数据库通信的数据密集型响应式应用程序。例如，让我们重新审视第 6 章中的示例。该示例中，我们为 Gitter 服务实现了一个备用的只读 Web 前端应用程序。应用程序连接到预定义的聊天室，并通过**服务器发送事件**将所有消息重新流式传输到所连接的所有用户。现在，根据新需求，我们的应用程序必须收集聊天室中最活跃的用户和被引用最多的用户的统计信息。我们的聊天应用程序使用 MongoDB 来存储消息和用户画像信息。这些信息也可用于重新统计。图 7-18 描绘了应用程序设计。

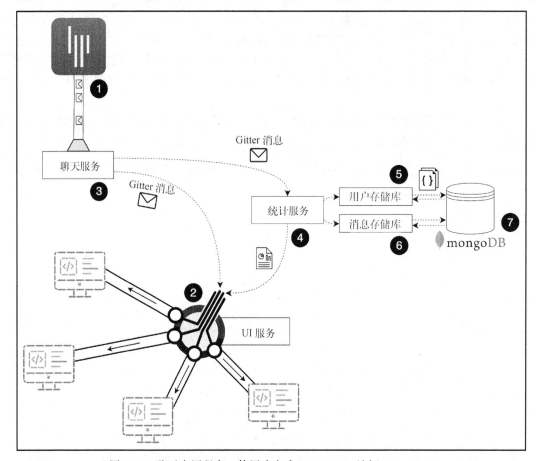

图 7-18   聊天应用程序，使用响应式 Spring Data 访问 MongoDB

图 7-18 中的编号点描述如下。

❶ 这是一个 Gitter 服务器，可以通过 SSE 流式传输来自特定聊天室的消息。这是一个外部系统，本例中应用程序从中接收所有数据。

❷ 这是 UI 服务（UI Service），它是我们应用程序的一部分。该组件将来自 Gitter 和最新统计信息的消息传输到客户端，而这些客户端是在浏览器中运行的 Web 应用程序。UI 服务使用 WebFlux 模块通过 SSE 以响应式方式进行数据流传输。

❸ 这是聊天服务（Chat Service），它使用响应式 WebClient 监听来自 Gitter 服务器的传入消息。收到的消息不但通过 UI 服务广播到 WebClient，而且流式传输到统计服务。

❹ 统计服务（Statistics Service）持续跟踪最活跃和被提及最多的用户。统计信息通过 UI 服务不断流式传输到 Web 客户端。

❺ 用户存储库（User Repository）是一个响应式存储库，它通过 MongoDB 通信存储和检索有关聊天参与者的信息。它使用 Spring Data MongoDB Reactive 模块构建。

❻ **消息存储库**（Message Repository）是一个响应式存储库，能存储和搜索聊天消息。它也是使用 Spring Data MongoDB Reactive 构建的。

❼ 我们选择 MongoDB 作为存储媒介，因为它不但符合应用程序需求，而且具有响应式驱动程序和基于 Spring Data 的良好响应式支持。

因此，应用程序中的数据流是持续性的，不需要任何阻塞调用。本例中，聊天服务通过 UI 服务广播消息。统计服务接收聊天消息，并且在重新计算统计数据之后，向 UI 服务发送包含统计信息的消息。WebFlux 模块负责所有网络通信，Spring Data 使我们可以在不破坏响应式流的前提下插入 MongoDB 交互。在这里，我们省略了大部分实现细节，但是，让我们看一下统计服务。如下所示：

```
public class StatisticService {
   private static final UserVM EMPTY_USER = new UserVM("", "");

   private final UserRepository userRepository;                    // (1)
   private final MessageRepository messageRepository;              //

   // 构造器……

   public Flux<UsersStatistic> updateStatistic(                    // (2)
     Flux<ChatMessage> messagesFlux                                // (2.1)
   ) {
     return messagesFlux
        .map(MessageMapper::toDomainUnit)                          // (2.2)
        .transform(messageRepository::saveAll)                     // (2.3)
        .retryBackoff(Long.MAX_VALUE, Duration.ofMillis(500))      // (2.4)
        .onBackpressureLatest()                                    // (2.5)
        .concatMap(e -> this.doGetUserStatistic(), 1)              // (2.6)
        .errorStrategyContinue((t, e) -> {});                      // (2.7)
   }

   private Mono<UsersStatistic> doGetUserStatistic() {             // (3)
     Mono<UserVM> topActiveUserMono = userRepository
        .findMostActive()                                          // (3.1)
        .map(UserMapper::toViewModelUnits)                         // (3.2)
        .defaultIfEmpty(EMPTY_USER);                               // (3.3)

     Mono<UserVM> topMentionedUserMono = userRepository
        .findMostPopular()                                         // (3.4)
        .map(UserMapper::toViewModelUnits)                         // (3.5)
        .defaultIfEmpty(EMPTY_USER);                               // (3.6)

     return Mono.zip(                                              // (3.7)
        topActiveUserMono,
        topMentionedUserMono,
        UsersStatistic::new
     ).timeout(Duration.ofSeconds(2));                             // (3.8)
   }
}
```

让我们分析一下 StatisticService 类的实现。

(1) StatisticService 类引用了 UserRepository 和 MessageRepository，它们提供与 MongoDB 集合的响应式通信。

(2) updateStatistic 方法流式传输由 UsersStatistic 视图模型对象表示的统计事件。同时，该方法需要一个由 messagesFlux 方法参数(2.1)表示的传入聊天消息流。该方法订阅了 ChatMessage 对象的一个 Flux，将它们转换为所需的表现形式(2.2)，并使用 messageRepository (2.3)将它们保存到 MongoDB。retryBackoff 操作符有助于克服潜在的 MongoDB 通信问题(2.4)。此外，如果订阅者无法处理所有事件，我们会丢弃旧消息(2.5)。通过应用 concatMap 操作符，我们调用(2.6)中的 doGetUserStatistic 方法来启动统计重计算过程。我们之所以使用 concatMap，是因为它保证了统计结果顺序正确。这是因为操作符会在生成下一个子流之前等待内部子流完成。此外，在重新计算统计的过程中，我们应用 errorStrategyContinue 操作符(2.7)忽略所有错误，因为应用程序的这一部分并不重要，并且可以容忍一些短暂性问题。

(3) doGetUserStatistic 辅助方法能计算顶级用户。为了计算最活跃的用户，我们在 userRepository (3.1)上调用 findMostActive 方法，并将结果映射到正确的类型(3.2)。在没有找到用户的情况下，我们返回预定义的 EMPTY_USER (3.3)。同样，为了获得最受欢迎的用户，我们在存储库(3.4)上调用 findMostPopular 方法，映射结果(3.5)，并根据需要设置默认值(3.6)。Mono.zip 操作符有助于合并这两个响应式请求并生成 UsersStatistic 类的新实例。timeout 操作符能设置可用于重新计算统计数据的最大时间预算。

通过这些精巧的代码，我们可以轻松地将来自 WebClient 对象的传入消息流，与由 WebFlux 模块处理的 SSE 事件传出流混合。当然，我们还能通过响应式 Spring Data 将 MongoDB 查询处理包含到响应式管道中。此外，我们没有阻塞此管道中任何位置的任何线程。因此，我们的应用程序非常高效地利用了服务器资源。

7.6　小结

在本章中，我们了解了关于现代应用程序中的数据持久化的很多知识。本章基于微服务架构描述了数据访问的挑战，以及多语言持久化如何帮助构建具有所需特性的服务。我们还概述了实现分布式事务的可用选项。本章介绍了数据持久化的阻塞式方法和响应式方法的优缺点，以及当下每个阻塞式数据访问级别所缺少的响应式替代方案。

本章描述了 Spring Data 项目如何巧妙地将响应式数据访问引入到现代 Spring 应用程序中。我们研究了响应式 MongoDB 连接器和 Cassandra 连接器的功能和实现细节，还了解了针对 MongoDB 4 多文档事务的支持。本章介绍了下一代语言级响应式数据库 API 的可用选项，即 ADBA 和 R2DBC，探讨了这两种方法的缺陷和好处，并研究了 Spring Data 如何使用新的 Spring Data JDBC 模块支持关系型数据库的响应式存储库。

　　本章还介绍了将阻塞式驱动程序或存储库集成到响应式应用程序中的当前选项。尽管已经学到了很多东西，但我们只是触及了数据持久化的皮毛。因为这是一个很大的话题，不可能在一章内讨论完。

　　本章开头提到了数据库的双重特性，即静态数据存储和带有数据更新的消息流。下一章将探讨 Kafka 和 RabbitMQ 等消息传递系统上下文中的响应式系统和响应式编程。

7

第 8 章

使用 Cloud Streams 提升伸缩性

前面的章节告诉我们，在使用 Reactor 3 时，实现响应式编程范式可以成为一种乐趣。到目前为止，我们已经学会了如何使用 Spring WebFlux 和 Spring Data Reactive 构建一个响应式 Web 应用程序。这种强大的组合，使我们能构建可以在处理高负载的同时，保持高效资源利用率、低内存占用、低延迟和高吞吐量的应用系统。

但是，这尚未涵盖 Spring 生态系统所带来的全部可能性。在本章中，我们将学习如何使用 Spring Cloud 生态系统提供的功能来改进应用程序，以及如何使用 Spring Cloud Streams 构建完整的响应式系统。此外，我们还将了解什么是 RSocket 库以及它如何帮助我们开发快速流式系统。最后，本章还介绍了 Spring Cloud Function 模块，该模块简化了基于响应式编程和背压支持的云原生响应式系统的构建过程。

本章将介绍以下主题：

- □ 消息代理服务器在响应式系统中的作用；
- □ Spring Cloud Streams 在基于 Spring 框架的响应式系统中的作用；
- □ 基于 Spring Cloud Function 的无服务器响应式系统；
- □ 作为异步、低延迟消息传递的应用程序协议 RSocket。

8.1 消息代理服务器是消息驱动系统的关键

回想一下，第 1 章提到，响应式系统的本质是消息驱动通信。此外，前面的章节清楚地表明，通过应用响应式编程技术，我们可以为进程间通信或跨服务通信编写异步交互。此外，通过使用响应式流规范，我们可以以异步方式管理背压和故障。汇集这些功能，我们能够在一台计算机中构建高质量的响应式应用程序。遗憾的是，单节点应用程序有其自身约束，这些约束表现为硬件限制。首先，在不关闭整个系统的情况下，提供额外的 CPU、RAM 和硬盘/SSD 等新的计算资源是不可能的。这样做没有任何好处，因为用户可能分布在世界各地，整体用户体验是不同的。

这里，**不同的用户体验**指不同的延迟分布，它直接取决于应用程序的服务器位置与用户位置之间的距离。

我们可以通过将单体（monolithic）应用程序拆分成微服务来解决这些限制。这种技术的核心思想旨在实现具有直接位置透明度的弹性系统。但是，这种构建应用程序的方式暴露了新的问题，例如服务管理、监控和轻松伸缩。

8.1.1　服务器端负载均衡

在分布式系统开发的最早阶段，实现位置透明性和弹性的方法之一是使用外部负载均衡器（如 HAProxy/Nginx）作为副本组顶部的入口点或作为整个系统的中央负载均衡器。请考虑图 8-1。

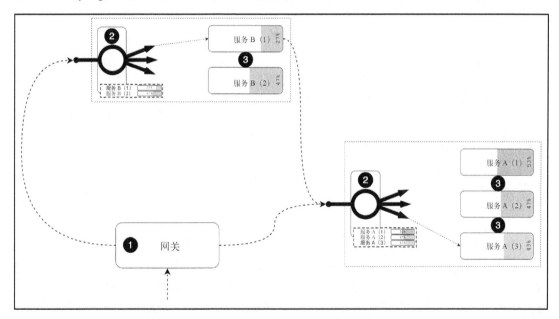

图 8-1　基于外部服务进行负载均衡的示例

图 8-1 中的编号点表示以下内容。

❶ 这里有一项服务，它扮演网关的角色并协调所有用户的请求。正如图 8-1 所示，网关对**服务 A** 和**服务 B** 进行两次调用。如果第一次调用验证了给定的访问令牌是正确的，或者检查到存在用于访问网关的有效授权，则假设**服务 A** 扮演访问控制的角色。一旦访问被确认，就执行第二次调用，其中可能包括在**服务 B** 上执行业务逻辑，而由于这可能需要额外的权限检查，因此访问控制会再次被调用。

❷ 这是负载均衡器的示意图。为了启用自动伸缩，负载均衡器可以收集诸如打开连接数量之类的指标，这可以给出该服务上的总体负载状态。或者，负载均衡器可以收集响应延迟并基于

此对服务的健康状态做出一些额外的假设。将此信息与其他定期运行状况检查相结合，负载均衡器就可以调用第三方机制，在负载处于高峰时分配额外资源，或在负载减少时释放冗余节点。

❸ 这里演示了在专用负载均衡器❷下分组服务的特定实例。在这里，每个服务可以在单独的节点或机器上独立工作。

从图中可以看出，负载均衡器扮演着可用实例注册表的角色。每组服务都有一个专用的负载均衡器，用于管理所有实例之间的负载。同时，负载均衡器可以基于总体组负载和可用指标发起伸缩过程。例如，当用户活动出现峰值时，它可以将新实例动态添加到组中，从而处理增加的负载。反过来，当负载减少时，负载均衡器（作为指标持有者）可以发送通知，指出组中存在多余实例。

注意，鉴于本书的目的，我们将跳过自动伸缩技术，但是会在第 10 章中介绍 Spring 5 框架提供的监控和运行健康状况检查功能。

但是，该解决方案存在一些已知问题。首先，在高负载下，负载均衡器可能成为系统中的热点。回顾阿姆达尔定律，我们可能记得，负载均衡器成为了一个竞争点，而底层服务组无法比负载均衡器处理更多的请求。此外，提供负载均衡器服务的成本可能很高，因为每个专用负载均衡器都需要一个单独的强大机器或虚拟机。此外，我们可能还需要额外安装负载均衡器的备份机器。最后，我们还应管理和监控负载均衡器。这可能导致在基础设施管理方面产生一些额外费用。

通常，服务器端负载均衡是一种经过时间验证的技术，可用于许多场景。虽然它有其局限性，但它现在是一种可靠的解决方案。

8.1.2 基于 Spring Cloud 和 Ribbon 实现客户端负载均衡

幸好，当服务器端负载均衡器成为系统中的热点时，Spring Cloud 生态系统伸出了援手，试图解决该问题。Spring 团队决定遵循 Netflix 构建分布式系统的最佳实践，而不是提供一个外部负载均衡器。实现可伸缩性和位置透明性的方法之一是客户端负载均衡。

客户端负载均衡的想法很简单，它意味着服务通过一个熟悉目标服务可用实例的复杂客户端进行通信，以便轻松均衡它们之间的负载，如图 8-2 所示。

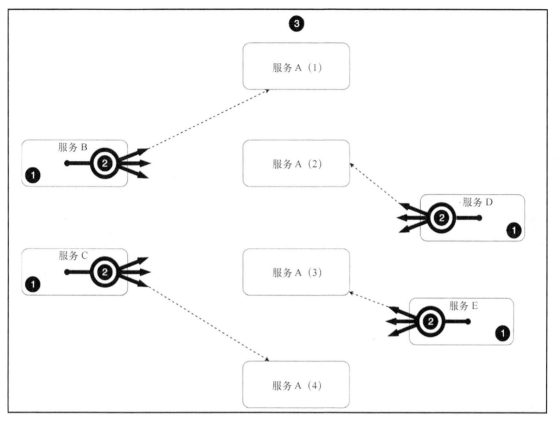

图 8-2　客户端负载均衡模式的示例

图 8-2 中的编号点表示以下内容。

❶ 此点描述了一些与**服务 A** 通信的服务。

❷ 这些是客户端负载均衡器。我们现在可以看到，负载均衡器是每个服务的一部分。因此，所有协调都应该在实际的 HTTP 调用发生之前完成。

❸ 此处描述了实际的**服务 A** 实例组。

在此示例中，所有调用者都执行对**服务 A** 的不同副本的调用。该技术虽然提供了相对于专用外部负载均衡器的独立性（从而提供更好的可伸缩性），但也有其局限性。一方面，所谓的负载均衡技术是客户端均衡。因此，每个调用者负责通过在本地选择目标服务的实例来均衡所有请求。这有助于避免单点故障，从而提供更好的可伸缩性。另一方面，有关可用服务的信息应该以某种方式供系统中的其他服务访问。

为了熟悉用于服务发现的现代技术，我们考虑 Java 和 Spring 生态系统中的一个流行库，Ribbon。Ribbon 库是由 Netflix 创建的客户端负载均衡器模式的实现。Ribbon 提供了两种常用技术，可以用于访问可用服务列表。提供此类信息的最简单方法是使用静态预配置的服务地址列表。该技术如图 8-3 所示。

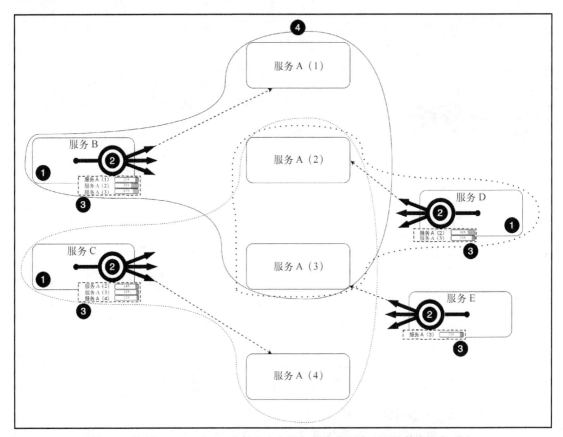

图 8-3　使用 Netflix Ribbon 为每个客户端负载均衡预先配置的静态服务列表

图 8-3 中的编号点表示以下内容。

❶ 该点描述了一些与**服务 A** 通信的服务。

❷ 这些是客户端负载均衡器。每个服务都可以访问特定的服务实例组。

❸ 预配置的**服务 A** 实例的内部列表表示。在这里，每个调用者服务独立地测量每个目标**服务 A** 实例上的负载，并应用与此相关的均衡过程。列表中的粗体服务名称也指**服务 A** 的当前执行目标实例。

❹ 此处描述了实际的**服务 A** 实例组。

在图 8-3 中，具有不同边框的图形概述了不同调用者的知识区域。遗憾的是，客户端负载均衡技术有其缺陷。首先，由于客户端均衡器之间没有协调，因此所有调用者可能决定调用同一个实例，导致其超负荷运行，如图 8-4 所示。

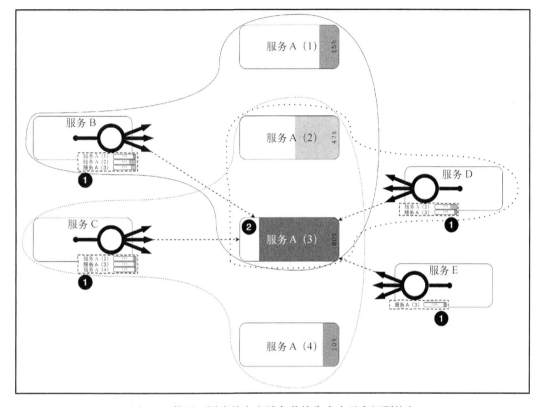

图 8-4　使用不同步的客户端负载均衡来表示有问题的点

图 8-4 中的编号点表示以下内容。

❶ 这代表调用者服务及其预配置的**服务 A** 实例列表。各种服务的本地负载测量值有所不同。因此,此示例展示了所有服务调用**服务 A** 中的相同目标实例的情况。这可能导致意外的负载峰值。

❷ 这是**服务 A** 的实例之一。此处,实例上的实际负载与每个调用者服务基于本地测量假设的负载有所不同。

此外,从弹性负载管理的角度来看,这种使用静态服务实例列表管理负载的简单方法远没有达到响应式系统要求。

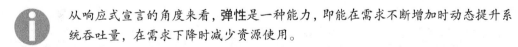　从响应式宣言的角度来看,**弹性**是一种能力,即能在需求不断增加时动态提升系统吞吐量,在需求下降时减少资源使用。

解决方案是,Ribbon 可以与诸如 Eureka 的服务注册中心进行集成,这样注册服务会不断更新可用服务副本列表。请考虑图 8-5。

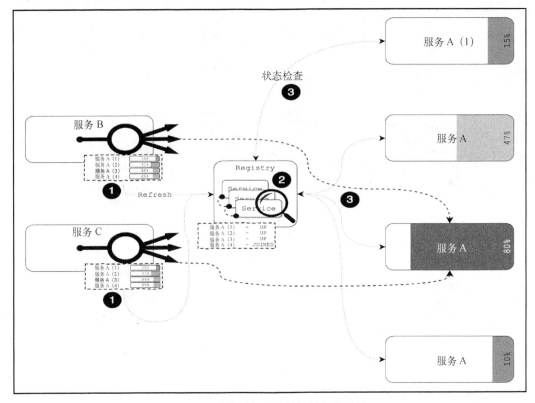

图 8-5   动态更新可用服务列表的示例

图 8-5 中的编号点表示以下内容。

❶ 这是具有可用**服务** A 实例列表的调用者服务。这里，为了使**服务** A 中的活动实例列表保持最新，客户端均衡器会定期刷新该列表，并从注册中心❷获取最新信息。

❷ 这表示注册服务。如图 8-5 所示，注册服务保留了自己的已发现服务列表及其状态。

❸ 虚线表示服务心跳或健康状况检查请求。

从图 8-5 中可以看到，客户端负载均衡器的协调问题仍然存在。在这种情况下，注册表负责保存健康服务实例的列表，并在运行时不断更新它们。这里，客户端均衡器和注册服务都可以保存有关目标服务实例负载的信息，并且客户端均衡器可以周期性地将内部负载统计与注册服务收集的负载同步。此外，相关各方都可以访问该信息并基于该信息执行自身的负载均衡。这种管理可用服务列表的方式比前一个方法更广泛，可以动态更新可用目标列表。

首先，该技术适用于小型服务集群。但是，使用共享注册表发现动态服务这一方法远没有达到理想状态。与服务器端负载均衡一样，诸如 Eureka 之类的经典注册服务会成为单点故障，这是因为系统需要付出巨大努力来保持系统状态信息的更新和准确性。例如，当群集的状态快速变化时，关于注册服务的信息可能过时。为了跟踪服务的运行状况，服务实例通常会定期发送心跳消息；或者，注册表也可以定期执行健康检查请求。在这两种情况下，非常频繁的状态更新消耗的集群资源可能超出合理比例。因此，健康检查之间的持续时间通常从几秒到几分钟不等（Eureka的默认持续时间为30秒）。因此，注册表可以抛出在上次健康检查期间处于健康状态但目前已被销毁的服务实例。因此，集群越动态，就越难以使用集中式注册表准确地跟踪服务状态。

此外，由于所有均衡仍在客户端进行，因而负载均衡之间同样没有协调，而这意味着服务上的实际负载可能不均衡。此外，在分布式系统中，由客户端负载均衡器（基于服务指标）提供准确而真实的请求协调也是一个挑战，这可能比前一个更难。因此，我们必须为建立响应式系统找到一个更好的解决方案。

8.1.3 消息代理服务器——消息传递的弹性可靠层

幸好，响应式宣言为与服务器端和客户端的均衡相关问题提供了解决方案。

"采用显式消息传递可以通过塑造和监控系统中的消息队列并在必要时应用背压来实现负载管理、弹性和流量控制。"

该声明可以解释为使用独立的消息代理服务器来传递消息。请考虑图 8-6。

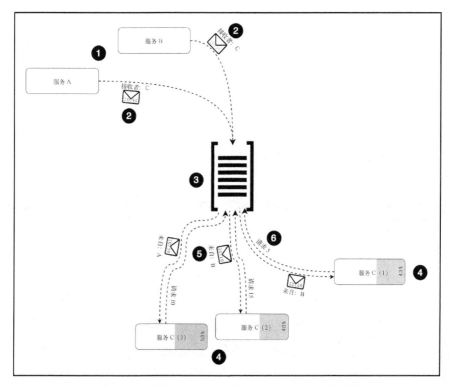

图 8-6 使用消息队列作为服务进行负载均衡的示例

图 8-6 中的编号点表示以下内容。

❶ 这些是调用者服务。正如图 8-6 所示，调用者服务只知道消息队列的位置和接收者的服务名称，这使调用者服务与实际目标服务实例分离。这种通信模型类似于服务器端均衡。但是，一个重要区别是调用者和最终接收者之间的通信行为是异步的。在这里，我们不必在处理请求时使连接保持打开状态。

❷ 这是传出消息表示。此例中，传出消息可以保存有关接收者服务名称和消息关联性 ID 的信息。

❸ 这是消息队列的表示。这里，消息队列作为独立服务工作，并使用户能将消息发送到 Service C 实例组，以使任何可用实例都可以处理消息。

❹ 这是接收者服务实例。因为每个工作单元都能够通过提交需求❻来控制背压，所以每个 Service C 实例都具有相同的平均负载，以便消息队列可以发送传入消息❺。

首先，所有请求都通过消息队列发送，然后消息队列可以将它们发送给可用的工作单元。此外，消息队列可以持久化消息，直到其中一个工作单元请求新消息。通过这种方式，消息队列知道系统中有多少相关第三方，并且可以基于该信息管理负载。反过来，每个工作单元都能够在内部管理背压并根据机器能力发送需求。只需要监控待处理消息的数量，我们就可以增加活动工作单元的数量。此外，仅仅依靠待定的工作单元需求量，我们就可以减少休眠的工作单元。

虽然消息队列解决了客户端负载均衡的问题，但我们似乎应用与前面提到的服务器端负载均衡非常类似的解决方案，而消息队列可能成为系统中的热点。然而，事实并非如此。首先，这里的通信模式有些不同。消息队列只会将传入的消息放入队列，而不会搜索可用的服务并决定将请求发送给谁。然后，当工作单元声明接收消息的意图时，队列中消息将会被传递。因此，这里有两个单独的、很可能是相互独立的阶段。如下所示：

❑ 接收消息并将它们放入队列（可能非常快）；
❑ 当消费者提交需求时传输数据。

此外，我们可以为每组接收者复制消息队列。由此，我们可以增强系统的可伸缩性并巧妙地避免瓶颈。请考虑图 8-7。

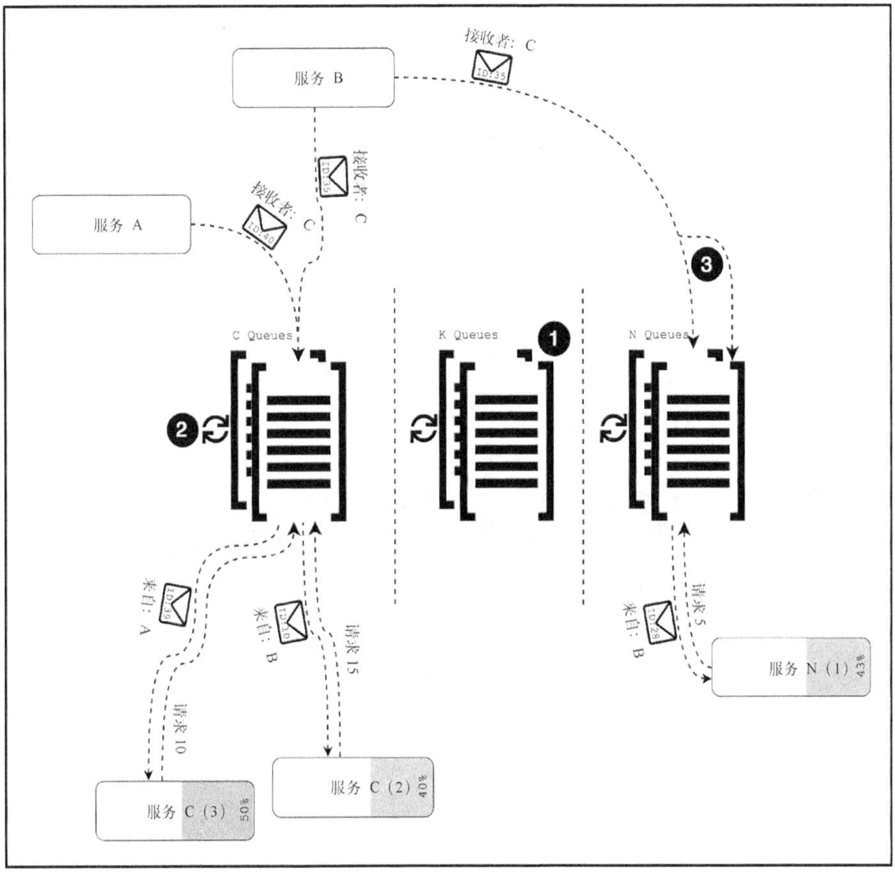

图 8-7　消息队列作为服务时的弹性示例

图 8-7 中的编号点表示以下内容。

❶ 这表示启用了数据复制的消息队列。此例中，我们有一些复制的消息队列，这些队列专用于每组服务实例。

❷ 这表示同一组接收者副本之间的状态同步。

❸ 这表示副本之间可能的负载均衡（例如客户端均衡）。

在这里，每个接收者组都拥有一个队列以及该组中每个队列的复制集。但是，负载可能因组而异，一组可能过载，而另一组却可能处于休眠状态，没有任何工作，这可能造成浪费。

因此，与其将消息队列作为单独的服务，我们不如依赖于支持虚拟队列的消息代理服务器。这样做可以降低基础设施的成本，因为系统上的负载可能减少，不同的接收者组可以共享一个消息代理服务器。另外，消息代理服务器也可以是一个响应式系统。因此，消息代理服务器可以具有弹性和回弹性，并且可以使用异步、非阻塞消息传递来共享其内部状态。请考虑图 8-8。

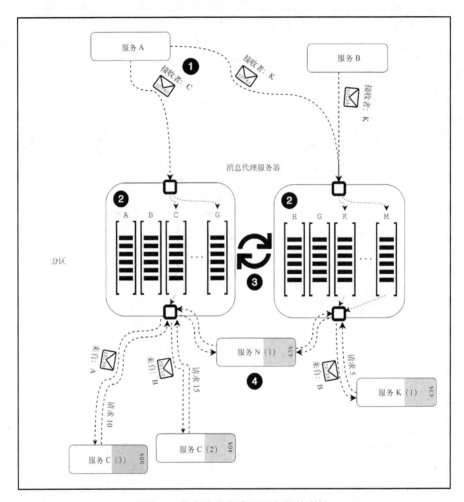

图 8-8　分布式消息代理服务器的弹性

图 8-8 中的编号点表示以下内容。

❶ 这是具有分区客户端负载均衡器的调用者服务。通常，消息代理服务器可以使用先前提到的技术来组织分区的发现并与其客户端共享信息。

❷ 这表示消息代理服务器分区。此例中，每个分区都有许多已分配的接收者（主题）。同时，除分区之外，每个部分也可以具有副本。

❸ 这表示分区的重新均衡过程。消息代理服务器可以使用额外的重新均衡机制，因此在集群中有新接收者或新节点的情况下，这样的消息代理可以很容易地进行伸缩。

❹ 这是接收者的一个示例，它可以监听来自不同分区的消息。

图 8-8 描述了一种可能的系统设计，其中消息代理服务器可以作为目标应用程序的可靠骨干。

从图中可以注意到，消息代理服务器可以保持系统所需数量的虚拟队列。现代消息代理服务器采用状态共享技术（例如最终一致性和消息多播）实现了开箱即用的弹性。消息代理服务器可以成为异步消息传输的可靠层，具有背压支持和**可重放性**（replayability）保证。

例如，消息代理服务器的可靠性可以采用消息复制和快速存储持久化等有效技术实现。但是，由于此类消息代理服务器可能较不使用消息持久化的消息代理服务器性能更低，且在消息对等发送时性能也较低，体验可能有所不同。

这对我们意味着什么？这意味着在消息代理服务器崩溃的情况下，所有消息都可用，因此一旦消息传递层变得可用，所有未传递的消息都可以找到其目的地。

总之，我们可以得出结论，消息代理服务器技术提高了系统的整体可伸缩性。在这种情况下，因为消息代理服务器可以像响应式系统一样运作，所以我们可以轻松地构建弹性系统。因此，通信不再是瓶颈。

8.1.4　消息代理服务器市场

尽管使用消息代理服务器这一想法可能是大多数业务需求的梦想，但实现我们自己的消息代理服务器可能成为一场噩梦。幸好，目前市场为我们提供了一些强大的开源解决方案。最流行的消息代理服务器和消息传递平台包括 RabbitMQ、Apache Kafka、Apache Pulsar、Apache RocketMQ、NATS、NSQ 等。

8.2　Spring Cloud Streams——通向 Spring 生态系统的桥梁

前面提到的所有解决方案都具有竞争力和优势，例如低延迟、更好地保证消息传递或支持持久化。

尽管如此，由于本书的主题是 Spring 生态系统中的响应式可能性，因此 Spring 为了与消息代理服务器进行轻松集成而提供的内容值得了解。

一种使用 Spring Cloud 构建健壮消息驱动系统的强大方法是借助 Spring Cloud Streams。Spring Cloud Streams 为异步跨服务消息传递提供了简化的编程模型。同时，Spring Cloud Streams 模块构建在 Spring Integration 和 Spring Message 模块之上，后两者是与外部服务和简单异步消息传递进行正确集成的基本抽象。此外，Spring Cloud Streams 能够构建弹性应用程序，而无须处理过于复杂的配置，也无须深入了解特定的消息代理服务器。

遗憾的是，只有少数消息代理服务器在 Spring 框架中得到了适当的支持。在撰写本书时，Spring Cloud Streams 仅提供与 RabbitMQ 和 Apache Kafka 的集成。

为了了解使用 Spring Cloud Streams 构建响应式系统的基础知识，我们将把在第 7 章中构建的响应式聊天应用程序升级到新的响应式 Spring Cloud 技术栈。

首先，我们将重新介绍应用程序的设计。该应用程序由 3 个概念部分组成。第一部分是一个名为 ChatService 的连接器服务。本例中，它是与 Gitter 服务的通信实现（Gitter 服务是服务器发送的事件流）。同时，消息流在 ChatController 和 StatisticService 之间共享。其中，ChatController 负责将这些消息直接传递给最终用户，而 StatisticService 负责在数据库中存储消息并根据更改重新计算统计数据。以前，所有 3 个部分都包含在一个单体应用程序中。因此，系统中的每个组件都使用 Spring 框架的依赖注入进行连接。此外，Reactor 3 响应式类型支持异步、非阻塞消息传递。我们首先需要了解 Spring Cloud Streams 是否能在将单体应用程序分解为微服务的同时，使用响应式类型进行组件之间的通信。

幸好，Spring Cloud 2 开始直接支持通过 Reactor 类型进行通信。以前，位置透明度可能与单体应用程序中组件的松耦合有关。只要使用**控制反转**，每个组件都可以访问组件接口，而无须了解其实现。在云生态系统中，除了知道访问接口，我们还应该知道域名（组件名称）。在本例中，则要知道专用队列的名称。为了替代通过接口进行通信的方式，Spring Cloud Streams 提供了两个用于连接服务之间通信的概念性注解。

第一个概念注解是@Output 注解。此注解定义了消息传递的目标队列名称。第二个概念注解是@Input 注解，它定义了应该从中监听消息的队列。由于这种服务之间的交互方法可能替换接口，因此与其调用该方法，我们不如将消息发送到特定队列。让我们考虑一下应用程序必须做出的更改，以便向消息代理服务器发送消息：

```
@SpringBootApplication                                          // (1)
@EnableBinding(Source.class)                                    // (1.1)
@EnableConfigurationProperties(...)                             //

/* @Service */                                                 // (1.2)
public class GitterService                                     //
  implements ChatService<MessageResponse>    {                 //

  ...                                                          // (2)

  @StreamEmitter                                               // (3)
  @Output(Source.OUTPUT)                                       // (3.1)
  public Flux<MessageResponse> getMessagesStream() { ... }     //

  @StreamEmitter                                               // (4)
  @Output(Source.OUTPUT)                                       //
  public Flux<MessageResponse> getLatestMessages() { ... }     //

  public static void main(String[] args) {                     // (5)
      SpringApplication.run(GitterService.class, args);        //
  }                                                            //
}                                                              //
```

注意，除了实际实现，前面的代码还展示了代码差异。这里，用/*和*/括起来
的代码表示被删除的代码行，加粗的代码表示新的代码行。没有使用特殊样式的
代码则没有发生改变。

带编号的代码解释如下。

(1) 这是@SpringBootApplication 声明。在点(1.1)，我们将 Spring Cloud Streams 定义为
@EnableBinding 注解。该注解实现与流式基础设施的底层集成（例如，与 Apache Kafka 的集成）。
反过来，因为从单体应用程序迁移到分布式应用程序，所以我们删除了@Service 注解(1.2)。现
在我们可以将该组件作为一个小型独立应用程序运行，并以这种方式实现更好的伸缩性。

(2) 这是字段和构造函数的列表，它们保持不变。

(3) 这是消息的 Flux 声明。该方法返回来自 Gitter 的不定消息流。这里，@StreamEmitter
扮演关键角色，因为它会确立给定的源是一个响应式源。因此，为了定义目的地通道，此处使用
@Output 接受通道的名称。请注意，目的地通道的名称必须位于行(1.1)的绑定通道列表中。

(4) 这里，getLatestMessages 返回最新 Gitter 消息的有限流并将它们发送到目的地通道。

(5) 这是 main 方法声明，用于引导 Spring Boot 应用程序。

如示例所示，从业务逻辑角度来看，代码没有发生重大变化。相反，只需应用一些 Spring Cloud
Streams 注解，就可以在代码中添加大量的基础设施逻辑。首先，我们使用@SpringBootApplication
将这个小服务定义为单独的 Spring Boot 应用程序。然后，我们应用@Output(Source.OUTPUT)
在消息代理服务器中定义目的地队列的名称。

最后，@EnableBinding、@StreamEmitter 意味着我们的应用程序被绑定到消息代理服
务器，并且在其起始点调用 getMessagesStream() 和 getLatestMessages() 方法。

除了 Java 注解，我们还应该提供 Spring Cloud Stream 绑定的配置。这可以通过提供 Spring
应用程序属性来完成，如下所示（在这种情况下使用 application.yaml）：

```
spring.cloud.stream:                                              //
  bindings:                                                       //
    output:                                                       // (1)
      destination: Messages                                       // (2)
      producer:                                                   // (3)
        requiredGroups: statistic, ui                             // (4)
```

前面的示例代码中，我们在点(1)指定了绑定键，它是 Source.OUTPUT 中定义的通道名称。
这样一来，我们可以访问 org.springframework.cloud.stream.config.BindingProperties
并在消息代理服务器(2)中配置目的地的名称。与此同时，我们可以配置生产者的表现行为(3)。
例如，我们可以配置一个接收者列表，其中的接收者应该以基于**至少一次**（at least once）传递
保证(4)的方式接收消息。

将上述代码作为单独的应用程序运行，我们可以看到消息代理服务器内的专用队列开始接收

消息。另外，正如第 7 章所示，该聊天应用程序有两个核心消息消费者：控制器层和统计服务。在修改系统的第二步，我们将更新统计服务。在该应用程序中，统计服务不仅仅是普通消费者，它还负责根据数据库变更更新统计信息，然后将其发送到控制器层。这意味着该服务是一个 Processor，因为它同时扮演 Source 和 Sink 的角色。因此，我们必须提供一种能力，用于消费来自消息代理服务器的消息以及将消息发送到消息代理服务器。请考虑以下代码：

```
@SpringBootApplication                                          // (1)
@EnableBinding(Processor.class)                                 //
/* @Service */                                                 //
public class DefaultStatisticService                           //
   implements StatisticService {                               //

   ...                                                          // (2)

   @StreamListener                                             // (3)
   @Output(Processor.OUTPUT)                                   //
   public Flux<UsersStatisticVM> updateStatistic(             //
      @Input(Processor.INPUT) Flux<MessageResponse> messagesFlux   // (3.1)
   ) { ... }                                                   //

   ...                                                         // (2)

   public static void main(String[] args) {                   // (4)
      SpringApplication.run(DefaultStatisticService.class, args);  //
   }                                                           //
}
```

带编号的代码解释如下。

(1) 这是@SpringBootApplication 声明。与前面的例子中一样，这里我们用@EnableBinding 注解替换了@Service。与 GitterService 组件的配置不同，我们使用 Processor 接口，该接口声明 StatisticService 组件，该组件一方面消费消息代理服务器中的数据，一方面将数据发送到消息代理服务器。

(2) 这是代码中保持不变的部分。

(3) 这是处理器的方法声明。这里，updateStatistic 方法接受 Flux，它提供对来自消息代理服务器通道的传入消息的访问。我们必须通过声明@StreamListener 注解以及@Input 注解来明确定义监听消息代理服务器的给定方法。

(4) 这是 main 方法声明，用于引导 Spring Boot 应用程序。

可以注意到，我们使用 Spring Cloud Streams 注解，以标记输入 Flux 和输出 Flux 是所定义队列的输入流或输出流。在该示例中，@StreamListener 使虚拟队列的名称与@Input/@Output 注解中定义的名称相对应（这些队列会发送消息并消费输入的消息），而预配置的接口绑定在 @EnableBinding 注解中。如前例所示，除了生产者配置，我们还可以使用相同的应用程序属性（在本例中为 YAML 配置）以相同的通用方式配置所声明的输入和输出：

```
spring.cloud.stream:                                            //
   bindings:                                                    //
      input:                                                    // (1)
         destination: Messages                                  //
         group: statistic                                       // (2)
      output:                                                   //
         producer:                                              //
            requiredGroups: ui                                  //
         destination: Statistic                                 //
```

Spring Cloud Stream 提供了与消息代理服务器进行通信配置的灵活性。我们在点(1)定义的 input 实际上是消费者的配置。另外在点(2)，我们必须定义 group 名称，该名称表示消息代理服务器中接收者组的名称。

最后，在准备好发射器之后，我们必须使用以下方式更新 InfoResource 组件：

```
@RestController                                                 // (1)
@RequestMapping("/api/v1/info")                                 //
@EnableBinding({MessagesSource.class, StatisticSource.class})   // (1.1)
@SpringBootApplication                                          //
public class InfoResource {                                     //

    ...                                                         // (2)
/*  public InfoResource(                                        // (3)
        ChatService<MessageResponse> chatService,               //
        StatisticService statisticService                       //
    ) { */                                                      // (3.1)
    @StreamListener                                             //
    public void listen(                                         //
        @Input(MessagesSource.INPUT) Flux<MessageResponse> messages,  //
        @Input(StatisticSource.INPUT)                          //
        Flux<UsersStatisticVM> statistic                        //
    ) {                                                         //

/*      Flux.mergeSequential(                                   // (4)
            chatService.getMessagesAfter("")                    //
                    .flatMapIterable(Function.identity()),      //
            chatService.getMessagesStream()                     //
        )                                                       //
        .publish(flux -> Flux.merge( ... */                     //

            messages.map(MessageMapper::toViewModelUnit)        // (5)
                    .subscribeWith(messagesStream);             //
            statistic.subscribeWith(statisticStream);           //

/*  ))                                                          // (4)
    .subscribe(); */                                            //
    }                                                           //

    ...                                                         // (2)

    public static void main(String[] args) {                    // (6)
        SpringApplication.run(InfoResource.class, args);        //
    }                                                           //
}                                                               //
```

8

上述代码段中带编号的代码解释如下。

(1) 这是@SpringBootApplication 定义。如代码所示，@EnableBinding 在这里接受两个自定义可绑定接口，其中包含用于统计和消息的单独输入通道配置。

(2) 这是代码中保持不变的部分。

(3) 这是.listen 方法声明。可以看到，原本接受两个接口的构造函数现在接受由@Input 注解的 Flux。

(4) 这是修改过的逻辑。在这里，我们不再需要手动进行流合并和流共享，因为我们已经把该职责移交给了消息代理服务器。

(5) 我们在此订阅给定的统计和消息流。此时，所有传入的消息都缓存到 ReplayProcessor 中。注意，这里提到的缓存是本地的，为了实现更好的可伸缩性，可以使用分布式缓存进行替换。

(6) 这是 main 方法声明，用于引导 Spring Boot 应用程序。

这里，我们正在监听两个独立的队列。同样，使用消息代理服务器可以让我们与 GitterService 和 StatisticService 进行透明的解耦。同时，当我们使用 Spring Cloud Stream 时，我们必须记住@StreamListener 注解仅适用于方法级别。因此，我们必须通过在 void 方法之上应用 @StreamListener 来破解该元素，该方法在创建消息代理服务器的连接时被调用。

为了更好地理解自定义可绑定接口的内部原理，我们考虑以下代码：

```
interface MessagesSource {                                    //
    String INPUT = "messages";                                // (1)
                                                              //
    @Input(INPUT)                                             // (2)
    SubscribableChannel input();                              // (3)
}                                                             //

interface StatisticSource {                                   //
    String INPUT = "statistic";                               // (1)
                                                              //
    @Input(INPUT)                                             // (2)
    SubscribableChannel input();                              // (3)
}                                                             //
```

带编号的代码解释如下。

(1) 这是 String 常量，表示绑定通道的名称。

(2) 这是@Input 注解，声明带注解的方法提供了 MessageChannel，传入的消息通过该通道进入应用程序。

(3) 这是指示 MessageChannel 类型的方法。我们必须为消息消费者的可绑定接口提供 SubscribableChannel，它使用另外两种方法扩展 MessageChannel 以进行异步消息监听。

与前面的情况完全相同，我们必须在本地 application.yaml 中提供类似的属性：

```
spring.cloud.stream:
   bindings:
      statistic:
         destination: Statistic
         group: ui
      messages:
         destination: Messages
         group: ui
```

将所有难点包含在图中，我们得到图 8-9 所示的系统架构。

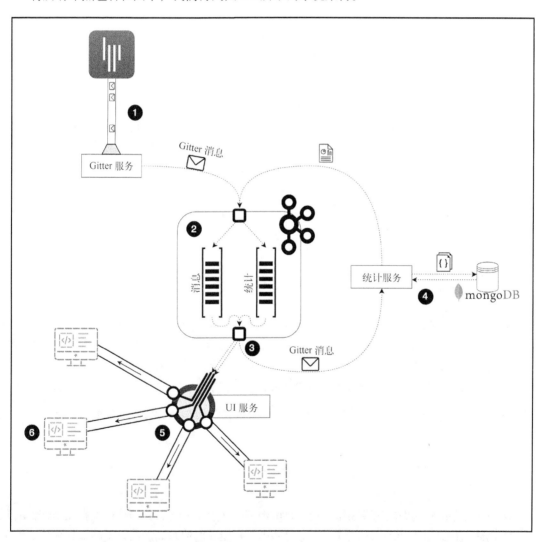

图 8-9　分布式聊天应用程序的示例

图 8-9 中的编号点表示以下内容。

❶ 这里表示 `GitterService`。请注意，`GitterService` 与 Gitter API 和消息代理服务器❷（在本例中为 Apache Kafka）紧密耦合，但是没有直接依赖外部服务。

❷ 这里表示消息代理服务器。此处内部有两个虚拟队列。请注意，上述表示不会暴露如复制和分区等特定配置。

❸ 此时，消息代理服务器将消息多路复用到 UI 服务（`InfoResource`）和 `StatisticService`。

❹ 这里表示 `StatisticService`。请注意，服务监听消息代理服务器的传入消息，将它们存储在 MongoDB 中，执行一些统计聚合并生成更新结果。

❺ 最后，两个队列都由 UI 服务进行消费，UI 服务依次将所有消息多路复用到所有订阅的客户端。

❻ 这里表示 Web 浏览器。在这里，UI 服务的客户端是 Web 浏览器，它通过 HTTP 连接接收所有更新。

如图 8-9 所示，我们的应用程序在组件级别完全解耦。例如，`GitterService`、`StatisticService` 和 UI 服务可以作为单独的应用程序（可以在不同的机器上运行）运行，并将消息发送到消息代理服务器。此外，Spring Cloud Streams 模块支持 Project Reactor 及其编程模型，这意味着它遵循响应式流规范并启用了背压控制，因此可提供更高的应用程序回弹性。通过这样的设置，每个服务都可以独立伸缩。由此，我们可以实现一个响应式系统，这是迁移到 Spring Cloud Streams 的主要目标。

8.3　云上的响应式编程

尽管 Spring Cloud Streams 提供了实现分布式响应式系统的简化方法，但我们仍然必须完成列表配置（例如消息目的地的配置）以便处理 Spring Cloud Streams 编程模型的细节。另一个重要问题有关流的推理。我们可能还记得第 2 章提到发明响应式扩展（作为异步编程的一种概念）的主要目的之一是实现一个工具，以隐藏操作符功能链背后的复杂异步数据流。即使我们可以开发特定组件并且指定组件之间的交互，挖掘它们之间交互的整个全景也可能成为一个难题。类似地，在响应式系统中，理解微服务之间的流交互是一个关键部分，但没有特定工具很难实现。

幸好，亚马逊于 2014 年发明了 AWS Lambda。这扩展了响应式系统开发的新可能性。该服务的官方网页上提到了这一点。

> "AWS Lambda 是一种无服务器计算服务，可以运行代码对事件进行响应并自动管理基础计算资源。"

AWS Lambda 使我们能构建小型、独立且可伸缩的转换。此外，我们获得了将业务逻辑的开发生命周期与特定数据流解耦的能力。最后，用户友好型界面使我们能用每个功能独立构建整个业务流程。

亚马逊是该领域的先驱，鼓舞了许多云提供商采用相同的技术。幸好，Pivotal 也是该技术的采用者。

8.3.1 Spring Cloud Data Flow

2016 年初，Spring Cloud 引入了一个名为 Spring Cloud Data Flow 的新模块，官方对此模块的描述如下：

> "Spring Cloud Data Flow 是一个用于构建数据集成和实时数据处理管道的工具包。"

简言之，该模块的主要思想是实现一种分离，即功能业务转换的开发与所开发组件之间实际交互的分离。换句话说，这是业务流程中功能及其组成之间的分离。为了解决这个问题，Spring Cloud Data Flow 为我们提供了一个用户友好型 Web 界面，可以用于上传可部署的 Spring Boot 应用程序。然后，它通过使用上传的工件并将组合管道部署到所选平台（例如 Cloud Foundry、Kubernetes、Apache YARN 或 Mesos）来设置数据流。此外，Spring Cloud Data Flow 提供了一个全面的列表，包括针对数据源（DB、消息队列和文件）的开箱即用连接器、用于数据转换的不同内置处理器以及代表不同存储方式的接收器。

如前文所述，Spring Cloud Data Flow 采用流处理的思想。因此，所有部署的流程都构建在 Spring Cloud Stream 模块之上，所有通信都通过分布式弹性消息代理服务器（包括 Kafka 或分布式高可伸缩的 RabbitMQ 变体）完成。

为了理解基于 Spring Cloud Data Flow 的分布式响应式编程的强大功能，我们将构建一个支付处理流程。我们知道支付处理非常复杂。但是，该过程的简化图如图 8-10 所示。

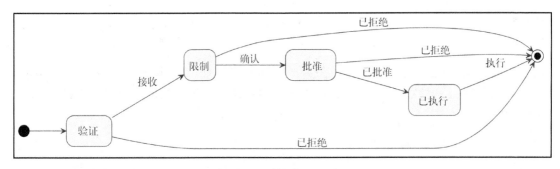

图 8-10 支付处理的流程图

我们已经注意到，用户的支付必须经过一些重要步骤，例如验证、账户限制检查和付款审批等。在第 6 章中，我们构建了一个类似的应用程序，其中的一个服务编排了整个流程。虽然整个交互分布在几个独立微服务的异步调用之间，但流的状态由 Reactor 3 内部的一个服务保存。这意味着一旦该服务失败，恢复其状态可能比较困难。

幸好，Spring Cloud Data Flow 依赖于 Spring Cloud Streams，而后者依赖于回弹性消息代理服务器。因此，在服务失败的情况下，消息代理服务器将不会确认消息接收，因此消息可以在无须额外努力的情况下被重新传递给另一个执行者。

由于我们已经基本了解了 Spring Cloud Data Flow 内部的核心原则以及支付流程的业务需求，因此我们可以使用该技术栈来实现该服务。

首先，我们必须定义入口点，而该入口点通常可以作为 HTTP 端点访问。Spring Cloud Data Flow 提供了可以由 Spring Cloud Data Flow DSL 定义的 HTTP 源，如以下示例所示：

```
SendPaymentEndpoint=Endpoint: http --path-pattern=/payment --port=8080
```

在开始任何操作之前，请确保已经在 https://docs.spring.io/spring-cloud-dataflow/docs/current/reference/htmlsingle/#supported-apps-and-tasks 中注册了所有受支持的应用程序和任务。

在上述示例中，我们定义了一个能将所有 HTTP 请求表示为消息流的新数据流函数。因此，我们可以基于已定义的方式对它们作出响应。

8.3.2　基于 Spring Cloud Function 的最细粒度应用程序

在定义 HTTP 端点后，我们必须验证传入的消息。遗憾的是，由于这部分过程包含实际的业务逻辑，因而流程的一个阶段需要自定义实现。幸好，Spring Cloud Data Flow 可以使用自定义 Spring Cloud Stream 应用程序作为流程的一部分。

一方面，我们可以提供自己独立的 Spring Cloud Stream 应用程序，并使应用程序包含自定义验证逻辑。但是，另一方面，我们仍然需要处理所有配置、超级 jar 包、长启动时间，以及其他与应用程序部署相关的问题。幸好，Spring Cloud Function 项目可以帮助我们避免这些问题。

Spring Cloud Function 的主要目标是通过函数来促进业务逻辑。该项目提供了将自定义业务逻辑与运行时细节解耦的功能。因此，相同的函数可能以不同的方式在不同的位置重复使用。

在开始使用 Spring Cloud Function 之前，我们将在本节中学习 Spring Cloud Function 模块的主要功能，并更好地了解其内部结构。

Spring Cloud Function 的核心是一层额外的抽象级别，这是为可能使用任何通信传输在 Spring Cloud Streams、AWS Lambda 或任何其他云平台上运行的应用程序准备的。

默认情况下，Spring Cloud Function 具有适配器，用于提供到 AWS Lambda、Azure Functions 和 Apache OpenWhisk 的函数可配置部署。与直接上传 Java 函数相反，使用 Spring Cloud Function 的主要好处是我们可以使用大多数 Spring 功能，而不必依赖于特定的云提供程序 SDK。

Spring Cloud Function 提供的编程模型只不过是以下 Java 类中某一个的定义：`java.utils.function.Function`、`java.utils.function.Supplier` 和 `java.utils.function.Consume`。此外，Spring Cloud Function 可用于不同的框架组合。例如，我们可以创建一个 Spring Boot 应用程序，它可以作为函数中某一个元素的平台。反过来，其中一些函数可以通过`@Bean`表示为普通的 Spring bean：

```
@SpringBootApplication                                       // (1)
@EnableBinding(Processor.class)                              // (1.1)
public class Application {                                   //

    @Bean                                                    // (2)
    public Function<                                         //
       Flux<Payment>,                                        //
       Flux<Payment>                                         //
    > validate() {                                           //
       return flux -> flux.map(value -> { ... });            // (2.1)
    }                                                        //

    public static void main(String[] args) {                // (3)
        SpringApplication.run(Application.class, args);      //
    }                                                        //
}
```

上述代码段中带编号的代码解释如下。

(1) 这是`@SpringBootApplication`声明。请注意，我们仍然需要为 Spring Boot 应用程序定义一个最小声明。此外，我们使用包含 `Processor` 接口的`@EnableBinding`注解作为参数。在这种组合中，Spring Cloud 在行(2)标识一个 bean 用作消息处理程序。此外，函数的输入和输出被绑定到 `Processor` 绑定所暴露的外部目的地。

(2) 这里展示了 `Function`，它将 `Flux` 转换为另一个 `Flux`，并将其作为 IoC 容器的一个组件。在点(2.1)，我们声明了一个用于元素验证的 lambda，它是一个高阶函数，接受流并返回另一个流。

(3) 这是 main 方法声明，用于引导 Spring Boot 应用程序。

从前面的示例可以看出，Spring Cloud Function 支持不同的编程模型。例如，在 Reactor 3 响应式类型和 Spring Cloud Streams 的支持下进行消息转换，其中 Spring Cloud Streams 将这些流暴露给外部目的地。

此外，Spring Cloud Function 不仅限于预定义的函数。例如，它有一个内置的运行时编译器，可以在属性文件中提供一个以字符串形式表示的函数，如下例所示：

```
spring.cloud.function:                                       // (1)
   compile:                                                  // (2)
      payments:                                              // (3)
         type: supplier                                      // (4)
         lambda: ()->Flux.just(new org.TestPayment())        // (5)
```

带编号的代码解释如下。

(1) 这是 Spring Cloud Function 属性命名空间。

(2) 这是与运行时（动态）函数编译相关的命名空间。

(3) 这是键的定义，它是 Spring IoC 容器中可见函数的名称。这将扮演编译的 Java 字节码文件名的角色。

(4) 这是一种函数类型的定义。可用选项包括 supplier/function/consumer。

(5) 这是 lambda 定义。我们可以看到，提供者被定义为一个 String，该 String 被编译成字节码并存储在文件系统中。spring-cloud-function-compiler 模块的支持使编译工作变得可行。它有一个内置的编译器，可以将编译的函数存储为字节码并将它们添加到 ClassLoad 中。

前面的示例显示 Spring Cloud Function 提供了无须预先编译，即可动态地定义和运行函数的功能。这种能力可用于在软件解决方案中实现函数即服务（Function as a Service，FaaS）功能。

除此之外，Spring Cloud Function 还提供了一个名为 spring-cloud-function-task 的模块，它支持使用相同的属性文件在管道中运行上述函数：

```
spring.cloud.function:
  task:                                                  // (1)
    supplier: payments                                   // (2)
    function: validate|process                           // (3)
    consumer: print                                      // (4)
  compile:
    print:
      type: consumer
      lambda: System.out::println
      inputType: Object
    process:
      type: function
      lambda: (flux)->flux
      inputType: Flux<org.rpis5.chapters.chapter_08.scf.Payment>
      outputType: Flux<org.rpis5.chapters.chapter_08.scf.Payment>
```

带编号的代码解释如下。

(1) 这是用于任务配置的命名空间。

(2) 在这里，我们为任务配置 supplier 函数。我们可以看到，要定义提供者，就必须传递提供者函数的名称。

(3) 这些是数据的中间转换。为了使执行管道化，我们可以使用 |（管道）符号来组合若干个函数。请注意，在底层，所有函数都使用 Function#accept 方法组成链。

(4) 这是消费者阶段的定义。请注意，仅在提供了所有阶段时，任务才会被执行。

正如上述示例代码所示，通过使用依赖于 Spring Cloud Function 模块的纯 Spring Boot 应用程序，可以运行用户准备的函数并将它们组合在一个复杂的处理程序中。

`spring-cloud-function-compiler` 模块在 Spring Cloud Function 生态系统中扮演着重要角色。除在从属性文件中进行的函数动态编译外，该模块还暴露了 Web 端点，支持动态部署函数。例如，通过在终端中调用以下 curl 命令，我们可以将提供的函数添加到正在运行的 Spring Boot 应用程序中：

```
curl -X POST -H "Content-Type: text/plain" \
  -d "f->f.map(s->s.toUpperCase())" \
  localhost:8080/function/uppercase\
  ?inputType=Flux%3CString%3E\
  &outputTupe=Flux%3CString%3E
```

在这个例子中，我们上传了一个函数，并使用 Flux<String> 作为它的输入和输出类型。

注意，我们在这里使用 %3C %3E 符号来编码 HTTP URI 中的 < >。

将 spring-cloud-function-compiler 作为服务器运行有两种选择：

❑ 从 maven-central 下载 JAR 文件并独立运行；
❑ 将模块添加为项目的依赖项，并提供以下路径来扫描 bean：`"org.spring-framework.cloud.function.compiler.app"`。

在通过运行一个依赖于 `spring-cloud-function-web` 和 `spring-cloud-function-compiler` 的轻量级 Spring Boot 应用程序来实现函数部署之后，我们基于 HTTP 完成动态函数部署，并将其动态部署作为一个单独的 Web 应用程序。例如，通过使用相同的 JAR 文件并更改程序参数，我们可以使用不同的函数来运行该程序，如下所示：

```
java -jar function-web-template.jar \
  --spring.cloud.function.imports.uppercase.type=function \
  --spring.cloud.function.imports.uppercase.location=\
file:///tmp/function-registry/functions/uppercase.fun \
\
  --spring.cloud.function.imports.worldadder.type=function \
  --spring.cloud.function.imports.worldadder.location=\
file:///tmp/function-registry/functions/worldadder.fun
```

在这个例子中，我们导入了两个函数。

❑ **uppercase**：将任何给定的字符串转换为大写的等效字符串。
❑ **worldadder**：将 world 后缀添加到任何给定的字符串。

从前面的示例代码中可以看出，我们使用 spring.cloud.function.imports 命名空间来定义所导入函数的名称（粗体），然后定义它们的类型和这些函数的字节码位置。成功启动应用程序后，我们可以通过执行以下 curl 命令来访问已部署的函数：

```
curl -X POST -H "Content-Type: text/plain" \
   -d "Hello" \
   localhost:8080/uppercase%7Cworldadder
```

执行结果为"HELLO World",它确保两个函数都在服务器上并按 URL 中定义的顺序执行。

 我们在这里使用 %7C 符号来编码(管道)HTTP URL 中的 |。

同样,我们可以在相同或独立的应用程序中部署和导入其他功能。

另外,Spring Cloud Function 提供了一个部署模块,该模块扮演独立函数容器的角色。在之前的案例中,我们能够运行内置函数或通过 spring-cloud-function-compiler Web API 进行部署。我们已经了解了如何使用已部署的函数并将它们作为独立的应用程序运行。尽管具有这种灵活性,但 Spring Boot 应用程序的启动时间可能比执行该函数的时间要长得多。在某些情况下(包括纯函数),我们必须使用一些 Spring 框架库。例如,依赖于 Spring Data 或 Spring Web 功能。因此,在这种情况下瘦 jar 的部署更为有用。Spring Cloud Function 提供了一个名为 spring-cloud-function-deployer 的附加模块。

Spring Cloud Function Deployer 模块能基于相同的 Spring Deployer 应用程序以完全隔离的方式运行每个 jar。乍一看,使用该模块不会带来明显的好处。但是之前提到,(我们想要实现的)独立函数的启动过程和执行过程都很迅速。对于打包到 Spring Boot 环境中的函数而言,要启动该函数就要启动整个 Spring Boot 应用程序。与函数本身的启动时间相比,这通常需要相当长的时间。

因此,为解决该问题,Spring Cloud Function Deployer 首先启动并预加载 JDK 类的某些部分。然后它为每个包含函数的 jar 包创建子 ClassLoader。每个 jar 的执行都在它自己的 Thread 中进行,可以实现并行执行。由于每个 jar 都是一个独立的微型 Spring Boot 应用程序,并在自己的 Spring Context 中运行,因此 bean 不会与相邻应用程序的 bean 混合。最后,子 Spring Boot 应用程序的启动速度明显加快,因为父类 ClassLoader 已经完成了 JVM 的预热工作。

此外,spring-cloud-function-deployer 和 spring-boot-thin-launcher 的组合这一杀手锏也可以解决胖 JAR 问题。Spring Boot Thin Launcher 是 Maven 和 Gradle 的一个插件,它会重写默认的 Spring Boot 胖 JarLauncher,并提供 ThinJarWrapper 和 ThinJarLauncher。这些类首先完成了打包无依赖 jar 所需的所有工作,然后它们从配置的缓存(例如本地 Maven 仓库)中找到所有必需的依赖项或从配置的 Maven 存储库中下载缺少的依赖项,而这一过程只发生在引导阶段。以这种方式,该应用程序可以将 jar 的大小缩小到几 KB,并将启动时间减少到几百毫秒。

为了总结有关 Spring Cloud Function 的信息,让我们看一下图 8-11 所示的生态系统的通用图。

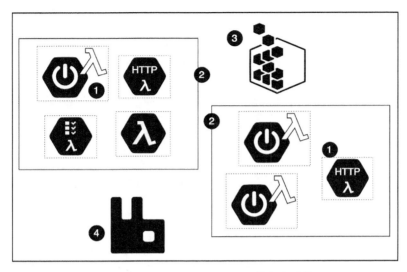

图 8-11　Spring Cloud Function 的生态系统

图 8-11 中的编号点表示以下内容。

❶ 这是以六边形形式表示的函数。如图所示，这里描述了几种不同类型的六边形。其中一些是 Spring Boot 应用程序中的函数组合，或者是通过 HTTP 暴露的函数。另一些可以在 Spring Cloud Stream Adapter 的支持下与其他函数通信，也可以作为单次执行的任务进行部署。

❷ 这是 Spring Cloud Function Deployer 的表示。如前文所述，Spring Cloud Function Deployer 被描述为容器。在这种情况下，我们在不同的节点上执行了两个独立的 Spring Cloud Function Deployers。此外，容器内函数周围的虚线边框表示独立的 ClassLoader。

❸ 这是 Spring Cloud Function Compiler 模块的表示。在这种情况下，模块扮演服务器的角色，它能通过 HTTP 部署函数并将其保存在存储媒介中。

❹ 这是消息代理服务器（在本例中是 RabbitMQ）的表示。

可以看到，我们可以使用 Spring Cloud Function 模块以及与现有云平台的直接集成，构建自己的**函数即服务**（Function as a Service，FaaS）平台。该平台几乎提供了 Spring 框架的全部功能，使我们能使用轻量级函数构建应用程序。但是必须记住，由于 Spring Cloud Function 在实例部署、监控和管理的基础上显示出了强大功能，因此我们可以在其基础上构建 Spring Cloud Function 生态系统并暴露 FaaS 功能。因此，在下一节中，我们将介绍 Spring Cloud Function 如何与完整的 Spring Cloud Data Flow 生态系统结合使用。

8.3.3　Spring Cloud——作为数据流一部分的函数

现在，有了足够的 Spring Cloud Function 生态系统知识，我们可以回到原来的主题，看看如何使用这个很棒的模块。有一个附加模块，名为 **Spring Cloud Starter Stream App Function**，可以在 Spring Cloud Data Flow 中使用 Spring Cloud Function 功能。该模块使我们能使用纯 jar 并将它们作为 Spring Cloud Data Flow 的一部分进行部署，而无须任何 Spring Boot 的冗余开销。由于这里有一个普通的映射，因此简化的 `Validation` 函数可以转化为传统的 `Function<Payment,` `PaymentValidation>`函数，如下所示：

```
public class PaymentValidator
        implements Function<Payment, Payment> {

  public Payment apply(Payment payment) { ... }
}
```

在打包和发布工件之后，我们可以编写以下流管道脚本来将我们的 HTTP 源连接到 Spring Cloud Function Bridge：

```
SendPaymentEndpoint=Endpoint: http --path-pattern=/payment --port=8080 |
Validator: function --class-name=com.example.PaymentValidator --
location=https://github.com/PacktPublishing/Hands-On-Reactive-Programming-i
n-Spring-5/tree/master/chapter-08/dataflow/payment/src/main/resources/payment
s-validation.jar?raw=true
```

 在撰写本书时，针对 Spring Cloud Data Flow 的 Spring Cloud Function 模块未包含在默认的 Applications 和 Tasks 软件包中，因此应通过提供以下批量导入属性进行注册：

```
source.function=maven://org.springframework.cloud.stream.app
:function-app-rabbit:1.0.0.BUILD-SNAPSHOT

source.function.metadata=maven://org.springframework.cloud.s
tream.app:function-app-rabbit:jar:metadata:1.0.0.BUILD-SNAPSHOT

processor.function=maven://org.springframework.cloud.stream.
app:function-app-rabbit:1.0.0.BUILD-SNAPSHOT

processor.function.metadata=maven://org.springframework.clou
d.stream.app:function-app-rabbit:jar:metadata:1.0.0.BUILD-SNAPSHOT

sink.function=maven://org.springframework.cloud.stream.app:f
unction-app-rabbit:1.0.0.BUILD-SNAPSHOT

sink.function.metadata=maven://org.springframework.cloud.str
eam.app:function-app-rabbit:jar:metadata:1.0.0.BUILD-SNAPSHOT
```

最后，为了完成流程的第一部分，我们必须向不同的目的地提供经过验证的支付信息，并根据验证结果选择端点。由于验证函数是一个不应该访问基础设施（例如 RabbitMQ 路由头）的纯函数，我们应该将该责任委托到其他地方。幸好，Spring Cloud Data Flow 提供了**路由接收器**（Router Sink），它能根据如下表达式将传入消息路由到不同的队列：

```
... | router --expression="payload.isValid() ? 'Accepted' : 'Rejected'"
```

或者，我们也可以配置一个监听特定消息队列名称的数据源。例如，管道脚本负责监听名为

Accepted 的 RabbitMQ 通道，如下所示：

```
...
Accepted=Accepted: rabbit --queues=Accepted
```

根据支付流程图，支付处理之后的步骤将其状态保存为 Accepted 状态。通过这种方式，用户可以使用他们的支付信息访问特定页面并检查每次支付的处理状态。因此，我们应该提供与数据库的集成。例如，我们可以在 MongoDB 中存储支付转换的状态。Spring Cloud Data Flow 提供 **MongoDB 接收器**。我们可以轻松地使用它将传入的消息写到 MongoDB。依靠 Spring Data Flow 附加组件，我们可以向 MongoDB 接收器和下一个执行步骤广播消息。只有在使用完全可靠的消息代理服务器（例如 Apache Kafka）的情况下，这种技术才是一个有效的解决方案。我们知道，Kafka 会持久化信息。因此，即使执行在某个阶段崩溃，消息也将在消息代理服务器中可用。因此，MongoDB 拥有一个用于 UI 的状态，而实际的处理状态保存在消息代理服务器中，由此它可以在任何时间点重播。另外，对于快速的基于内存的消息代理服务器（如 RabbitMQ）而言，将 MongoDB 中存储的状态作为真实来源进行依赖就足够了。因此，我们必须确保在执行下一步之前已经保存了支付状态。遗憾的是，为了实现这样的功能，我们必须编写一个自定义的 Spring Cloud Stream 应用程序，它将 MongoDB 包装为流程中的处理阶段。

通过对剩余的过程重复类似的操作，我们可以实现以下执行流程，如图 8-12 所示。

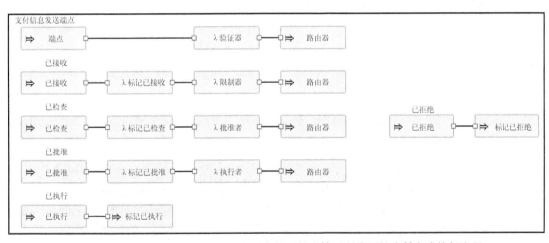

图 8-12　在 Spring Cloud Data Flow 用户界面的支持下所编写的支付完成执行流程

前面的流可视化由以下管道脚本表示：

```
SendPaymentEndpoint=Endpoint: http --path-pattern=/payment --port=8080 |
Validator: function --class-name=com.example.PaymentValidator --
location=https://github.com/PacktPublishing/Hands-On-Reactive-Programming-i
n-
Spring-5/tree/master/chapter-08/dataflow/payment/src/main/resources/payment
s.jar?raw=true | router --expression="payload.isValid() ? 'Accepted' : 'Rejected'"
```

```
Accepted=Accepted: rabbit --queues=Accepted | MarkAccepted: mongodb-
processor --collection=payment | Limiter: function --class-
name=com.example.PaymentLimiter --
location=https://github.com/PacktPublishing/Hands-On-Reactive-Programming-i
n-
Spring-5/tree/master/chapter-08/dataflow/payment/src/main/resources/payment
s.jar?raw=true | router --expression="payload.isLimitBreached() ? 'Rejected' :
'Checked'"

Checked=Checked: rabbit --queues=Checked | MarkChecked: mongodb-processor -
-collection=payment | Approver: function --class-
name=com.example.PaymentApprover --
location=https://github.com/PacktPublishing/Hands-On-Reactive-Programming-i
n-
Spring-5/tree/master/chapter-08/dataflow/payment/src/main/resources/payment
s.jar?raw=true | router --expression="payload.isApproved() ? 'Approved' : 'Rejected'"

Approved=Approved: rabbit --queues=Approved | MarkApproved: mongodb- processor
--collection=payment | Executor: function --class-
name=com.example.PaymentExecutor --
location=https://github.com/PacktPublishing/Hands-On-Reactive-Programming-i
n-
Spring-5/tree/master/chapter-08/dataflow/payment/src/main/resources/payment
s.jar?raw=true | router --expression="payload.isExecuted() ? 'Executed' : 'Rejected'"

Executed=Executed: rabbit --queues=Executed | MarkExecuted: mongodb --
collection=payment

Rejected=Rejected: rabbit --queues=Rejected | MarkRejected: mongodb --
collection=payment
```

最后，通过部署该流，我们可以执行支付并在控制台中查看执行日志。

 要在已安装 Spring Cloud Data Flow 的服务器中运行代码，就必须安装 RabbitMQ 和 MongoDB。

要注意，部署过程与业务逻辑开发一样简单。首先，Spring Cloud Data Flow 工具包构建于 Spring Cloud Deployer 之上，后者用于针对 Cloud Foundry、Kubernetes、Apache Mesos 或 Apache YARN 等现代平台进行部署。该工具包暴露了 Java API，后者能配置应用程序的数据源（例如 Maven 存储库、artifactId、groupId 和 version）并能将它们部署到目标平台。除此之外，Spring Cloud Deployer 足够灵活，提供了更全面的配置列表和属性列表，其中之一是可部署实例的副本数量。

 所部署应用程序实例组的高可用性、容错性或回弹性直接取决于平台和 Spring Cloud Deployer 本身，而后者不提供任何保证。例如，我们建议，不要将 Spring Cloud Deployer Local 用于生产案例。该工具包的本地版本旨在在一台装有 Docker 的计算机上运行。值得注意的是，Spring Cloud Deployer SPI 不提供额外的监控或维护，并期望底层平台提供所需的功能。

囊括上述可能性，Spring Cloud Data Flow 提供了一键单击（或一个终端命令）部署，并能够传递所需的配置和属性。

总而言之，我们从 Spring Cloud Streams 的基础开始，基于几个模块的强大抽象完成了整个任务。因此，在这些项目的支持下，我们可以应用不同的响应式编程抽象来构建响应式系统。之前提到的使用消息代理服务器异步地、可靠地传递消息的技术涵盖了大多数业务需求。此外，虽然该技术通常可以降低响应式系统的开发成本，可以用于诸如大型网络商店、物联网或聊天应用等系统的快速开发，但是要记住，即使此方法提高了系统可靠性、可伸缩性和吞吐量，但由于额外的通信，它造成请求处理延迟增加，对于持久化消息代理服务而言更是如此。因此，如果我们的系统能在发送和接收消息之间容忍几毫秒的额外延迟，那么这种方法可能适用于该情况。

8.4 基于 RSocket 的低延迟、响应式消息传递

在上一节中，我们学习了如何使用 Spring Cloud Streams 及其在 Spring Cloud Data Flow 中的变体轻松实现响应式系统。同时，我们学习了如何在 Spring Cloud Function 的支持下，使用轻量级函数构建细粒度系统，并了解到它们可以轻松组合到流中。

然而，获取这种简单性和灵活性的代价之一是失去了低延迟方法。如今，在某些应用领域中，每一毫秒都起着至关重要的作用，例如证券交易所市场、在线视频游戏或实时制造控制系统。对这样的系统而言，在消息的入队和出队上浪费时间是不可接受的。另外，我们可以注意到，大多数可靠的消息代理服务器会持久化消息，而这增加了消息传递所花费的时间。

在一个分布式系统中，实现服务之间低延迟通信的可能解决方案之一，是使用服务之间的直接长连接。例如，在应用程序之间使用 TCP 长连接时，我们可以实现服务之间的直接通信。根据具体给定的传输，这些通信具有较低延迟并提供一些传递保证。除此之外，基于更著名的协议（如 WebSocket），我们能使用 SpringWebFlux 的 `ReactorNettyWebSocketClient` 构建此类通信。

但是，正如本章前文所述，由于服务之间的紧密耦合（由于连接），WebSockets 不符合响应式系统的要求，因为协议不提供控制背压的可能性，而背压是回弹性系统的重要组成部分。

幸好，响应式流规范背后的团队理解跨网络、异步、低延迟通信的必要性。在 2015 年年中，Ben Christensen 与一群专家一起发起了一个名为 RSocket 的新项目。

RSocket 项目的核心目标是在异步、二进制边界上提供具有响应式流语义的应用程序协议。

8.4.1 对比 RSocket 与 Reactor-Netty

乍一看，RSocket 似乎并不是很有创意。现在已经有了 RxNetty 和 Reactor-Netty（Netty 的默认 WebFlux 包装器）这样的 Web 服务器。这些解决方案提供基于响应式流类型构建的 API（能

从网络读取或向网络写入），这意味着它们支持背压。然而，这种背压的唯一问题是它是孤立运作的。既而，这意味着它们仅在组件和网络之间连接了适当的背压支持。

例如，在使用 Reactor-Netty 时，我们只有在准备好之后才会消费传入的字节。同样，在 Subscription#request 方法进行调用时，网络准备就绪状态会暴露。这里的核心问题是组件的实际需求不会跨越网络边界，如图 8-13 所示。

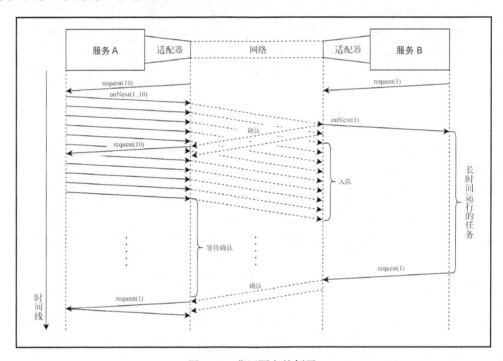

图 8-13　背压隔离的例子

从图 8-13 中可以看出，这里有两个服务（**服务 A** 和**服务 B**）。除此之外，这里还有一个抽象**适配器**，它能使服务（业务逻辑）通过**网络**与另一个服务进行通信。在此示例中，假设我们的适配器是 Reactor-Netty，提供了响应式访问。这意味着背压控制在传输层面得到了适当的实现。因此，适配器通知发布者当时大概可以写入多少元素。此例中，**服务 A** 在自身与**服务 B** 之间创建长连接（例如 WebSocket 连接），并且一旦连接可用，它就开始向适配器发送元素。因此，适配器会正确地将元素写入网络。连接的另一端是**服务 B**，它通过同一个适配器消费来自网络的消息。作为 Subscriber，**服务 B** 向适配器表达需求，并且一旦接收到适当的字节数，适配器就将它们转换为**逻辑**元素并将其发送到业务逻辑。同样，一旦元素被发送到适配器，适配器就会将其转换为字节，然后遵循传输级别定义的流控制将它们发送到网络。

如第 3 章所述，当消费者慢到生产者可以轻易导致消费者溢出时，生产者和消费者之间通信中最糟糕的情况就会出现。为了强调背压隔离的问题，假设我们有一个慢速的消费者和一个快速的生产者。因此，一些事件被缓冲在**套接字缓冲区**（Socket Buffer）中。遗憾的是，缓冲区的大小是有限的，并且可能从某时开始丢弃网络包。当然，传输的行为在许多方面取决于交互协议。例如，可靠的网络传输（例如 TCP）具有流控制（背压控制），包含**滑动窗口**（sliding window）和**确认**（acknowledgement）的概念。这意味着，背压通常可以在二进制级别（在接收的字节级别以及相应的确认）上实现。在这种情况下，TCP 负责对缺少确认的消息进行重新传递，并在**服务 A** 端使发布者减速。这种方法的缺点是对应用程序本身的性能影响很大，因为我们必须考虑对丢包进行重新传递。此外，由于通信的性能也可能降低，因此系统的整体稳定性可能丧失。尽管这种传输流控制是可接受的，但是连接的利用率很低。这是因为我们不能重复使用相同的连接来多路复用多个逻辑流。另外，当消费者不能遵循传输流控制时，消费者会继续在内部缓冲字节，这可能导致 OutOfMemoryError。

与使用 Reactor Netty 或 RxNetty 可以轻松实现隔离的响应式 Publisher-Subscriber 通信相比，RSockets 提供了一种二进制协议。这是针对跨异步网络边界的响应式流语义的应用程序协议，如图 8-14 所示。

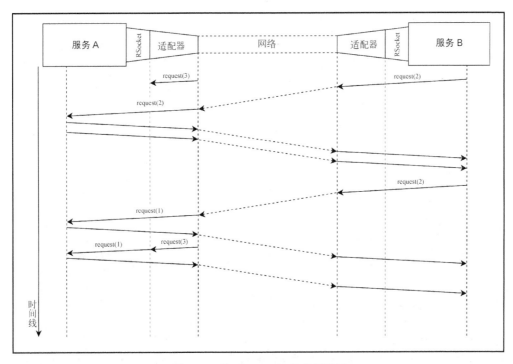

图 8-14　基于 RSocket 的背压示例

从图 8-14 中可以看出，基于 RSocket 协议，我们可以获得通过网络边界传输需求的支持。因此，生产者服务可以对请求作出响应，并发送通过网络传输的相应数量的 onNext 信号。此外，RSocket 基于适配器工作，该适配器负责向网络写入数据，这样可以把从消费者服务接收的需求与本地需求进行隔离，并进行协调。通常，RSocket 与具体传输方式无关，除了 TCP，它还支持 Aeron 和基于 WebSocket 的通信。

乍一看，连接的使用效率似乎很低，因为服务之间的交互频率可能很低。但是，RSocket 协议的一个强大功能是，它支持在同一组服务器和客户端之间为许多流重用相同的套接字连接。因此，它可以优化单连接的使用。

除协议之外，Rsockets 还支持对称交互模型，如下所示。

❑ 请求/响应：包含一个元素的请求流和响应流。
❑ 请求/流：包含一个元素的请求流和作为响应的有限/无限流。
❑ 即发即弃：包含一个元素的请求流和一个 Void（无元素）响应流。
❑ 通道：完全双向的有限/无限请求流和响应流。

可以看到，RSocket 为异步消息传递提供了一系列常用的交互模型，并在一开始时只获取一个连接。

8.4.2 Java 中的 RSocket

RSocket 协议和交互模型在 Java（包括 C++、JS、Python 和 Go 中的实现）中找到了一席之地，并有着很高的需求，它以 Reactor 3 为基础进行实现。以下编程模型由 RSocket-Java 模块提供：

```
RSocketFactory                                                      // (1)
  .receive()                                                        // (1.1)
  .acceptor(new SocketAcceptorImpl())                              // (1.2)
  .transport(TcpServerTransport.create("localhost", 7000))        // (1.3)
  .start()                                                          // (1.4)
  .subscribe();                                                     //

RSocket socket = RSocketFactory                                    // (2)
  .connect()                                                        // (2.1)
  .transport(TcpClientTransport.create("localhost", 7000))         //
  .start()                                                          //
  .block();                                                         // (2.2)

socket                                                              // (3)
  .requestChannel(                                                 // (3.1)
    Flux.interval(Duration.ofMillis(1000))                         //
        .map(i -> DefaultPayload.create("Hello [" + i + "]"))      // (3.2)
  )                                                                 //
  .map(Payload::getDataUtf8)                                       // (3.3)
  .doFinally(signalType -> socket.dispose())                       //
  .then()                                                           //
  .block();                                                         //
```

带编号的代码解释如下。

(1) 这是服务器（接收器）RSocket 定义。在点(1.1)，我们将目标确立为创建一个 RSocket 服务器，并在这里使用 `.receive()` 方法。在点 (1.2)，我们提供了 `SocketAcceptor` 实现，它是处理程序方法的定义，该方法在传入客户端连接上调用。同时，在点 (1.3)，我们定义了最好的传输方法，在这种情况下是 TCP 传输。请注意，TCP 传输的提供程序是 Reactor-Netty。最后，为了开始监听已定义的套接字地址，我们启动服务器并对它进行 `.subscribe()`。

(2) 这是客户端 RSocket 定义。在点 (2.1) 处，我们没有使用 `.receive()` 工厂方法，而使用了 `.connect()`，后者提供客户端的 `RSocket` 实例。为了简化该示例，请注意我们使用 `.block()` 方法以等待连接成功并获取活动 `RSocket` 的实例。

(3) 这里演示了如何对服务器执行请求。在这个例子中，我们使用通道交互 (3.1)，因此在发送消息流的同时，我们也会收到一个流。请注意，流中消息的默认表示形式是 `Payload` 类。因此，在点 (3.2)，我们必须将消息包装到 `Payload`（在这种情况下，使用默认实现 `DefaultPayload`）或将其解包 (3.3) 为诸如 `String` 的格式。

在前面的示例中，我们在客户端和服务器之间进行双工通信。在这里，所有通信都是基于响应式流规范和 Reactor 3 的支持完成的。

此外，在此重点提一下 `SocketAcceptor` 的实现：

```
class SocketAcceptorImpl implements SocketAcceptor {        // (1)

  @Override                                                 // (2)
  public Mono<RSocket> accept(                              //
    ConnectionSetupPayload setupPayload,                   // (2.1)
    RSocket reactiveSocket                                 // (2.2)
  ) {
    return Mono.just(new AbstractRSocket() {               // (3)
      @Override                                            //
      public Flux<Payload> requestChannel(                 // (3.1)
        Publisher<Payload> payloads                        // (3.2)
      ) {
        return Flux.from(payloads)                          // (3.3)
                .map(Payload::getDataUtf8)                 //
                .map(s -> "Echo: " + s)                    //
                .map(DefaultPayload::create);              //
      }                                                    //
    });                                                    //
  }                                                        //
}
```

带编号的代码解释如下。

(1) 这是 `SocketAcceptor` 接口的实现。请注意，`SocketAcceptor` 是服务器端接受器的表示。

(2) `SocketAcceptor` 接口只有一个名为 `accept` 的方法。此方法使用两个参数，其一为 `ConnectionSetupPayload` 参数 (2.1)。该参数表示在创建连接期间来自客户端的第一次握手（handshake）。正如本节所述，RSocket 本质上是一种双工连接。这种性质由 `accept` 方法的第二个参数 sendingRSocket (2.2)来表示。使用第二个参数，服务器可以开始向客户端发起流请求，就像服务器是交互的发起者一样。

(3) 这是 RSocket 处理程序声明。在这种情况下，AbstractRSocket 类是 RSocket 接口的抽象实现，它为任意处理方法发出 UnsupportedOperationException。随后，通过重写其中一个方法(3.1)，我们可以声明服务器支持哪些交互模型。最后，在点(3.3)，我们提供 echo（回声）功能，它使用正在进行的流(3.2)并修改传入的消息。

我们可以看到，SocketAcceptor 的定义并不意味着处理程序的定义。在这种情况下，SocketAcceptor#accept 方法的调用针对新的传入连接。同时，在 RSocket-Java 中，RSocket 接口同时表示客户端的处理程序和服务器的处理程序。最后，各方之间的通信是点对点通信，这意味着双方都可以处理请求。

此外，为了实现可伸缩性，RSocket-Java 提供了 RSocket LoadBalancer 模块，该模块可以与 Eureka 等服务注册中心进行集成。例如，以下代码展示了与 Spring Cloud Discovery 的简单集成：

```
Flux
    .interval(Duration.ofMillis(100))                        // (1)
    .map(i ->
       discoveryClient
         .getInstances(serviceId)                            // (2)
         .stream()                                           //
         .map(si ->
           new RSocketSupplier(() ->
             RSocketFactory.connect()                        // (3)
                         .transport(                         //
                           TcpClientTransport.create(        //
                             si.getHost(),                   // (3.1)
                             si.getPort()                    // (3.2)
                           )                                 //
                         )                                   //
                         .start()                            //
           ) {
             public boolean equals(Object obj) { ... }       // (4)
                                                             //
             public int hashCode() {                         //
                return si.getUri().hashCode();               // (4.1)
             }                                               //
           }
         )
         .collect(toCollection(ArrayList<RSocketSupplier>::new))
    )
    .as(LoadBalancedRSocketMono::create);                    // (5)
```

带编号的代码解释如下。

(1) 这是 .interval()操作符声明。这里的思路是使用一些 serviceId 定期检索可用实例。

(2) 这展示了实例列表的获取过程。

(3) 这是通过 `Mono<RSocket>` 创建的 `Supplier`。我们使用每个给定 `ServiceInstance` 的服务器主机(3.1)和端口(3.2)等信息来创建正确的传输连接。

(4) 这是匿名的 `RSocketSupplier` 创建。在这里，我们重写 `equals` 和 `hashCode` 以辨别哪个 `RSocketSupplier` 是相同的。注意，在底层，`LoadBalancedRSocketMono` 使用 `HashSet`，其中存储了所接收的所有实例。另外，我们使用 URI 作为组中实例的唯一标识符。

(5) 这是将 `Flux<Collection<RSocketSupplier>>` 转换为 `LoadBalancedRSocketMono` 的阶段。请注意，即使结果是 `Mono` 类型的实例，`LoadBalancedRSocketMono` 也是有状态的。因此，每个新订阅者可能收到不同的结果。在底层，`LoadBalancedRSocketMono` 使用预测负载均衡算法选择 `RSocket` 实例，并将选定的那个实例返回给订阅者。

前面的示例展示了一种将 `LoadBalancedRScoketMono` 与 `DiscoveryClient` 集成的简单方法。即使提到的示例效率不高，我们仍然可以学习如何正确使用 `LoadBalancedRSocketMono`。

概括地说，`RSocket` 是遵循响应式流语义的通信协议，并通过背压控制支持扩展了跨网络边界流通信的新视野。同时，它有一个基于 Reactor 3 的强大实现，该实现提供了一个简单的 API，用于创建**对等节点**（peer）之间的连接，并在交互的生命周期中高效地利用它。

8.4.3 对比 RSocket 和 gRPC

既然已经存在一个叫作 gRPC 的著名框架，我们又为什么还需要另一个单独的框架呢？gRPC 描述为："高性能、开源、通用的 RPC 框架"。

该项目最初由 Google 开发，旨在通过 HTTP/2 提供异步消息传递。它使用 Protocol Buffers（Protobuf）作为**接口描述语言**（Interface Description Language，IDL）以及基础消息交换格式。

通常，gRPC 提供了与响应式流几乎相同的消息语义，并提供以下接口：

```
interface StreamObserver<V>  {

    void onNext(V value);

    void onError(Throwable t);

    void onCompleted();
}
```

我们可以看到，该语义与来自 RxJava 1 的 `Observer` 完全一致。同时，gRPC 的 API 提供了 `Stream` 接口，它扩展了以下方法：

```
public interface Stream {

    void request(int numMessages);

    ...
```

```
    boolean isReady();
    ...
}
```

查看上述代码，我们可能察觉 gRPC 不仅提供了异步消息传递，还提供了背压控制支持。但是，这部分有点棘手。该交互流程大致上类似于图 8-13，唯一的区别是它支持更细粒度的流量控制。由于 gRPC 构建在 HTTP/2 之上，因此框架开发者们将 HTTP/2 流控制作为提供细粒度背压控制的构建块。尽管如此，流量控制仍然依赖于滑动窗口大小（以字节为单位），因此没有涉及对逻辑元素级别粒度的背压控制。

gRPC 和 RSocket 之间的另一个显著区别是 gRPC 是一个 RPC 框架，而 RSocket 是一个协议。gRPC 基于 HTTP/2 协议，为服务存根和客户端提供代码生成。默认情况下，gRPC 使用 Protobuf 作为消息传递格式，但是，它也支持 JSON 等其他格式。同时，RSocket 仅为服务器和客户端提供响应式实现。此外，还有一个名为 RSocket-RPC 的独立 RPC 框架，它构建于 RSocket 协议之上，并提供 gRPC 的所有功能。与 gRPC 一样，RSocket-RPC 能基于 Protobuf 模型生成代码。因此，任何使用 gRPC 的项目都可以平滑迁移到 RSocket-RPC。

8.4.4   Spring 框架中的 RSocket

虽然上述实现方案为使用 Reactor API 编写异步、低延迟、高吞吐量的通信提供了更广泛的可能性，但是开发人员需要进行很多基础设施配置。幸好，Spring 团队重视该项目，并开始尝试使用简化的注解编程模型将这样一个出色的解决方案纳入 Spring 生态系统中。

其中一个实验被称为 Spring Cloud Sockets，旨在提供一个（与 Spring Web 相比）熟悉的编程模型来声明注解：

```
@SpringBootApplication                                          // (1)
@EnableReactiveSockets                                          // (1.1)
public static class TestApplication {                           //

  @RequestManyMapping(                                          // (2)
    value = "/stream1",                                         // (2.1)
    mimeType = "application/json"                               // (2.2)
  )                                                             //
  public Flux<String> stream1(@Payload String a) {             // (2.3)
    return Flux.just(a)                                         //
            .mergeWith(                                         //
              Flux.interval(Duration.ofMillis(100))             //
                .map(i -> "1. Stream Message: [" + i + "]")     //
            );                                                  //
  }                                                             //

  @RequestManyMapping(                                          // (2)
    value = "/stream2",                                         // (2.1)
    mimeType = "application/json"                               // (2.2)
  )                                                             //
  public Flux<String> stream2(@Payload String b) {             // (2.3)
```

```
            return Flux.just(b)                                          //
                  .mergeWith(                                            //
                     Flux.interval(Duration.ofMillis(500))              //
                        .map(i -> "2. Stream Message: [" + i + "]")     //
                  );                                                     //
            }                                                            //
      }
```

带编号的代码解释如下。

(1) 这是@SpringBootApplication 定义。在点(1.1)，我们定义了@EnableReactiveSockets
注解，它提供了所需的配置并在应用程序中启用了 RSocket。

(2) 这是处理程序方法声明。在这里，我们使用@RequestManyMapping 注解指定当前方法
在**请求流**交互模型中运行。Spring Cloud Sockets 模块的一个值得注意的特性是它提供了开箱即用
的映射（路由），并允许定义处理程序映射的路径(2.1)和 mime 类型的传入消息(2.2)。最后，一个
额外的@Payload 注解(2.3)表明，给定的参数是传入请求的有效负载。

这里有我们熟悉的 Spring Boot 应用程序，它在 Spring Cloud Socket 的支持下实现了 RSocket-Java
库的其他功能。同时，Spring Cloud Sockets 也可以从客户端的角度简化与服务器的交互：

```
public interface TestClient {                                          // (1)
   @RequestManyMapping(                                                // (2)
      value = "/stream1",                                              //
      mimeType = "application/json"                                    //
   )                                                                   //
   Flux<String> receiveStream1(String a);                             //

   @RequestManyMapping(                                                // (2)
      value = "/stream1",                                              //
      mimeType = "application/json"                                    //
   )                                                                   //
   Flux<String> receiveStream2(String b);                             //
}
```

此处，我们只需在提供接口(1)时使用 Spring Cloud Sockets 声明一个 RSocket Client。为了启
用 RSocket 客户端，我们所定义的注解必须与服务器示例中的客户端方法上的注解相同，此外我
们还需要定义相应的处理程序路径。

因此，可以使用 ReactiveSocketClient 工厂在运行时轻松地将接口转换为 Proxy，如以
下示例所示：

```
ReactiveSocketClient client = new ReactiveSocketClient(rSocket);
TestClient clientProxy = client.create(TestClient.class);

Flux.merge(
      clientProxy.receiveStream1("a"),
      clientProxy.receiveStream2("b")
   )
   .log()
   .subscribe();
```

8

Spring Cloud Socket 是一个实验项目。目前，它是在官方 Spring Cloud 组织之外托管的。其源代码可以在 GitHub 存储库中找到：https://github.com/viniciusccarvalho/spring-cloud-sockets。

在前面的示例中，我们创建了一个客户端（请注意，在此示例中，我们必须手动提供 RSocket 客户端的实例）。出于演示目的，我们合并了两个流并尽力使用 .log() 记录结果。

8.4.5　其他框架中的 RSocket

如前文所述，Spring Cloud Socket 模块是实验性的，其原作者不再支持它。尽管 Spring 团队继续进行内部实验并密切关注 RSocket（因为它是通过网络边界实现响应式流的强大解决方案），但在 Java 世界中还有一些其他框架也采用了该协议的实现。

1. ScaleCube 项目

框架的原始作者将 ScaleCube 定义如下：

"一个开源项目，专注于简化可伸缩的微服务响应式系统的响应式编程。"

该项目的核心目标是构建高度可伸缩的低延迟分布式系统。

在服务之间的交互方面，该工具包使用 Project Reactor 3 并且通常与具体传输方式无关。但是，在撰写本书时，默认传输使用的是 RSocket-Java。

除此之外，ScaleCube 还提供与 Spring 框架的集成，并提供基于注解的 API 以构建可伸缩、低延迟的分布式系统。我们不会在这里详细介绍框架的集成。

2. Proteus 项目

另一个强大的工具包是 Netifi Proteus 项目。与 ScaleCube 项目不同，Proteus 的定位如下：

"快速简便的基于 RSocket 的 RPC 层，用于构建微服务。"

总体上，Proteus 提供了一个云原生微服务平台，该平台使用 RSocket 协议和 RSocket-RPC 框架，并提供用于消息路由、监控和跟踪的模块列表。

此外，Proteus 项目提供了与 Spring 框架的集成，并提供了一个基于注解的简单编程模型以及强大的代码生成功能。

8.4.6　RSocket 小结

正如本节所示，RSocket 是一种构建高吞吐量、低延迟响应式系统的便捷方式，基于响应式流规范的异步对等通信。通常，RSocket 协议旨在减少所能感知的延迟并提高系统效率。这可以通过基于双工连接的非阻塞通信支持来实现。除此之外，RSocket 的设计目的是减少硬件占用空间。同时，RSocket 是一种可以用任何语言实现的协议。最后，在 Java 中实现 RSocket 是以 Project Reactor 为基础的，Project Reactor 提供了一个开箱即用的强大编程模型。

总的来说，RSocket 社区正在飞速发展，看起来前途光明。目前，该项目由 Facebook 和 Netifi 积极维护，在不久的将来，其他公司也将加入其中。

8.5 小结

本章继续介绍单体应用程序如何演变为响应式系统。我们了解了使用普通服务器端负载均衡技术实现可伸缩系统的优缺点。然而，这些技术不能提供弹性，因为在这种情况下负载均衡器可能成为瓶颈。同时，使用这种技术可能增加运营成本，还需要为负载均衡器提供强大的基础设施。

此外，本章探讨了客户端负载均衡技术。但是，此技术有其局限性，并且不提供与系统中所有服务上已安装的客户端负载均衡器的均衡协调。

我们还研究了响应式宣言如何建议我们使用消息队列进行健壮的异步消息传递。因此，我们了解到，将消息代理服务器用作异步通信的独立响应式系统可以实现弹性，从而使其成为一个完全响应式的系统。

此外，我们还介绍了 Spring 生态系统如何在 Reactor 和 Spring Cloud Stream 项目的支持下帮助我们构建响应式系统。我们还使用 Reactor 3 学习了与消息代理服务器（例如 Apache Kafka 或 RabbitMQ）的新编程范例，这些编程范例支持背压通信。同时，我们了解了一些将该技术应用于实际项目的示例。

接下来，我们了解了 Spring Cloud Data Flow 如何帮助我们将特定业务逻辑与实际的特定配置进行分离。这些配置与消息代理服务器通信或与特定云平台集成相关。

最后，我们了解了一个额外的库，RSocket，它用于实现低延迟、高吞吐量通信。继而，我们了解了一个可以轻松将 RSocket 集成到 Spring 生态系统中的实验项目。

为了完善关于响应性的知识体系，第 9 章将探讨测试基于 Spring 5 构建的响应式系统的基本技术。我们将研究如何发布、支持和监控响应式系统，以此完善所学的知识。

8

测试响应式应用程序

到目前为止，我们已经介绍了使用 Spring 5.x 进行响应式编程的几乎所有内容，研究了如何使用 Project Reactor 3 构建一个干净的异步执行过程，以及如何使用这些知识基于 WebFlux 构建 Web 应用程序。此外，我们还了解了响应式 Spring Data 如何补充整个系统，以及如何使用 Spring Cloud 和 Spring Cloud Streams 将应用程序快速升级到云级别。

在本章中，我们将通过学习如何测试系统中的每个组件来最终确定我们的知识体系。本章将介绍有助于验证代码的测试技术和工具，而它们是基于 Reactor 或与响应式流规范兼容的其他库编写的。我们还将查看 Spring 框架提供的功能，以便从端到端测试响应式应用程序。

本章将介绍以下主题：

☐ 对附加测试工具的需求；
☐ 使用 StepVerifier 进行 Publisher 测试的要点；
☐ 高级 StepVerifier 使用方案；
☐ 用于端到端 WebFlux 测试的工具集。

9.1　为什么响应式流难以测试

如今，企业应用程序是巨大的。这就是为什么这种系统的验证在任何现代开发生命周期中都是非常重要的阶段。但是，我们应该记住，在大型系统中，有大量的组件和服务，而这些组件和服务可能包含大量的类。出于这个原因，我们应该遵循**测试金字塔**（Test Pyramid）的建议以涵盖一切。这里，系统测试的基本部分是单元测试。

在我们的例子中，测试的主题是使用响应式编程技术编写的代码。如第 3 章和第 4 章所述，响应式编程带来了许多好处。首先，它带来了通过启用异步通信来优化资源使用的能力。同时，这种模型非常适合构建非阻塞 I/O 通信。此外，使用诸如 Reactor 之类的响应式库，可以将丑陋的异步代码转换为整洁的代码。Reactor 带来了大量功能，简化了应用程序的开发过程。

然而，除了好处，测试这样的代码也存在相当大的缺点。首先，由于该代码是异步的，因此选择返回的元素并检查它是否正确十分复杂。回忆第 3 章，我们可以实现 Subscriber 接口并使用它来检查发出结果的准确性，从而从任何 Publisher 收集元素。我们最终可能得到一个复杂的解决方案，这对于测试代码的开发人员而言并不是一个理想的情况。

幸好，Reactor 团队尽力简化了对使用响应式流编写的代码的验证。

9.2　使用 **StepVerifier** 测试响应式流

出于测试目的，Reactor 提供了额外的 reactor-test 模块，该模块提供了 StepVerifier。StepVerifier 提供了一个流式 API，用于为任何 Publisher 构建验证流程。在以下小节中，我们将从基本要素开始介绍有关 **Reactor Test** 模块的所有内容，直到完成对高级测试用例的介绍为止。

9.2.1　**StepVerifier** 要点

验证 Publisher 主要有两种方法。第一种是 StepVerifier.<T>create(Publisher<T> source)。使用此技术构建的测试如下所示：

```
StepVerifier
    .create(Flux.just("foo", "bar"))
    .expectSubscription()
    .expectNext("foo")
    .expectNext("bar")
    .expectComplete()
    .verify();
```

在此示例中，我们的 Publisher 应生成两个特定元素，后续操作将验证特定元素是否已传递给最终订阅者。从前面的示例中，我们可以了解 StepVerifier API 的一部分工作原理。该类提供的构建器技术允许我们定义验证过程中事件发生的顺序。根据前面的代码，第一个发出的事件必须是与订阅相关的事件，紧跟其后的事件必须是 "foo" 和 "bar" 字符串。最后，StepVerifier #expectCompletion 定义终止信号的存在，在此例中，必须是 Subscriber#onComplete 的调用，或者成功完成给定的 Flux。要执行验证，或者说对创建流进行订阅，就必须调用 .verify() 方法。这是一个阻塞调用，因此它将阻塞执行，直到流发出所有预期的事件。

通过使用这种简单的技术，我们可以使用可计数的元素和事件来验证 Publisher。但是，用大量元素来验证流程是很困难的。如果检查的重点是该发布者已发出元素是否达到特定数量，而不是是否为某特定值，那么 .expectNextCount() 方法可能很有用。这由以下代码描述：

```
StepVerifier
    .create(Flux.range(0, 100))
    .expectSubscription()
    .expectNext(0)
    .expectNextCount(98)
```

```
.expectNext(99)
.expectComplete()
.verify();
```

你可能记得，之前的章节提到 Flux.range(0,100)产生的元素范围为从 0 到 99。在这种情况下，更重要的是检查是否已发出特定数量的元素以及（例如）元素是否以正确的顺序发出。通过将.expectNext()和.expectNextCount()同时应用，可以实现此处提到的场景。根据代码，.expectNext(0)语句将检查第一个元素。然后，测试流程将检查给定的发布者是否生成了另外 98 个元素，因此给定的生产者总共在给定点发出 99 个元素。由于我们的发布者应该生成100 个元素，因此最后一个元素应该是 99，这可以用.expectNext(99)语句进行验证。

尽管.expectNextCount()方法解决了一部分问题，但在某些情况下，仅仅检查发出元素的数量是不够的。例如，在验证负责按特定规则过滤或选择元素的代码时，检查所有发出的项是否与过滤规则匹配非常重要。为此，StepVerifier 可以使用 Java Hamcrest 等工具立即记录发出的数据及其验证。以下代码描述了使用此库的单元测试：

```
Publisher<Wallet> usersWallets = findAllUsersWallets();
StepVerifier
  .create(usersWallets)
  .expectSubscription()
  .recordWith(ArrayList::new)
  .expectNextCount(1)
  .consumeRecordedWith(wallets -> assertThat(
    wallets,
    everyItem(hasProperty("owner", equalTo("admin")))
))
  .expectComplete()
  .verify();
```

从上述示例中，我们可以看到如何记录所有元素，然后将它们与给定的匹配器进行匹配。与前面的示例相反，每个期望仅涵盖一个元素或指定数量元素的验证，.consumeRecordedWith()可以验证给定 Publisher 发布的所有元素。应该注意的是.consumeRecordedWith()只有在指定了.recordWith()时才有效。反过来，我们应该仔细定义存储记录的集合类。对于多线程发布者而言，用于记录事件的集合类型应该支持并发访问，因此在这些情况下，最好使用.recordWith(ConcurrentLinkedQueue :: new)而不是.recordWith(ArrayList :: new)，因为与 ArrayList 相比，ConcurrentLinkedQueue 是线程安全的。

我们可以从前几段代码中熟悉 Reactor Test API 的基础知识。除此之外，还有其他功能相似的方法。例如，对下一个元素的期望的定义，如以下代码所示：

```
StepVerifier
  .create(Flux.just("alpha-foo", "betta-bar"))
  .expectSubscription()
  .expectNextMatches(e -> e.startsWith("alpha"))
  .expectNextMatches(e -> e.startsWith("betta"))
  .expectComplete()
  .verify();
```

.expectNextMatches()和.expectNext()之间的唯一区别是,前者可以定义自定义的匹配器 Predicate,这使其比后者更灵活。这是因为.expectNext()基于元素之间的比较,而这种比较使用元素的.equals()方法。

类似地,.assertNext()和.consumeNextWith()使编写自定义断言成为可能。要注意,.assertNext()是.consumeNextWith()的别名。.expectNextMatches()和.assertNext()之间的区别在于前者接受 Predicate,必须返回 true 或 false,而后者接受可能抛出异常的 Consumer,并且捕获消费者抛出的任何 AssertionError,然后通过.verify()方法抛出,如下面的代码所示:

```
StepVerifier
  .create(findUsersUSDWallet())
  .expectSubscription()
  .assertNext(wallet -> assertThat(
    wallet,
    hasProperty("currency", equalTo("USD"))
))
  .expectComplete()
  .verify();
```

最后,只剩下未覆盖的错误情况,这也是正常系统生命周期的一部分。可以检查错误信号的 API 方法不是很多,最简单的是.expectError()方法,该方法没有参数,如以下代码所示:

```
StepVerifier
  .create(Flux.error(new RuntimeException("Error")))
  .expectError()
  .verify();
```

尽管我们可以验证错误是否已经发出,但在某些情况下,测试特定错误类型至关重要。例如,如果用户在登录期间输入了错误的凭据,则安全服务应发出 BadCredentialsException.class。为了验证发出的错误,我们可以使用.expectError(Class<? extends Throwable>),如以下代码所示:

```
StepVerifier
  .create(securityService.login("admin", "wrong"))
  .expectSubscription()
  .expectError(BadCredentialsException.class)
  .verify();
```

在检查错误类型仍然不足以解决问题的情况下,我们还可以使用名为.expectErrorMatches()和.consumeErrorWith()的扩展,它们能与发出的 Throwable 进行直接交互。

此时,我们可以发现使用 Reactor 3 或任何响应式流规范兼容库编写的测试代码的要点。尽管 StepVerifier API 涵盖了大多数响应式工作流程,然而,当谈到真正的开发时,还有一些额外的应用场景。

9

9.2.2 使用 **StepVerifier** 进行高级测试

发布者测试的第一步是验证无界 Publisher。根据响应式流规范，无限流意味着流永远不会调用 Subscriber#onComplete()方法。同时，这意味着我们之前已经学到的测试技术将不再适用。问题在于 StepVerifier 将无限期地等待完成信号，因此，测试将被阻塞，直到它被杀死。为了解决这个问题，StepVerifier 提供了一个取消 API，在满足某些期望时，它可以取消对源的订阅，如下面的代码所示：

```
Flux<String> websocketPublisher = ...
StepVerifier
  .create(websocketPublisher)
  .expectSubscription()
  .expectNext("Connected")
  .expectNext("Price: $12.00")
  .thenCancel()
  .verify();
```

上述代码告诉我们，在收到 Connected 以及 Price:$ 12.00 消息后，我们将断开或取消订阅 WebSocket。

系统验证过程的另一个关键阶段是检查 Publisher 的背压行为。例如，通过 WebSocket 与外部系统交互会产生一个只推式的 Publisher。防止此类行为的一种简单方法是使用 .onBackpressureBuffer()操作符保护下游。要使用所选的背压策略检查系统是否按预期运行，我们必须手动控制用户需求。为此，StepVerifier 提供了.thenRequest()方法，它允许我们控制用户需求。这由以下代码描述：

```
Flux<String> websocketPublisher = ...
Class<Exception> expectedErrorClass =
  reactor.core.Exceptions.failWithOverflow().getClass();

StepVerifier
  .create(websocketPublisher.onBackpressureBuffer(5), 0)
  .expectSubscription()
  .thenRequest(1)
  .expectNext("Connected")
  .thenRequest(1)
  .expectNext("Price: $12.00")
  .expectError(expectedErrorClass)
  .verify();
```

从前面的示例中，我们可以学习使用.thenRequest()方法来验证背压行为。这样，溢出将在预期之内的某个时间发生，而我们将收到溢出错误。请注意，在前面的示例中，我们使用了 StepVerifier.create()方法的重载，它接受初始订阅者的请求作为第二个参数。在单参数方法的重载中，默认需求是 Long.MAX_VALUE，即无限需求。

StepVerifiers API 的一项高级功能是能够在特定验证后运行其他操作。例如，如果元素生成过程需要一些额外的外部交互，我们可以使用.then()方法。

我们还将使用 Reactor Core 库测试包中的 TestPublisher。TestPublisher 实现了响应式流 Publisher，可以直接触发 onNext()、onComplete() 和 onError() 事件以进行测试。下一个示例演示了如何在测试执行期间触发新事件：

```
TestPublisher<String> idsPublisher = TestPublisher.create();

StepVerifier
    .create(walletsRepository.findAllById(idsPublisher))
    .expectSubscription()
    .then(() -> idsPublisher.next("1"))                              // (1)
    .assertNext(w -> assertThat(w, hasProperty("id", equalTo("1")))) // (2)
    .then(() -> idsPublisher.next("2"))                              // (3)
    .assertNext(w -> assertThat(w, hasProperty("id", equalTo("2")))) // (4)
    .then(idsPublisher::complete)                                    // (5)
    .expectComplete()
    .verify();
```

在此示例中，我们需要验证 WalletRepository 搜索钱包时是否正确给定了 ids。另外，钱包存储库的一个特定要求是在数据进来时对其进行搜索，这意味着上游应该是一个热 Publisher。在我们的示例中，我们将 TestPublisher.next() 与 StepVerifier.then() 结合使用。步骤(1)和步骤(3)仅在前面的步骤经过验证之后发送新请求。步骤(2)验证步骤(1)生成的请求是否处理成功并相应地进行处理，而步骤(4)验证步骤(3)。步骤(5)命令 TestPublisher 完成请求流，然后 StepVerifier 验证响应流是否也已完成。

通过在订阅实际发生后启用事件生成，此技术发挥了重要作用。通过这种方式，我们可以验证在该操作之后是否找到已发出的 ID，以及 walletsRepository 的行为是否与预期一致。

9.2.3 处理虚拟时间

尽管测试的本质在于覆盖业务逻辑，但还有另一个非常重要的部分应该被考虑在内。要理解这个特性，我们首先应该考虑以下示例代码：

```
public Flux<String> sendWithInterval() {
    return Flux.interval(Duration.ofMinutes(1))
        .zipWith(Flux.just("a", "b", "c"))
        .map(Tuple2::getT2);
}
```

此示例展示了以特定间隔发布事件的简单方法。在实际场景中，在同一 API 后面可能隐藏着更复杂的机制，涉及长延迟、超时和事件间隔。要使用 StepVerifier 验证此类代码，我们最终可能实现以下测试用例：

```
StepVerifier
    .create(sendWithInterval())
    .expectSubscription()
    .expectNext("a", "b", "c")
```

9

```
.expectComplete()
.verify();
```

正在进行的测试将被传递给之前的 sendWithInterval() 实现，而该实现是我们真正想要获取的。但是，此测试存在问题。如果运行几次，我们会发现测试的平均持续时间超过 3 分钟。发生这种情况是因为 sendWithInterval() 方法在每个元素之前产生 3 个延迟一分钟的事件。在时间间隔或调度时间为几小时或几天的情况下，系统的验证可能花费大量时间，这在当今的持续集成中是不可接受的。为了解决这个问题，Reactor Test 模块提供了用虚拟时间替换实际时间的能力，如下面的代码所示：

```
StepVerifier.withVirtualTime(() -> sendWithInterval())
    // 场景验证……
```

当使用 .withVirtualTime() 构建器方法时，我们使用 reactor.test.scheduler.
VirtualTimeScheduler 显式替换 Reactor 中的每个 Scheduler。同时，这样的替换意味着 Flux.interval 也将在该 Scheduler 上运行。因此，可以使用 VirtualTimeScheduler
#advanceTimeBy 完成对时间的所有控制，如以下代码所示：

```
StepVerifier
    .withVirtualTime(() -> sendWithInterval())
    .expectSubscription()
    .then(() -> VirtualTimeScheduler
        .get()
        .advanceTimeBy(Duration.ofMinutes(3))
    )
    .expectNext("a", "b", "c")
    .expectComplete()
    .verify();
```

请注意，在前面的示例中，我们将 .then() 与 VirtualTimeScheduler API 结合使用以使时间适当提前。如果我们运行该测试，它只需要几毫秒而不是几分钟！这个结果要好得多，因为我们的测试表现现在与数据产生的实际时间间隔无关。最后，为了使我们的测试更加干净，我们可以用 .thenAwait() 替换 .then() 和 VirtualTimeScheduler 的组合，它们的行为完全相同。

    注意，如果 StepVerifier 没能提前足够长的时间，测试可能永远挂起。

为了限制在验证方案上花费的时间，可以使用 .verify(Duration t) 重载方法。如果测试在允许的持续时间内无法完成验证，它将抛出 AssertionError。此外，.verify() 方法会返回验证过程实际花费的时间。以下代码描述了这样一个用例：

```
Duration took = StepVerifier
    .withVirtualTime(() -> sendWithInterval())
    .expectSubscription()
    .thenAwait(Duration.ofMinutes(3))
    .expectNext("a", "b", "c")
```

```
        .expectComplete()
        .verify();

    System.out.println("Verification took: " + took);
```

如果重点是检查在指定的等待时间内是否没有生成事件，则可以使用一个名为 `.expect-NoEvents()` 的附加 API 方法。使用此方法，我们可以检查事件是否按照指定的时间间隔生成，如下所示：

```
StepVerifier
    .withVirtualTime(() -> sendWithInterval())
    .expectSubscription()
    .expectNoEvent(Duration.ofMinutes(1))
    .expectNext("a")
    .expectNoEvent(Duration.ofMinutes(1))
    .expectNext("b")
    .expectNoEvent(Duration.ofMinutes(1))
    .expectNext("c")
    .expectComplete()
    .verify();
```

从前面的示例中，我们可以学习一系列技术，这有助于提升测试速度。

请注意，没有参数的 `.thenAwait()` 方法有额外的重载方法。此方法背后的主要思路是触发尚未执行的任务以及计划在当前虚拟时间或该时间之前执行的任务。例如，要在下一次设置中接收第一个预定事件，`Flux.interval(Duration.ofMillis(0), Duration.ofMillis (1000))` 将需要额外调用 `.thenAwait()`，如下面的代码所示：

```
StepVerifier
    .withVirtualTime(() ->
        Flux.interval(Duration.ofMillis(0), Duration.ofMillis(1000))
            .zipWith(Flux.just("a", "b", "c"))
            .map(Tuple2::getT2)
    )
    .expectSubscription()
    .thenAwait()
    .expectNext("a")
    .expectNoEvent(Duration.ofMillis(1000))
    .expectNext("b")
    .expectNoEvent(Duration.ofMillis(1000))
    .expectNext("c")
    .expectComplete()
    .verify();
```

如果没有 `.thenAwait()`，测试将永远挂起。

9.2.4 验证响应式上下文

最后，最不常见的验证是 Reactor 的 `Context`。我们在第 4 章中介绍了 `Context` 的角色和机制。假设我们要验证身份验证服务的响应式 API。为了验证用户身份，LoginService 希望订阅者提供一个包含身份验证信息的 Context：

```
StepVerifier
    .create(securityService.login("admin", "admin"))
    .expectSubscription()
    .expectAccessibleContext()
    .hasKey("security")
    .then()
    .expectComplete()
    .verify();
```

从上面的代码中，我们可以了解如何检查是否存在可访问的 Context 实例。可以看到，.expectAccessibleContext() 验证只可能在一种情况下失败，即返回的 Publisher 不是 Reactor 类型（Flux 或 Mono）时。因此，只有可访问的上下文存在时后续的 Context 验证才会被执行。除了 .hasKey()，还有许多其他方法可以对当前上下文进行详细验证。要退出上下文验证，构建器提供了 .then() 方法。

总结本节，我们了解了 Reactor Test 如何帮助进行响应式流测试。虽然本节几乎涵盖了对一小段响应式代码进行单元测试所需的所有内容，但 Spring 框架提供了更多用于测试响应式系统的内容。

9.3　测试 WebFlux

在本节中，我们将介绍为验证基于 WebFlux 的应用程序而引入的附加内容。在这里，我们将专注于检查模块的兼容性、应用程序完整性、所暴露的通信协议、外部 API 以及客户端库。因此其重点不再是简单的单元测试，而是组件和集成测试。

9.3.1　使用 WebTestClient 测试控制器

想象一下我们测试支付服务。在这种场景下，假设支付服务支持 /payments 端点的 GET 和 POST 方法。第一个 HTTP 调用负责检索当前用户的已执行支付列表。而第二个可以提交新的支付。该 REST 控制器的实现如下所示：

```
@RestController
@RequestMapping("/payments")
public class PaymentController {
    private final PaymentService paymentService;

    public PaymentController(PaymentService paymentService) {
        this.paymentService = paymentService;
    }

    @GetMapping("/")
    public Flux<Payment> list() {
```

```
        return paymentService.list();
    }

    @PostMapping("/")
    public Mono<String> send(Mono<Payment> payment) {
        return paymentService.send(payment);
    }
}
```

验证该服务的第一步是根据 Web 服务的调用编写所有期望。为了与 WebFlux 端点交互，新版的 spring-test 模块为我们提供了新的 org.springframework.test.web.reactive. server.WebTestClient 类。WebTestClient 类似于 org.springframework.test.web. servlet.MockMvc。这些测试 Web 客户端之间的唯一区别是 WebTestClient 旨在测试 WebFlux 端点。例如，使用 WebTestClient 和 Mockito 库，我们可以通过以下方式编写用于检索用户支付列表的验证：

```
@Test
public void verifyRespondWithExpectedPayments() {
    PaymentService paymentService = Mockito.mock(PaymentService.class);
    PaymentController controller = new PaymentController(paymentService);

    prepareMockResponse(paymentService);
    WebTestClient
        .bindToController(controller)
        .build()
        .get()
        .uri("/payments/")
        .exchange()
        .expectHeader().contentTypeCompatibleWith(APPLICATION_JSON)
        .expectStatus().is2xxSuccessful()
        .returnResult(Payment.class)
        .getResponseBody()
        .as(StepVerifier::create)
        .expectNextCount(5)
        .expectComplete()
        .verify();
}
```

在此示例中，我们使用 WebTestClient 构建了对 PaymentController 的验证。反过来，我们可以使用 WebTestClient 流式 API 检查响应的状态码和消息头的正确性。此外，我们可以使用 .getResponseBody() 来获取 Flux 响应，最后使用 StepVerifier 对其进行验证。此示例显示，两个工具可以轻松地相互集成。

从前面的示例中可以看到，我们模拟了 PaymentService，并且在测试 PaymentController 时不与外部服务通信。但是，要检查系统完整性，就必须运行完整的组件，而不仅仅是其中几层。要运行完整的集成测试，就需要启动整个应用程序。为此，我们可以将 @SpringBootTest 注解与 @AutoConfigureWebTestClient 注解结合起来使用。WebTestClient 提供与 HTTP 服务器建立 HTTP 连接的功能。此外，WebTestClient 可以借助模拟的请求和响应对象直接绑定到

9

基于 WebFlux 的应用程序，而无须 HTTP 服务器。它在测试 WebFlux 应用程序中扮演的角色与
TestRestTemplate 在 Web MVC 应用程序中扮演的角色一样，如以下代码所示：

```
@RunWith(SpringRunner.class)
@SpringBootTest
@AutoConfigureWebTestClient
public class PaymentControllerTests {
    @Autowired
    WebTestClient client;
    ...
}
```

在这里，我们不再需要配置 WebTestClient。这是因为所有必需的默认值都由 Spring Boot
自动配置。

> 注意，如果应用程序使用 Spring Security 模块，则可能需要进行额外的测试配置。
> 我们会在 spring-security-test 模块上添加一个依赖项，该模块针对模拟用
> 户身份验证场景，特别提供@WithMockUser 注解。开箱即用的@WithMockUser
> 机制支持 WebTestClient。但是，即使@WithMockUser 能完成其工作，在默
> 认情况下启用的 CSRF 也可能为端到端测试添加一些障碍。请注意，有关 CSRF
> 的其他配置仅适用于@SpringBootTest 或除@WebFluxTest 之外的其他 Spring
> Boot 测试运行器，@WebFluxTest 中的测试运行器默认情况下禁用 CSRF。

要测试支付服务示例的第二部分，就需要查看 PaymentService 实现的业务逻辑。代码定
义如下：

```
@Service
public class DefaultPaymentService implements PaymentService {

    private final PaymentRepository paymentRepository;
    private final WebClient        client;
    public DefaultPaymentService(PaymentRepository repository,
                            WebClient.Builder builder) {
        this.paymentRepository = repository;
        this.client = builder.baseUrl("http://api.bank.com/submit").build();
    }

    @Override
    public Mono<String> send(Mono<Payment> payment) {
    return payment
            .zipWith(
                ReactiveSecurityContextHolder.getContext(),
                (p, c) -> p.withUser(c.getAuthentication().getName())
            )
            .flatMap(p -> client
                .post()
                .syncBody(p)
                .retrieve()
```

```
                .bodyToMono(String.class)
                .then(paymentRepository.save(p)))
        .map(Payment::getId);
    }

    @Override
    public Flux<Payment> list() {
        return ReactiveSecurityContextHolder
                .getContext()
                .map(SecurityContext::getAuthentication)
                .map(Principal::getName)
                .flatMapMany(paymentRepository::findAllByUser);
    }
}
```

首先应该注意的是，返回所有用户支付的方法仅与数据库进行交互。相反，支付的提交逻辑除了与数据库进行交互还需要通过 WebClient 与外部系统进行额外的交互。在该示例中，我们使用了一个响应式 Spring Data MongoDB 模块，该模块支持针对测试的嵌入模式。相反，诸如与外部银行供应商的交互是不能被嵌入的。因此，我们需要使用 WireMock 等工具模拟外部服务，或以某种方式模拟传出的 HTTP 请求。使用 WireMock 进行服务模拟是 Web MVC 和 WebFlux 的有效选项。

但是，在从测试角度比较 Web MVC 和 WebFlux 功能时，前者具有优势，因为模拟传出 HTTP 交互的功能是开箱即用的。遗憾的是，Spring Boot 2.0 和 Spring 5.0.x 框架中没有提供对基于 WebClient 的类似功能的支持。但是，有一个技巧可以模拟传出 HTTP 调用的响应。在开发人员遵循惯例，使用 WebClient.Builder 构建 WebClient 的情况下，我们可以模拟 org.springframework.web.reactive.function.client.ExchangeFunction，它在 WebClient 请求处理中起着至关重要的作用，如以下代码所示：

```
public interface ExchangeFunction {
    Mono<ClientResponse> exchange(ClientRequest request);
    ...
}
```

使用以下测试配置，可以自定义 WebClient.Builder 并提供 ExchangeFunction 的**模拟**（mocked）或**存根**（stubbed）实现：

```
@TestConfiguration
public class TestWebClientBuilderConfiguration {
    @Bean
    public WebClientCustomizer testWebClientCustomizer(
        ExchangeFunction exchangeFunction
    ) {
        return builder -> builder.exchangeFunction(exchangeFunction);
    }
}
```

这个技巧使我们能够验证所构建 ClientRequest 的正确性。反过来，通过正确实现

ClientResponse，我们可以模拟网络活动以及与外部服务的交互。完整的测试可能如下所示：

```
@ImportAutoConfiguration({
    TestSecurityConfiguration.class,
    TestWebClientBuilderConfiguration.class
})
@RunWith(SpringRunner.class)
@WebFluxTest
@AutoConfigureWebTestClient
public class PaymentControllerTests {
    @Autowired
    WebTestClient client;
    @MockBean
    ExchangeFunction exchangeFunction;
    @Test
    @WithMockUser
    public void verifyPaymentsWasSentAndStored() {
        Mockito
            .when(exchangeFunction.exchange(Mockito.any()))
            .thenReturn(
                Mono.just(MockClientResponse.create(201, Mono.empty())));

        client.post()
            .uri("/payments/")
            .syncBody(new Payment())
            .exchange()
            .expectStatus().is2xxSuccessful()
            .returnResult(String.class)
            .getResponseBody()
            .as(StepVerifier::create)
            .expectNextCount(1)
            .expectComplete()
            .verify();

        Mockito.verify(exchangeFunction).exchange(Mockito.any());
    }
}
```

在此示例中，我们使用@WebFluxTest注解来禁用完全自动配置，并仅应用包括WebTestClient在内的WebFlux相关配置。@MockBeen注解用于将模拟的ExchangeFunction实例注入Spring IoC容器。同时，Mockito和WebTestClient的组合使我们能构建所需业务逻辑的端到端验证。

尽管可以通过与Web MVC类似的方式在WebFlux应用程序中模拟传出HTTP通信，但请谨慎操作，因为这种方法有缺陷。现在，应用程序测试是在假设所有HTTP通信都使用WebClient实现的情况下构建的。这不是服务契约，而是实现细节。因此，无论任何服务因为任何原因更改其HTTP客户端库，相应的测试都将无缘无故地中断。因此，最好使用WireMock来模拟外部服务。这种方法不仅会假定实际的HTTP客户端库，还会测试通过网络发送的实际请求/响应有效负载。根据经验法则，在使用业务逻辑测试单独的类时，模拟HTTP客户端库是可以接受的，但在对整个服务进行黑盒测试时，则应该明确禁止这种做法。

通常，在以下技术中，我们可以验证基于标准 Spring WebFlux API 构建的所有业务逻辑。`WebTestClient` 有一个富有表现力的 API，允许我们使用 `.bindToRouterFunction()` 或 `.bindToWebHandler()` 验证常规 REST 控制器和新的 Router 功能。此外，在使用 `WebTestClient` 的情况下，我们可以通过使用 `.bindToServer()` 并提供完整的服务器 HTTP 地址来执行黑盒测试。以下测试检查了有关网站 http://www.baidu.com 的一些假设，并且由于预期响应结构和实际响应结构之间的差异而（意料之中的）失败：

```
WebTestClient webTestClient = WebTestClient
    .bindToServer()
    .baseUrl("http://www.baidu.com")
    .build();

webTestClient
    .get()
    .exchange()
    .expectStatus().is2xxSuccessful()
    .expectHeader().exists("ETag")
    .expectBody().json("{}");
```

此示例显示，WebFlux 的 `WebClient` 和 `WebTestClient` 类不仅为我们提供了用于 HTTP 通信的异步非阻塞客户端，而且还提供了用于集成测试的流式 API。

9.3.2 测试 WebSocket

本章最后要谈及的一个主题是流系统的验证。在本节中，我们将仅介绍 WebSocket 服务器和客户端的测试。如第 6 章所示，除了 WebSocket API，还有一个**服务器发送事件**（SSE）协议可以用于流数据，后者为我们提供了类似的功能。然而，由于 SSE 的实现与常规控制器的实现几乎相同，因此上一节中的所有验证技术也适用于该情况。因此，现在唯一不清楚的是如何测试 WebSocket。

不幸的是，WebFlux 没有为测试 WebSocket API 提供开箱即用的解决方案。尽管如此，我们仍可以使用标准工具集来构建验证类。也就是说，我们可以使用 `WebSocketClient` 连接到目标服务器并验证所接收数据的正确性。以下代码描述了这种方法：

```
new ReactorNettyWebSocketClient()
    .execute(uri, new WebSocketHandler() {...})
```

尽管我们可以连接到服务器，但很难使用 `StepVerifier` 验证传入的数据。首先，`.execute()` 返回 `Mono<Void>` 而不是来自 WebSocket 连接的传入数据。反过来，我们需要检查两边的交互，这意味着在有些情况下，检查传入的数据是否是传出消息的结果是很重要的。这种系统的一个例子是交易平台。假设我们有一个加密交易平台，它有能力发送交易和接收交易结果。它有一项业务要求是要有能力进行比特币交易。这意味着用户可以使用该平台出售或购买比特币并观察交易结果。要验证功能，我们需要检查传入的交易是否是传出请求的结果。从测试的角度来看，处理

WebSocketHandler 以检查所有极端情况非常困难。因此，从测试的角度来看，理想情况下，WebSocket 客户端的接口如下所示：

```
interface TestWebSocketClient {
    Flux<WebSocketMessage> sendAndReceive(Publisher<?> outgoingSource);
}
```

要使标准WebSocketClient适配所提出的TestWebSocketClient,我们需要执行以下步骤。

首先，我们需要处理 WebSocketSession（WebSocketSession 通过 Mono<WebSocket-Session>在 WebSocketHandler 中给出），如下面的代码所示：

```
Mono.create(sink ->
    sink.onCancel(
        client.execute(uri, session -> {
                    sink.success(session);
                    return Mono.never();
                })
                .doOnError(sink::error)
                .subscribe()
    )
);
```

我们可以采用老式方法，使用 Mono.create()和 MonoSink，通过会话处理异步回调并将其重定向到另一个流。同时，我们需要关心 WebSocketHandler#handle 方法的正确返回类型。这是因为返回类型控制所打开连接的生命周期。另外，一旦 MonoSink 发出失败通知，我们就应该立即取消连接。因此，Mono.never()是最佳候选，它通过.doOnError(sink :: error)组合重定向错误，并通过 sink.onCancel()处理取消，使应用得以完成。

第二个有关所提供 API 的需要执行的步骤是使用以下技术适配 WebSocketSession：

```
public Flux<WebSocketMessage> sendAndReceive(
    Publisher<?> outgoingSource
) {
    ...
    .flatMapMany(session ->
        session.receive()
                .mergeWith(
                    Flux.from(outgoingSource)
                        .map(Object::toString)
                        .map(session::textMessage)
                        .as(session::send)
                        .then(Mono.empty())
                )
    );
}
```

在这里，我们向下游提交传入的 WebSocketMessages 并向服务器发送传出消息。你可能已经注意到，在这个例子中，我们使用普通对象转换，它可以被复杂的消息映射所取代。

最后，我们可以使用该 API，为上述功能构建以下验证流程：

```
@RunWith(SpringRunner.class)
@SpringBootTest(webEnvironment =
                SpringBootTest.WebEnvironment.DEFINED_PORT)
public class WebSocketAPITests {
    @Test
    @WithMockUser
    public void checkThatUserIsAbleToMakeATrade() {
        URI uri = URI.create("ws://localhost:8080/stream");
        TestWebSocketClient client = TestWebSocketClient.create(uri);
        TestPublisher<String> testPublisher = TestPublisher.create();
        Flux<String> inbound = testPublisher
            .flux()
            .subscribeWith(ReplayProcessor.create(1))
            .transform(client::sendAndReceive)
            .map(WebSocketMessage::getPayloadAsText);

        StepVerifier
            .create(inbound)
            .expectSubscription()
            .then(() -> testPublisher.next("TRADES|BTC"))
            .expectNext("PRICE|AMOUNT|CURRENCY")
            .then(() -> testPublisher.next("TRADE: 10123|1.54|BTC"))
            .expectNext("10123|1.54|BTC")
            .then(() -> testPublisher.next("TRADE: 10090|-0.01|BTC"))
            .expectNext("10090|-0.01|BTC")
            .thenCancel()
            .verify();
    }
}
```

我们在这个例子中做的第一件事是配置 WebEnvironment。通过设置 WebEnvironment. DEFINED_PORT，我们告诉 Spring 框架它应该在所配置的端口上可用。这是必不可少的步骤，因为 WebSocketClient 只能通过真正的 HTTP 调用连接到指定的处理程序。然后我们准备输入流。在这个例子中，缓存在 .then() 步骤中通过 TestPublisher 发送的第一条消息至关重要。这是因为 .then() 可以在获取会话之前被调用，这意味着第一条消息可能被忽略，我们可能因此无法连接到比特币交易平台。下一步是验证已发送的交易是否已通过，以及我们是否收到了正确的回复。

最后应该提到的是，除了 WebSocket API 验证，还可能存在需要通过 WebSocketClient 模拟与外部服务进行交互的场景。遗憾的是，没有简单的方法可以完成模拟交互。这是因为我们既没有可以被模拟的通用 WebSocketClient.Build 方法，也没有可以自动装配 WebSocketClient 的开箱即用方法。因此，我们唯一的解决方案是模拟服务器。

9.4   小结

在本章中，我们学习了如何测试使用 Reactor 3 或任何基于响应式流的库编写的异步代码。同时，基于 WebFlux 模块和 Spring Test 模块，我们介绍了测试响应式 Spring 应用程序的基本要点。然后，借助 `WebTestClient`，我们学会了如何在隔离环境中验证单个控制器，以及如何使用模拟外部交互来验证整个应用程序。此外，我们也了解到，懂得如何测试 Reactor 3 有助于测试整个系统。除了日常业务逻辑检查，我们还学习了一些模拟安全性的使用技巧，这也是现代 Web 应用程序的关键部分。最后，本章以 WebSocket 测试的一些提示和技巧收尾。在这里，我们看到了 Spring Test 模块 5.0.x 版本的一些局限性。然而，通过采用 `WebSocketClient`，我们学习了如何构建可测试的数据流并检查客户端/服务器交互的正确性。遗憾的是，我们发现，没有简单的方法可以模拟 `WebSocketClient` 以实现服务器到服务器的交互。

由于我们已经完成了对系统的测试，现在是时候学习如何将 Web 应用程序部署到云端以及如何在生产环境中对其进行监控了。因此，下一章将介绍如何使用 Pivotal Cloud，这是一个帮助我们监控整个响应式系统的工具集。该章也会涉及 Spring 5 如何帮助解决问题。

第 10 章 最后，发布！10

本书已经介绍了 Spring 5 中关于响应性的所有内容。这包括使用 Reactor 3 进行响应式编程的概念和模式、Spring Boot 2 的新功能、Spring WebFlux、响应式 Spring Data、Spring Cloud Streams 以及针对响应式编程的测试技术。我们已经熟悉了这些概念，现在是时候准备面向生产的响应式应用程序了。应用程序应该暴露日志、度量标准、跟踪、功能切换以及有助于确保运行成功的其他信息。应用程序还应该在不引发安全问题的前提下，发现诸如数据库或消息代理等运行时依赖项。了解了这些，我们就可以为内部部署或云部署构建可执行工件。

本章将介绍以下主题：

❑ 软件运行的挑战；
❑ 运行指标需求；
❑ Spring Boot Actuator 的目标和功能；
❑ 如何扩展 Actuator 功能；
❑ 用于监控响应式应用程序的技术和库；
❑ 跟踪响应式系统内的服务交互；
❑ 应用程序在云端部署的提示和技巧。

10.1 DevOps 友好型应用程序的重要性

我们可以从 3 个角度来看几乎任何软件。每个角度代表使用系统的不同目标受众的需求，即：

❑ 业务用户对系统提供的业务功能感兴趣；
❑ 开发人员希望系统是开发友好型的；
❑ 运维团队希望系统是 DevOps 友好型的。

现在我们探讨一下软件系统的运行方面。从 DevOps 团队成员的角度来看，当在生产环境中支持系统不困难时，软件系统就是 DevOps 友好型的。这意味着系统会暴露适当的运行状况检查和指标，还能够衡量自身性能并顺利更新不同的组件。此外，由于现在微服务架构是软件的默认开发技术，因此软件必须具备适当的监控功能（甚至可以部署到云端）。如果没有适当的监控基础设施，软件将无法适应生产环境。

通过提供能满足最苛刻软件设计要求的基础设施，应用程序部署云环境简化了软件交付和运维流程并使其大众化。IaaS、PaaS 和诸如 Kubernetes 或 Apache Mesos 的容器管理系统已经消除了一系列与操作系统、网络配置、文件备份、指标采集、自动服务伸缩等相关的令人头疼的问题。但是，这些外部服务和技术仍然无法自行确定业务应用程序提供的服务质量是否达标。此外，云提供商无法根据系统正在执行的任务来判断底层资源是否被高效利用。这仍是软件开发人员和 DevOps 肩上的重任。

为了高效地运行由数十个甚至数千个服务组成的软件，我们需要一些方法来执行以下操作：

- ❏ 识别服务；
- ❏ 检查服务的健康状态；
- ❏ 监控运行指标；
- ❏ 查看日志并动态更改日志级别；
- ❏ 跟踪请求或数据流。

让我们逐一审视上述问题。服务标识在微服务架构中必不可少。这是因为在大多数情况下，一些编排系统（如 Kubernetes）会在不同节点上产生大量服务实例，并随着客户端需求的增长和减少而对它们进行改组，或者创建或销毁节点。尽管容器或可运行的 JAR 文件通常具备有意义的名称，但能够在运行时识别源代码的服务名称、类型、版本、构建时间和事件提交修订记录仍是至关重要的。这使我们可以在生产环境中发现不正确或混乱的服务版本，跟踪引入回归的更改（如果有的话）并使系统能自动跟踪同一服务不同版本的性能特征。

一旦能够在运行时区分不同服务，我们就想知道是否所有服务都健康。如果不是，我们就会想知道问题是否严重（取决于服务的作用）。服务运行状况检查端点通常由服务编排系统本身使用，用于识别和重新启动故障服务。这里不强制只有健康和不健康两个状态。通常，健康状况包括一整套基本检查，其中有些是关键检查，有些则不是。例如，我们可以基于处理队列大小、错误率、可用磁盘空间和可用内存来计算服务健康级别。虽然在计算总体健康状况时，可以仅考虑基础指标，但在其他情况下，这么做会导致所建立的服务不健康。通常，能够提供健康状态请求意味着该服务至少能够响应请求。容器管理系统经常使用此特性来检查服务可用性并决定是否重启服务。

即使服务正常运行并且状态良好，我们通常也希望更深入地了解运行细节。一个成功的系统不仅要包括健康的组件，而且还要以终端用户可预测、可接受的方式运行。系统的关键指标可能包括平均响应时间、错误率，以及（根据请求的复杂性）处理请求所需的时间。了解系统在负载下的行为方式不仅可以让我们对其进行充分伸缩，还可以让我们规划基础设施成本。它还可以识别热代码、低效算法以及可伸缩性的限制因素。虽然运行指标提供了系统当前状态的快照并带来了很多价值，但是持续收集指标信息量会更大。运行指标不仅可以提供趋势，还可以提供一些相关特征分析,比如正常运行时间内服务内存使用。虽然只要指标报告器实现得合适就不会占用大量服务器资源,但随着时间的推移,保存指标的历史记录需要借助一些额外的基础设施,我们通常采用时间序列数据库,如 Graphite、InfluxDB 或 Prometheus。为了在有意义的仪表板上显示时间序列并设置警报以响应关键情况,我们通常需要额外的监控软件,如 Grafana 或 Zabbix。云平台通常以附加服务的形式向其客户提供此类软件。

在监控服务的运行特性和调查事件时,DevOps 团队经常会读取日志。如今在理想情况下,所有应用程序日志应被存储在一个集中位置或至少在一个集中位置进行分析。为此,我们在 Java 生态系统中经常使用 ELK 技术栈(由 Elasticsearch、Logstash 和 Kibana 组成)。尽管这样的软件栈非常出色并且可以将许多服务视为一个系统,但是通过网络进行传输并存储所有日志级别的日志是非常低效的。通常,仅保存 INFO 消息并打开 DEBUG 或 TRACE 级别就足以调查一些可重复的异常或错误。如果要进行动态日志级别管理,我们需要一些无障碍接口。

当日志的内容不能展示整体情况时,我们在艰苦调试之前最后的手段是跟踪软件中的进程。跟踪既可以展示最近服务器请求的详细日志,也可以描述后续请求的完整拓扑,包括排队时间、定时数据库请求、带有关联 ID 的外部调用等。跟踪不仅对于将实时请求处理可视化非常有用,并且对于改进软件性能必不可少。分布式跟踪会在分布式系统中执行相同操作,从而跟踪所有请求、消息、网络延迟和错误等。在本章的后面部分,我们将介绍如何使用 Spring Cloud Sleuth 和 Zipkin 启用分布式跟踪。

最重要的是,为了保证软件系统的成功运行,上述所有技术都是必需采用的或者至少是应该采用的。幸好,Spring 生态系统中有 Spring Boot Actuator。

虽然对于基于 Servlet 的普通应用程序而言,上述所有运行技术都描述充分且易于理解,然而,由于 Java 平台上的响应式编程仍然是一个新奇事物,因此要在响应式应用程序中实现类似目标可能需要对代码进行一些修改,有时甚至需要采用完全不同的实现方式。

然而,从运维的角度来看,由响应式编程实现的服务应该与实现良好的普通同步服务一样。它不仅应该遵循十二项 App 指南(Twelve-Factor App guidelines),还应该是 DevOps 友好型的,并且应该易于操作和演进。

10.2 监控响应式 Spring 应用程序

通常,我们可以以自定义方式为 Spring 应用程序实现所有监控基础设施,但这显然会造成浪费,在对微服务系统中的每个服务重复该做法时尤其如此。幸好,Spring 框架提供了一个非常好的工具集,可以帮助构建 DevOps 友好型应用程序。该工具集被称为 Spring Boot Actuator。它基于一个额外的 Spring Boot 依赖项,提供了一些重要功能。同时,它还为所需的监控基础设施提供了一个框架。

10

10.2.1   Spring Boot Actuator

Spring Boot Actuator 是 Spring Boot 的一个子项目，它为 Spring Boot 应用程序带来了许多可以用于生产环境的功能，其中包括服务信息、健康检查、指标收集、流量跟踪、数据库状态等。Spring Boot 执行器背后的核心思想是提供可以轻松扩展的应用程序基本指标。

Spring Boot 执行器会暴露 HTTP 端点和提供大量运行信息的 JMX bean，这样它就可以与许多监控软件无缝集成。它的众多插件进一步扩展了这些功能。与 Spring 的大多数模块一样，我们只需添加一个依赖项即可获得与应用程序监控相符的工具集。

1. 在项目中添加一个执行器

添加 Spring Boot 执行器就像向项目添加下一个依赖项一样简单。在 Gradle 构建文件中考虑以下依赖项：

```
compile('org.springframework.boot:spring-boot-starter-actuator')
```

在这里，我们依赖于一个事实，即库的实际版本及其所有依赖项都在 Spring Boot BOM（BOM，即 Bill of Materials）文件中进行指定。

Spring Boot 执行器最初在 Spring Boot Version 1.x 中被引入，并在 Spring Boot 2.x 中得到了很大的改进。目前，执行器是技术无感知的，同时支持 Spring Web MVC 和 Spring WebFlux。由于与应用程序的其余部分共享安全模型，因此它可以轻松应用于响应式应用程序，并利用响应式编程的所有优势。

虽然执行器的默认配置会暴露 URL /actuator 下的所有端点，但此设置可以使用 management.endpoints.web.base-path 属性更改。因此，在应用程序启动之后，我们可以立即开始探索服务的内部。

 由于 Spring Boot 执行器非常依赖应用程序的 Web 基础设施，因此需要将 Spring Web MVC 或 Spring WebFlux 添加为应用程序依赖项。

现在让我们回想前面描述的主要问题，看看如何在响应式应用程序中实现它们。

2. 服务信息端点

默认情况下，Spring Boot 执行器会为系统的监控、伸缩和演进提供最有价值的信息。根据应用程序配置，它暴露有关应用程序可执行工件（服务组、工件 ID、工件名称、工件版本、构建时间）和 Git 坐标（分支名称、提交 ID、提交时间）的信息。当然，如果需要，我们可以用附加信息扩展此列表。

 为了暴露在应用程序构建期间收集的信息，我们可以将 buildInfo() 配置添加到 Gradle 构建文件中的 springBoot 部分。当然，Maven 构建可以使用相同的功能。

执行器通过/actuator/info 端点展示应用程序信息。通常，此端点在默认情况下被启用，但其可访问性可由 management.endpoint.info.enabled 属性配置。

我们可以通过以下方式配置 application.property 文件来添加由该 REST 端点暴露的一些自定义信息：

```
info:
   name: "Reactive Spring App"
   mode: "testing"
   service-version: "2.0"
      features:
         feature-a: "enabled"
         feature-b: "disabled"
```

或者，我们可以注册实现了 InfoContributor 接口的 bean，从而以编程方式提供类似的信息。以下代码描述了此功能：

```
@Component
public class AppModeInfoProvider implements InfoContributor {        // (1)
   private final Random rnd = new Random();

   @Override
   public void contribute(Info.Builder builder) {                     // (2)
      boolean appMode = rnd.nextBoolean();
      builder
         .withDetail("application-mode",                              // (3)
                     appMode ? "experimental" : "stable");
   }
}
```

在这里，我们必须实现 InfoContributor 接口(1)中唯一的 contribute (...)(2)方法，后者提供了一个构建器，可用于使用 withDetail(...)(3)构建方法添加所需信息，如图 10-1 所示。

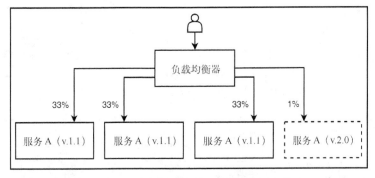

图 10-1　金丝雀部署模式的一个示例。负载均衡器根据服务版本将流量路由到该服务实例

在高级使用场景中，我们可以在进行**金丝雀部署**（canary deployment）时利用执行器服务信息端点。这里，负载均衡器可以使用关于服务版本的信息来路由传入流量。

10

由于 Spring Boot 执行器不提供任何用于信息暴露的响应式或异步 API，因此响应式服务与阻塞服务没有任何不同。

3. 健康信息端点

系统监控的下一个关键点是检查服务健康状态的能力。在最直接的方法中，服务运行状况可能被解释为服务响应请求的能力。这种场景如图 10-2 所示。

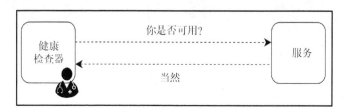

图 10-2　关于检查服务是否可用的简单健康检查示例

这里的核心问题是，虽然该服务能通过网络进行访问，但是，某些诸如硬盘驱动器（如果使用）、底层数据库或依赖服务等重要组件可能不行。因此，服务无法完全发挥作用。从运维角度来看，健康检查不仅仅意味着检查可用性状态。首先，健康的服务所包含子组件应该同样合适并且可用。其次，健康信息应包括能使运维团队尽快对潜在的故障或威胁做出响应的所有细节。对数据库不可用或可用磁盘空间不足的响应将使 DevOps 能够采取相应的措施。因此，健康信息可能包含更多详细信息，如图 10-3 所示。

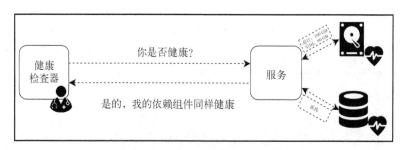

图 10-3　健康检查的示例，其中包含有关基底层资源的详细信息

令人高兴的是，Spring Boot 执行器为健康监测提供了一种全面的方法。服务运行状况的基本细节可以通过 /actuator/health 端点访问。默认情况下，此端点已启用并对外暴露。此外，Spring Boot 执行器具有全面的内置运行状况指示器列表，可用于最常见的组件，包括 Cassandra、MongoDB、JMS 以及其他集成在 Spring 生态中的常用服务。

除了内置指示器，我们还可以提供 HealthIndicator 的自定义实现。然而，Spring Boot Actuator 2.0 中最激动人心的部分是其与 Spring WebFlux 和 Reactor 3 的正确集成。这种组合为健康指标提供了一个新的响应式接口，ReactiveHealthIndicators。如第 6 章所述，当健康状态需要额外的 I/O 请求并且这些请求用 WebClient 处理更有效时，这可能是至关重要的。以下代码使用新 API 实现自定义运行状况指示器：

```
@Component
class TemperatureSensor {                                      // (1)
   public Mono<Integer> batteryLevel() {                       // (1.1)
     // 这里是一个网络请求
   }
   ...
}


@Component
class BatteryHealthIndicator implements ReactiveHealthIndicator {   // (2)
   private final TemperatureSensor temperatureSensor;              // (2.1)

   @Override
   public Mono<Health> health() {                              // (3)
      return temperatureSensor
         .batteryLevel()
         .map(level -> {
            if (level > 40) {
               return new Health.Builder()
                  .up()                                        // (4)
                  .withDetail("level", level)
                  .build();
            } else {
               return new Health.Builder()
                  .status(new Status("Low Battery"))           // (5)
                  .withDetail("level", level)
                  .build();
            }
      }).onErrorResume(err -> Mono.                            // (6)
         just(new Health.Builder()
            .outOfService()                                    // (6.1)
            .withDetail("error", err.getMessage())
            .build())
      );
   }
}
```

上面的示例代码展示了如何与外部传感器进行通信。该传感器可以安装在房屋中，但应在网络环境中使用。

(1) TemperatureSensor 服务具有 Mono<Integer> batteryLevel()(1.1)方法，该方法向传感器发出请求，如果传感器可用，则将当前电池电量从 0 恢复为 100%。此方法返回带有响应的 Mono，并使用 WebClient 进行高效通信。

(2) 要在计算服务健康状况时使用有关传感器电池电量的数据，我们必须定义自定义 Battery-HealthIndicator 类。该类实现了 ReactiveHealthIndicator 接口，并引用了 TemperatureSensor 服务(2.1)。

(3) 为了实现接口，健康状况指示器使用响应式返回类型实现 Mono<Health> health()方

10

法。因此，我们可以在温度传感器发出的网络响应到达时响应式地计算健康状态。

(4) 根据电池电量，我们可能返回预定义的 UP 状态以及一些其他详细信息。

(5) 完全自定义 Health 状态的示例。在此示例中，我们收到一个 Low Battery 状态。

(6) 此外，使用 Reactor 功能，我们能对通信错误做出响应并返回一个 OUTOFSERVICE 状态，其中包含有关实际错误的一些详细信息(6.1)。

 Spring Boot 执行器有几种模式可以确定何时扩展健康信息，何时仅显示顶层状态（UP、DOWN、OUTOFSERVICE、UNKNOWN）。要满足测试需求，只需将应用程序属性 management.endpoint.health.show-details 设置为 always 值即可。此外，为了限制请求的速率，避免压垮传感器，我们可以使用 Reactor 功能将电池级别缓存一段时间，或者使用 management.endpoint.health.cache.time-to-live=10s 属性为服务运行状况配置缓存。

这种监控方法使用户能够安排相应的动作，例如提交电池更换的票据或向管家发送关于低电量状态的通知。

4. 指标端点

成功监控应用程序的另一个重点是收集运行指标。当然，Spring Boot 执行器也涵盖了这一方面，并提供对基本 JVM 特性的监控，这些特性包括进程正常运行时间、内存使用情况、CPU 使用率和 GC 停顿。此外，WebFlux 还提供了有关处理传入 HTTP 请求的一些统计信息。但是，为了从业务角度针对服务中发生事情进行有意义地洞察，我们必须自行扩展运行指标。

从 Spring Boot 2.0 开始，执行器更改了用于指标收集的底层库，现在使用的是 Micrometer 库（千分尺库）。

一旦被暴露，/actuator/metrics REST 端点就会提供一个跟踪指标列表，可以导航到所需的计量仪或计时器，还可以以标签的形式提供其他上下文信息。一个指标（如 jvm.gc.pause）的摘要可能如下所示：

```
{
    "name": "jvm.gc.pause",
    "measurements": [
        {
            "statistic": "COUNT",
            "value": 5
        },
        {
            "statistic": "TOTALTIME",
            "value": 0.347
        }
    ],
    "availableTags": [
        {
            "tag": "cause",
```

```
      "values": [
        "Heap Dump Initiated GC",
        "Metadata GC Threshold",
        "Allocation Failure"
      ]
    }
  ]
}
```

与 Spring Boot 1.x 版本相比，新的指标端点有一个缺点：它无法使用单个 REST 请求检索所有跟踪的指标摘要。但是，这只是一个小问题。

像往常一样，我们可以使用 Micrometer 指标注册表自由注册新指标。本章后面的部分将介绍此过程的机制，以及哪些运行指标对响应式应用程序有用。

 /actuator/metrics 端点在默认情况下不会暴露。相反，默认配置仅暴露 info 和 health 端点。因此，应通过在 application.property 文件中提供 management.endpoints.web.exposure.include:info, health, metrics 属性来暴露指标端点。这同样适用于本章后面提到的所有端点。在需要暴露所有端点的情况下，我们可以使用 management.endpoints.web.exposure.include:*并提供通配符。

5. 日志管理端点

同样，Spring Boot 执行器为日志管理提供了两个有价值的端点。第一个是/actuator/loggers，它无须重新启动应用程序就能在运行时访问和更改日志记录级别。此端点非常有用，因为在不重新启动服务的情况下切换信息粒度对成功运行应用程序至关重要。鉴于响应式应用程序的复杂调试经验，切换日志级别和动态分析结果的能力至关重要。当然，使用 curl 命令从控制台更改日志级别并不是很方便，但是此功能可以很好地与 Spring Boot 管理程序一起使用，后者为此提供了漂亮的 UI。

此功能使我们可以通过 Reactor log() 操作符启用或禁用动态生成的日志，该操作符的描述见第 4 章。以下代码描述了将事件推送到 SSE 流的响应式服务：

```
@GetMapping(path = "/temperature-stream",
            produces = MediaType.TEXTEVENTSTREAMVALUE)
public Flux<TemperatureDto> temperatureEvents() {
    return temperatureSensor.temperatureStream()
                            .log("sse.temperature", Level.FINE)        // (1)
                            .map(this::toDto);
}
```

这里，log() 操作符使用 Level.FINE (1)注册 sse.temperature 日志记录器。因此，我们可以使用/actuator/loggers 端点动态启用或禁用此日志记录器的输出。

另外，无须从远程服务器复制文件即可访问应用程序日志是很有用的能力。为了简化这一过程，Spring Boot 执行器提供了 /actuator/logfile 端点，它通过 Web 暴露包含日志的文件。Spring Boot 管理程序还有一个简洁的网页，可以非常方便地将应用程序日志流式传输到 UI。

 注意，当 /actuator/logfile 端点不可用时，应用程序可能中未配置日志文件。因此，我们必须显式配置它，例如 logging.file: my.log。

6. 其他有价值的端点

除了前面提到的端点，Spring Boot 执行器还提供了大量便于使用的 Web 端点。这里列出了其中最重要的端点，并配有简要说明（所有端点都位于 /actuator 这一执行器根 URL 下）。

- ❑ /configprops：提供了对应用程序中所有可能的配置属性的访问。
- ❑ /env：提供了对环境变量的访问。
- ❑ /mappings：提供了对应用程序中所有暴露的 Web 端点的访问。
- ❑ /httptrace：为服务器端和客户端提供了对所记录的 HTTP 交互的访问。
- ❑ /auditevents：可以访问应用程序中的所有审计事件。
- ❑ /beans：提供了 Spring 上下文中的可用 bean 的列表。
- ❑ /caches：提供了对应用程序缓存管理的访问。
- ❑ /sessions：提供了活动 HTTP 会话的列表。
- ❑ /threaddump：使为应用程序 JVM 获取线程 dump 成为可能。
- ❑ /heapdump：使生成和下载堆 dump 成为可能。请注意，在这种情况下，生成的文件将采用 HPROF 格式。

7. 编写自定义执行器端点

Spring Boot 执行器可以注册自定义端点，这些端点不仅可以显示数据，还可以更新应用程序的行为。为此，Spring bean 应该使用 @Endpoint 注解进行修饰。为了将读/写操作注册为一个执行器端点，库提供 @ReadOperation 注解、@WriteOperation 注解和 @DeleteOperation 注解，这些注解又分别映射到 HTTP GET、POST 和 DELETE。但请注意，生成的 REST 端点使用并生成以下内容类型：application/vnd.spring-boot.actuator.v2+json, application/json。

为了演示如何在响应式应用程序中使用此功能，让我们创建一个自定义端点。该端点用于报告当前服务器时间，以及它与**网络时间协议**（Network Time Protocol，NTP）服务器的时差。有时，此类功能有助于解决由服务器或网络配置错误导致的时间不准问题。这在分布式系统中尤其方便。为此，我们需要注册一个装饰有 @Endpoint 注解并配置了 ID 属性（在我们的例子中是 server-time）的 bean。我们还将通过被 @ReadOperation 注解的方法返回相关数据，如下所示：

```
@Component
@Endpoint(id = "server-time")                                        // (1)
public class ServerTimeEndpoint {
    private Mono<Long> getNtpTimeOffset() {                          // (2)
        // 实际网络调用以获取当前时间偏移量
    }
    @ReadOperation                                                   // (3)
    public Mono<Map<String, Object>> reportServerTime() {            // (4)
        return getNtpTimeOffset()                                    // (5)
            .map(timeOffset -> {                                     // (6)
                Map<String, Object> rsp = new LinkedHashMap<>();     //
                rsp.put("serverTime", Instant.now().toString());     //
                rsp.put("ntpOffsetMillis", timeOffset);              //
                return rsp;
            });
    }
}
```

上面的示例代码演示了如何使用 Project Reactor 中的响应式类型创建自定义执行器@Endpoint。上述示例代码中带编号的代码解释如下。

(1) 这是一个带有@Endpoint 注解的端点类。这里，@Endpoint 注解将 ServerTimeEndpoint 类暴露为 REST 端点。此外，@Endpoint 注解的 id 参数标识端点的 URL。在这种组合中，URL 是/actuator/server-time。

(2) 这是一种方法定义，它异步报告 NTP 服务器上当前时间的偏移量。getNtpTimeOffset() 方法返回 Mono<Long>，因此它可以以响应式方式组合。

(3) 这是一个@ReadOperation 注解，它将 reportServerTime()方法标记为应该作为由 Actuator 机制暴露的 REST GET 操作的方法。

(4) 这是 reportServerTime()方法，它返回一个响应式类型 Mono<Map<String, Object>>，因此它可以在 Spring WebFlux 应用程序中有效使用。

(5) 这里是对 NTP 服务器进行异步调用的声明，其结果定义了一个响应式流的开始。

(6) 这是结果转换操作。当响应到达时，它将使用 map()操作符进行转换，其中我们使用应返回给用户的结果（当前服务器时间和 NTP 偏移量）来填充映射。请注意，第 4 章涵盖的所有奇妙的错误处理技术都可以在这里使用。

 NTP 是一种非常流行的协议，用于通过网络同步计算机时钟。NTP 服务器是公开可用的，但请注意，不要滥用系统，不要发送太多请求，因为 NTP 服务器可能会封锁应用程序 IP 地址。

使用自定义端点，我们可以快速实现动态功能切换、自定义请求跟踪、运行模式（主/从）、旧会话失效以及与成功运行应用程序相关的许多其他功能。现在我们也可以以响应式的方式做到这一点。

8. 执行器端点安全管理

在前面的章节中，我们介绍了 Spring Boot 执行器的基本要素，并实现了自定义响应式执行

10

器端点。但要注意，Spring Boot 执行器在暴露有用信息时也可能泄露敏感信息。访问环境变量、应用程序结构、配置属性、执行堆和线程 dump 的能力以及其他因素可能会方便坏人破坏应用程序。在这些情况下，Spring Boot 执行器也可能暴露用户的个人数据。因此，我们必须注意所有执行器端点以及普通 REST 端点的访问安全。

由于 Spring Boot 执行器与应用程序的其余部分共享安全模型，因此在定义主要安全配置的位置上配置访问权限很容易。例如，以下代码仅允许具有 ACTUATOR 权限的用户访问/actuator/端点：

```
@Bean
public SecurityWebFilterChain securityWebFilterChain(
    ServerHttpSecurity http
) {
    return http.authorizeExchange()
        .pathMatchers("/actuator/").hasRole("ACTUATOR")
        .anyExchange().authenticated()
        .and().build();
}
```

当然，我们可以以不同方式配置访问政策。通常，对/actuator/info 和/actuator/health 端点进行未经身份验证的访问不涉及安全问题，因为这些端点通常用于应用程序识别和健康检查，但是对于那些可能保存某些敏感信息或在攻击系统时能提供帮助信息的端点，我们需要进行安全保护。

另外，我们可以在单独的端口上暴露所有管理端点并配置网络访问规则。这样，所有管理都只能通过内部虚拟网络进行。要提供这样的配置，我们所要做的就是为 management.server.port 属性提供 HTTP 端口。

概括地说，Spring Boot 执行器带来的许多功能简化了应用程序的识别、监控和管理。通过紧密集成 Spring WebFlux，Actuator 2.x 可以高效地使用资源，这是因为它的大多数端点支持响应式类型。Actuator 2.x 在不造成大量麻烦的前提下简化了整个开发流程，从而扩展了应用程序功能，整合了更好的默认应用程序行为，并使 DevOps 团队更轻松。

尽管 Spring Boot Actuator 本身已经非常有用，但它与自动收集监控信息并通过图表、趋势和报警等可视化形式表示此类信息的工具结合起来会更加有用。因此，本章后文将介绍一个名为 Spring Boot Admin 的便捷模块，该模块能使单个漂亮的 UI 访问多个服务的所有重要管理信息。

10.2.2　Micrometer

从 Spring Boot 2.0 开始，Spring 框架更改了用于指标采集的默认库。之前使用的库是 Dropwizard Metrics，但现在使用的是一个名为 Micrometer（千分尺）的全新库。Micrometer 是一个独立的库，具有最少的依赖项。虽然这是一个单独开发的项目，但它将 Spring 框架作为其主要使用者。该库为最流行的监控系统提供了客户端界面。Micrometer 提供与提供商无关的监控 API，其方式与 SLF4J 提供此类 API 进行日志记录的方式相同。目前，Micrometer 已与 Prometheus、Influx、Netflix Atlas 以及其他十几个监控系统完美集成。它还具有一个嵌入式内存指标存储库，使我们即使没有外部监控系统也可以使用该库。

Micrometer 旨在支持维度指标。维度指标中除名称之外的每个指标都可以包含键/值对形式的标签。这种方法可以用于描述聚合值，也可以在有需要时向下获取标签。当目标监控系统不支持维度指标时，库会展平关联的标签并将其添加到名称中。

Spring Boot 执行器使用 Micrometer 并通过 `/actuator/metrics` 端点报告应用程序指标。使用执行器模块，我们获取 `MeterRegistry` 类型的 bean，该 bean 在默认情况下是自动配置的。这是一个 Micrometer 接口，可以根据所有指标的存储方式和位置的详细信息来保护客户端代码。每个受支持的监控后端都有一个 `MeterRegistry` 接口的专用实现，因此，应用程序必须针对 Prometheus 支持实例化 `PrometheusMeterRegistry` 类。当然，Micrometer 提供了 `CompositeMeter-Registry`，可以同时向多个注册表报告指标。此外，`MeterRegistry` 接口是一个入口点，能从用户代码添加自定义应用程序指标。

存在不同类型的指标（例如 `Timer`、`Counter`、`Gauge`、`DistributionSummary`、`LongTaskTimer`，`TimeGauge`、`FunctionCounter`、`FunctionTimer`），这些指标都扩展了 `Meter` 接口。每种指标类型都具有通用 API，可以按所需方式配置监控行为。

默认的 Spring Boot 指标

默认情况下，Spring Boot 执行器配置 Micrometer 以收集最常用的指标，例如处理时间、CPU 使用率、按区域划分的内存使用情况、GC 停顿、线程数、加载的类以及打开的文件描述符数。它还跟踪 Logback 记录器事件并将其作为计数器。这些行为都由执行器的 `MetricsAuto-Configuration` 定义，并提供了非常清晰的关于服务指标的视图。

执行器为响应式应用程序提供了 `WebFluxMetricsAutoConfiguration`，后者添加了专门的 `WebFilter`。此过滤器将回调添加到 `ServerWebExchange` 以在请求处理完成时进行合流。而且这还可以报告请求时间。此外，在指标报告中，过滤器包含请求 URI、HTTP 方法、响应状态和异常类型（如果有）等信息，这些信息以标签形式表示。通过这种方式，HTTP 请求的响应式处理过程可以使用 Micrometer 库轻松计量。指标结果通过名为 `http.server.requests` 的指标进行报告。

类似地，Spring Boot 执行器利用 `RestTemplate` 并注册 `http.client.requests` 指标以报告传出请求。从 Spring Boot 2.1 开始，执行器对 `WebClient.Builder` bean 执行相同的操作。尽管如此，即使在 Spring Boot 2.0 中，我们仍然可以轻松地为 `WebClient` 相关工作流添加所需的指标。这种方法将在下一节中进行解释。

除了其他有用的东西，Spring Boot 执行器还可以为应用程序的所有 `Meter` 添加通用标签。

这在多节点服务部署中尤其方便，因为它使我们能通过标签清楚地区分服务节点。为此，应用程序应注册实现 MeterRegistryCustomizer 接口的 bean。

10.2.3 监控响应式流

从 3.2 版本开始，Project Reactor 本身添加了与 Micrometer 库的基础集成。Project Reactor 在没有 Micrometer 库的情况下可以正常工作，但是如果它在应用程序的类路径中检测到 Micrometer 的存在，就可能会报告一些元素指标，这些指标可能提出有关应用程序运行条件的宝贵见解。现在是时候描述如何使用内置函数监控响应式以及如何为所需的运行维度添加自定义仪表。

虽然 Project Reactor 3.2 与 Spring 5.1 框架和 Spring Boot 2.1 捆绑在一起。但是，一般来说，即使是使用 Spring 5.0 框架和 Spring Boot 2.0 的应用程序，也可能与 Reactor 产生版本冲突。此外，与自定义指标注册相关的所有代码都可以与以前版本的 Project Reactor 一起使用。

1. 监控 Reactor 流

在 Project Reactor 3.2 中，响应式类型 Flux 和 Mono 获得了 metrics() 操作符。这会在调用时报告有关流的运行指标。metrics() 操作符的行为与 log() 操作符类似。它与 name() 操作符协作以构建目标指标名称并添加标签。例如，以下代码演示了如何将指标添加到传出 SSE 流：

```
@GetMapping(
        path = "/temperature-stream",
        produces = MediaType.TEXTEVENTSTREAMVALUE)
public Flux<Temperature> events() {
    return temperatureSensor.temperatureStream()                    // (1)
        .name("temperature.stream")                                 // (2)
        .metrics();                                                 // (3)
}
```

这里，temperatureSensor.temperatureStream() 返回 Flux<Temperature>(1)，而 name("temperature.stream") 方法为监控点(2)添加名称。metrics() 方法(3)将新指标注册到 MeterRegistry 实例中。

作为结果，Reactor 库注册了 reactor.subscribed 和 reactor.requested 这两个计数器以及 reactor.flow.duration、reactor.onNext.delay 这两个定时器，它们每个都有一个被称为 flow 的标签（维度），其中带 temperature.stream 值。这些指标本身使我们能跟踪流实例化的数量、请求元素的数量、流存在的最大时间和总时间以及 onNext 延迟。

注意，Reactor 使用流的名称作为 Micrometer 指标的 flow 标签。由于 Micrometer 库跟踪标签的数量受限制，因此配置该限制以收集有关所有计量流的信息非常重要。

2. 监控 Reactor 调度程序

由于响应式流通常在不同的 Reactor 调度程序上运行，因此跟踪与其运行有关的细粒度指标可能是有益的。在某些情况下，使用带有手动度量工具的自定义 ScheduledThreadPoolExecutor 是合理的。例如，假设我们有以下类：

```
public class MeteredScheduledThreadPoolExecutor
        extends ScheduledThreadPoolExecutor {                         // (1)

  public MeteredScheduledThreadPoolExecutorShort(
    int corePoolSize,
    MeterRegistry registry                                            // (2)
  ) {
    super(corePoolSize);
    registry.gauge("pool.core.size", this.getCorePoolSize());        // (3)
    registry.gauge("pool.active.tasks", this.getActiveCount());      //
    registry.gauge("pool.queue.size", this.getQueue().size());       //
  }
}
```

这里，MeteredScheduledThreadPoolExecutor 类扩展了普通的 ScheduledThread-PoolExecutor(1)并额外接收了一个 MeterRegistry 实例(2)。在构造函数中，我们注册了一些计量仪(3)来跟踪线程池的核心线程的大小、活动任务的数量和队列大小。

通过少量修改，此类执行器还可以跟踪记录成功和失败任务的数量以及执行这些任务所花费的时间。为此，执行器的实现也应该重写 beforeExecute() 和 afterExecute() 方法。

现在我们可以在以下响应式流中使用这样一个工具化的执行器：

```
MeterRegistry meterRegistry = this.getRegistry();

ScheduledExecutorService executor =
    new MeteredScheduledThreadPoolExecutor(3, meterRegistry);

Scheduler eventsScheduler = Schedulers.fromExecutor(executor);

Mono.fromCallable(this::businessOperation)
    .subscribeOn(eventsScheduler)
    ....
```

尽管这种方法非常强大，但它不包括 parallel() 或 elastic() 等内置 Scheduler。要检测所有 Reactor 调度程序，我们可以使用自定义 Schedulers.Factory。例如，让我们看看如下所示的工厂实现：

```
class MetersSchedulersFactory implements Schedulers.Factory {        // (1)
  private final MeterRegistry registry;

  public ScheduledExecutorService decorateExecutorService(           // (2)
    String type,                                                     // (2.1)
```

10

```
        Supplier<? extends ScheduledExecutorService> actual        // (2.2)
    ) {
        ScheduledExecutorService actualScheduler = actual.get();    // (3)
        String metric = "scheduler." + type + ".execution";         // (4)

        ScheduledExecutorService scheduledExecutorService =
                        new ScheduledExecutorService() {            // (5)
            public void execute(Runnable command) {                 // (6)
               registry.counter(metric, "tag", "execute")           // (6.1)
                      .increment();
               actualScheduler.execute(command);                    // (6.2)
            }

            public <T> Future<T> submit(Callable<T> task) {         // (7)
               registry.counter(metric, "tag", "submit")            // (7.1)
                      .increment();
               return actualScheduler.submit(task);                 // (7.2)
            }

            // 其他重载方法……
            };

        registry.counter("scheduler." + type + ".instances")        // (8)
                .increment();
        return scheduledExecutorService;                            // (9)
    }
}
```

带编号的代码解释如下。

(1) 这是 Reactor 的 Schedulers.Factory 类的自定义实现。

(2) 这里，我们有一个方法的声明，该方法使我们能装饰一个预调度的执行器服务，其中 type (2.1)表示调度程序（parallel、elastic）的类型，而 actual (2.2)保存对要装饰的实际服务的引用。

(3) 这里提取了实际执行器服务实例，它在装饰器中使用。

(4) 这是计数器名称的定义，包括提高指标可读性的 Scheduler 类型。

(5) 这是匿名的 ScheduledExecutorService 实例声明，它装饰实际的 ScheduledExecutor-Service 并提供其他行为。

(6) 这是重写的 execute(Runnable command)方法，它使用附加的 execute 标签(6.1)来执行 MeterRegistry#counter，并将收集的指标数加 1。然后，委托调用实际方法的实现(6.2)。

(7) 与 execute 方法类似，我们在这里重写 Future<T> submit(Callable<T> task)方法。在每个方法执行时，使用附加的 submit 标签调用 MeterRegistry#counter 方法，最后增加注册表中的调用次数(7.1)。在所有操作之后，我们将方法执行委托给实际服务(7.2)。

(8) 这是对执行器服务的已创建实例计数进行注册的声明。

(9) 此时，我们最终返回装饰后的 ScheduledExecutorService 实例，该实例包含一个附加的 Micrometer 指标处理。

要使用 `MetersSchedulersFactory`，我们必须按如下方式注册工厂：

```
Schedulers.setFactory(new MeteredSchedulersFactory(meterRegistry));
```

现在，所有 Reactor 调度程序（包括在 `MeteredScheduledThreadPoolExecutor` 上定义的自定义调度程序）都使用 Micrometer 指标进行计量。这种方法虽然提供了很大的灵活性，但需要一些规则来防止指标收集集成为应用程序中资源需求最高的部分。例如，虽然仪表注册表中的仪表（计数器/计时器/计量仪）查找速度很快，但我们最好将获取的引用保存到本地变量或实例字段，以减少不必要的查找。此外，并非应用程序执行的所有方面都需要一组专用指标。通常，应用程序领域知识和常识有助于选择要监控的基本应用程序特征。

3. 添加自定义 Micrometer 仪表

在响应式流中，即使没有内置支持，我们也可以轻松添加自定义监控逻辑。例如，以下代码解释了如何为没有任何默认仪表的 WebClient 添加调用计数器：

```
WebClient.create(serviceUri)                                    // (1)
        .get()
        .exchange()
        .flatMap(cr -> cr.toEntity(User.class))                 // (2)
        .doOnTerminate(() -> registry
            .counter("user.request", "uri", serviceUri)         // (3)
            .increment())
```

在这里，我们为目标 `serviceUri`(1)创建一个新的 `WebClient`，发出请求并将响应反序列化为一个 `User` 实体(2)。当操作终止时，我们使用自定义 `uri` 标签手动增加计数器，该标签的值代表 `serviceUri`(3)。

类似地，我们可以将流钩子（例如`.doOnNext()`、`.doOnComplete()`、`.doOnSubscribe()`或`.doOnTerminate()`）与不同类型的 Micrometer 仪表（例如`.counter()`、`.timer()`或`.gauge()`）组合在一起来测量响应式流的所需运行特性，这些测量基于表示不同维度的标签并提供足够详细的信息。

10.2.4　基于 Spring Boot Sleuth 的分布式跟踪

成功应对响应式系统运行的另一个关键因素是了解事件如何在服务中流动、请求如何叠加以及所需的执行时间。如第 8 章所述，服务之间的通信是分布式系统运行的重要部分，如果没有完整的数据流视图，就无法解决某些问题。然而，考虑到分布式系统中通信的复杂性，这种捕获是一项非常复杂的任务。幸好，Spring Cloud 提供了一个名为 `spring-cloud-sleuth` 的优秀模块。Spring Cloud Sleuth 是一个与 Spring Boot 2.x 基础设施完美集成的项目，只需几处自动配置即可实现分布式跟踪。

尽管大多数现代跟踪工具（如 Zipkin 或 Brave）不完全支持新的 Spring 响应式 Web 服务，但

Spring Cloud Sleuth 填补了这一空白。

首先，`org.springframework.cloud.sleuth.instrument.web.TraceWebFilter` 是 WebFlux 中 Web MVC 过滤器的对等替代物。该过滤器确保对所有传入的 HTTP 请求进行仔细分析，并将找到的任何跟踪消息头报告给 Zipkin。同时，在 `org.springframework.cloud.sleuth.instrument.web.client.TracingHttpClientInstrumentation` 的支持下，所有传出请求也会使用其他跟踪消息头进行调整。要跟踪传出请求，我们必须将 WebClient 注册为上下文 bean，而不是每次都创建它，否则就无法生成适当的仪表。

我们还必须澄清所有跟踪跨度（Span）如何在响应式编程范例中进行存储和传递。正如前面章节所述，响应式编程并不能保证所有的转换都在同一个线程上执行。这意味着通过 `ThreadLocal`（Web MVC 的主要跟踪模式）传输的元数据在此处的工作方式与在命令式编程范例中不同。但是，由于组合了 Reactor 的 `Context` 机制（见第 4 章）、Reactor 的全局 `Hooks` 以及 `org.springframework.cloud.sleuth.instrument.web.client.TraceExchangeFilter-Function`，在没有 `ThreadLocal` 的情况下，我们仍可以通过响应式流传输额外的上下文元数据。

最后，Spring Cloud Sleuth 提供了一些用于向 Zipkin 服务器报告收集的跟踪信息的方法。最常见的传递方法是通过 HTTP。遗憾的是，目前这种方法是以阻塞的方式实现的。然而，默认的 `zipkin2.reporter.AsyncReporter` 在单独的 `Thread` 上向 Zipkin 服务器发送跨度（跟踪信息片段）。因此，尽管存在阻塞特性，这种技术在响应式应用程序中也可以非常高效，因为响应式方法的调用者可以免受阻塞请求延迟或潜在异常的影响。

除了通过 HTTP 的传统数据传递协议，还有一个基于消息队列的选项。Spring Cloud Sleuth 为 Apache Kafka 和 RabbitMQ 提供了出色的支持。即使 Apache Kafka 的客户端支持异步、非阻塞消息传递，底层机制仍然会使用相同的 `AsyncReporter` 将非阻塞通信降级为阻塞通信。

Spring Cloud Sleuth 为响应式 Spring WebFlux 和 Spring Cloud Streams 提供分布式跟踪支持。此外，要在项目中启用这个优秀的工具，只需要在项目中添加以下依赖项（Gradle 配置）：

```
compile('org.springframework.cloud:spring-cloud-starter-sleuth')
compile('org.springframework.cloud:spring-cloud-starter-zipkin')
```

此外，Spring Boot 自动配置会基于项目依赖关系和可用环境，准备运行时分布式跟踪所需的所有 bean。

当涉及可用的消息代理服务器依赖项（例如 `org.springframework.amqp:spring-rabbit`）时，通过消息代理服务器进行的通信自动优先于基于 HTTP 的通信。在 HTTP 是发送跟踪数据的首选项的情况下，一个名为 `spring.zipkin.sender.type` 的属性接受 RABBIT、KAFKA、WEB 中的一个首选项用于与 Zipkin 通信。

10.2.5 基于 Spring Boot Admin 2.*x* 的漂亮 UI

从一开始，Spring Boot Admin（SBA）项目背后的核心思想就是为 Spring Boot 应用程序的管理和监控提供便于使用的管理界面。Spring Boot Admin 以其美观且用户友好的 UI 而著称，它基于 Spring Actuator 端点构建。这样，我们可以访问所有必需的运行信息，例如应用程序运行状况、CPU 和内存指标、JVM 启动标志、应用程序类路径、应用程序指标以及 HTTP 跟踪和审计事件。由此，我们还可以检查和删除活动会话（使用 spring-session）、管理日志级别、进行线程和堆 dump 等（见图 10-4）。

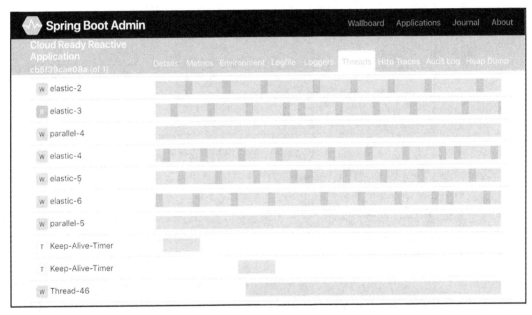

图 10-4　Spring Boot Admin UI 实时显示应用程序线程状态

概括地说，Spring Boot Admin 旨在帮助运行微服务应用程序。此外，Spring Boot Admin 由两部分组成。

- 服务器部分。服务器会充当从所有可用微服务收集信息的中心点。此外，该部分还暴露了用于显示所收集信息的 UI。
- 客户端部分。此部分包含在系统的每个服务中并在这些服务内部运行。该部分还将主机服务注册到 Spring Boot Admin 服务器。

即使 Spring Boot Admin 的服务器部分被设计为独立应用程序（推荐配置），我们也可以将此角色分配给其中一个现有服务。要对 Spring Boot Admin 服务器的角色赋予一个任务，只需为应用程序提供 de.codecentric:spring-boot-admin-starter-server 依赖关系，并添加@Enable-AdminServer 注解以启用所需的自动配置。反过来，为了将所有相邻服务与 Spring Boot Admin

10

Server 进行集成，它们可以引入 de.codecentric:spring-boot-admin-starter-client 依赖项并指向 SBA 服务器，或者 SBA 可以利用预先存在的 Spring Cloud 中的服务发现基础设施（基于 Eureka 或 Consul）。或者，我们也可以在 SBA 服务器端创建静态配置。

由于 SBA 服务器还支持集群复制，因此在高可用微服务应用程序中，SBA 服务器不应该是一个单点故障（见图 10-5）。

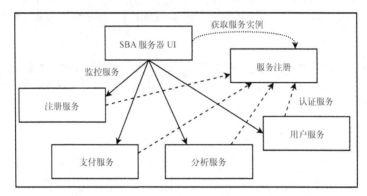

图 10-5　Spring Boot Admin 发现和监控服务

在这种情况下，当 Spring Boot Admin 仪表板被正确配置时，它包含一网格（mesh）的服务，其中每个服务包含已注册实例的数量。同时，由于网格中的每个服务都显示其健康状态，因此我们可以很容易地理解系统的整个状态。此外，它还支持针对 Slack、Hipchat、Telegram 等浏览器的推送通知，可以主动通知 DevOps 团队应用程序基础设施内的重大变化，甚至可能成为 Pager Duty[1]基础设施的一部分。

在 2.0 版本之前，（与任何面向 Spring 的插件一样）Spring Boot Admin 是基于 Servlet API 的。这意味着客户端和服务器应用程序都是基于阻塞 I/O 的，这对于高负载响应式系统而言可能效率低下。在 2.0 版本中，SBA 服务器从头重写，以便从 Spring WebFlux 中受益，并通过异步非阻塞 I/O 进行所有通信。

当然，Spring Boot Admin 提供了充分保护 SBA 服务器 UI 的选项，因为它可能暴露一些敏感信息。Spring Boot Admin 还提供与 Pivotal Cloud Foundry 的集成。在 Spring Boot Admin 服务器或客户端检测到云平台的情况下，所有必需的配置将被应用。因此，这简化了客户端和服务器的发现机制。同样，由于 SBA 具有扩展点，因此完全可以将所需行为添加到 SBA 基础设施。例如，其中可能包括具有功能切换或自定义审核的管理页面。

总而言之，Spring Boot Admin 为 DevOps 团队提供了一个可以使用方便且可自定义的 UI 轻松监控、操作和演进响应式系统的绝佳机会，我们将利用异步非阻塞 I/O 的所有优势实现这一目标。

---

① Pager Duty 是一家基于云的运维管理软件公司。——译者注

10.3　部署到云端

虽然软件开发很有趣，但软件生命周期的关键部分是**生产**（production）。这是指通过提供令人惊叹的业务服务来服务实际的客户请求、执行业务流程以及推动整个行业发展。对于应用程序而言，这一重要步骤被称为**发布**（release）。现在，在主要由开发人员和测试人员执行保护之后，我们的软件系统已准备好迎接现实世界和真实的生产环境，以及其中隐藏的种种困难。

考虑到目标环境的差异性之大和客户要求之高，以及其他一些对运行时质量的要求，我们可能意识到发布过程本身会很复杂，至少值得用几本书来描述。本书不涉及与交付软件相关的主题，而仅会介绍不同的软件部署选项以及这些选项如何影响响应式应用程序。

虽然随着物联网的蓬勃发展，响应式应用可能很快就会在可穿戴设备（如智能手表或心率传感器）上运行，但我们在此仅考虑最常见的目标环境，即内部部署和云端部署。云的引入改变了我们部署和运行应用程序的方式。从某种意义上说，云使我们在用户需求方面更具**响应性**，因为我们现在能在几分钟甚至几秒钟内获得新的计算资源，而在内部数据中心时代我们可能要花几周或几个月。但是，从开发人员的角度来看，这两种方法非常相似。主要区别在于，在前一种情况下，实际的服务器位于建筑物中，而在后一种情况下，它们由云提供商托管。

我们使用计算资源部署应用程序的方式出现了更多关键差异，这种区别与内部部署和云端部署都有关（见图 10-6）。

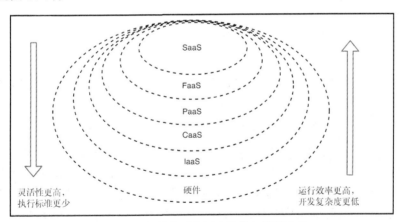

图 10-6　软件的平台层次结构和部署选项

以下是对图 10-6 的简要说明。

❑ **硬件**，即裸机服务器，它们不运行虚拟机管理程序，因此不是虚拟化的，但仍可以作为云服务提供。这样的例子有 Scaleway 和 Packet。用户必须管理所有内容。通常，即使设置不提供虚拟机管理程序，某些操作系统仍然会被安装在服务器上。从开发人员的角度来看，此选项与 IaaS 没有太大区别。

10

❑ IaaS（Infrastructure as a Service，基础设施即服务），云提供商为虚拟机提供软件定义网络（Software Define Network）和附加存储。在这里，用户必须管理环境并部署应用程序。部署选项决定了用户行为。这方面的例子有 AWS 和 Microsoft Azure。

❑ CaaS（Containers as a Service，容器即服务），这是一种虚拟化形式，云提供商允许客户端部署容器（例如 Docker 或 CoreOS Rocket 容器）。虽然容器技术定义了部署模式，但在容器内部，客户可以使用任何技术栈。这方面的例子包括 AWS 弹性容器服务（AWS Elastic Container Service）和 Pivotal 容器服务（Pivotal Container Service）。

❑ PaaS（Platform as a Service，平台即服务），云提供程序为应用程序提供了运行时和构建管道的所有内容，但它也限制了技术和库的集合。这方面的例子包括 Heroku 和 Pivotal Cloud Foundry。

❑ FaaS（Function as a Service，函数即服务），也叫无服务器架构，这是一个非常新的发展。在这里，云提供商管理所有基础设施，用户通过部署和使用简单数据转换函数来处理各个请求，而这些函数预期在几毫秒内完成启动。这方面的例子包括 AWS Lambda 和 Google Cloud Function。

❑ SaaS（Software as a Service，软件即服务），在这种按需软件模式中，一切都由提供商管理。终端用户必须使用此功能，并且无法在该处部署自己的应用程序。这方面的例子包括 Dropbox 和 Slack。

使用 Spring 栈构建的响应式应用程序可以部署到除 SaaS 之外的任何环境类型，因为 SaaS 不提供部署选项。第 8 章描述了以 FaaS 形式运行响应式应用程序的潜在选项。本章将介绍将 Spring 应用程序部署到 PaaS、CaaS 和 IaaS 环境的可用选项。这些目标环境之间的主要区别在于可部署工件的格式以及此类工件的构建方式。

我们仍然可以针对手动安装为 JVM 应用程序构建复杂的安装程序。尽管可以使用诸如 Chef 或 Terraform 之类的自动化工具快速安装此类软件，但这样的部署选项不利于云端的快速应用程序启动，因为这会带来不必要的运行成本。

目前，Java 应用程序最通用的部署单元可能是超级 jar 包（uber-jar），也称胖 jar 包（fat jar），它用一个文件囊括了 Java 程序和所有依赖项。即使超级 jar 包通常会增加应用程序分发的占用空间（特别是在具有大量服务的情况下），但它仍然方便、易于使用，并且具备通用方法。大多数其他分发选项是基于超级 jar 包方法构建的。`spring-boot-maven-plugin` Maven 插件能使用 Spring Boot 应用程序构建一个超级 jar 包，而 `spring-boot-gradle-plugin` 为 Gradle 设置提供了相同的功能。

 此外，第 8 章曾描述，有一个用于 Maven 和 Gradle 的 `spring-boot-thin-launcher` 插件，可以减小工件的大小，这对 FaaS 使用场景至关重要。

10.3.1　部署到 Amazon Web Service

亚马逊 Web 服务（Amazon Web Services，AWS）虽然提供了一些不同的软件部署选项，但服务的核心是 IaaS 模型。由于这个模型施加的限制极少，因此我们可以用十几种方式将应用程序部署到 AWS，但为了简洁起见，我们只考虑构建可在 AWS 或 VirtualBox 上直接执行的完全配置镜像的选项。

Boxfuse 项目完全符合我们的需求，它为 Spring Boot 应用程序生成最小的镜像，这些应用程序能直接在虚拟硬件上启动和运行。Boxfuse 使用超级 jar 包并将其包装成最小的 VM 镜像。它与 Spring Boot 具有出色的集成，可以利用 Spring Boot 配置文件中的信息来配置端口和健康检查。此外，它还与 AWS 内置集成，可为 Spring Boot 应用程序提供简单的部署过程。

10.3.2　部署到 Google Kubernetes 引擎

Google Kubernetes 引擎（Google Kubernetes Engine，GKE）是 Google 在 Kubernetes 基础上构建的集群管理器和编排系统，而 Kubernetes 是用于自动部署、伸缩和管理容器化应用程序的开源系统。GKE 是 CaaS 平台的一个示例，因此是应用程序的部署单元。在这种情况下，部署单元应该是 Docker 镜像。

通过这种方法，我们最初基于应用程序构建一个胖 jar，然后将其包装到 Docker 镜像中。为此，我们可以手动添加 `Dockerfile` 并运行 `docker build` 命令，或者使用 Maven 或 Gradle 插件将其作为标准构建管道的一部分来执行。测试后，我们可以将镜像部署到 Google Cloud 容器注册中心，甚至可以使用 Google Cloud 容器构建服务执行实际构建和容器部署。

有了容纳我们生产服务的容器，我们可以仅通过引用公共 Docker 镜像来部署所有监控基础设施。例如，我们可以在同一个集群配置文件中引用 Prometheus、Grafana 和 Zipkin。使用基于 Kubernetes 的平台，系统弹性很容易通过嵌入式自动伸缩机制实现。

同样，我们可以将应用程序部署到任何 CaaS 平台，包括但不限于 Amazon 弹性容器服务、Azure 容器服务、Pivotal 容器服务，甚至是 OpenShift 或 Rancher 等内部部署解决方案。

10.3.3　部署到 Pivotal Cloud Foundry

在应用程序部署的 PaaS 选项方面，Spring Boot 为 Google 云平台（Google Cloud Platform，GCP）、Heroku 和 Pivotal Cloud Foundry（PCF）提供了出色的支持。尽管这里仅介绍与 PCF 的集成，但其他选项的处理方式及处理的精细程度与之类似。

作为使用 PCF 设置发布过程的第一步，了解 Spring 生态系统如何帮助将应用程序部署到 PaaS 平台是至关重要的。

10

假设我们有一个微服务流应用程序，它有 3 个主要部分：

❑ 一个 **UI 服务**，为用户提供 UI，并且还扮演服务网关的角色；

❑ 一个**存储服务**，用于保存流数据并将其转换为用户的视图模型，以便 UI 服务处理它并多播到每个订阅者；

❑ 一个**连接器服务**，负责在特定数据源之间设置正确的配置，然后从数据源传输事件到存储服务。

这些服务都通过消息队列交互，在此示例中，消息队列是 RabbitMQ 代理服务器。此外，为了保存收到的数据，该应用程序使用 MongoDB 作为灵活的、分区容忍的快速数据存储提供程序。

概括起来，我们有 3 个可部署的服务，它们通过 RabbitMQ 相互传递消息，其中一个与 MongoDB 通信。要成功运行，这些服务都应该处于运行状态。在使用 IaaS 和 CaaS 的情况下，我们负责部署及支持 RabbitMQ 和 MongoDB。而在使用 PaaS 的情况下，云提供商可根据需要提供这些服务，进一步减轻运维责任。

要将服务部署到 PCF，我们必须安装 Cloud Foundry CLI，用 `mvn package` 打包服务，登录到 PCF 并运行以下命令：

```
cf push <reactive-app-name> -p target/app-0.0.1.jar
```

在部署过程持续几秒钟后，该应用程序就应该可以在 `http://<reactive-app-name>.cfapps.io` 上找到。PCF 会识别 Spring Boot 应用程序并对服务的最佳配置做出有根据的猜测，当然，开发人员可以使用 manifest.yml 文件定义首选项。

虽然平台负责应用程序启动和基本配置是很好的，但是，因为 PaaS 高度重视服务发现和网络拓扑，所以我们无法在同一服务器上部署所有服务或配置整个虚拟网络。因此，所有外部服务需要通过 `localhost` URI 定位。这种限制导致我们失去了配置灵活性。幸好，现代 PaaS 提供商向已部署的应用程序暴露了平台信息以及有关附加组件或连接服务的知识。因此，我们可以检索所有关键数据，并且在此之后立即完成所有必要的配置。但是，我们仍然需要编写客户端或特定的基础设施代码来与具体的 PaaS 提供商 API 进行集成。这时候，Spring Cloud Connectors 就派上用场了。

> Spring Cloud Connectors 简化了在 Cloud Foundry 和 Heroku 等云平台中连接服务和获取运行环境感知的过程，对于 Spring 应用程序而言更是如此。

Spring Cloud Connectors 减少了与云平台交互的专用样板代码。此处没有描述服务配置的细节，因为项目的官方页面描述了这些信息。相反，我们将在部署到 PCF 的响应式应用程序中实现对响应式功能的开箱即用支持。我们还将描述在 PaaS 中运行响应式 Spring 应用程序所需的内容。

1. 在 PCF 中发现 RabbitMQ

让我们回到应用程序。整个系统是基于 RabbitMQ 的异步通信的。正如第 8 章所述，为了设置与本地 RabbitMQ 实例的连接，我们仅需要提供两个额外的 Spring Boot 依赖项。此外，针对云基础设施，我们必须添加 spring-cloud-spring-service-connector 依赖项和 spring-cloud-cloudfoundry-connector 依赖项。最后，我们必须提供以下代码段描述的配置以及附加的@ScanCloud 注解：

```
@Configuration
@Profile("cloud")
public class CloudConfig extends AbstractCloudConfig {
  @Bean
  public ConnectionFactory rabbitMQConnectionFactory() {
    return connectionFactory().rabbitConnectionFactory();
  }
}
```

为了获得更好的灵活性，我们使用@Profile("cloud")注解，它仅会在云端运行时启用 RabbitMQ 配置，而在开发期间则不在本地进行启用。

 我们无须对 PCF 场景中的 RabbitMQ 提供其他配置，因为 Cloud Foundry 针对 Spring 生态系统进行了高度调整，因此所有必需的注入都在运行时进行而不会造成额外的麻烦。但是，我们必须遵循这种做法（至少提供@ScanCloud 注解）以与所有云提供商兼容。如果部署的应用程序崩溃，请检查 PCF 提供的 RabbitMQ 服务是否绑定到应用程序。

2. 在 PCF 中发现 MongoDB

除了简单的 RabbitMQ 配置，还有一个稍微复杂的响应式数据存储配置。非响应式数据存储和响应式数据存储之间的概念差异之一在于客户端或驱动程序。非响应式客户端和驱动程序被很好地集成到 Spring 生态系统中，并经过许多解决方案的实战测试。相比之下，响应式客户端仍然是一个新奇事物。

在撰写本书时，PCF 2.2 版本尚未为响应式 MongoDB（以及具有响应式客户端的任何其他 DB）提供开箱即用的配置。幸好，我们可以使用 Spring Cloud Connectors 模块访问所需信息并配置响应式 MongoDB 客户端，如以下代码所示：

```
@Configuration
@Profile("cloud")
public class CloudConfig extends AbstractCloudConfig {                        // (1)
  ...
  @Configuration                                                             // (2)
  @ConditionalOnClass(MongoClient.class)                                     //
  @EnableConfigurationProperties(MongoProperties.class)                      //
  public class MongoCloudConfig
            extends MongoReactiveAutoConfiguration {
```

10

```
...
@Bean
@Override
public MongoClient reactiveStreamsMongoClient(              // (3)
  MongoProperties properties,
  Environment environment,
  ObjectProvider<List<MongoClientSettingsBuilderCustomizer>>
    builderCustomizers
) {
  List<ServiceInfo> infos = cloud()                         // (3.1)
    .getServiceInfos(MongoDbFactory.class);

  if (infos.size() == 1) {
    MongoServiceInfo mongoInfo =
      (MongoServiceInfo) infos.get(0);
    properties.setUri(mongoInfo.getUri());                  // (3.2)
  }
  return super.reactiveStreamsMongoClient(                  // (3.3)
    properties,
    environment,
    builderCustomizers
  );
}
}
}
```

带编号的代码解释如下。

(1) 这是 AbstractCloudConfig 类的扩展，提供了对 MongoDB 位置的访问。

(2) 这是检查类路径中是否存在 MongoClient 的常用方法。

(3) 这是一个响应式 MongoClient bean 的配置，在点(3.1)我们从云连接器获得连接 URI (3.2) 等有关 MongoDB 的信息。在(3.3)，我们通过重用原始逻辑来创建一个新的响应式流 MongoDB 客户端。

在这里，我们从 org.springframework.boot.autoconfigure.mongo.MongoReactive-AutoConfiguration 扩展了一个配置类，并根据可用的 cloud() 配置动态定制了 MongoProperties。

只要按照 https://docs.run.pivotal.io/devguide/deploy-apps/deploy-app.html 上提供的 Cloud Foundry 说明操作并正确配置 MongoDB 服务，存储服务就应该可用，并且流式数据也应该存储在 MongoDB 中。

3. 使用针对 PCF 的 Spring Cloud Data Flow 进行无配置部署

尽管 Pivotal Cloud Foundry 简化了整体部署过程，并且 Spring Cloud 生态系统提供了全面的帮助，最大限度地减少了应用程序内部的配置，但我们仍然需要处理其中的一些。但是，正如第 8 章所述，有一个很棒的解决方案可以简化云端应用程序开发。该解决方案称为 Spring Cloud Data Flow。该项目背后的核心思想是通过用户友好型界面简化响应式系统开发。除了这一核心功能，Spring Cloud Data Flow 还为不同的云提供商提供了全面的实现列表。对我们的使用场景最重要的是针对 PCF 的实现。Spring Cloud Data Flow 可以安装在 PCF 上，并提供开箱即用的无服务器解决方案，用于直接在 PCF 上部署管道。

总而言之，作为 PaaS，Pivotal Cloud Foundry 为简化应用程序部署过程提供了全面的支持，使开发人员的工作量减至最小。它能为我们的应用程序（如配置消息代理或数据库实例）处理许多基础设施职责。此外，PCF 与 Spring Cloud Data Flow 集成良好。因此，响应式云原生应用程序的开发成为了开发人员梦寐以求之事。

10.3.4　基于 Kubernetes 和 Istio 的 FaaS 平台 Knative

在 2018 年年中，Google 和 Pivotal 公布了 Knative 项目。该项目旨在使 Kubernetes 能够部署和运行无服务器工作负载。在服务之间的通信路由方面，Knative 使用了 Istio 项目，该项目还可以提供动态路由配置、进行金丝雀发布、逐步升级版本以及执行 A/B 测试。Knative 的目标之一是在任何可能运行 Kubernetes 的云提供商（或内部部署）上开展私有 FaaS 平台。

在 Knative 之上，人们构建了另一个名为 Project Riff 的 Pivotal 项目。Project Riff 背后的主要思想是将函数打包为容器，部署到 Kubernetes，将这些函数与事件代理服务器连接起来，并根据传入事件的速率对包含函数的容器进行伸缩。此外，Project Riff 提供能以响应式方式处理流的函数，而这需要 Project Reactor 和 Spring Cloud Function 的支持。

在某些方面，Knative 和 Project Riff 可以扩展 Spring Cloud Data Flow 和 Spring Cloud Function 模块的功能，但在其他方面，它们是竞争对手。无论那种情况，围绕 Knative 的最可能实现的倡议将为我们带来另一个平台，用于部署在 FaaS 范例中实现的响应式应用程序。

10.3.5　对成功部署应用程序的建议

简而言之，成功的软件交付过程包括许多步骤和操作，这些步骤和操作发生在规划和开发阶段。显而易见的是，如果没有适当的自动化测试基础设施，我们就无法发布任何重要的应用程序，很明显，从第一个原型到应用程序生命周期结束，这些测试应该随着生产代码本身而演进。鉴于真实应用程序的复杂性，现在的测试场景还应包含用于性能测试的套件，以识别软件限制并充分计算基础设施（如服务器、网络、存储等）的开销。

为了简化生产上线，启用快速反馈循环，同时在引起终端用户注意之前解决问题，**持续交付**（Continuous Delivery）和**持续部署**（Continuous Deployment）等技术至关重要。监控系统的所有重要指标也很重要，具体包括收集日志、跟踪错误以及对系统行为做出响应（无论是否需要）。全面的应用程序指标和实时报告使我们不仅可以了解当前状态，还可以创建一个能够自动扩展、自我修复和自我改进的自动化基础设施。

10

此外，正如本书所述，Spring 框架的响应式技术栈为非常高效的应用程序提供了基础，与相对应的命令式程序相比，它们不受阻塞 I/O 的限制。Spring Boot 自动配置带来了经过充分测试的必要功能组合，因此开发人员很少需要手动进行 bean 的配置。Spring Boot Actuator 为基于最佳实践和最佳标准的成功应用程序运行提供了所有必要的工具。Spring Cloud 模块可以轻松地将 Spring 应用程序与消息代理服务器（RabbitMQ、Apache Kafka）、分布式跟踪（Spring Cloud Sleuth 和 Zipkin）等集成在一起。此外，Spring Boot Admin 等社区项目可满足软件运行方面的开箱即用解决方案的额外需求。Spring 生态系统还为所有流行的软件部署选项提供出色的支持，包括 IaaS、CaaS、PaaS 和 FaaS。将一些先前描述的模式和技术按正确比例巧妙地组合应该可以设计、构建、运行和演变一个成功的响应式系统。我们希望本书能够简化这一挑战。

10.4　小结

在本章中，我们介绍了软件交付和软件运行方面的挑战。我们还列举了一些技术和 Spring 模块，它们有助于简化软件产品发布、减少软件运行上的麻烦。Spring Boot Actuator 具有服务标识、健康状态、指标、配置信息、基本请求跟踪、动态更改日志级别等能力。Spring Cloud Sleuth 和 Zipkin 还为我们的微服务系统，甚至响应式组件带来了分布式跟踪。Spring Boot Admin 2.x 提供独特的 UI 体验，以图表和富有表现力的报告的形式暴露所有指标。这些都大大简化了 DevOps 团队或运维团队的工作，因为 Spring Boot 模块和插件涵盖了大部分样板，所以我们能够把注意力集中在业务任务上。

除此之外，我们还介绍了如何轻松配置在云端运行的响应式 Spring 应用程序，包括 IaaS、CaaS 和 PaaS 运行模式。我们描述了如何使用 Boxfuse 将应用程序部署到 AWS，如何使用 Docker 将应用程序部署到 GKE，以及如何将应用程序部署到 PCF（PCF 在设计之初就旨在正确运行 Spring 应用程序）。

综上所述，使用 Spring 栈构建的响应式系统已经拥有了所有关键元素，不仅可以高效利用资源，还可以在云端成功运行。